혼돈의 가장자리

자기조직화와 복잡성의 법칙을 찾아서

AT HOME IN THE UNIVERSE

The Search for Laws of Self-Organization and Complexity

by Stuart Kauffman

혼돈의 가장자리

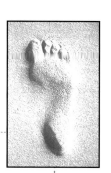

스튜어트 카우프만 · 국형태 옮김

자기조직화와

복잡성의

법칙을 찾아서

사이언스
SCIENCE
BOOKS 북스

산타페 연구소의 동료들과
세상 어디서든
복잡성의 법칙을 탐구하고 있는
모든 사람들에게

▒ 서문 ▒

　우리는 놀라우리만치 복잡한 생물 세계에 살고 있다. 온갖 다양한 분자들이 세포들을 만들기 위한 신진대사의 춤판에서 만난다. 세포들은 생물을 이루기 위해 다른 세포들과 상호작용하고, 또 생물들은 다른 생물들과 상호작용함으로써 생태계를 만들고, 경제와 사회를 형성한다. 이 웅장한 구조는 어디에서 왔을까? 1세기보다 더 오랜 기간 동안, 이 질서가 어떻게 일어났는지를 설명하기 위해 과학이 제시한 유일한 이론은 자연선택뿐이었다. 다윈의 가르침에 따르면, 무작위로 일어나는 돌연변이들 중에서 어쩌다 생긴 쓸만한 것들이 자연선택에 의해 걸러지면서 생물 세계의 질서기 진화하게 된다. 이 관점에서 보는 생명의 역사에서는, 생물들은 다만 말없고 기회주의적이며 서투른 수선공에 불과한 자연선택이 더덕더덕 기워 만든 기묘한 장치들에 불과할 뿐이다. 즉, 과학은 인간의 존재를 차갑고 광대한 시공간을 배경으로 하는 설명할 수 없을 정도로 드문 우연한 사건이 되게 하였던 것이다.

　그러나 지난 30년에 걸친 최근의 연구는 그간 생물학을 지배해왔던 이 관점이 불완전하다는 확신을 내게 주었다. 내가 이 책을 통해 주장할 것은, 자연신택이 중요하긴 하지만, 단지 그것만이 세포에서 생물과 생내세로 이어지는 생물권의 미세한 구조를 다듬어온 것은 아니라는 것이다. 또다른 원인인 〈자기조직화〉가 이 질서의 보다 더 중요한 근원인 것이다. 생물 세계의 질서는 단지 조금씩 고쳐져서 만들어지는 것이 아니라, 우리가 지금 막 발견하고 이해하기 시작한 복잡성의 법칙인 이 자기조직화의 원리에 의해 자연적이고 자발적으로 일어난다는 사실을 나는 믿게 되었다.

　과학에 있어 지난 3세기는 단연 환원주의가 주도해왔다. 환원주의는 복잡한 전체를 단순한 부분들로 쪼개고, 다시 그 부분들을 더욱더 단순한 부분들로 쪼개는 것을 시도한다. 환원주의적 프로그램은 엄청나게 성공적이었고, 앞으로도 계속 성공적일 것이다. 그러나 그 프로그램은 종종 공백 부분들을 남겨두었다. 즉, 부분들로부터 주워 모은 정보들을 이용해서 어떻게 전체에 대한 이론을 세우는가 하는 문제이다. 여기에서 큰 어려움은 바로 전체를 이루는 부분들을 이해하는 것만으로는 설명될 수 없는 성질들을 그 복잡한 전체가 보일 수 있다는 사실에 있다. 복잡한 전체는, 자신의 정당한 권리처럼, 종종 집단적인 성질들과 창발적인 특성들을 보일 수 있다. 이것은 전혀 신비주의적인 의미에서가 아니다.

　이 책은 생명이 분자들의 수프로부터 어떻게 자연스럽게 생겨나서 오늘날 우리가 보는 생물권으로 진화했는지, 이를 관장하는 복잡성의 법칙들에 대한 나 자신의 탐구를 기술한다. 이 책에서 우리가 세포를 만들기 위해 협동하는 분자들이나 생태계를 만들기 위해 협동하는 생물들을 논의하든, 혹은 시장과 경제를 형성하기 위해 협동하는 판매자와 구매자를 논의하든지 간에, 우리는 다윈주의가 충분치 않고 자연선택이 현 세계의 질서에 대한 유일한 원천이 될 수 없음을 믿게 하는 근거를 보게 될 것이다. 항상 자발적인 질서가 일어나는 계들에서 자연선택이 작용하여 살아 있는 세계를 다듬어 왔다. 만약 내가 옳다면, 자연선택에 의하여 한층 더 다듬어지는 이 근원적인 질서는, 우리의 존재가 거의 불가능했던 것이 아니라 생물의 역사 속에서 자연스럽게 기대될 수 있었던 존재라는, 우리의 존재에 대한 새로운 위상을 새로운 인식론을 통하여 암시하게 된다.

▪ 감사의 글 ▪

이 책은 훌륭한 과학 저술가이자 《뉴욕타임스》의 편집자인 조지 존슨 George Johnson의 현명한 편집 작업이 없었다면 만들어질 수 없었을 것이다. 그는 내가 이 책을 쓰는 것을 도와주는 동안에도 자신의 책인 『마음속의 불꽃 *Fire in the Mind*』을 저술하였다. 우리는 산타페에 있는 라포사다 La Posada 호텔의 안뜰에서 이른 점심식사를 하면서 이 책에 담길 내용의 골격을 준비할 수 있었다. 나는 조지에게 기쁜 마음으로 공동 저술을 제안하였다. 그러나 그는 이 책이 내 책이 되어야 하고, 이 창발하는 복잡성의 과학은 한 사람의 마음을 통해서 절개(切開)되어야 한다며, 나의 제안을 사절했다. 그렇다고 이것이 내가 조지의 조언을 구할 수 있었던 마지막 기회는 아니었다. 1-2주마다 우리는 라포사다에서 만나거나, 혹은 아파치 인디언의 습격을 피하려고 대초원으로부터 산맥 두 개만큼 물러난 채 산타페의 배경을 이루고 있는 높은 언덕을 오르면서, 각 장의 내용들을 하나씩 이야기하곤 했다. 나는 보답으로 조지에게 버섯을 캐는 즐거움에 대해서 알려주었다. 첫 시도에서 그는 내 것보다도 더 아름다운 그물버섯을 찾아내기도 했다. 그런 다음 나는 내 연구실로 돌아와 키보드 앞에 앉아서 모든 작가들이 그렇듯이 열정과 고뇌를 내뿜으면서, 전자 편집기에 한 장(章)의 이야기를 쏟아 붓곤 했다. 내가 그 결과를 조지에게 주면, 그는 그것의 모양을 내

고, 가다듬고, 웃으며 잘라내곤 했다. 이것은 잘라내고 저것은 늘리고 하는
그의 정중한 요구들에 내가 매번 반응하는 것을 여섯 차례나 되풀이한 후
에, 하나의 책이 모습을 드러내는 것을 보고 나는 매우 기뻤다. 쓴 것도 나
요, 그 목소리도 내 것이다. 하지만 이 책은 나 혼자서는 성취할 수 없었을
명료함과 구조를 갖고 있다. 나는 조지의 도움을 받았던 것을 영광으로 생
각한다.

차례

1... 혼돈의 가장자리

산타페의 서쪽으로 난 창 밖으로 협곡과 메사 mesa,[1] 성지, 그리고 리오그란데 계곡 등, 북아메리카의 가장 오래된 문명의 발상지인 뉴멕시코 북부의 영적인 정경이 펼쳐져 있다. 먼 과거와 앞으로 다가올 천년의 희망으로 충만된, 많은 고대와 현대의 것들이 아무렇게나, 그러나 기대감으로 약간 도취된 채 여기에 뒤섞여 있다. 40마일 밖에는 약 반세기 전인 1945년 새벽의 여명을 황폐화시킨 뛰어난 지성과 현란한 섬광[2]으로 상징되는 로스앨러모스 Los Alamos가 자리잡고 있다. 그 너머로는 그란데 대협곡이 펼쳐진다. 그것은 높이가 한때 3만 피트가 넘었던 고대 산의 잔재로, 그 꼭대기가 폭발하면서 아칸소 주에 화산재를 뿌려서 훗날 정교한 세공외 재료가 될 흑요석을 남겼다.

몇 달 전에 나는 뮌헨에서 온 이론 물리학자로 산타페 연구소를 방문한 군터 말러 Gunter Mahler와 점심식사를 하게 되었다. 그때 나는 연구소에서 일단의 동료들과 함께 우리 주위에서 일어나는 기묘한 양상들을 설명할 수 있는 복잡성의 법칙들을 찾기 위한 연구를 하고 있었다. 군터는 잣나무와 향나무 숲 너머 멀리 북쪽으로 보이는 콜로라도 강을 바라보면서, 내가 상상하는 천국의 모습이 무엇이냐고 물어서 다소 나를 놀라게 했다. 내가 그 대답을 아직 찾고 있을 때, 그는 하나를 제안했다. 그것은 높은 산도, 대양의 가장자리도, 평평한 땅도 아니었다. 그가 말한 것은 오히려, 마치 이야기를 하는 듯한 우아한 대지가 점점 희미하게 행진하며 사라지는 지평선과, 멀리 강렬한 햇빛 아래서 길게 굽이치며 그 지평선을 구획하는 산등성이들처럼, 바로 우리 눈앞에 놓인 것과 같은 그런 지형이었다. 완전히 이해할 수는 없었지만, 알 수 없는 어떤 이유에서 나는 그가 옳다고 느꼈다. 우리는 곧 동아프리카의 정경에 대한 상상에 빠져서, 우리 인간이 태어난 곳, 실재했던 인간의 에덴동산, 인간의 첫 고향에 대한 어떤 태생적인 기억들을 우리가 지금 떠올릴 수 있을지 궁금해했다.

기원과 종말, 형상과 변환, 신과 복음, 그리고 법칙에 대하여 우리 인간은 스스로에게 어떤 이야기들을 전하는가. 모든 시대의 모든 사람들이 태양 아래에 놓인 인간의 위치에 대한 그림을 스케치하기 위하여 신화나 이야기들을 창조해왔을 것이다. 우리는 누구인가? 우리는 어디에서 왔는가? 우리는 왜 여기에 있는가? 그 선과 형상은 물론이고 그림 속의 동물들에 대한 존경심과 경외심을 표현하는 데 있어서도 천년 이후의 그 어떤 그림보다 뛰어난 동굴벽화들을 남겼던 크로마뇽 Cro-Magnon인도 이러한 질문들에 대하여 장황한 답을 지어냈을 것이다. 네안데르탈 Neanderthal인이나 호모 하빌리스(*Homo* habilis),[3] 또는 호모 에렉투스(*Homo erectus*)[4]도 같은 질문들을 했을까? 원시 인류가 진화해온 지난 3백만 년 동안 어느 모닥불 주위에서 인류가 처음으로 이런 질문들을 던졌을까? 누가 그것을 알겠는가.

우리가 걸어온 길 어딘가에서 서구의 정신은 천국을 잃어 버렸다. 퍼져나가는 세계 문명 속에서 우리의 집단적인 정신은 천국을 잃어 버렸다. 현대의 전조가 이미 나타나기 시작한 그 이른 시기에 존 밀턴 John Milton은 신이 인간을 대하는 방법을 탐구하여 정당화할 수 있었던 서구 문명 최후의 훌륭한 시인이었다. 천국은 원죄가 아니라 과학 때문에 잃어버렸다. 한때, 겨우 몇 세기 전만 해도, 서구인들은 스스로를 신의 선택을 받고, 그의 형상대로 만들어져, 그가 우리에 대한 사랑으로 준 약속을 지키며 살아가는 존재라고 믿었다. 겨우 400년이 지난 지금 우리는 먼 과거의 대폭발 Big Bang로부터 발산한 휘어진 시공간을 따라 광활한 공간에 걸쳐 흩어져 있는 수십억 개의 유사한 은하계들, 그리고 그들 중의 한 평범한 은하계의 가장자리에 있는 아주 작은 행성 위에 있는 자신들을 발견하게 된다. 우리는 우연한 존재일 뿐이라고 배운다. 목적과 가치는 단지 우리가 만든 것이다. 악마와 신이란 존재하지 않는 것이다. 우주는 물질과 어둠과 밝음이 섞여 있는 중립적인 처소이며 종교적으로 전혀 무차별하다. 부산대며 바쁘게 살고 있는 현대의 우리에게 신을 통해 누렸던 옛날과 같은 안식처는 더 이상 없다.

물론 우리는 과학의 발전과 그 결과로 야기된 기술의 급격한 변화가 비종교적인 세계관으로 우리들을 이끌 수밖에 없다는 것을 인정한다. 하지만 영석인 굶주림은 아직도 남아 있다. 나는 최근 뉴멕시코 주의 북부에서 열린 한 작은 모임에서 토박이 미국인 작가로 퓰리처 상을 수상한 스콧 모머데이 N. Scott Momaday를 만났다. 소수의 사색가들로 구성된 그 모임은, 마치 그것을 성공적으로 해낼 수 있을 것처럼, 인간성의 문제에 직결된 근본적인 논점들을 명료하게 밝혀내기 위하여 만들어진 것이었다. 모머데이는 우리가 직면하고 있는 중심적인 논점은 신성(神聖)을 재발명하는 것이라고 말했다. 전투에서 그것을 들고 나가는 명예가 주어진 전사들의 희생과 고통으로 신성하게 된 카이오와Kiowa족[5]의 방패에 대해서 그는 말했다. 그 방패는 남북전쟁 이후에 미합중국 기병대와 치른 전투 중에 도난되었다. 최근에 그 방패가 그것을 탈취했던 남북전쟁 후기의 한 장군의 가문에서 발견되어 되돌아온 것에 대해 그는 설명하였다. 모머데이는 깊고 부드러운 목소리로, 돌아온 방패를 위해 사람들이 준비한 환영 의식과, 그 방패가 보존되어 있는 은밀하고 어둠침침하고 고요하고 또 그 방패의 호형(弧形) 속에 스며 있는 열정과 고통으로 경배받는 그 장소를 우리들에게 묘사했다.

　신성에 대한 모머데이의 탐구는 나에게 깊은 감명을 주었다. 왜냐하면 그때 나는 복잡성의 새로운 과학이라고 불리는 것들이 우리가 우주에서 새롭게 우리의 자리를 발견하도록 도와줄 수 있고, 또 이 새로운 과학을 통해, 카이오와족이 그 방패를 되찾은 것처럼 우리가 가치에 대한 감각과 신성에 대한 감각을 되찾을 수 있을 것이라는 희망을 갖고 있었기 때문이다. 나는 그 모임에서 인간성이 직면하고 있는 가장 중요한 문제들은 이 새로운 과학이 가져다줄 세계 문명의 발현과 그것이 암시하는 의미심장한 전망, 그리고 이 변화가 야기할 문화적인 혼란들이라고 제안했다. 새롭게 태동하는 이 다원적이며 광역적인 사회를 뒷받침하기 위해서 우리는 어떤 확장된 지적 기반이 필요할 것이라고 생각한다. 생명의 기원과 진화, 그리고 생명의 자연성과 생명이 전개되는 무수한 양상들이 보이는 심오함을 설명하기 위한 새로운 방법 같은 것들 말이다. 이 책은 그런 새로운 관점을 얻기 위한 노력의 일환이다. 이 책을 통해 우리가 보게 되겠지만, 이 제 그 모습을 드러내고 있는 복잡성의 과학은 다원적이고 민주적인 사회의 개념을 지원하고, 또한 민주사회가 그저 인간이 창조해낸 것 이상으로 자발적으로 만들어진 질서의 부분이라는 증거를 제공한다. 사람들은 항상 신중하게 자신이 속한 사회의 정치적 질서를 제일원 리들로부터 추론하고자 한다. 19세기 철학자 제임스 밀James Mill은 지난 세기 초 영국의 제도와 놀랍도록 유사한 입헌군주제가 정치의 가장 자연스러운 형태라는 것을 제일원리들로부터 추론하는 데 성공 한 적이 있다. 그러나 나와 나의 동료 연구자들이 추구하는 복잡성 의 법칙들은, 서로 상충하는 실질적, 정치적, 그리고 윤리적인 욕구 들 사이에서 최선의 타협에 도달하게 하는 아마도 최적의 체제로 발 달해온 것이 민주주의라는 것을 밝히고 있다. 바로 이 점이 내가 보 여주기를 원하는 것이다. 한편 모머데이의 견해도 여전히 옳다고 해 야 한다. 즉 우리는 신성함과 우리 자신의 깊은 가치에 대한 감각을 재창조하고 새로운 문명의 중심에서 그것을 회복하는 것이 필요할 것이다.

우리가 천국을 잃게 된 이야기는 잘 알려져 있지만 다시 이야기해 볼 가치가 있다. 코페르니쿠스Copernicus 이전에 우리는 우리가 우 주의 중심에 있다고 믿었다. 지금과 같은 공인된 지식을 가진 우리 였다면 태양 중심론적인 관점을 억압하려고 애쓰는 교회를 그저 흘 깃 곁눈질하며 대수롭지 않게 보았을 것이다. 그런 것은 지식을 위 한 지식일 뿐이라고 말했을 것이다. 물론 그렇다. 그러나 도덕적 실 서의 몰락에 대한 교회의 우려는 정말로 단지 편협한 허영심에 불과 했을까? 코페르니쿠스 이전의 기독교 문명에서 지구 중심적인 천동

설은 단순히 과학의 문제라기 보다는 전 우주가 우리 주위를 회전하고 있다는 중요한 증거로 인식되었다. 신, 천사, 인간, 야수들, 여러 가지 이로움을 주는 번식력이 강한 식물들, 그리고 우리 머리 위를 도는 태양과 별들로 인해, 신의 창조물들의 중심에 우리의 자리가 있다고 생각할 수 있었다. 그래서 코페르니쿠스적 관점이 천년간의 전통인 책임과 권리, 의무와 역할, 그리고 도덕적 구조의 조화를 궁극적으로 해체하게 될 것을 교회가 두려워한 것은 정당했던 것이다.

코페르니쿠스는 그가 살던 사회를 개방시켰다. 갈릴레오 갈릴레이 Galileo Galilei와 요하네스 케플러 Johannes Kepler의 역할은 그다지 크지 않았으며 특히 케플러는 더 작았다고 할 수 있다. 케플러는 행성들이 아리스토텔레스가 생각했던 완전한 원 궤도가 아니라 타원 궤도를 돈다는 것을 보였다. 케플러는 마기 Magi족[6]의 전통을 이어받은 후손이거나, 한 세기 전에는 훌륭한 마술사였을 정도의 놀라운 과도기적 인물이었다. 사실 그는 타원 궤도보다는 오히려 플라톤이 세계를 구성하는 데 사용하려고 했던 다섯 개의 완전한 입체들에 해당되는 조화로운 궤도를 찾으려고 했던 것이다.

그 후 우리 모두의 영웅인 아이작 뉴턴 Isaac Newton은 흑사병에서 살아남은 사람들을 천국으로부터 한층 더 먼 우주 속으로 밀어 넣었다. 그가 내디딘 이 걸음은 얼마나 거대한 것이었는가. 새로운 역학법칙들이 그의 머릿속에서 형상을 갖춰갈 때 어떤 기분이었을지 상상해보라. 그는 얼마나 큰 경이로움을 느꼈겠는가. 뉴턴은 단지 세 개의 운동 법칙과 만유인력 법칙을 가지고 조수와 행성의 궤도를 유추해 냈을 뿐만 아니라 서구인의 마음속에 시계 태엽처럼 작동하는 우주관을 불어넣었다. 아리스토텔레스가 가르쳤듯이 기동력 impetus이라고 불렀던 신비한 힘이 지속적으로 작용함으로써 화살이 표적을 향해 호를 그으며 날아가는 것이라고 확신했던 뉴턴 이전의 스콜라 철학자들은, 역시 지속적인 주의를 기울임으로써 물체를 움직이는 신의 존재를 쉽게 믿을 수 있었다. 만약 어떤 사람이 적절하게 그러한 신의 주의를 끌었다면 신은 그를 잘 돌봤을 것이다. 그러한 신은 사람을 다시 천국으로 돌아가게 할 수도 있었을 것이다. 그러나 뉴턴 이후에는 물리 법칙만으로도 충분했다. 우주의 태엽을 감고 또 그것이 풀리도록 만들어 놓은 것이 신일 수도 있다. 하지만 그 이후로 우주는 더 이상의 간섭 없이 신이 예정해 놓은 법칙을 펼치면서 똑딱거리며 영원을 향해 나아가도록 남겨진다. 행성과 조수가 움직이는 데 신성의 간섭이 없으므로, 그런 사실을 발견하는 사람들은 그들 자신의 일들에 대해 신성의 간섭을 바라는 것이 더욱 어려워진 것을 발견하게 되었다.

그러나 약간의 위안이 있다. 만약 행성과 생명이 없는 모든 것들이 신의 간섭이 없는 영원한 법칙을 따른다면, 그 거대한 존재 사슬의 꼭대기에 앉아 있는 인간을 비롯한 생명이 있는 것들은 당연히 신의 의지를 반영해야만 한다. 아담 스스로가 벌레, 물고기, 파충류, 새, 포유동물, 인간 등 모든 것들에 이름을 주었다. 이것은 마치 평신도, 신부, 주교, 대주교, 교황, 성인, 천사라는 교회 자신의 계층처럼 가장 낮은 것으로부터 전지전능자까지 펼쳐져 있는 거대한 사슬을 이루고 있다.

어떻게 찰스 다윈Charles Darwin과 자연선택에 의한 진화라는 그의 이론이 이 모든 것을 설명할 수 있겠는가! 그가 한 세기 이전에 가르친 분류들을 통해 생물세를 보는 다윈의 상속자인 우리조차도 이제는 진화론이 암시하는 것들로 인한 문제들을 갖고 있다. 즉 인간이란 결국 일련의 우연한 돌연변이들을 거치고 적자생존이라는 별로 고매하지 않은 법칙에 의해 걸러진 그런 결과물에 불과하냐 하는 것이다. 20세기 말 미국에서 창조 과학이 등장한 것은 우연한 일이 아니다. 그 지지자들은 약 5억 년 전 캄브리아Cambria기보다도 더 오래전에 어떤 공통의 최상위 선조로부터 갈라져 나온 우연한 계통의 후손으로서의 인간이라는 존재가 주는 도덕적 암시들을 염려해서 지레 열정적인 노력으로 창조 과학에 집착한다. 창조 과학 내부의 과학은 전혀 과학이라고 할 수는 없지만 그 도덕적 고뇌는 단지 어리석은 것일 뿐인가? 그렇지 않다면 창조론을 차라리 다소 동정적으로 받아들여야 할까? 즉 창조론이 확실히 잘못 나갔긴 하지만 우리가 사는 비종교적인 세계에서 신성을 재창조하려는 더 포괄적인 탐구의 한 부분으로 간주해야 하지 않을까?

다윈 이전의 소위 합리적 형태학자들은 생물의 종(種)이 무작위적인 돌연변이와 자연선택이 아니라 시간을 초월하는 형태에 관한 법칙들의 산물이라는 관점을 선호하였다. 18세기와 19세기 초의 지극히 섬세했던 생물학자들은 살아 있는 형태들을 비교해서 오늘날도 남아 있는 린네Linne 분류학의 계층구조적인 집단들인 종(種), 속(屬), 과(科), 목(目), 강(綱), 문(門), 계(界)로 생물을 구분하였다. 마치 가톨릭 교회에 존재하는 거대한 사슬 구조처럼, 이 계층 구조는 그 시기 과학자들에게는 자연적이고 조화롭게 규정된 질서로 간주되었다. 형태학적으로 명백하게 중첩되는 점들이 발견되면 이 과학자들은 그 유사성과 차이점들을 합법적으로 설명하려고 노력했다. 이런 노력의 목적을 이해하기 위해 이와 유사한 경우로 특정한 형태로만 존재하는 결정(結晶)들을 생각해볼 수 있다. 각각은 그 형태가 다르게 고착화되었지만 매우 유사한 종들에 직면하는 형태학자들도 결정들의 규칙성과 유사한 규칙성들을 찾는다. 물고기의 가슴지느러미, 바다제

비의 날개뼈, 그리고 말의 민첩한 다리는 확실히 동일한 심오한 원리의 표상이었다.

다윈의 이론이 이 세계를 압도하였다. 종들은 린네 도표의 사각형 틀 안에 고정되어 있지 않다. 그들은 서로 진화한다. 신 또는 합리적 형태학의 어떤 원리가 아니라, 바로 무작위적인 변이[7]에 작용하는 자연선택이 날개와 지느러미의 유사성을 설명하고, 자신들이 사는 환경에 놀랄 만큼 잘 적응한 생물들을 설명한다. 오늘날의 생물학자들이 이해하고 있듯이 이런 착상들이 암시하는 바들은 인간의 존재를 신에 의한 창조물로부터 궁극적으로 기회주의적인 진화가 세공한 역사적인 우연한 사건들로 변형시켰다. 생물학자인 자크 모노 Jacques Monod는 〈진화는 날다가 날개 끝에 붙들린 우연이다〉[8]라고 말했다. 모노와 함께 노벨상을 수상한 프랑스의 유전학자인 프랑수아 자콥 François Jacob도 진화가 기묘한 장치[9]들을 서투르게 수선한다는 것에 동의한다. 유대교적 관습에서 우리는 자신을 타락한 천사로 생각하는 것에 익숙하게 되었다. 타락한 천사는 최소한 속죄와 은총을 통해 교회의 사다리를 다시 오를 약간의 희망이 있다. 진화는 천국으로 오르는 사다리도 없는 땅 위에 우리를 남겨두었고, 우리의 운명은 자연에 존재하는 루브 골드버그 기계 Rube Goldberg machine[10]들처럼 되어버렸다.

무작위적인 돌연변이와 자연선택의 걸러냄. 이것이 바로 핵심이며 근본이다. 여기에 바로 우발성과 역사적인 우연성, 제거에 의한 설계라는 걱정스런 의미가 담겨 있다. 적어도 물리학은 냉냉한 미적분학 속에 깊은 질서와 필연성을 내포하고 있다. 생물학은 우연적이고 임시변통적인 것들의 과학으로 보여지게 되었고, 우리 인간은 단지 이 임시변통적인 것들의 결실로 보여지게 되었다. 말하자면 진화의 테이프를 다시 돌린다면 생물들의 형태는 당연히 현재의 것과 완전히 다른 것들이 되어버리는 것이다. 날조하고, 속이고, 선전하여, 지구 상에서 그 존재의 중요성을 스스로 만든 우리 인간들은 결코 필연적이 아니었다. 우리의 시대가 있었다는 것만으로도 우리는 운이 좋은 것이며, 우리의 자부심은 마찬가지로 필연적이 아니다. 천국이 필연적이 아닌 것도 또한 마찬가지다.

그러면, 거미줄과 함께 살아가는 거미, 능선을 가로지르는 교활한 코요테, 눈에 잘 안 보이는 벨레들로 가득찬 진흙투성이의 리오그란데 계곡, 창문 밖으로 보이는 이 같은 풍요한 삶과 이 질서는 어디에서 왔을까? 다윈 이후로 우리는, 마치 그것이 새로 나타난 음식물의 한 종류인 것처럼, 단 하나의 유일한 힘인 자연선택으로만 돌아섰다. 무작위적인 변이와 자연선택의 걸러냄. 이것들이 없으면 세상에는 서로 아무 연관이 없는 무질서만 있을 것이라고 우리는 추론하게 될 것이다.

나는 이 책에서 이러한 생각이 틀리다는 것을 주장할 것이다. 왜냐하면, 앞으로 우리가 보게 되겠지만, 이제 발현하는 복잡성의 과학은 질서가 결코 우연한 것이 아니며, 자발적인 질서를 도출하는 위대한 기질들이 바로 가까이 있다는 사실을 가르쳐주기 때문이다. 복잡성의 법칙은 자연계에 존재하는 질서의 대부분을 자발적으로 만들어낸다. 자연선택은 단지 그 다음 단계에서야 작용하여 더 가꾸고 세공할 뿐이다. 이러한 자발적인 질서의 성질들이 완전하게 이해되고 있는 것은 아니지만, 그것들은 생명의 기원과 진화를 설명하는 새로운 강력한 단서로서 이제 막 자신들을 드러내기 시작하고 있다. 우리 모두는 이미 단순한 물리계들도 자발적인 질서를 드러낸다는 것을 알고 있다. 예를 들면 물 속에서 기름방울이 구를 형성하는 것이나, 곧 사라질 눈송이가 60도 회전에 대하여 대칭성을 갖는다는 사실들이다. 즉 새로운 사실은, 자발적인 질서의 영역이 우리가 생각했던 것보다도 훨씬 더 광대하다는 것이다. 심오한 질서가 거대하고 복잡하고 외관상 무작위적인 계에서 발견되고 있다. 나는 이 창발하는 질서가 생명의 기원 그 자체뿐만 아니라, 오늘날 생물들에서 볼 수 있는 대부분의 질서의 기초가 되고 있다고 믿는다. 온갖 종류의 상이한 복잡계에서 창발하는 그런 질서에 대한 증거를 발견하기 시작한 많은 나의 동료들도 역시 그렇게 믿고 있다.

자발적인 질서의 존재는 다윈 이래 정립된 생물학의 개념들에 대한 놀라운 도전이다. 1세기도 넘게 대부분의 생물학자들은 자연선택이 생물에서 질서의 유일한 원천이며, 서투르긴 하지만 그것만이 생물의 형태를 다듬는 수선공이라고 믿어왔다. 그러나 만약 자연선택된 형태가 복잡성의 법칙에 의해 만들어진 것이라면, 자연선택에는 항상 보조역이 있었던 것이 된다. 자연선택은 결코 질서의 유일한 원천이 아니며, 또한 생물체는 그저 누덕누덕 수선된 기묘한 장치가 아니며, 더욱 심오한 자연 법칙들의 표상인 것이다. 이 모든 것이 사실이라면, 앞으로 우리는 다윈적 세계관을 어떻게 수정해야 할 것인가! 우리는 우연한 존재가 아니라 기대된 존재인 것이다.

다윈적 세계관의 수정은 쉽지 않을 것이다. 생물학자들은 아직도 자기조직화와 자연선택 양자가 뒤섞인 진화 과정을 연구하기 위한 개념적인 틀을 갖고 있지 않다. 이미 자발적인 질서가 형성된 계에서 어떻게 자연선택이 작용하는가? 물리학에는 심오한 자발적인 질서가 있지만 자연선택은 있을 필요가 없었다. 생물학자들은 무의식적으로 그러한 자발적인 질서가 있다는 것을 알았지만 그것을 무시하고 거의 전적으로 자연선택에 집중했다. 자기조직화와 자연선택

둘 다를 다 껴안는 틀이 없었기 때문에, 자기조직화는 형태심리학 그림의 배경처럼 거의 보이지 않게 되어버렸다. 갑자기 시선을 옮김으로써 배경은 전경(前景)이 되고 이전의 전경이었던 자연선택은 배경이 될 수 있다. 어느 것도 혼자서는 충분하지 않다. 생명과 진화는 항상 자발적인 질서와 그 질서를 정교하게 하는 자연선택의 상호 협력에 의존해 왔다. 우리는 새로운 그림을 그리는 것이 필요하다.

생명의 발생

19세기부터 내려온 두 가지의 개념적 계통들이 연결되면서 별들의 소용돌이 속에서 우연히 고립된 존재로서 우리 인간상이 완성되었다. 다윈의 진화론에 추가하여, 프랑스의 공학자 사디 카르노Sadi Carnot로부터 물리학자인 루드비히 볼츠만Ludwig Boltzmann과 조사이어 깁스Josiah Willard Gibbs로 이어졌던 열역학과 통계역학은 신비롭게 보이는 열역학 제2법칙을 우리에게 주었다. 이 법칙은 주변 환경과 물질 및 에너지가 교환되지 않는 닫힌 평형계에서 엔트로피entropy라고 불리는 무질서의 정도가 필연적으로 증가한다는 것을 말한다. 우리는 이 법칙의 간단한 예들을 보아왔다. 접시 안의 물에 떨어진 암청색 잉크 방울은 점차 확산되어 물을 균일한 옅은 청색으로 만든다. 확산된 잉크가 다시 하나의 잉크 방울로 모이는 일은 일어나지 않는다.

볼츠만은 우리가 제2법칙을 현대적으로 이해할 수 있도록 해주었다. 딱딱한 탄성구로 간주할 수 있는 기체 분자들이 들어 있는 상자를 고려해보자. 모든 분자들이 상자의 좁은 한구석에 모여 있을 수도 있고, 또 상자 전체에 걸쳐 골고루 퍼져 있을 수도 있다. 모든 가능한 종류의 분자들의 배열은 각각 동일한 확률로 일어날 수 있다. 그러나 모든 분자들이 구석의 좁은 공간에 모여 있는 경우에 비교하면 분자들이 상자 전체에 골고루 퍼져 있는 경우에 해당하는 분자들의 가능한 배열의 수는 엄청나게 크다. 볼츠만은 평형계에서의 엔트로피 증가는 바로 모든 가능한 배열을 무작위적으로 두루 거치는(소위 에르고드 가설을 따르는) 계의 통계적인 경향에 기인한다고 주장했다. 상자 안의 분자들은 계가 가능한 배열들을 거치는 동안 거의 대부분의 경우 상자 안에 균일하게 분포할 것이다. 그래서 우리는 평균적으로 분자들이 상자 안에서 균일하게 분포하는 것을 관찰하게 된다. 잉크 방울은 확산되고 나면 다시 모이지 않는다. 또 기체 분자들이 상자의 한구석으로부터 상자 전체로 확산되면 그것들이 다시 모이는 일은 없다. 가만히 내버려두면 계는 동일한 빈도로 미시적으로 가능한 모든 배열들을 거쳐갈 것이다. 그러나 그 계는 매우 많은 수의 미시적인 양상들에 해당하는 거시적인 양상——분자들이 상자 전체에 균일하게 분포하는——을 보이면서 대부분의 시간을 보낼 것이다. 그래서 제2법칙은 결코 그렇게 신비스러운 것은 아니다.

　제2법칙의 결과는 가장 일어날 확률이 적은 배열에 해당하는 〈질서〉는 평형계에서 나타나지 않으려는 경향이 있다는 것이다. 분자들이 왼쪽 위 구석에 몰려 있거나 혹은 상자의 윗면에 모여 있거나 하는 식으로 단지 소수의 미시적인 상태들을 갖는 거시적 상태를 질서라고 정의한다면, 허용된 모든 미시적인 상태들을 거치려는 계의 에르고드다한 상태변화 때문에 그런 미묘한 배열들은 열역학적 평형에서는 나타나지 않게 된다. 질서를 유지하기 위해서는 계에 어떤 형태의 일을 해주어야 한다. 일을 해주지 않으면 질서는 사라진다. 따라서 질서가 무질서하게 붕괴되는 것이 사물의 자연스러운 상태라는 결론에 도달한다. 또다시 우리는 우연적이며 기대되지 않은 존재인 것이다.

열역학 제2법칙은 다소 비관적인 것으로 간주되어왔다. 우리는 거의 다음과 같은 우울한 신문기사의 머릿글을 상상할 수 있다. 〈우주가 멈춰간다. 열적 죽음이 우리 앞에 있다. 무질서가 오늘의 질서이다.〉 신의 축복을 받은 자식으로부터, 우주의 중심으로부터, 에덴동산에서 우리를 위해 창조된 창조물 사이를 걸어 다니던 그런 자식으로부터 우리는 얼마나 멀리 떨어져 왔는가. 참으로 우리는 죄가 아니라 바로 과학 때문에 천국을 잃었던 것이다.

우주가 제2법칙 때문에 멈추어가는 것이라면 그 간단한 증거들을 창 밖에서 이따금 찾을 수는 있다. 여기저기에 산재한 혼란과 내 몸에서 방출된 열에 의한 공기 분자들의 뒤섞임 등. 그러나 나를 놀라게 하는 것은 엔트로피가 아니라 질서를 향한 엄청난 물결이다. 빛의 속도로 8분 거리만큼 떨어져 있는 별로부터의 빛을 붙잡은 나무들은 물과 이산화탄소와 그 빛을 반죽해서 설탕과 탄수화물을 만들어낸다. 또 콩과식물들은 뿌리에 달라붙은 박테리아로부터 질소를 흡수하여 단백질을 만든다. 나는 이 광합성의 부산물인 산소를 흡입하고 나무들이 필요로 하는 이산화탄소를 배출한다——산소가 결여된 혐기성 박테리아가 지배하던 고대의 세계에서 산소는 최악의 독극물이었다. 우리 주위의 생물권은 우리를 유지시키고 또한 우리에 의해 창조된다. 또 생물권은 태양으로부터 이 세계를 뒤덮고 있는 생화학적, 생물학적, 지질학적, 경제학적, 그리고 정치학적인 교환들의 거대한 망 속으로 에너지를 이식시킨다. 열역학은 부정되어야 한다. 어떤 신에 감사하든 창세기는 이미 일어났다. 우리 모두는 번

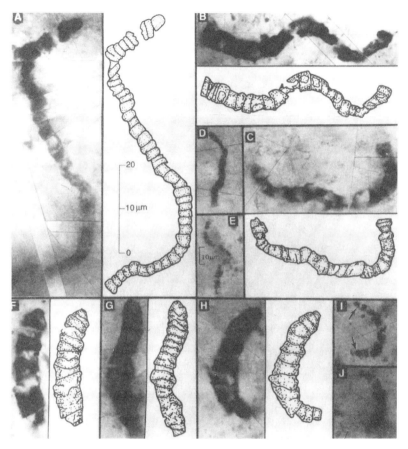

그림 1-1 우리 모두의 조상들: 34억 3천7백만 년 전의 화석들. 각 사진 옆의 그림은 잘 보이도록 도안한 것들이다.

성하고 있다.

지구에서 생명의 존재에 대한 최초의 징후는 물이 존재할 수 있을 만큼 지각이 충분히 냉각되고 다시 3억 년이 지난, 지금으로부터 34억 5천만 년 전에 있었다. 그러나 이런 징후들은 쉽게 이해될 수 있는 그런 종류의 것은 아니다. 형태를 잘 갖춘 세포들, 혹은 전문

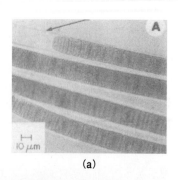

(a)

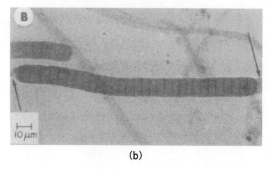

(b)

그림 1-2 고대의 화석 세포와 현존하는 세포가 놀라운 유사성을 보이고 있다. (a)살아 있는 구상 시안화박테리아 군체(群體). (b)캐나다에서 발견된 21억 5천만 년 된 화석 구상 시안화박테리아 군체.

가들이 세포라고 믿는 것들이 그 시대의 고대 암석에서 발견된다. 〈그림 1-1〉은 그런 고대 화석들을 보여준다. 〈그림 1-2a〉는 현존하는 구상(球狀) 시안화박테리아cyanobacteria이고 〈그림 1-2b〉는 21억 5천만 년 전의 유사한 화석 시안화박테리아이다. 둘 사이의 형태학적인 유사성은 놀라울 정도다. 이러한 원시 세포들은 내부를 외부 환경으로부터 분리시키는 세포막을 가지고 있다. 물론 형태학적인 유사성이 생화학적 혹은 신진대사의 유사성을 증명하지는 않지만, 이 화석들을 보고 있으면 마치 만물의 선조가 남긴 흔적을 보고 있는 것처럼 오싹한 기분이 든다.

세포는 명백히 어떤 형태의 진화가 이루어낸 자랑스러운 극치의 업적이었다. 그 진화는 신진대사, 재생산, 진화 등의 생명 현상을 나타내기에 충분할 정도로 복잡한 상호작용을 하는 분자들의 원시적인 망 구조로부터 시작되었다. 그리고 또한 전(前)세포적인 생명의 기원은 그 자체가 생물 발생 이전의 어떤 형태의 화학적 진화가 이루어낸 자랑스러운 성과였다. 이 성과는 원시 지구의 가스 구름에 있던 분자 종류의 제한된 다양성으로부터 자기복제가 가능한 분자 시스템과 생명을 구체화하는 것을 보증하는 보다 확장된 화학적 다양화를 이루어냈다.

그러나 우리의 최초 조상들인 세포들은 일단 창조된 후에 오랫동안 무관심하게 방치되었다. 현재의 원시박테리아archaebacteria와 관계가 있을 간단한 단세포 생물이나 또 나중에 나타난 초기 곰팡이의 조상으로 보이는 긴 관상(管狀) 세포 같은 것들이 다소 지루한 30억 년의 기간 동안 지구상에 대공영권을 이루면서 지속되었던 것으로 보인다. 이후 모든 생태계의 조상이 된 이들은 박테리아 종과 조류(藻類, algae)가 서로 경쟁하고 협력하는 복잡한 지역적인 경제 사회를 형성하였다. 이 생태계는 전형적으로 그 폭과 높이가 몇 미터에 이르는 복잡한 언덕 구조를 형성했다. 현존하는 이런 언덕들이 호주의 북동해안에 있는 대산호초Great Barrier Reef를 따라서 흔하게 발견된다. 이런 언덕이 화석화된 것을 스트로마톨라이트stromatoliths라고 부른다. 추측하건대 이런 단순한 생태계들이 지구상의 얕은 근해에 깔려 있었을 것이다. 심지어 오늘날까지도 똑같은 형성 과정이 캘리포니아 만과 호주의 얕은 근해에서 발견된다. 현존하는 언덕들에는 수백종의 박테리아와 상당한 종류의 조류들이 서식하고 있다.

고대의 언덕들도 유사한 복잡도를 가졌을 것으로 추측된다.

그런 단세포 생명체들은 아마도 지구 나이의 대부분에 해당하는 30억 년 동안을 혼자서 생물권을 이루며 지속되었다. 그러나 생명 형태는 어떤 미지의 힘과 함축된 가능성에 의하여 운명적으로 변화하게 되어 있다. 생물학자들이 수십 년간 주장했던 것처럼 그 힘은 오로지 다윈주의적 우연과 자연선택뿐이었을까? 혹은 내가 이 책에서 제안하는 것처럼 자기조직화의 원리들이 우연과 필연을 잘 섞었던 것일까? 아마 8억 년 전까지는 다세포 생물들이 나타났을 것이다. 비록 몇 명의 연구자들이 관상(管狀) 원시 곰팡이들의 세포 내에 벽이 형성되어 이것들이 나중에 개별적인 세포가 되었을 가능성을 믿고 있기는 하지만, 다세포 생명의 형성 과정은 알려지지 않은 채로 남아 있다.

모든 것들은 대략 5억 5천만 년 전의 캄브리아기의 대폭발Cambrian explosion[11] 때에 생겨났다. 외진 구석과 갈라진 틈에서, 지상에서 지하에서, 심지어 딱딱한 암석의 수천 피트 속에서까지도 서로 부딪히며 살고 있는 지금 존재하는 문(門)들 거의 모두가 진화적인 창조력에 의해 폭발적으로 생겨났다. 단지 우리 인간들의 계통인 척추동물만이 약간 늦게 오르도비스기(期)에 나타났다.

캄브리아기의 대폭발 이래 첫 1억 년 동안의 생명의 역사는 아직도 의견이 분분한 혼란의 한 예이다. 그 신비는 아직도 풀리지 않고 있다. 린네 도표는 특유한 것으로부터 일반적인 것으로 생물들을 종, 속, 과, 목, 강, 문, 계와 같이 계층적으로 구분을 한다. 사람들은 이렇게 상상할 것이다. 〈최초의 다세포 생물들은 모두 매우 비슷했을 것이며, 단지 나중에 아래에서 위쪽으로, 서로 다른 속으로, 다시 과, 목, 강 등등으로 다양화되었을 것이다.〉 바로 이것이 정말로 가장 엄격한 전통적인 다윈주의자가 기대하는 바일 것이다. 지질학의 점진주의 관점에 깊은 영향을 받은 다윈은 모든 진화란 쓸모 있는 변이들이 점진적으로 축적되어 나타나는 것이라고 제안했다. 그래서 최초의 다세포 생물들은 서로 다른 것들로부터 점진적으로 달라져야만 했던 것이다. 그러나 이것은 틀린 것으로 보인다. 놀랍고도 수수께끼 같은 캄브리아기의 대폭발이 갖는 특색들 중의 하나는 바로 린네 도표가 꼭대기로부터 아래쪽으로 채워졌다는 것이다. 자연은 완전히 다른 몸체들인 많은 문들을 갑자기 풀어놓았고, 그 다음에 이 기본적인 설계를 공들여 다듬어서 여러 가지 강, 목, 과, 그리고 속을 차례로 만들었다.

　캄브리아기의 대폭발에 관한 책인 『경이로운 생명 *Wonderful life*』에서 스티븐 제이 굴드Stephen Jay Gould는 캄브리아기에서의 〈위로부터 아래로〉의 성질에 경이감을 표한다. 2억 4천5백만 년 전의 페름기의 멸종 때에 모든 종의 96퍼센트가 사라졌다. 그러나 멸종에 대한 반동으로 많은 새로운 종들이 진화하면서 아래로부터 위로 다양화가 이루어졌다. 즉 많은 새로운 과들과, 약간의 새로운 목들, 그리고 한 가지의 새로운 강이 생겨났으며, 새로운 문은 생기지 않았다.

　캄브리아기와 페름기의 폭발에 있었던 이 비대칭성에 대하여 많은 논란들이 있다. 앞으로 전개될 것이지만 나 자신의 의견은, 캄브리아기의 폭발은 자전거와 같이 전혀 새로운 발명이 유발하는 기술 진화의 그 초기 단계와 같다는 것이다. 커다란 앞바퀴에 작은 뒷바퀴가 있거나, 반대로 작은 앞바퀴에 커다란 뒷바퀴가 있는 자전거 등, 초기에 선보였던 그 우스운 형태들을 기억해보라. 크고 작은 변형들이 만들어지면서 온갖 형태의 자전거들이 유럽과 미국과 모든 곳으로 퍼져 나갔다. 주요한 기술 혁신이 있은 후에는 당분간 심각하게 다른 변형들은 쉽게 발견되지 않는다. 나중의 기술 혁신은 점차적으로 최적화된 고안으로 가는 적절한 개선책들로 한정될 뿐이다.

그래서 나는 다세포 생명이 처음으로 가능한 존재의 양식들을 시험해 보았던 것이 바로 캄브리아기였다고 생각한다. 테이프가 다시 돌려진다면 생물들이 가지치며 나갔던 특별한 분화들의 방향은 달라질 수 있다. 하지만 처음에는 과감했다가 나중에는 점점 세세한 것들을 손가락으로 만지작거리는 듯한 그 분화의 양상은 거의 법칙처럼 보일 것이다. 생물학적인 진화는 다윈이 가르쳤듯이 심히 역사적인 과정일 수 있지만 동시에 법칙과 같은 것일 수도 있다.

뒷장들에서 보겠지만, 생명의 나무에서 가지쳐 나가는 진화와 기술의 나무에서 가지쳐 나가는 진화 사이의 유사성은 공통된 주제를 드러낸다. 즉 복잡한 생물체의 진화와 복잡한 인조물(人造物)의 진화 양자는 모두 〈상충(相衝)하는 설계 기준들〉의 문제에 직면해 있다. 더 무거운 뼈는 몸을 더 강하게 하겠지만 민첩하게 나는 것을 더 어렵게 할 것이다. 마찬가지로 철골은 무거울수록 더 강하지만 이것을 사용한 전투기는 민첩하게 비행하는 것이 더 어려워질 것이다. 생물체이건 인조물이건, 상충하는 설계 기준들은 극도로 어려운 〈최적화〉 문제를 야기한다(최적화란 그 목적이 최상의 절충안을 찾는 데 있는 조작이다). 그런 문제들에서 미숙하게 고안된 주요 기술 혁신들은 새로운 주제에서의 과감한 변형에 의해 크게 개선될 수 있다. 대부분의 주된 혁신들이 시도됨에 따라 개선들은 곧 작아져서 단지 세세한 부분을 갖고 빈둥거리는 일들이 되어버린다. 만약 이런 식의 생각들이 사실이라면, 진화의 운율은 서투른 수선공인 우리 인간들이 창조한 인조물과 문화적 양상들의 진화에서 그 메아리를 들을 수 있을 것이다.

지난 5억 5천만 년 동안에는 무대에 잠시 출현했다가 쇠퇴해 가버린 잘 화석화된 많은 생명체들이 목격되어왔다. 종의 분화과 멸종은 거의 함께 일어난다. 실제로 최근의 증거들은 캄브리아기 동안에 종의 분화와 마찬가지로 멸종율도 최고였다는 것을 암시한다. 캄브리아기 후 1억 년에 걸쳐 종들의 평균적인 다양성은 일종의 대략적인 정상(定常)상태 수준에까지 이르렀다. 그러나, 아직도 그렇지만, 그 수준은 적절한 혹은 많은 수의 종, 속, 과들을 쓸어가 버리는 크고 작은 멸종 사태(沙汰)에 의해 항상 교란되었다. 이러한 많은 대이변들은 크고 작은 운석들에 의해 야기되었던 것 같다. 사실 공룡들의 종말과 일치하는 백악기 말기의 멸종 사태는 아마도 유카탄 반도 근처에 떨어진 불운한 대량의 운석들에 의해 야기되었을 것이다.

하지만 이 책에서 나는 다른 가능성을 탐구할 것이다. 종 전체를 쓸어버리는 데 항상 운석이나 외부로부터의 재난이 필요한 것은 아니다. 오히려 종 분화와 멸종은 종들의 사회의 자발적인 동역학을 잘 반영하는 것으로 보인다. 생존을 위해 투쟁하고, 자신과 공진화(共進化)하는 상대의 크고 작은 변화에 적응하려고 노력하는 바로 그것이 궁극적으로 어떤 종들을 멸종시키기도 하고 또 어떤 종들에 대해서는 살아나갈 새로운 둥지를 만들어주기도 한다. 그리고 크고 작은 돌발적인 분화와 멸종과 함께, 또한 오래된 것은 퇴출시키고 새로운 것은 영입하는 끊임없는 변화의 행렬 속에서 생명은 펼쳐진다. 이 관점이 옳다면, 생명이 돌출하고 소멸하는 양상들은 내생(內生)적이고 자연스러운 내적 과정에 의해 야기된다. 생태계들과 역사를 통해 사태(沙汰)처럼 쇄도하는 종 분화와 멸종의 이러한 양상은 어떤 식의 자기조직화이고, 어떤 집단석인 창발 현상이며, 우리가 찾는 복잡성의 법칙에 대한 자연의 어떤 식의 표현이다. 그리고 그 양상들이 이해가 될 때 그것들은 우리 모두가 참여해온 그 게임을 더 깊이 이해할 수 있게 해줄 것이다.

이 크고 작은 창조와 파괴의 사태들은 중요하다. 왜냐하면 지난 5억 5천만 년 동안 생명의 자연적인 역사는 온갖 수준에서 같은 현상의 메아리를 들어왔기 때문이다. 즉 생태계로부터 새로운 상품과 기술이 쇄도하여 옛것을 소멸시키는 기술적인 진화가 일어나는 경제계까지. 심지어 진화하는 문화계에서도 크고 작은 유사한 사태가 일어난다. 생명의 자연적인 역사에는 우리의 경제적, 문화적, 그리고 사회적 생활을 위한 새롭고 통합적인 지적 토대가 숨겨져 있을 것이다. 나는 이 책의 대부분을 그러한 끊임없는 변화를 설명하는 심오한 이론이 발견될 수 있다고 생각하는 근거들을 풀어내는 데 할애할 것이다. 나는 단세포에서 경제계에 이르는 생물권 안의 모든 적응하는 복잡계들의 운명은 질서와 혼돈 사이의 자연적인 상태로 진화하는 것이라고 생각한다. 이 균형잡힌 상태에서 등장 배우들은 각자의 생존을 위한 경쟁과 협력을 통해 비록 작은 규모이지만 자신에게는 최선인 어떤 선택들을 하게 된다. 그리고 그 선택의 결과로 공진화적 변화의 크고 작은 사태들이 만들어지고 이것은 계를 통해 전파된다. 우리는 최선을 다하지만 결국 우리 자신의 최선의 노력이 야기하는 어떤 예상할 수 없는 결과에 의해 무대 밖으로 밀려나게 된다는 것을 나는 보여줄 것이다. 우리는 태양 앞의 한 자리에 설 것이다. 혼돈의 가장자리에서 균형을 잡고, 태양 빛 안에서 한참 동안을, 그러나 시야에서 사라지기 전까지 아주 짧은 시간 동안만 존재할 수 있을 것이다. 언젠가 어떤 훌륭한 극작가가 말했듯이, 예고되지 않은 많은 배우들이 각자의 무대 위에서 자기에게 주어진 시간 동안 뽐내기도 하고 불안해서 안달하기도 하며 나왔다가 들어갈 것이다. 그러면서도 미소 짓는 아이러니가 우리의 운명이다.

개구리, 고사리, 새, 선원, 상류층 사람 등, 우리 모두는 생명을 영위한다. 콩과 식물의 뿌리와 질소를 고정시키는 박테리아가 서로에게 필요한 영양분을 주고받는 것과 같은 대사의 상리(相利) 공생에서부터 거대한 제약회사와 조그만 생물공학 회사 사이의 최근의 연구 제휴 관계에 이르기까지, 우리 모두는 일용할 양식을 얻기 위해 우리가 갖고 있는 것을 다른 사람들에게 팔기도 하고 교환하기도 한다. 새로운 종이 생겨나면 자신을 먹이로 하거나, 자신의 먹이가 되고, 또는 같이 공생할 다른 종들에게 둥지들도 한두 개씩 만들기도 하는 캄브리아기의 싹트는 다양성은 경제계의 싹트는 다양성과 어느 정도 비슷해 보인다. 경제에서는 새로운 상품이나 용역이 다른 상품이나 용역들을 위한 둥지를 만들고 그로 인해 그것들을 공급하는 사람들을 먹여 살린다. 우리는 모두 자신의 것을 다른 사람들과 교환하고 있다. 우리 모두는 생명을 영위해야만 한다. 어떤 일반적인 법칙들이 이 모든 활동을 관장하고 있을까? 캄브리아기의 폭발로부터 폭발적인 속도로 거듭되는 기술 혁신이 미래의 물결이 밀려오는 수평선을 훨씬 더 가깝게 불러오는 우리의 포스트모더니즘적 기술시대에 이르기까지, 이 많은 현상들을 관장하는 어떤 일반적인 법칙들이 있을까? 그 가능성이 바로 내가 이 책에서 탐구하고자 하는 것이다.

생명의 법칙들

이 모든 활동, 복잡성, 그리고 의기양양함은 어디로부터 왔는가? 물리학자들이 옳다면, 이 모든 다양성은 케플러와 갈릴레오가 교회를 너무 앞서가기 시작한 이래 끊임없이 물리학자들이 탐구해온 기본 법칙들의 결과로서만 이해될 수 있다. 과학의 가장 심오한 희망인 기본 법칙을 향한 탐구가 무엇을 의미하는 것인지 깊은 관점에서 고려되어야 한다. 그것은 바로 과학에 있어 환원주의의 이상이다. 스티븐 와인버그Steven Weinberg가 최근 그의 책 제목으로 사용했듯이, 그것은 〈최후의 이론을 향한 꿈dream of a final theory〉이다. 고대인의 탐구에 관한 와인버그의 묘사는 진지한 것이다. 우리는 환원주의자의 설명을 찾는다. 경제적 그리고 사회적 현상은 인간의 행동들로 설명되어질 것이다. 그 다음에 그 행동은 생물학적 과정들로 설명되고, 다음에 생물학적 과정들은 화학적 과정들로, 화학적 과정들은 다시 물리적인 과정들로 설명되어질 것이다.

　많은 이들이 환원주의적 프로그램의 타당성에 대해 말해왔다. 그러나 우리 모두가 동의할 수 있는 것들은 이런 정도다. 즉 우리가 만약 최후의 이론을 발견한다면, 그것은 과제를 막 시작한 것과 같을 것이다. 왜냐하면 그 기본 법칙을 카라라 대리석으로 된 어떤 기념비에 새겨 영원히 남기거나, 혹은 물리학자 레온 레더만Leon Lederman의 제안처럼 티셔츠의 앞쪽에 쓰기라도 해야 할 그 진실로 숭고한 날에는, 우리들은 이제 그 법칙의 결과들을 계산하기 시작해야만 할 것이기 때문이다.

　환원주의적 프로그램의 후반부를 우리가 수행할 수 있을지 희망이라도 할 수 있을까? 과연 우리 앞의 생물권을 이해하는 데 그 법칙들을 사용할 수 있을까? 우리는 설명하는 것과 예측하는 것을 구별하는 문제에 직면해 있다. 조수의 시간표는 예측은 하지만 설명은 못한다. 뉴턴의 이론은 예측하고 설명한다. 많은 생물학자들은 다윈의 이론이 설명은 하지만 예측에는 약하다고 생각한다. 물리학 최후의 이론도 마찬가지로 설명은 잘 하겠지만 상세한 예측은 못할 것이 거의 확실하다. 예측에 실패한다는 것은 최소한 두 가지 근거에서 미리 예견될 수 있다. 그 첫째는 아원자 수준에서 근본적인 비결정성을 보장하는 양자역학이다. 예를 들어 무작위한 양자역학적 사건이 디옥시리보핵산(DNA) 분자들에 돌연변이를 야기할 수 있듯이, 그 비결정성이 거시적 결과들을 주기 때문에 우리는 분자나 그 이상의 수준에서 일어나는 사건들을 구체적으로 예측하는 것이 근본적으로 불가능한 것으로 보인다. 예측이 어려운 두번째 근거는 현재 카오스 Chaos 이론으로 알려진 수학 분야에서 찾을 수 있다. 그 중심적인 착상은 간단해서, 리우Rio[12]에 있는 나비의 날갯짓이 시카고의 날씨를 변화시킨다는 소위 나비효과에 집약되어 있다. (나는 시카고에 살았고 개인적으로는 그런 것들이 기후를 변화시킬 수 없으리라고 생각한다.) 누구라도 이 예를 이야기할 때는 항상 똑같은 나비를 사용하는 것 같다. 하지만 개념적으로 큰 비약을 해서 오마하Omaha[13]의 나방이나 시보이건Sheboygan의 찌르레기 같은 어떤 다른 예를 상상해도 무방할 것이다. 날개를 가진 어떤 놈이 책임이 있든, 중요한 점은 혼돈계에서는 아무리 작은 변화라도 크게 증폭된 영향을 줄 수 있다는 것이며 또한 이런 현상이 전형적이라는 것이다. 그래서 이 민감성은, 찌르레기가 얼마나 빨리, 어떤 각도로, 그리고 정확하게 어떻게 날개를 퍼덕였는지와 같은 상세한 초기 조건들이 무한한 정밀도로 주어져야만 미래의 결과를 예측할 수 있다는 것을 암시한다. 그러나 실제적인 면이나 또는 양자역학적인 면에서도 그런 무한한 정밀도는 불가능한 것이다. 따라서 자주 듣는 얘기지만, 혼돈계에 대해서는 장기 예측을 할 수 없다. 예측할 수 없다는 것이 이해할 수 없거나 설명할 수 없다는 것을 의미하지 않는다는 것에 다시 한번 주의하자. 정말로 우리가 혼돈계를 지배하는 방정식을 알고 있다고 확신한다면, 계의 장기간의 거동을 상세하게 예측할 수 없는 우리의 부족함을 인정하는 것을 포함해서 우리가 계의 거동을 이해한다고 해야 할 것이다.

우리가 그 마지막 이론을 갖고서도 일반적으로 또한 원리적으로 상세한 예측을 하는 것이 불가능한 경우들이 있다면 우리는 무엇에 대해 희망을 가져야 할까? 언젠가 디자인 감각을 표현하는 데 있어서 나보다 뛰어난 어떤 실내 장식가의 말을 상당히 흥미 있게 경청한 적이 있다. 나는 그에게서 〈그런 종류의 것이지요〉라는 상당히 쓸모 있는 말을 배웠다. 이제 우리가 상세한 것들을 예측할 수 없는 경우도 포함해서 상당히 보편적으로 쓸모 있게 사용할 수 있는 말이 여기 있다. 바로 우리는 〈종류〉를 예측할 수 있다는 희망을 아직 가질 수 있다는 것이다. 나중에 그 의미를 좀더 정확하게 하겠지만, 여기서 말하는 희망은 전형적이거나 일반적이며 계의 세부적인 것에 의존하지 않는 계의 성질들의 집합들을 특성화하는 것에 있다. 예를 들면, 물이 얼 때 우리는 물 분자들이 어디에 있는지는 말할 수 없지만 전형적인 얼음 덩어리에 대해서는 많은 것을 얘기할 수 있다. 그 얼음 덩어리는 특징적인 온도, 색깔, 그리고 강도 등, 그것이 만들어진 상세한 경로에 의존하지 않는 〈강건 robust〉[14]하고 〈일반〉적인 특성들을 갖고 있다. 생물체나 경제계들과 같은 복잡계들도 마찬가지일 것이다. 상세한 것들은 알 수 없지만 그럼에도 불구하고 우리는 그런 일반적인 성질들을 설명하고자 하는 이론들을 만들 수 있다.

이론 과학의 진보는 종종 흥미로운 현상에 대한 유용하고 간결한 기술 방법들을 찾는 것을 기반으로 해왔다. 단순화된 기술(記述)은 그 현상의 모든 성질들이 아니라 바로 근본적으로 중요한 것들만 집약한다. 쉬운 예로 괘종시계의 진자, 혹은 좀더 근사하게 말하면 조화진동자를 들 수 있다. 그 진자는 길이, 질량, 색깔, 표면의 도안, 다른 물체로부터의 거리 등등으로 묘사될 수 있을 것이다. 그러나 주기적인 운동의 근본적인 성질을 이해하는 데는 길이와 질량만이 중요하고 나머지는 중요하지 않다. 통계역학은 복잡한 계를 간결하세 기술하기 위하여 통계적으로 평균을 취한, 따라서 전형적이고 일반적인 성질들을 사용하는 또 하나의 가장 명확한 예이다. 온도와 압력은 평형 상태에서 기체가 갖는 평균적인 성질들로서, 전형적으로 개개 분자들의 세부적인 거동에 대해서는 둔감한 성질들이다.

통계역학은 세부적인 것들에 둔감한 복잡계의 성질들에 대한 이론을 우리가 만들 수 있다는 것을 예증한다. 그러나 기체의 통계역학은 상대적으로 간단한 것이다. 모든 기체 분자들이 똑같은 뉴턴의 운동 법칙을 따르고, 우리는 단지 그 기체 분자들의 평균적이고 집단적인 운동만을 이해하고자 하기 때문이다. 즉 우리에게 익숙한 통계역학은 단순하고 무작위적인 계들을 주로 다룬다. 하지만 생물체들은 그런 단순한 계가 아니라 거의 40억 년을 진화해온 매우 복잡하고 비균질적인 계이다. 살아 있는 복잡계의 세부적인 것들에 의존하지 않는 주요한 생물학적 성질들이 존재한다는 것을 발견하는 것은 생물학적인 질서에 관한 심오한 이론을 만들고자 하는 희망의 핵심이다. 만약 생물체의 모든 특성이 그것의 구조와 논리에 관한 모든 세부적인 것들에 의존하고, 또 생물체들이 다른 어떤 생물체를 구성하는 임의의 부품들이며, 이런 포함 관계가 계속되는 것이라면, 생물권의 경이를 이해하고자 할 때 우리가 마주칠 인식론적 문제들은 엄청난 양이 될 것이다. 그러나 대신에, 만약 그 현상의 가장 중요한 핵심이 모든 세부적인 것들에 의존하지 않는다면, 우리는 아름답고 심오한 이론들을 발견하기를 희망할 수 있다. 예를 들어 수정란에서 성체로의 성장을 의미하는 개체 발생은 각 세포 안에 있는 유전자들과 유전자들의 생성물들로 이루어진 회로망에 의해 제어된다. 만약 개체 발생의 전개가 그 회로망의 작고 세부적인 것들에 의존한다면 생물체에서의 질서를 이해하기 위해서는 그 모든 것들을 알아야 할 것이다. 그 대신에 나는 뒷장들에서, 발생 과정에서 관찰되는 질서의 대부분이 상호작용하는 유전자들의 회로망이 어떻게 꿰어 있는지에 거의 관계없이 이루어진다고 생각할 수 있는 강력한 근거들을 제공할 것이다. 그러한 질서는 강건하고 창발적이며 자발적인 구조가 집단적으로 결정화된 것이라고 할 수 있다. 이것이 바로 우리가 세부적인 것들과 무관하게 설명하게 되기를 바라는, 기원과 특성을 가진 질서이다. 이것이 바로 자연선택이 작용하여 만들려고 하는 자발적인 질서이다.

그러한 특성들에 대한 탐구가 근본적인 연구 전략으로 대두되고 있고 나도 이 책에서 그런 전략을 많이 사용할 것이다. 이런 전략 하에서는 창발하는 일반적인 성질들을 설명하고 이해하고 심지어 예측하게 되는 것을 희망할 수 있지만, 상세한 것까지 예측하려는 꿈은 포기해야 한다. 우리가 조사하려는 예들은 화학물질들의 복잡계에서 창발하는 집단적인 성질로서의 생명의 기원과, 다른 유전자들을 서로 제어하는 복잡한 유전자 회로망에서 창발되는 성질로서 수정란에서 성체로의 발생, 그리고 생태계에서 멸종과 분화의 크고 작은 사태를 만들면서 공진화하는 종들의 거동 등을 포함한다. 이 모든 경우에 있어 창발하는 질서는 계들의 세세한 구조와 기능에 의존하지 않고, 강건하고 전형적인 계의 성질들에만 의존한다. 엄청나게 다른 조건들에서도 질서는 거의 참지 못하고 스스로를 드러낸다.

그러나 그런 창발하는 질서의 법칙들이 (과연 그것들이 훗날 발견된다면) 다윈주의의 무작위한 돌연변이와 기회주의적인 자연선택과는 어떻게 조화될 것인가? 어떻게 생명이 우발적이고 비예측적이고 우연적이면서 동시에 일반적인 법칙들을 따를 수 있을까? 생각해 보면 역사에서도 똑같은 질문이 나온다. 다만 역사학자들이 일반적인 법칙에 대한 기대를 갖지 않는다는 점에서 다를 뿐이다. 나는 물론 역사학자는 아니지만 그럼에도 불구하고 제안할 것이 있을지도 모른다. 왜냐하면, 가장 일반적인 관점에서 보았을 때, 세포, 생물체, 경제계, 사회공동체 등과 같은 살아 있는 계들이 모두 법칙과 같은 성질들을 보일 수 있는 희망이 있기 때문이다. 그러면서도, 그 가능할 것 같지 않은 것이 더욱 경외스럽긴 하지만, 아름다운 역사적인 레이스 세공들로 장식된 놀라운 세세함까지도 보일 수 있다는 가능성이 있기 때문이다.

그래서 우리는 정문 위에 새겨 놓은 문장으로 다시 돌아간다. 〈이 모든 부글거리는 활동과 복잡성과 의기양양함은 어디로부터 오는가?〉 우리 주위와 우리가 보는 생명체에서 이 질서가 내재한 복잡성이 발현하는 것, 생명체들이 구축하는 생태계, 곤충으로부터 영장류에 이르기까지의 많은 사회들, 실제로 우리에게 일용할 양식을 줄뿐만 아니라 애덤 스미스Adam Smith로 하여금 〈보이지 않는 손〉이라는 개념을 만들게 했던 경제계의 경이로움, 이런 것들을 이해하고자 하는 것이 우리가 추구하는 것이다. 나는 생물학 박사이다. 나는 내 연구가 생명의 기원과 그 후의 진화를 이해하는 데 도움이 될 것이라고 낙관한다. 나는 물리학자는 아니다. 나는 우주의 진화에 대한 과감한 추정을 전개할 정도로 용감하지는 않다. 그러나 나는 궁금해한다. 이 모든 부글거리는 활동과 복잡성은 어디서부터 오는가? 궁극적으로 그것은 우주의 자연스러운 표현이다. 그것은 특색도 없

는 그저 균일한 기체 분자들의 덩어리가 아니라 복잡성을 형성케 하
는 상이점과 잠재성을 갖고 있는 이 비평형 상태의 우주가 표현하는
것이다. 150억 년 전 대폭발의 섬광은 팽창하는 우주를 낳았다. 하지
만 결코 대붕괴 Big Crunch로 서로를 향해 떨어지게 될 것 같지는 않
다. 이 우주는 가장 안정된 원자 형태인 철과 비교해서 너무 많은 수
소와 헬륨 원자들로 채워진 비평형 우주이다. 아직 어떤 존재도 전
혀 형성되지 않았을 여러 가지 크기의 은하들과 은하의 군집들로 이루
어진 우주이다. 일을 하는 데 사용될 수 있는 자유 에너지 free energy[15]
가 놀라울 정도로 풍부한 우주이다. 우리 주위의 생명은 그 자유 에
너지가 어떤 식으로 여러 가지 형태의 물질과 결합한 자연스러운 결
과임에 틀림없다. 어떤 식으로? 그건 아무도 모른다. 그러나 우리는
과감히 그 길을 향해서 가설들을 이어갈 것이다. 이것은 그저 과학
적인 탐구는 아니다. 여기에는 지난 300만 년 동안에 언젠가 작은 모
닥불 주위에서 처음으로 추구했던 신비로운 소망과 신성의 핵심이
있다. 이것은 우리 인간의 뿌리를 찾는 탐구의 길이다. 우리가 아직
알지 못하는 방법들에 의해서 비평형계 안에서 서로 결합된 물질과
에너지의 자연스러운 표상이 우리 자신이라면, 만약 그 다양한 생명
들이 극미한 확률로 일어난 우연이 아니라 예상된 자연적인 질서에
의해 생겨나도록 되어 있었다면, 우리는 우주 안에서 진실로 편안함
을 느끼는 존재가 될 것이다.

　물리학자, 화학자, 생물학자들은 질서가 나타나는 두 가지의 주된
양상을 잘 알고 있다. 첫째는 최소 에너지를 갖는 평형계의 양상이
다. 그것의 쉬운 예는 그릇 안에서 구르는 구슬이다. 구슬은 바닥을
향해 구르다가 바닥 근처에서 조금씩 흔들거리다가는 결국 바닥에서
멈춘다. 그곳은 구슬의 위치 에너지가 최소가 되는 지점이다. 중력

으로 얻은 운동 에너지는 마찰에 의해 열로 소실되었다. 구슬이 일단 그릇 바닥에 위치하여 평형 상태에 있게 되면, 그 공간적인 질서를 유지하는 데는 더 이상의 에너지를 인가할 필요가 없다. 생물학에도 비슷한 예들이 많이 있다. 바이러스는 DNA, 혹은 리보핵산 (RNA) 분지 가닥들로 구성된 복잡한 분자계이다. DNA 혹은 RNA 분자 가닥들은 핵을 형성하고 그 주위에서 꼬리선, 머리 구조, 그리고 다른 특성들을 형성하는 다양한 단백질들이 조립된다. 적당한 용액 환경에서, 그릇 안의 구슬처럼 자신의 최소 에너지 상태를 찾으면서, 바이러스는 자신의 DNA나 RNA 분자 그리고 단백질 성분들로부터 스스로 조립된다. 바이러스가 일단 형성되면 그것을 유지하는 데 더 이상의 에너지가 요구되지 않는다.

　질서가 나타나는 두번째 방법에서는 그 질서 구조를 유지하기 위하여 질량이나 에너지 혹은 양자가 모두 지속적으로 공급되어야 한다. 그릇 안의 구슬과는 달리 그러한 계들은 비평형 구조를 갖는다. 욕조의 물이 배수구를 통해 빠져나갈 때 생기는 소용돌이가 쉬운 예이다. 이 비평형 소용돌이는 일단 생기고 난 후에 물을 계속해서 공급하고 배수구를 열어두면, 오랜 시간 동안 안정된 상태로 유지될 수 있다. 지속되는 비평형 구조의 가장 놀라운 예는 거대한 행성 목성의 대기권 상층에 있는 소용돌이인 대적점(大赤點, Great Red Spot) 이다. 기본적으로 폭풍인 대적점 소용돌이는 최소한 몇 세기 동안 존재해왔다. 그래서 대적점의 수명은 기체 분자 각각이 그 안에서 머무르는 평균 시간보다 훨씬 더 길다. 그것은 물질과 에너지의 흐름 속에서 존재하는 물질과 에너지의 안정된 조직이다. 일생 동안 그 분자 성분들이 많이 교환되는 인체 조직과의 유사성이 흥미를 자아낸다. 목성의 대적점이 살아 있는 것으로 간주될 수 있는지, 아니라면 왜 아닌지에 대한 놀랄 만큼 복잡한 논란이 있을 수 있다. 좌우 간 대적점은 어떤 의미에서 지속적이면서 환경에 적응한다. 또한 아기 소용돌이들을 낳기도 하는 것이 관찰되었다.

대적점과 같은 비평형 질서를 가진 계들은 물질과 에너지의 계속적인 확산에 의해 유지된다. 그래서 노벨상 수상자인 일리아 프리고진 Ilya Prigogine은 수십 년 전에 이를 확산 구조라고 이름지었다. 이러한 계들은 엄청난 주목을 받아왔다. 그 이유는 부분적으로 평형 열역학과의 대조에 있다. 평형 열역학적인 계의 평형 상태는 최소한의 질서만이 있는 가장 가능성이 높은 상태로 계가 와해되는 것과 연관이 된다. 확산계에서는 계를 통한 물질과 에너지의 흐름이 질서를 만들어내는 구동력이다. 부분적으로 흥미로운 것은 자유 생명계 free-living system가 확산 구조이며 복잡한 신진대사의 소용돌이라는 자각이다. 여기서 나는 자유 생명계와 바이러스들을 조심스럽게 구별하고 있다. 바이러스는 자유 생명체라기보다는 자기 복제를 위해서 다른 세포들을 침범하는 기생 생물이다. 박테리아에서 파리에 이르기까지 잘 알려진 모든 자유 생명계들은 세포로 구성되어 있다. 세포는 최소 에너지를 갖는 구조가 아니다. 세포들은 계속해서 가동되는 복잡 화학계로서 끊임없이 먹이 분자들을 대사하고, 내부의 구조를 유지하면서, 또 자기복제를 한다. 그래서 세포들은 비평형 확산 구조들이다. 흥미롭게도 최소 에너지 구조일 가능성이 높은 포자 형태의 생물과 같은 어떤 단순한 세포들은 대사를 하지 않는 휴면 상태로 들어갈 수 있다. 그러나 대부분의 세포들에 대해서 평형은 죽음을 의미한다.

모든 자유 생명계들이 비평형계이고 실제로 생물권 자체가 태양의 복사에 의해 구동되는 비평형계이기 때문에, 모든 비평형 계의 거동을 예측하는 일반적인 법칙을 도출하는 것이 가능한가 하는 문제는 매우 심오한 중요성을 가질 것이다. 불행히도 그러한 법칙들을 찾으려는 노력들은 아직까지 성공한 적이 없다. 어떤 이들은 그런 법칙들이 결코 발견되지 않을 것이라고 믿는다. 과거 실패의 이유는 우리가 영리하지 못했기 때문이 아니라 잘 정립된 수학 분야인 계산 이론theory of computation이 주는 당연한 결과일지도 모른다. 이 아름다운 이론은 효율적인 계산 알고리듬algorithm이라 불리는 것들을 다룬다. 알고리듬은 주어진 문제의 답을 만들어내는 과정들의 집합이다. 한 예가 우리 대부분이 대수학에서 배운 이차방정식의 해를 구하는 알고리듬이다. 나만 배웠던 것이 아니라 우리 반 전체가 이차방정식을 기계적으로 풀 수 있도록 달달 외웠다. 간단히 말하자면 알고리듬은 주의를 기울인다면 어떤 멍청이도 수행할 수 있는 것이다. 컴퓨터는 바로 그런 멍청이이고 컴퓨터 프로그램이란 바로 그런 알고리듬이다.

계산 이론에는 심오한 정리들이 많이 있다. 가장 아름다운 것들은 이런 정리들이다. 어떤 알고리듬은 그것의 결과를 예측하는 대부분의 경우, 단순히 그 알고리듬을 실행해서 그것이 단계적으로 보이는 작용들과 상태들을 지켜보는 것보다 더 간결한 방법이 존재하지 않는다. 즉 그 알고리듬 자체가 자기 자신을 가장 간결하게 묘사하는 것이다. 전문적인 말을 빌리자면, 그 알고리듬은 비압축적이라고 한다.

모든 비평형계의 세부적인 거동을 예측하는 일반적인 법칙은 없다는 주장에 이어지는 다음 단계는 간단하다. 실제 물질들로 만들어졌으며 벽의 전기 소켓에 연결된 실제의 컴퓨터들은 앨런 튜링Alan Turing이 만능 계산기universal computational system라고 불렀던 것들이다. 그는 무한히 긴 기억 테이프가 있으면 만능 계산기가 어떤 알고리듬도 다 수행할 수 있다는 것을 보였다. 실제의 컴퓨터는 비평형계로 볼 수 있다. 항상적인 에너지 공급원이 있으면 컴퓨터는 그 에너지를 사용하여 실리콘 칩들에서 여러 가지 양상으로 디지털 신호를 처리하면서 계산을 수행할 수 있다. 그러나 계산 이론이 말해 주는 것은, 그런 기계는 자기 자신의 가장 간결한 기술에 따라 거동할 것이라는 것이다. 그래서 실제의 물리계가 무엇을 하려는 것인지를 예측하는 가장 간결한 방법은 단순히 그것을 지켜보는 수밖에 없다는 것이다. 그러나 물리 이론들의 목적은 바로 더욱 간결하고 압축된 방법으로 물리계의 알고리듬을 기술하려는 데 있다. 모든 순간에 대한 각 행성들의 위치를 써 놓은 목록 대신에 케플러의 법칙이 있는 것처럼. 하지만 그런 실제 물리계 컴퓨터는 비평형계이기 때문에 우리는 모든 가능한 비평형계의 세부적인 거동을 예측하는 일반적인 법칙을 가질 수 없을 것이다. 세포, 생태계, 그리고 경제계도 역시 실재하는 비평형계들이다. 이들 역시 자신의 가장 간결한 기술에 따라 거동할 것이다.

생명에 관한 법칙이 있을 수 있는지를 고려할 때 많은 생물학자들은 단호하게 없다고 대답을 할 것이다. 다윈은 우리에게 〈변형이 있는 세습〉[16]에 대해서 가르쳤다. 현대 생물학은 자신을 철저한 역사과학이라고 본다. 잘 알려진 유전자 암호, 척추동물의 척주(脊柱) 등 생물체들이 공유하는 특성들은 배후에 있는 어떤 법칙의 표상이 아니라, 쓸모 있는 부품으로서 자손대대로 전해지는, 즉 한번 발견되면 그 이후로 가지쳐 나가는 모든 자손들에게도 고착되는 쓸모 있는 우연한 것들로 보여질 뿐이다. 생물학이 〈변형이 있는 세습〉 이상의 법칙들을 발견할지는 결코 명백하지 않다. 그러나 나는 그런 법칙들이 발견될 수 있다고 믿는다.

우리는 우리 주위의 생물권 내에 존재하는 질서를 이해하길 원한다. 또 우리는 질서가 그릇 안의 구슬이나 바이러스와 같은 최소 에너지의 평형 상태와, 물질과 에너지를 받아들이고 내놓으면서 질서를 유지하는 살아 있는 소용돌이와 같은 비평형 확산 구조 둘 다를 반영하는 것을 보았다. 그러나 아직도 우리의 길을 가로막고 있는 적어도 세 가지 어려움이 있다. 첫째, 양자론은 분자 현상을 상세하게 예측하는 것을 방해한다. 최종적인 이론이 무엇이든 이미 수많은 양자 주사위가 세상의 세부적인 상태를 예측하기 위해서 던져졌다. 둘째, 설사 고전적 결정론이 맞는다 하더라도 카오스 이론은 초기 조건의 매우 사소한 변화가 혼돈계의 거동을 심각하게 바꿀 수 있다는 것을 보여준다. 실질적인 의미에서 상세한 거동을 예측할 수 있도록 충분한 정밀도로 초기 조건을 아는 것은 일반적으로 불가능할 것이다. 마지막으로, 계산 이론은 비평형계가 알고리듬을 수행하는 컴퓨터로 간주될 수 있다는 것을 암시하는 것 같다. 광대한 범위의 그런 알고리듬들에 대해서 법칙이나 더 간결한 방법으로 그 거동을 기술하는 것은 불가능하다.

생명의 기원과 진화가 더 압축될 수 없는 컴퓨터 알고리듬과 같은 것이라면, 생명이 전개하는 모든 세부적인 것들을 예측하는 간결한 이론은 원리적으로 있을 수 없다. 대신에 우리는 그저 뒤로 물러서서 그 행렬을 지켜봐야만 한다. 나는 이 직관이 옳다는 것이 증명될 것이라고 생각한다. 진화 자체가 비압축적인 알고리듬과 깊은 유사성이 있을 것이라고 나는 생각한다. 그것의 세부를 알아야 한다면, 우리는 그저 경이롭게 지켜보면서 수많은 실개울로 분화되는 생명들과 그것들이 갖는 수많은 종류의 분자들과 형태학적인 세부들을 세고 또 세어보는 수밖에 없을 것이다.

그러나 진화가 그런 비압축적인 과정이라는 것이 사실이라고 해서 그 예측할 수 없는 흐름을 관장하는 심오하고 아름다운 법칙들을 우리가 발견할 수 없다는 것은 아니다. 왜냐하면 생물체와 그들의 진화에 관한 많은 특성들이 매우 강건하고 세부적인 것에 의존하지 않을 것이라는 가능성을 배제할 수 없기 때문이다. 내가 믿는 것처럼, 그런 강한 성질들이 많이 존재한다면, 심오하고 아름다운 법칙들이 생명의 발현과 생물권의 개체들을 관장할 것이다. 결국 우리가 여기서 추구하는 것은 반드시 세부적인 예측이라기보다는 설명이다. 우리는 결코 생명의 나무가 어떻게 가지치는가를 정확히 예측할 수 있게 되기를 기대하지 않는다. 그러나 그 나무의 일반적인 모양을 예측하고 설명하는 강력한 법칙은 찾을 수 있다. 나는 그런 법칙들을 갈망한다. 우리는 결코 생명의 나무에 관한 정확한 분화를 예측하길 바랄 수는 없지만, 그들의 일반적인 형태를 예측하고 설명하는 강력한 법칙을 밝혀낼 수 있다. 나는 그런 법칙들을 기대한다. 심지어 나는 우리가 지금 그런 몇 가지의 법칙들에 대한 윤곽 그리기를 시작할 수 있기를 감히 기대한다. 더 나은 일반적인 말이 없기 때문에 나는 이러한 노력들을 창발 이론에 대한 탐구라고 부른다.

저절로 생기는 질서

생물학의 거대한 수수께끼는, 생명이 어떻게 해서든 발현되었고, 우리가 보는 질서가 실현되었다는 것이다. 창발성에 관한 이론은 창문 밖으로 보이는 저 놀라운 질서의 창조를 어떤 배후에 있는 법칙의 자연스러운 표상으로 설명하고자 할 것이다. 또한 그것은 우리 인간이 극히 예외적인 우연한 존재라기보다는, 우주 안에서 편안함을 느낄 수 있는 기대되었던 존재라는 것을 우리에게 말해줄 수 있을 것이다.

어떤 단어나 구절들은 우리가 기억을 떠올리게 하기도 하고, 심지어는 자극적이기도 하다. 창발이라는 단어가 그렇다. 우리는 창발의 개념을 대개 문장으로 표현한다. 〈전체는 그 부분들의 합보다 더 크다.〉이 문장은 자극적이다. 부분들에는 없는 것이 어떻게 전체 안에는 추가적으로 있을 수 있겠는가? 나는 생명 그 자체가 창발하는 현상이라고 믿지만, 이 단어로 어떤 신비한 것을 의미하려는 것은 전혀 아니다. 나는 2장과 3장에서, 충분히 복잡한 화학 분자들의 혼합물들이 자발적으로 어떤 계를 조직화할 수 있다는 것을 믿을 만한 훌륭한 이유들을 제시하기 위해 고심할 것이다. 그 계에서는 그 분자들이 형성되는 화학적 반응의 회로망을 그 분자들 자신이 집단적으로 촉매한다. 그런 집단적인 자기촉매 집합들은 그들 스스로를 유지하고 자기복제를 한다. 이것은 우리가 살아 있는 물질대사라고 부르는, 즉 우리의 세포 각각에 에너지를 주는 얽히고설킨 화학 반응들 바로 그것이다. 이 관점에서 생명이란 생물 이전 단계의 화학계에서 다양한 분자들의 복잡한 정도가 어떤 문턱치를 넘어서 증가할 때 나타나는 창발 현상이다. 이것이 사실이라면, 생명은 세부의 개개 단일 분자가 갖는 성질들에 있는 것이 아니라, 상호작용하는 분자들의 계가 갖는 집단적인 성질이다. 이 관점에서 생명은 전체로서 창발했고 항상 전체로서 존재해 왔다. 이 관점에서 생명은 그 부분들 안이 아니라, 그 부분들이 만드는 전체가 집단적으로 창발하는 성질들에 들어 있다. 비록 창발하는 현상으로서의 생명이 심오하더라도 생명의 근본적인 전체성과 창발성은 전혀 신비로운 것이 아니다. 분자들의 집합은 어떤 간단한 먹이 분자들로부터 그들 자신의 형성과 자기복제를 촉매할 수 있는 성질을 가질 수도 있고 갖지 않을 수도 있다. 창발하며 자기복제를 할 수 있는 전체에는 어떤 생명을 불어넣는 힘이나 추가적인 물질이 있는 것은 아니다. 그러나 집단적인 계는 자신의 어느 부분도 갖고 있지 않은 놀라운 성질을 갖고 있다. 그것은 스스로를 재생산할 수 있고 진화할 수 있다. 집단적인 계는 살아 있다. 그것의 부분들은 그저 화학물질일 뿐인데도 말이다.

생물학적인 질서에서 가장 경외로운 것 중의 하나가 성체의 발생 과정인 개체 발생이다. 사람에 있어 이 과정은 한 개의 세포인 수정란, 혹은 접합자zygote에서 시작한다. 접합자는 대략 50회의 세포 분열을 거쳐, 신생아를 형성하는 데 필요한 대략 1,015개의 세포를 만들어낸다. 동시에 한 종류의 세포인 접합자가 간세포, 신경세포, 적혈구, 근육세포 등 성체에 있는 대략 260가지의 종류의 다른 세포 양식들로 분화한다. 발생을 조절하는 유전자 명령들은 세포의 핵 안에 있는 DNA에 담겨 있다. 이 유전자계는 약 3-4만 개의 다른 유전자들을 갖고 있고,[17] 각각은 다른 단백질을 암호화하고 있다. 놀랍게도 모든 세포 종류들에서 유전자의 집합은 실질적으로 동일하다. 세포들이 다른 것은 세포 안에서 활성화되는 유전자들의 집합이 달라서 다른 종류의 효소와 단백질들을 만들기 때문이다. 예를 들면, 적혈구에는 혈색소가 있으며, 근육세포에는 근육섬유를 형성하는 액틴 actin과 미오신myosin이 많이 있다. 개체 발생의 마술은 유전자와 그들의 RNA와 단백질 생성물이 복잡한 회로망을 구성해서 놀랄 만큼 정확한 방법으로 서로의 활성 상태를 켰다 껐다 한다는 사실에 있다.

우리는 이 유전자계를 복잡한 화학적 컴퓨터로 생각할 수 있다. 하지만 이 컴퓨터는 한 번에 하나의 작업을 수행하는 흔한 직렬처리 컴퓨터와는 다르다. 유전자 컴퓨터계에서는 많은 유전자와 그들의 생성물들이 동시에 활동한다. 따라서 계는 일종의 병렬처리 화학 컴퓨터이다. 발생하는 배(胚)의 나른 종류의 여러 가시 세포 양식들과 발생 경로는 어떤 면에서 이 복잡한 유전자 회로망의 거동을 표현한 것이다. 현존하는 생물의 개개 세포 내에 있는 그 회로망들은 최소한 10억 년에 걸친 진화의 결과이다. 다윈주의의 신봉자들인 대부분의 생물학자들은 개체 발생에 관한 질서가 진화에 의해 분자 연마기로 갈고 조금씩 수정을 함으로써 생긴다고 추측한다. 나는 반대되는 논제를 제시한다. 즉 개체 발생이 보이는 아름다운 질서의 대부분은 자발적인 것으로, 매우 복잡한 조정 회로망들에서 풍부하고 놀라운 자기조직화의 자연스런 표상이다. 우리는 심각하게 잘못 이해하고 있었던 것 같다. 광대하고 발생적인 질서는 자연스럽게 일어나는 것이다.

유전자 회로망에서 창발하는 질서는 진화론에서 개념적 갈등, 아니 아마도 개념적인 혁명까지도 예고한다. 이 책에서 나는 생물체에서 보이는 질서의 대부분은 전혀 자연선택의 결과가 아니라 자기조직화 계에서 나타나는 자발적인 질서의 결과일 것이라고 제안한다. 광대하고 발생적인 질서, 엔트로피의 조류(潮流)와 싸워서 얻는 것이 아니라 저절로 얻게 되는 질서는 뒤따르는 모든 생물학적 진화를 뒷받침한다. 생물체의 질서는 단지 자연선택이 성취한 뜻밖의 승리가 아니라 자연스리운 것이다. 예를 들어, 나는 다음과 같이 생각할 수 있는 강력한 근거들을 나중에 제시하겠다. 세포가 보이는 항상성(恒常性, homeostasis)[18]의 안정성, 한 생물체가 갖고 있는 유전자의 수와 비교한 서로 다른 세포 종류의 수, 그리고 그 밖의 특성들은 다윈의 자연선택이 얘기하는 우연한 결과들이 아니라, 유전자 조정회로망에서 자기조직화에 의해 저절로 얻은 질서의 부분이라는 것이다. 이 생각이 옳다면 우리는 진화론을 다시 생각해야 한다. 왜냐하면 생물권에서 질서의 근원이 이제 자연선택과 자기조직화 둘 다를 포함해야 하기 때문이다.

이것은 무겁고 어려운 주제다. 우리는 이것을 이제 막 받아들이기 시작하고 있다. 생명에 대한 이 새로운 관점에서 생물체는 자콥이 브리콜라주 bricolage[19]라고 불렀던 것과 같이 단순히 더덕더덕 함께 기워서 만든 희한한 고안물이 아니다. 진화는 모노가 시각화했던 것처럼 〈날개 끝에 붙들린 우연〉이 아니다. 생명의 역사는 먼저 자연적인 질서를 획득하고, 그 위에 자연선택이 특권을 갖고 작용을 한다. 이 생각이 사실이라면, 생물체의 많은 특성들은 단지 역사적인 우연이 아니라 진화가 한층 더 다듬어 놓은 심오한 질서를 반영하는 것들이다. 만약 이것이 사실이라면, 우리는 다윈이 그의 눈먼 시계공을 그 꼭대기에 올려놓은 자연신학을 세운 이래 상상할 수 없었던, 우주에서 편안함을 느낄 수 있는 존재가 될 수 있다.

자기조직화는 훨씬 더 많은 것을 암시한다. 나는 우리가 진화에서 자기조직화와 다윈의 자연선택이라는 두 역할을 모두 포함해야만 한다고 말했다. 그러나 이런 질서의 원천들은 복잡한 방식으로 융합되어 있어서 우리가 이해하기 시작하는 것이 매우 어렵다. 물리학, 화학, 생물학, 혹은 그 어느 학문의 어떤 이론도 이 결합을 중매한 적이 없다. 우리는 새롭게 다시 생각해야만 한다. 자기조직화와 자연선택의 결합에서 생기는 결과 중에 새로운 보편적인 법칙이 있을지도 모른다.

　우리가 이제나마 이 제안된 연합을 관장하는 가능한 보편적인 법칙들의 틀을 짜기 시작할 수 있다는 것은 놀랍고, 또 아마 희망적이고 경이로운 것이다. 자기복제의 대사 속으로 자신을 밀어 넣는 수많은 분자들, 다세포 생물을 형성하기 위하여 그 거동들을 서로 조정하는 세포들, 생태계, 그리고 심지어 경제계와 정치계를 포함한 이 모든 것들은 어떤 공통점을 갖고 있는가? 하나의 가설로 여겨져야 하겠지만, 대담하면서도 깨지기 쉬운 멋진 가능성은 많은 진화의 전선(前線)에서 생명이 질서와 혼돈 사이의 균형잡힌 영역을 향하여 진화한다는 것이다. 이 가설을 환기시킬 문구는 이것이다. 〈생명은 혼돈의 가장자리에 존재한다.〉물리학의 은유를 빌어 말하자면, 생명은 일종의 상전이 근처에서 존재할지도 모른다. 고체인 얼음, 액체인 물, 그리고 기체인 증기와 같이 물은 세 가지 상태로 존재한다. 이제 이런 비슷한 착상이 복잡적응계complex adaptive system에도 적용될 수 있을 것으로 보이기 시작한다. 예를 들면, 접합자에서 성체로의 발생을 제어하는 유전자 회로망이 세 가지의 주된 영역에 존재할 수 있음을 보게 될 것이다. 즉 경직된 질서의 영역, 가스 같은 혼돈 영역, 그리고 질서와 혼돈의 사이에 놓여진 일종의 액체의 영역. 유전자 계들이 혼돈으로의 상전이가 일어나는 영역 근처의 질서 영역에 놓여 있다는 것은 멋진 가설이고 이를 지원하는 상당한 양의 자료가 있다. 그런 계들이 경직된 질서 영역 너무 깊은 곳에 있다면, 그 계들은 너무 경직되어서 발생을 위해서 필요한 유전자 활동들의 복잡한 과정들을 조정할 수 없을 것이다. 또 그 계들이 가스 상태의 혼돈 영역 깊숙한 곳에 있다면, 그들은 필요한 만큼의 질서를 유지할 수 없을 것이다. 질서와 무질서가 절충되는 혼돈의 가장자리 근처 영역에 있는 회로망들은 복잡한 활동들을 조정하는 데 최상의 능력이 있으며, 또한 진화하는 데도 최상의 능력이 있는 것으로 보인다. 자연선택이 혼돈의 가장자리 근처에 놓여 있는 유전자 조정 회로망을 얻게 된다는 것은 매우 매력적인 가설이다. 이 책의 대부분은 이 주제를 조사하는 데 집중되어 있다.

진화는 유전자를 변화시켜 적응함으로써 자신들의 적합도를 향상시키려고 애를 쓰는 생물들의 이야기다. 생물학자들은 오랫동안 적합도 지형(適合度地形, fitness landscape)[20]의 관념을 마음속에 품어왔다. 이것은 그 정점(頂點)들이 최상의 적합도를 나타내고, 아마도 그 정점들에 절대로 이르지 못하면서도 개체군들이 그것들을 찾기 위해 돌연변이와 자연선택과 무작위한 표류를 하면서 그 위를 가로지르며 방황하는 것을 나타낸다. 최적점 fitness peaks의 개념은 많은 수준에서 적용된다. 예를 들어, 그것은 주어진 화학적 반응을 촉매하기 위한 단백질 분자의 능력에 적용된다. 그러면 지형판의 정점들은 산기슭이나 최악의 경우 계곡에 있는 다른 이웃 단백질보다 그 화학 반응을 더 잘 촉매하는 효소들에 해당한다. 최적점은 또한 생물체 전체의 적합도에 적용될 수도 있다. 이것은 좀더 복잡한 경우겠지만 대략 말하자면, 일단의 어떤 특성들을 갖고 있는 한 생물체가 자손을 낳고 번성할 확률이 더 크다는 것은 그 생물체가 그것과 가까운 변종들보다 더 적합하고 따라서 지형판 위에서 더 높은 곳에 있다는 것을 의미한다.

이 책에서 우리는 생물체든 경제계든 놀라울 정도로 일반적인 법칙이 정점들이 많은 적합도 지형 위에서의 적응 과정을 관장한다는 것을 발견할 것이다. 이런 일반적인 법칙들은 생물 분류군들이 위에서 아래로 채워진 캄브리아기 대폭발의 돌출에서 보여주었던 생물 진화의 양상으로부터, 초기에는 변형들이 놀랍고 중요하지만 나중에는 그것들이 중요하지 않은 개선들로 작아지는 기술적 진화의 양상에 이르기까지 많은 현상들을 설명할 수 있을 것이다. 혼돈의 가장자리라는 주제도 잠재적인 일반적 법칙으로 떠오르고 있다. 최적점의 꼭대기를 오를 때 너무 규정적이고 소심하게 탐색하는 적응 개체군들은 오를 만큼 충분히 올랐다고 생각하면서 실제로는 산기슭에서 벗어나지 못하고 있기가 십상이다. 반대편 극단으로 너무 먼 거리로 뛰면서 넓은 영역을 탐색하는 것도 역시 실패하기 쉽다. 진화의 공간에서 최선의 탐색은 개체군들이 자신들이 기어 올라가 자신들을 고착시킨 지역적인 정점들을 녹여 없애고 능선을 따라서 멀리 있는 다른 더 높은 정점들을 향해 흘러가기 시작하는, 질서와 혼돈의 사이에 있는 일종의 상전이점에서 생긴다.

혼돈의 가장자리는 공진화에서도 그 모습이 나타난다. 왜냐하면 우리가 진화하면 우리의 경쟁자들도 같이 진화하기 때문이다. 즉 적합하게 남기 위해서는 우리는 그들의 적응에 다시 적응해야만 한다. 공진화하는 계에서는 동반자의 적응하는 움직임이 지형판을 끊임없이 변형시키고 있을 때에도 동반자 각각은 최적점을 향해 적합도 지형 위를 올라간다. 놀랍게도 그런 공진화계도 마찬가지로 세 가지의 영역, 즉 질서 영역, 혼돈 영역, 그리고 전이 영역에서 거동한다. 그런 계들도 혼돈의 가장자리의 영역을 향하여 공진화하는 것처럼 보인다는 것은 거의 경악스러운 일이다. 적응하는 종들 각각은 자신의 이기적인 이익을 좇아서 행동하지만, 마치 보이지 않는 손에 의한 것처럼, 전체 계는 마술과도 같이 평균적으로 각각의 종들이 기대할 수 있는 최선을 나하는 균형잡힌 상태로 진화하는 것처럼 보인다. 그러나 이 책에서 공부할 많은 동역학계에서처럼, 전체로서 계의 집단적인 거동에 의해 최선의 노력을 함에도 불구하고, 각각은 결국 멸종의 길로 끌려가기도 한다.

앞으로 보겠지만, 기술적인 진화도 생물 이전의 화학적 진화나 적응하는 공진화의 경우와 마찬가지로 유사한 법칙들에 의해 관장될 수 있다. 화학적 다양성의 문턱에서 나타나는 생명의 기원은 상품과 용역의 다양성의 문턱에서 나타나는 경제적인 도약에 관한 이론과 똑같은 논리를 따른다. 그 임계(臨界)적인 다양도 이상에서는 새로운 종의 분자들, 혹은 상품과 용역들이 또다른 훨씬 새로운 종들에게 둥지를 제공하게 되고, 그것들은 잠에서 깨어나 폭발적인 가능성 속으로 그 존재를 나타낸다. 공진화 계들처럼 경제계도 다소 근시안적인 인자(因子)들의 이기적인 활동들을 연결한다. 생물학적인 진화와 기술적인 진화에서 적응의 움직임은 종 분화와 멸종의 사태들을 구동시킨다. 두 경우 모두에서 계는 마치 보이지 않는 손에 의한 것처럼, 모든 참가자가 가능한 한 잘 지내는, 그러나 결국은 무대 밖으로 나가게 되는 균형잡힌 혼돈의 가장자리로 자신을 조절해 갈 것이다.

혼돈의 가장자리는 심지어 민주주의 원리를 심오하고 새롭게 이해하도록 해줄 수도 있다. 우리는 종교 아닌 종교로서 민주주의를 신봉해왔다. 우리는 그것의 윤리적이고 이성적인 기초들을 주장하며 우리 삶의 바탕으로 삼는다. 우리는 민주주의의 유산이 전세계에 걸쳐 풍부한 자유를 전파할 것을 희망한다. 뒷장들에서 우리는 민주주의의 비종교적인 지혜가, 상충하는 이해들로 얽힌 그물망으로 특정지을 수 있는 극히 어려운 문제들을 해결할 능력이 있다는 것을 입증하는 놀라운 새로운 근거들을 보게 될 것이다. 사람들은 사회 집단들을 조직한다. 각 집단은 자신의 이익을 위해 활동하고 서로 상충하는 이해들로부터 절충안을 찾도록 조정을 한다. 겉보기에는 아무렇게나 하는 것 같은 이 과정도 역시 서투른 절충안이 재빨리 얻어지는 질서 영역과, 어떠한 절충안도 결코 도출되지 않는 혼돈 영역, 그리고 절충안이 결국 얻어지지만 아주 느리게 성취되는 상전이 영역을 보여준다. 최선의 절충안은 질서와 혼돈 사이의 상전이에서 나오는 것 같다. 그래서 우리는 적응적인 절충안을 찾는 자연적인 구상으로서 다원적인 사회를 위한 변명의 단서들을 보게 될 것이다. 민주주의는 진화하는 복잡한 사회의 복잡한 문제들을 해결하고, 모두가 공평하게 번영할 기회를 갖는 공진화의 적합판 위에서 최적점들을 찾아가는 단연 최선의 과정일 것이다.

힘이 아니라 지혜

나는 뒤에 이어지는 장들에서, 어떻게 생명이 물리학과 화학의 자연스런 결과로 형성되었는지, 어떻게 생물권의 분자적인 복잡성이 질서와 혼돈의 경계를 따라서 갑자기 출현했는지, 어떻게 개체 발생의 질서가 자연스러운 것인지, 그리고 어떻게 혼돈의 가장자리에 대한 일반적인 법칙이 종들과 기술들 그리고 심지어 관념들의 공진화하는 공동체를 지배할 수 있는지를 제안한다.

이 균형잡힌 혼돈의 가장자리는 주목할 만한 부분이다. 그것은 이론물리학자들인 퍼 백 Per Bak, 차오 탕 Chao Tang, 쿠르트 비젠펠트 Kurt Wiesenfeld가 자기조직화된 임계성 self-organized criticality이라고 불렀던 것에서 최근에 발견한 놀라운 것들과 밀접한 연관이 있다. 여기서 중심적인 상(像)은 작은 판지 위에 느린 속도로 일정하게 위로부터 모래가 쏟아지면서 만들어지는 모래더미다. 마침내는 모래가 쌓이고 사태(沙汰)가 시작된다. 이때 볼 수 있는 것은 많은 작은 사태들과 드문 큰 사태들이다. 사태의 크기를 흔히 하듯이 직각 좌표계의 x축에 나타내고 크기에 따른 사태의 수를 y축에 그리면 하나의 곡선이 얻어진다. 결과는 지수함수 법칙이라고 불리는 관계이다. 뒷장들에서 다시 돌아보게 될 이 곡선의 특별한 형태는 같은 크기의 모래알이 크거나 작은 사태를 일으킬 수 있다는 놀라운 사실을 암시한다. 하지만 지수함수 분포의 본성이 말하듯이, 일반적으로 많은 작은 사태들이 있을 것이고 소수의 큰 사태가 있을 것이라고 말할 수는 있지만, 어떤 특별한 사태가 사소한 것이 될지 혹은 대재앙이 될지를 알 수 있는 방법은 없다.

모래더미, 자기조직화된 임계성, 그리고 혼돈의 가장자리. 내가 옳다면, 공진화의 본성은 이 혼돈의 가장자리에 도달하고, 종들 각각은 가능한 한 번영하지만 아무도 자신이 최선의 선택으로 내딛 다음 발걸음이 모래 한 알을 더 쌓는 것이 될지 혹은 산사태를 일으키는 것이 될지를 확신할 수가 없는 타협들의 그물망을 성취하는 것이다. 이 불확실한 세계에서는 크건 작건 사태들이 계를 가차 없이 휩쓸고 지나간다. 자신의 발자국은 크고 작은 사태들을 만들며 비탈 아래에서 따라오는 다른 사람을 쓸어버릴 수도 있고, 혹은 그 사람이 쫓아와 자신의 발자국을 쓸어버릴 수도 있다. 심지어는 자신의 발자국이 시작한 사태에 자신이 묻힐 수도 있다. 이 영상들은 우리가 찾는 새로운 창발 이론의 본질적인 특성들을 포착할 수 있을 것이다. 질서와 혼돈 사이에서 균형 잡힌 이 상태에서, 경기자들은 자신들의 행동이 야기할 결과들을 예측할 수 없다. 그 균형 잡힌 상태에서 일어나는 사태들의 크기에 관한 분포에는 법칙이 있는 반면, 각각의 개별적인 경우들에는 비예측성이 있다. 만약 다음 발걸음이 세기적인 산사태를 일으킬지 아닐지를 결코 알 수 없다면, 주의 깊게 걷는 것이 손해가 되지 않는다.

그런 균형 잡힌 세계에서 장기적인 예측을 과시하려는 것은 포기해야만 한다. 우리는 우리들 자신의 최선의 행동이 야기할 진정한 결과를 알 수 없다. 우리 경기자들이 할 수 있는 모든 것은, 대역적이 아니라 단지 지역적인 데서 지혜롭게 행동하는 것이다. 우리 혹은 누구라도 할 수 있는 모든 것은 바지를 추켜올리고 장화를 신고, 그리고 할 수 있는 최선을 다하는 것뿐이다. 단지 신만이 양자 주사위 던지기와도 같은 최종적인 법칙을 이해할 지혜를 가지고 있다. 단지 신만이 미래를 예측할 수 있다. 설계된 지 34억 5천만 년이나 되었지만 근시안인 우리들은 그렇게 할 수 없다. 다른 모든 존재들과 함께 우리들은 사태들과 우리가 공동으로 초래한 그것들의 뒤엉킴을 예측할 수 없다. 우리는 단지 지역적으로만 최선을 다할 수 있다. 우리는 이렇게 해서도 잘 지낼 수 있다.

베이컨의 시대 이래로 서구의 전통은 지식을 힘으로 간주해왔다. 그러나 시공간에서 우리들의 활동 규모가 증가함에 따라서 우리의 이해, 심지어 잠재된 이해력까지도 제한되어 있다는 사실을 이해하지 않을 수 없게 되었다. 만약 우리가 일반적인 법칙을 찾아내고, 그 법칙들이 생물권과 그 안의 모든 것들이 혼돈의 가장자리에서 균형 잡힌 모래더미와 유사한 어떤 것을 향해서 공진화한다는 것을 암시한다면, 우리는 현명해지려고 하는 것이 현명한 일일 것이다. 우리는 서로를 위해 항상 새롭게 다듬는 태양 안의 변화무쌍하고 예측할 수 없는 장소들에 대한 정중한 존경심을 가지고 새로운 미래를 맞이하는 것이 최선이다. 우리는 모두 순간직이지만 최선을 다하는 존재로 죄 사함을 받을 준비가 된, 우주에서 편안함을 느낄 수 있는 존재이다.

1) 탁상(卓狀) 모양의 지형.
2) 제2차 세계대전을 종결시킨 원자폭탄 투하를 은유하고 있음.
3) 도구의 인간. 최초의 도구를 만든 것으로 추정되는 약 200만 년 전의 인류.
4) 약 160만 년 전에 나타난 직립 인간으로 *homo sapiens*의 조상.
5) 북미 서부의 유목 인디언 족.
6) 고대 메디아 및 조로아스터교의 사제 계급으로 마술사의 뜻이 있음.
7) 무작위적인 돌연변이에 의해 생겨난 변종을 의미.
8) Evolution is chance caught on the wing.
9) 진화하는 생물들을 의미함.
10) 문을 여닫거나, 찻물을 끓이는 등의 일상적인 일을 수행할 수 있도록 만들어진 장치로, 막대기, 지렛대, 바퀴, 공 등 주위의 흔한 것들을 사용하여 매우 복잡하고 조잡하게 고안된 장치.
11) 캄브리아기에 일어났던 폭발적인 종의 출현과 번성을 일컬음.
12) 브라질의 수도 리우데자네이루 Rio de Janeiro의 약칭.
13) 미국 네브라스카 주 동부 미주리 강변의 도시.
14) 환경 및 조건이 약간 바뀌어도 대상의 성질이 바뀌지 않는 것을 의미하며 이 책에서는 전문용어로서 이해하기 바람.
15) 일 에너지로 변환될 수 있는 에너지.
16) 생물의 한 세대에서 변이가 일어나고 그것이 다음 세대로 물려지는 진화를 의미함.
17) 1995년에 출간된 이 책의 원서에는 인간 유전자가 약 10만 개라고 명기한 부분이 몇 군데 있다. 그러나 2001년 2월 인간 게놈 프로젝트는 인간의 유전자가 3만에서 4만 개 정도인 것으로 추정된다고 발표한 바 있어 본서에서는 이에 준하여 원문을 수정하여 번역하였다.
18) 생물학적인 관성으로, 예를 들면 간세포는 항상 간세포이지 근육세포로 변환되는 일은 없다.
19) 손에 닿는 도구들을 아무것으로나 닥치는 대로 써서 만드는 것.
20) 생물 개체나 개체군의 적합도의 정도를 유전자 배열과 같은 매개 변수의 평면에서 높이로 나타낸 일종의 곡면 그래프를 의미하며, 여기서는 그런 그래프를 산과 계곡들이 있는 지형에 비유하고 있다.

2 ■■■ 생명의 기원

　대략 34억 5천만 년 전의 메마른 지구에서 생명이 어떻게 시작되었는지를 안다고 말하는 사람이 있다면 그는 바보이거나 사기꾼이다. 아무도 알지 못한다. 실제로 우리는 30억 년 이전에 최초로 꽃피웠던 자기복제하며 진화하는 분자계들, 그리고 그것들을 초래한 역사에 실재했던 분자들에게 일어났던 일련의 사건들을 절대로 다시 재현할 수 없을 것이다. 그러나 그 역사적인 경로가 영원히 숨겨진 채로 남아 있다고 하더라도, 우리는 여전히 생명이 어떻게 실제로 형성되고 정착하여 이 지구를 뒤덮었는지를 추정하게 하는 일단의 이론과 실험을 전개할 수 있다. 하지만 그 경고는 유효하다. 아무도 알지 못한다.

　최초에 말씀이 있었고, 그 후에 빛으로부터 어둠이 갈라져 나왔다. 3일째 날까지 물고기, 새 등과 같은 생명의 형태들이 다듬어졌다. 아담과 이브는 6일째에 깨어났다. 생명이 그토록 빨리 출현했다고 믿는 이 신앙이 결코 그렇게 잘못된 것은 아니다. 실제로 원시 지구를 형성했던 유성들이 지구로 유입되는 속도가 현저하게 느려지고 지구의 표면이 충분히 식어서 물이 생기면서 화학물질들이 결합하여 대사를 할 수 있는 무대가 마련되자마자 곧 지구의 자궁으로부터 생명이 만들어져 나왔다. 지구의 나이는 약 40억 년이다. 초창기의 자기복제하는 분자계가 어떠했는지는 아무도 알지 못한다. 그러나 34억 5천만 년 전까지 원시적 형태의 세포들이 어떤 진흙이나 바위 표면을 더듬고 다니다가 거기에 파묻혀서 훗날 우리가 질문들을 던지게 되는 자취들을 남겼다. 나는 그런 고대 화석 전문가는 아니지만, 1장을 쓰면서 윌리엄 쇼프William Schopf와 세계 도처의 그의 동료들이 얻은 아름다운 연구 결과를 함께 나눌 수 있어서 매우 기뻤다. 〈그림 1-1〉과 〈그림 1-2〉는 최초의 화석 세포의 예를 보여준다.

이 초기의 세포들은 얼마나 놀라운 진보를 보여주는가! 현존하는 세포들처럼 그들도 지질(脂質) 분자들로 된 일종의 이중 비누막인 이중 지질막으로 된 세포막을 갖고 있다. 이것으로 자신을 유지하고 자기복제의 능력을 가진 분자들의 회로망을 둘러싸고 있다는 것을 그 원시 세포들의 형태로부터 추측할 수가 있다. 그러나 우주의 먼지 구름으로부터 초기 지구로 들어온 수소와 그보다 더 큰 원자들과 분자들로 이루어진 원시 구름에서 어떻게 자기복제가 가능한 분자들의 집합이 결집될 수 있었을까? 도구의 인간인 우리는 창조 신화를 필요로 한다. 이제 우리는 20세기 후반의 과학의 힘으로 무장되었기 때문에 어쩌면 진리와 조우(遭遇)하게 될지도 모른다.

생명에 관한 이론들

생명의 기원에 관한 질문은 지난 몇 세기에 걸쳐 중요한 변형을 겪었다. 이것은 그리 놀라운 것은 아니다. 천년 전의 서구 전통은 대부분의 사람들로 하여금 생명이 무생물에서 서설로 형성되었다고 믿도록 하였다. 즉 애벌레는 과일이나 썩은 나무 속에서 무(無)로부터 생겨나고, 다 자란 성충은 그들의 변태를 위한 번데기 집으로부터 서둘러 나오는 것으로 보였다. 생명은 썩었지만 희망으로 적셔진 장소에서 튀어나온다. 그런 자발적인 발생은 신의 손으로 다듬어진 일상적이고 평범하고 지속적인 또 하나의 기적에 불과했다.

현대적 형태의 생명의 기원에 관한 이론들은 겨우 약 1세기 전 루이 파스퇴르Louis Pasteur의 뛰어난 실험과 함께 나타나기 시작했다. 한 사람의 마음이 어떻게 그렇게 많은 것을 할 수 있었을까? 자발적인 발생 이론에 관한 가장 웅변적인 실험이 있었으며 이것에 대한 상도 주어졌다. 그 실험은 애초에 전혀 아무런 생명도 없었던 용액에서 박테리아 개체들의 성장을 예증하는 것이었다. 파스퇴르는 박테리아의 원천이 공기 중에 있을 것이라고 옳게 생각했다. 왜냐하면 그 이전의 실험들에 사용되었던 플라스크는 열려 있었고, 또 공기 중의 박테리아가 플라스크의 용액으로 들어오기 쉽게 만들어졌기 때문이었다. 파스퇴르는 백조의 목처럼 생긴 S자 모양의 입구를 갖는 플라스크를 만들기 시작했다. 그는 밖에서 들어올 수 있는 어떤 박테리아도 그것들이 플라스크의 용액에 닿기 전에 플라스크 목 중간에 갇힌 것을 기대했다. 단순하고 간결한 실험들은 항상 우리를 가장 기쁘게 한다. 파스퇴르는 그 무균 상태의 용액에서 박테리아가 전혀 성장하지 않는다는 것을 발견했다. 생명은 생명으로부터 온다고 그는 결론지었다.

그러나 만약 생명이 생명으로부터만 온다면, 생명은 어디서 처음 생겨났는가? 파스퇴르로 인해 기원에 관한 문제는 방대하고 심오하고 신비로우며, 아마도 서술할 수도 없고 과학을 벗어나는 문제로 갑자기 그 모습을 드러내게 되었다. 연금술은 화학을 유도했고, 화학은 납, 구리염, 금, 산소, 수소와 같은 무기 원자와 분자들의 분석을 가능하게 했다. 그러나 생물체들은 무생물 물질에서 발견되지 않는 분자들을 갖고 있다. 생물체들은 유기 분자들을 갖고 있다. 언젠가는 생물과 무생물의 차이가 구성 분자들의 종류가 다른 데 있다고 생각되었다. 생물과 무생물 사이의 틈을 연결할 어떤 다리도 있을 수가 없었다. 그 후 19세기 중반에 에밀 피셔 Emil Fischer는 명백한 유기 화합물인 요소를 무기 화학물질로부터 합성하였다. 생명이 무생명을 만드는 같은 재료로 만들어진 것이다. 피셔의 결과는 동일한 물리학 및 화학적 원리들이 생물과 무생물 양자를 관장할지도 모른다는 암시를 주었다. 그의 업적은 생물학을 물리학과 화학으로 환원시키는 데 있어서 주요했던 진보로 남아 있다. 어떻게 보면 자발적인 발생을 믿었던 사람들이 결국 옳았던 것이다. 왜냐하면 비록 이 마술이 그들이 생각했던 것보다 훨씬 더 복잡하긴 하지만, 생명은 정말로 무생명으로부터 왔기 때문이다.

그러나 생물이 무생물과 똑같은 원리에 기초하고 있다는 환원주의의 명제는 그렇게 선뜻 받아들일 수 있는 것은 아니었다. 비록 생물이 무생물과 똑같은 천으로부터 잘려 나왔다는 것을 인정한다고 할지라도, 그 천 자체가 생명을 설명하기에 충분한 것인지는 별개의 문제이기 때문이다. 실제로 그 천들이 반드시 인간을 만드는 것은 아니다. 프랑스 철학자 앙리 베르그송 Henri Bergson은 이 놀라운 불가사의에 대해 수십 년에 걸쳐 많은 사람들을 납득시킨 해답으로 〈생명의 묘약élan vital〉을 제시했다. 그것 없이 살은 그저 살일 수밖에 없는 질 좋은 프랑스산 향수들처럼, 베르그송의 생명의 묘약은 세포의 무기 분자들을 적시고 움직이게 해서 그들에게 생명을 불어넣는 실체 없는 어떤 정기(精氣)로 설명되었다. 이것이 정말로 그렇게 어리석은 생각일까? 우리는 우리가 고이 간직했던 어떤 확신들이 무너지기 전까지는 잘난 척 할 수가 있다. 최근에 개구리 근육이 자기 현상을 보인다는 것이 알려졌다. 지금은 이것이 신경과 근육섬유를 따라서 전파되는 전위의 변화인 것으로 교정되어 잘 이해되고 있다. 또 제임스 클러크 맥스웰James Clerk Maxwell의 자기장은 그 자체는 실체가 없지만, 그 영향력 안에 놓인 물체를 움직일 수 있었다. 실체가 없는 자기장이 물체를 움직일 수 있다면, 실체가 없는 생명의 묘약이 왜 무생물에 생명을 불어넣을 수 없겠는가?

베르그송만이 그런 활력론의 개념을 발전시킨 사람은 아니었다. 뛰어난 실험학자인 한스 드라이슈Hans Dreisch는 상당한 부분에서 똑같은 결론들에 도달했다. 드라이슈는 2세포기의 개구리 배(胚)에 대한 실험을 수행했다. 대부분의 다른 배들처럼 개구리의 수정란 또는 접합자도 2개, 4개, 8개, 16개의 세포들을 만들면서 계속해서 분열을 하고, 이 분열은 하나의 생물체가 만들어질 때까지 몇 번이고 계속된다. 드라이슈는 배의 두 세포가 서로 분리되도록 배 둘레를 어린아이의 머리카락으로 묶어 죄었다. 정말 놀랍게도 각각의 세포는 각각 완전히 정상적인 개구리로 성장했다! 4개와 8개의 세포로 분별된 후기의 배로부터 분리한 세포들도 완전한 개구리 성체로 성장할 수 있었다.

드라이슈는 바보가 아니었다. 그는 자신의 손 안에 한 고약한 수수께끼가 들려 있다는 것을 깨달았다. 물리학과 화학의 뉴턴식 전통 안에서는 그 어떤 것도 그런 놀라운 결과를 명백하게 설명할 희미한 희망조차도 주지 않았다. 만약 배의 각 부분이 대응하는 성체의 각 부분을 만든다고 했다면 그것은 받아들여졌을 것이다. 실제로 이런 일이 많은 종들의 배에서 일어나며, 이것은 모자이크식 발생이라고 불린다. 모자이크식 발생은 예조론자(豫造論者)로 불리는 집단이 신 봉하는 주장을 이용해서 이해될 수 있을 것이다. 즉, 가정하기를, 그 수정란에는 성체의 축소판인 난쟁이가 들어 있어서 그 난쟁이의 각 부분들이 어떤 방법에 의해서 성체의 대응되는 부분으로 확대된다는 것이다. 그래서 그 알의 반, 즉 접합자의 두 딸세포 중의 하나를 없 애는 것은 그 난쟁이의 반을 없애는 것이 될 것이다. 남아 있는 반쪽 알 또는 하나의 딸세포는 반쪽 개구리를 낳을 것이다. 그러나 그런 일은 일어나지 않는다. 설사 그런 일이 일어난다 할지라도, 어떻게 새롭게 형성된 성체가 자식을 낳고, 그 자식이 자라서 성체가 되어 다시 자식을 낳고, 이런 식으로 가계(家系)가 계속될 수 있는지를 설 명해야 하는 문제가 예조론자들에게는 여전히 남을 것이다. 예조론 자들은 알 안의 난쟁이가 중국 인형처럼 계속해서 자기 안에 또 난 쟁이를 끼고 있다고 가정하면 그 문제가 풀려질 수 있다고 제안했 다. 물론 생명이 영원히 지속되는 것이라면, 그렇게 무한히 계속되 는 난쟁이들이 필요할 것이다. 여기서 나는 기꺼이 낡은 착상들에 동의하고 싶은 의향이 점차 희미해진다는 것을 고백한다. 이론들은 비록 틀리다고 증명이 된 것들까지도 명확하고 아름다울 수 있고, 또 는 전혀 임시변통의 것이 될 수 있다. 더 작은 난쟁이들을 계속해서 무한히 요구하는 이론은 너무 임시변통적이어서 사실일 수가 없다.

드라이슈는 한 가지 중요한 발견을 했다. 만약 2개, 4개, 혹은

8개의 세포로 된 배의 각 세포가 하나의 완전한 성체로 성장할 수 있다면, 그 정보는 어딘가로부터 왔어야 했다. 어떤 식으로든 질서는 창발하였다. 각 부분은 전체를 낳을 수가 있었다. 그러나 각 부분 안의 정보는 어디로부터 왔을까? 드라이슈는 생명력 entelechy이라 불리는 것에서 대답을 찾으려 했다. 그것은 배와 배를 형성하는 단순한 물질들을 둘러싸서 어떤 식으로 배의 각 부분이 마술같이 전체로 성장할 능력을 갖도록 하는 비물질적인 질서의 원천이었다.

생명의 기원 문제는 19세기 후반부터 50여 년 동안 잠잠하게 있었다. 대부분의 사람들은 그 문제가 과학적으로 접근할 수 없거나, 혹은 잘해 봐야 아직 시기상조여서 과학적인 어떤 노력도 희망이 없는 문제라고 생각했다. 20세기 중반에, 화학적 생명을 초래했던 원시 지구의 대기의 본성이 주의를 끌었다. 지금은 약간의 의심을 받고 있지만, 초기 대기에 수소, 메탄, 그리고 이산화탄소 같은 분자들이 풍부했다는 것을 보여주는 괜찮은 증거가 있었다. 산소는 거의 존재하지 않았다. 게다가 대기 중의 간단한 유기 분자들이 다른 더 복잡한 유기 분자들과 함께 새로 형성된 바다에 천천히 용해되어서 원시 생명 수프prebiotic soup[1]를 창조했을 것으로 추정되었다. 이 수프로부터 생명이 어떻게든 자발적으로 형성되었을 것으로 기대되었다.

이 가설은 비록 적지 않은 어려움을 겪고 있지만, 계속해서 많은 지지자들을 얻고 있다. 그 어려움 중에 가장 주요한 것은 그 수프가 극히 묽었을 것이라는 사실이다. 화학 반응의 속도는 반응하는 분자들이 서로 얼마나 빨리 만나는가에 의존하고, 그것은 다시 분자들의 농도가 얼마나 높은가에 의존한다. 만약 각 분자들의 농도가 낮으면 그들이 충돌할 기회는 훨씬 더 적어진다. 묽은 원시 생명 수프에서는 실제로 반응이 매우 느리게 일어날 것이다. 내가 최근에 본 멋진 만화가 이것을 잘 포착하고 있다. 그 만화는 〈생명의 기원〉이라는 제목이 붙어 있었다. 때는 38억 7천4백만 년 전. 두 개의 아미노산이 황량한 바위 절벽 밑에 서로 가까이 붙어서 표류한다. 3초 후, 그 두 아미노산은 떨어져서 따로 표류한다. 대략 412만 년 후, 두 아미노산은 다시 어떤 태고의 절벽 밑에서 만나 같이 표류한다. 로마는 하루 아침에 세워지지 않았다. 우주의 나이만큼 오래 기다린다고 하더라도 생명이 과연 그런 묽은 용액에서 결정화될 수 있었을까? 우리는 순간 돌아서서 불행한 계산을 해본다. 결함은 있지만 재미가 있는 이 계산은, 우주 수명의 10억 배 정도의 시간이 걸려도 생명은 우연으로라도 결정화될 확률이 없다는 것을 보여준다. 내가 여기 앉아서 당신이 읽을 책을 쓰고 있다니 얼마나 우연한 일인가. 무언가가 어딘가에서 잘못되었음에 틀림없다.

러시아의 생물물리학자인 알렉산드르 오파린 Alexander Oparin은 묽은 수프가 초래하는 문제를 해결하기 위한 그럴듯한 방법을 제시했다. 글리세린은 다른 분자들과 섞여질 때 코아세르베이트 coascervate라 부르는 겔 gel 같은 구조를 형성한다. 코아세르베이트는 내부에 유기 분자들을 농축시키고 또 그 경계를 통해서 유기 분자들을 교환할 수 있다. 간단히 말하자면, 코아세르베이트는 자신 안의 분자들의 활동을 그 묽은 수프로부터 격리하는 원시 세포와 비슷하다. 만약 이 조그마한 방들이 원시 수프 속에서 발달했다면, 그것들은 대사를 형성하는 데 필요한 적절한 화학물질들을 농축시킬 수 있었을지도 모른다.

오파린이 최초의 세포가 어떻게 형성되었는지를 이해할 수 있는 문을 열었다 해도 신진대사라는 교통을 하는 작은 유기 분자들인 세포의 내용물들이 어디서 생겨났는지는 여전히 막연하다. 단순한 분자들 이외에도, 거의 동일한 구성 요소로 된 긴 분자 사슬인 여러 가지의 고분자중합체polymer들이 있다. 근육, 효소, 그리고 세포의 골격을 만드는 단백질들은 20가지 종류의 아미노산들로 구성된 사슬이다. 이 고분자들의 기본적인 선형 구조는 접혀져서 다소 빽빽한 3차원 구조를 만든다. DNA와 RNA는 네 가지의 뉴클레오티드를 구성 요소로 하는 사슬이다. 그 네 가지는 DNA의 경우 아데닌, 시토신, 구아닌, 티민이고, RNA에는 티민을 대신하여 우라실이 들어간다. 생명의 재료인 바로 이 분자들이 없이는 오파린의 코아세르베이트는 빈 껍데기에 불과하다. 그러면 이제 이 구성 요소들은 어디에서 왔을까?

1952년, 유명한 화학자인 해럴드 유리 Harold Urey의 연구실에 있던 젊은 대학원생 스탠리 밀러 Stanley Miller는 미치광이 같은 착상을 꿈꾸고 있었다. 그는 원시 지구의 대기 중에 존재했다고 일반적으로 추정되는 기체들인 메탄, 이산화탄소 등을 플라스크에 채웠다. 그는 에너지의 원천이었던 번개를 흉내내기 위해 전기 불꽃을 그 플라스크에 퍼부었다. 그는 집에서 에덴동산을 만들어 들여다볼 수 있으리라는 희망을 가지고 기다렸다. 며칠 후 그는 분자 수준의 창조력의 증거를 보상으로 받았다. 플라스크의 옆면과 바닥에 갈색의 끈적끈적한 것이 달라붙어 있었던 것이다. 분석을 거쳐, 이 타르질의 물질은 매우 다양한 아미노산들을 함유하고 있는 것으로 증명되었다. 밀러는 최초로 생물 발생 이전 상황의 화학 실험을 수행했던 것이다. 그는 단백질의 구성 요소들이 초기 지구에서 형성될 수 있었을 그럴듯한 방법을 발견했던 것이다. 그는 박사 학위를 받았고 그 이후도 생물 발생 이전 화학 분야에서 선구자가 되었다.

훨씬 더 어려운 것이긴 했지만, 유사한 실험들이 DNA와 RNA의 구성 요소인 뉴클레오티드들과 지방질 분자들을 합성하는 섯과, 결과적으로 세포막을 만드는 구조적 물질을 합성하는 것이 가능하다는 것을 보였다. 생물체의 다른 작은 분자 성분들도 많이 합성되었다.

그러나 중요한 수수께끼들이 남아 있다. 로버트 샤피로Robert Shapiro는 그의 책 『기원 Origins』에서, 비록 과학자들이 생명의 여러 가지 성분들을 합성하는 것이 가능하다는 것을 보여줄 수 있다고 하더라도, 그 성분들이 일관성을 갖도록 모으는 것은 쉽지 않다는 것을 지적한다. 한 과학자 집단이 어떤 조건들 아래에서 분자 B와 C로부터 분자 A가 매우 낮은 생산율로 형성될 수 있다는 것을 발견했다고 하자. 그래서 A를 만드는 것이 가능하다는 것을 보여주면, 또다른 집단은 높은 농도의 A 분자들을 가지고 시작해서 상당히 다른 조건들 아래에서 분자 D를 첨가했을 때 매우 낮은 생산율로 분자 E가 형성될 수 있다는 것을 보인다. 그러면 또다른 집단은 높은 농도의 분자 E가 또다른 조건들 아래에서 분자 F를 형성할 수 있다는 것을 보여준다. 그러나 이 모든 구성 요소들이 감독도 없이 어떻게 같은 장소와 같은 시간에 신진대사가 진행될 수 있는 충분한 높은 농도를 이루도록 함께 모일 수가 있었는가? 무대 감독이 없는 이 연극에는 너무 많은 장면 변화가 있다고 샤피로는 주장한다.

그 유명한 DNA의 이중나선 구조라는 유전자 분자 구조의 발견은 생명의 기원에 대해 다시 되살아나는 관심의 기초가 되었던 최후의 사건이었다. 제임스 왓슨James Watson과 프랜시스 크릭 Francis Crick 이 1953년에 발표한 그 유명한 논문이 있기 전까지는 유전 물질이 단백질로 판명될지 혹은 DNA로 판명될지가 생물학자와 생화학자들 사이에서의 심오한 논쟁 거리였다. 기본적인 유전 물질로서 단백질을 선호했던 사람들은 그들의 가설을 지원하는 많은 논리들을 갖고 있었는데, 그중 가장 두드러진 것은 거의 대부분의 효소들이 단백질이라는 사실이었다. 물론 효소는 주된 생물학적 촉매들로서 기질에 결합하여 대사가 일어나도록 필요한 반응의 속도를 증가시키는 분자들이다. 게다가 세포 안에 있는 구조적 분자들의 대다수는 단백질이다. 잘 알려진 예가 적혈구에 있으면서 산소와 결합해서 그것을 허파에서 조직으로 운반하는 혈색소hemoglobin이다. 단백질은 어디에나 있고 신체의 세포적 골격과 신진대사의 흐름을 만드는 일꾼이기 때문에, 아미노산으로 된 이 복잡한 중합체들이 유전 정보의 전달자일 것이라고 상상했던 것은 비합리적인 것은 아니었다.

그러나 멘델Mendel에서 시작한 지적 계통은 유전 정보의 전달자로서 각 세포 안에서 발견되는 염색체를 지적했다. 대부분의 독자들은 1870년대에 완두콩을 사용한 멘델의 훌륭한 유전학 실험을 잘 알고 있을 것이다. 원자론은 그 시대의 지적인 질서였다. 왜냐하면 당시 싹트기 시작했던 화학 분야에서, 구성 원자들의 숫자가 간단한 정수비가 되도록 화학 반응이 분자들을 형성한다고 생각할 수 있는 강력한 이유들이 발견되었기 때문이다. 물은 정확히, 결코 두 개 반이 아닌 두 개의 수소와 한 개의 산소가 결합한, H_2O이다.

원자들이 화학의 기초가 된다면, 유전과 관련된 유전 원자들이 있지 않을까? 아이들은 그 부모와 어떤 점들에서 비슷하게 보인다. 이것이, 어떤 것은 어머니로부터 또 어떤 것은 아버지로부터 받은 유전 원자들에 의해 야기된다고 가정해보자. 그러나 부모들은 그들의 부모들이 있고, 계속 거슬러 올라가면 엄청난 세대수의 부모들이 있다. 부모로부터 자손 대대로 모든 유전 원자들이 다 전달된다면, 거대한 숫자의 유전 원자들이 축적되어갈 것이다. 이것을 피하려면, 각 자손은 평균적으로 부모 각각으로부터 단지 반만큼의 유전 원자를 받아야 한다. 가장 간단한 가설은, 각 자손이 부모 각각으로부터 한 형질당 정확하게 하나의 유전 원자를 받는다는 것이다. 두 개의 원자는 그 한 형질을 결정하여 예를 들어 푸른 눈인지 혹은 갈색 눈인지를 결정하고, 이와 같이 획득된 형질은 다시 다음 세대로 계속해서 전달될 것이다.

처음에는 아무도 주목하지 않았던 멘델의 법칙이 1902년에 재발견된 것은 생물학사에서 가장 감동적인 이야기들 중의 하나이다. 현미경으로 볼 수 있게 한 착색 염료 때문에 그 이름이 붙여진 염색체는 식물과 동물 세포의 핵에서 확인되었다. 세포분열, 또는 유사분열(有絲分裂)이 일어나면 핵도 역시 분열한다. 먼저 핵 안의 염색체가 각각 두 벌로 복제되고, 각 복제된 사본이 각각의 딸핵으로, 또 각각의 딸세포로 이동한다. 그러나 더욱더 인상적인 것은 정자와 난자가 형성되는 감수분열(減數分裂)이라 불리는 과정이다. 감수분열에서 정자 또는 난자에 도달하는 염색체의 수는 몸의 다른 세포들에 있는 염색체수의 정확히 반이다. 난자가 정자와 결합해서 접합자를 만들 때에만 유전적 성질들 전부가 복원된다. 체세포라고 불리는 신체의 보통 세포들은 쌍을 이루는 염색체들을 갖고 있다. 각 쌍의 한 짝은 아버지로부터, 다른 짝은 어머니로부터 받은 것이다. 훗날의 연구에서, 난자 또는 정자세포가 형성될 때 각 쌍의 염색체에서 어머니 쪽이든 아버지 쪽이든 둘 중의 하나가 무작위로 선택된다는 것이 보여졌다. 멘델의 법칙은 부모 각각이 갖고 있는 유전 정보의 반이 무작위로 선택되어 그 자손에게 넘겨질 것을 요구하기 때문에, 결론은 거의 피할 수가 없다. 즉 염색체가 유전 정보의 전달자가 되어야만 한다. 1940년대까지 실험 유전학의 번성은 이 믿음에 압도적인 확신을 주었다.

　그러나 염색체는 주로 DNA, 혹은 디옥시리보핵산이라 부르는 복잡한 고분자로 되어 있다. 그래서 유전 원자의 새 이름인 유전자가 DNA로부터 만들어진다는 이론이 그럴듯하게 보였다. 미생물학자 오스월드 에이버리Oswald Avery의 유명한 실험이 그 논쟁을 해결했다. 에이버리는 박테리아를 잘 처리해서 다른 박테리아에서 추출된 DNA를 수용하도록 했다. 그 후에 수용 박테리아는 공여 박테리아의 어떤 형질들을 나타냈고, 이 새로운 형질은 수용 박테리아가 분열될 때 안정되게 상속되었다. DNA는 상속되는 유전 정보를 전달할 수 있었다.

　관건은 이제 DNA의 그 무엇이 이 정보를 부호화할 수 있게 하는지를 발견하는 데 있었다. DNA의 상호 보완적인 가닥들과 함께 이중나선에 관한 이야기는 유명하다. 생명의 우두머리 분자로 알려진 DNA——내가 동의하면서도 동시에 몹시 반대하는 견해이지만——는 네 가지의 뉴클레오티드 염기, 즉 아데닌(A), 구아닌(G), 시토신(C), 그리고 티민(T) 등으로 구성된 이중나선임이 증명되었다. 대부분의 독자가 알고 있는 것처럼, 마술은 특정한 염기 짝짓기에 있다. 즉 A는 특정하게 T하고만 결합하고, C는 G하고만 결합한다. 유전 정보는 이중나선의 한쪽 혹은 다른 쪽 가닥을 따라서 염기들의 배열 속에서 전달된다. AAA, GCA 등과 같이 세 개로 된 염기의 짝은 각 아미노산을 기술한다. 그래서 세포는 염기들의 배열로부터 한 단백질을 정확하게 만들기 위한 아미노산들의 특정한 배열을 해석해낸다.

　분자가 복제될 수 있는 방법을 DNA의 이중나신 구조가 어떻게 그렇게 신속하게 제시할 수 있는지 놀라지 않을 수 없다. 각 가닥은 정확한 A-T와 C-G 염기 짝짓기에 의해 보완적인 다른 쪽 가닥의 염기 배열을 결정한다. 한 가닥을 왓슨이라고, 다른 가닥을 크릭이라고 부르자. 그러면 왓슨의 배열을 아는 것은 크릭의 배열이 무엇인지를 아는 것이다.

만약 DNA의 각 가닥이 상대 가닥과 보완적인 이중 나선이고, 왓슨의 염기 배열이 크릭의 염기 배열을 결정하며 그 반대도 성립한다면, DNA 이중나선은 자발적으로 자신을 복제할 수 있는 분자가 될 수 있다. 간단히 말하자면, DNA는 생명이 있는 최초의 분자가 될 후보자가 된다. 현재 생명의 우두머리 분자로 인정되는 바로 그 분자, 수정란에서부터 계산되는 유전 프로그램의 전달자, 바로 그 마술사 분자가 생명이 시작되는 새벽에 존재했던 자기복제하는 최초의 분자였을 것이다. 그것들은 번식해서, 마침내는 자신에게 옷을 입힐 단백질들을 만들고, 또 그것들을 촉매해서 자신의 반응 속도를 가속시킬 비결을 우연히 발견했을 것이다.

그러나 생명이 핵산과 함께 시작되었다고 믿기를 원했던 사람들은 불편한 사실과 마주치게 되었다. 즉 DNA는 혼자서는 자기복제를 하지 않는다는 사실이다. 복잡한 단백질 효소의 집단이 먼저 그 자리에 있어야만 한다. 생화학자 매슈 메셀슨Matthew Messelson과 프랭클린 슈탈Franklin Stahl의 후속적인 연구는 염색체의 DNA가 과연 그 구조가 암시하는 것대로 복제를 한다는 것을 보였다. 왓슨이 새로운 크릭을 결정하고, 또 크릭이 새로운 왓슨을 결정한다. 그러나 그 세포 안의 춤은 다수의 단백질 효소들에 의해 중개된다.

최초의 살아 있는 분자를 찾던 사람들은 다른 곳도 살펴봐야 했을 것이다. 그리고 곧 또 하나의 고분자가 생물학자들의 시야에 들어왔다. 그것은 RNA 혹은 리보핵산으로, DNA의 첫 사촌이며, 세포가 기능하는 데 중추적인 역할을 한다. DNA처럼 RNA도 네 가지의 뉴클레오티드 염기로 구성된 고분자이다. 즉 DNA처럼 A, C, 그리고 G를 가지고, 단 티민 대신 우라실(U)을 가지고 있다. RNA는 단일 가닥 형태나 또는 이중나선으로 존재할 수 있다. DNA처럼 이중나선 RNA의 두 가닥은 서로 주형(鑄型) 보완물이다. 세포 안에서 단백질을 만들기 위한 정보는 DNA로부터 소위 전령 RNA의 한 가닥에 복사되어 리보솜 ribosome이라 불리는 구조로 건네진다. 이곳에서 또다른 종류의 RNA 분자인 운반 RNA의 도움으로 단백질이 만들어진다.

이중 가닥 RNA의 주형 보완성은 많은 과학자들에게 RNA가 단백질 효소의 도움 없이도 스스로를 복제할 능력이 있을지도 모른다는 것을 암시했다. 그렇다면 생명은, 종종 〈벌거벗은 유전자〉[2]로 불리는 RNA의 분자들이 대량으로 번식되면서 시작되었을지도 모른다. 어쩌면 안된 일이겠지만, 시험관에서 스스로를 복사하는 RNA 가닥들을 얻으려는 노력은 실패했다. 그러나 그 착상은 간단하면서도 훌륭했다. 말하자면 CCCCCCCCCC와 같은 특정한 10-뉴클레오티드 배열을 가진 단일 가닥들을 고농도로 비커에 넣는다. 추가로 고농도의 자유 G 뉴클레오티드를 집어넣는다. 왓슨-크릭 염기 짝짓기에 의해서 각 G는 10-뉴클레오티드 안의 C들에 하나씩 줄을 맞추어 서야 하고, 결과적으로 10개의 G 단량체 집합이 서로 인접하며 줄을 서게 된다. 이제 남은 일은 10개의 G 단량체 뉴클레오티드들이 적당한 결합으로 서로 연결되는 것뿐이다. 그러면 분자생물학자들이 G 십중합체 polyG decamer라고 부르는 것이 형성될 것이다. 그 다음에 G 중합체와 C 중합체의 두 가닥들이 용해되어 서로 멀리 떨어지기만 하면, 처음의 C 중합체는 다시 자유롭게 10개의 G 단량체들을 줄 세워서 또다른 G 중합체를 만들게 된다. 물론 자기복제하는 분자계를 얻으려면 마지막으로 필요한 것이 있다. 이번에는 새로 만들어진 G 십중합체, 즉 GGGGGGGGGG가 비커에 더해진 자유로운 C 단량체들을 줄 세워서 C 십중합체, 즉 CCCCCCCCCC를 만들 수 있으리라고 기대할 수 있다. 이 모든 것이 일어나고, 또 효소 없이 가능하다면 이 두 가닥 RNA 분자는 정말로 자기복제하는 순수 RNA 분자일 것이다. 그런 분자는 최초의 살아 있는 분자가 될 강력한 후보자일 것이다.

이 생각은 신선하고 감미롭다. 그러나 예외 없이 대부분의 경우 그 실험은 잘 되지 않는다. 그것이 실패하는 과정은 매우 교훈적이다. 첫째로, 네 가지의 뉴클레오티드 각각은 화학적 개성을 가지고 있고, 이것이 실험을 실패하게 하는 경향이 있다. 단일 가닥의 G 중합체는 두 개의 G 뉴클레오티드가 서로 결합되어 머리핀 모양으로 스스로 말리는 경향이 있다. 결과는 자기복사를 위한 주형으로서의 행동이 불가능한 얽히고설킨 덩어리다. G보다 C가 더 많은 C와 G 단량체의 배열을 가지고 시작하면, 보완하는 배열의 줄은 쉽게 만들어질 수 있다. 그러나 그 보완물은 필연적으로 C보다 G가 더 많아서 자기자신 위로 말리는 경향이 있으며, 결과적으로 보완물을 만드는 게임에서 퇴출된다. 왓슨은 크릭을 만든다. 크릭은 자기 배꼽을 시험해보느라 같이 게임하기를 거부한다.

비록 얽힌 구아닌 때문에 복사하는 것이 멈춰지지 않는다 할지라도, 순수 RNA 분자들은 오류 파국error catastrophe이라 부르는 현상을 겪을 것이다. 즉 한 가닥을 다른 가닥으로 복사할 때, C가 있어야 할 곳에 G가 있다던가 하는 식으로 잘못 놓여진 염기들이 유전 정보를 더럽힐 것이다. 세포 내에서 이러한 실수들은 충실한 사본들을 확인하는 교정 효소들에 의해 최소로 유지된다. 드물게 망을 통해서 슬쩍 빠져나가는 몇 개의 실수들은 진화를 구동하는 돌연변이들이다. 대부분의 돌연변이는 해롭지만, 때때로 어떤 것은 생물체를 약간 더 적합한 상태로 살짝 움직인다. 그러나 구아닌 얽힘과 복사 오류, 그리고 다른 실수들을 피하게 하는 효소들 없이 자기 자신에게 전달하는 RNA의 메시지는 금방 무의미한 것이 될 것이다. 하지만 순수하게 RNA만 있는 세상이라면 효소들은 어디에서 온다는 말인가?

생명이 RNA에서 시작되었다고 믿는 몇몇 사람들은 이 문제를 피해갈 방법을 찾는다. 아마도 얽히는 구아닌과 다른 문제들로 골치를 썩지 않는 더 간단한 자기복제 분자가 RNA 이전에 있었을 것이라고 그들은 주장한다. 현재로서는 이런 접근을 뒷받침하는 어떤 뚜렷한 실험적인 결과도 없다. 만약에라도 그런 주장이 맞게 되면, 우리는 진화가 어떻게 그런 간단한 중합체들을 RNA와 DNA로 전환시켰는가 하는 문제에 또 직면할 것이다.

만약 효소들이 복제에 절대적으로 필요하다고 한다면, RNA가 최초에 왔으며 이런 관점이 주류를 이룬다고 믿는 사람들은 핵산 스스로가 촉매로 작용할 수 있는 방법을 찾아야만 한다. 불과 10년 전에도 대부분의 생물학자, 화학자, 분자생물학자들은 세포의 촉매 분자들이 오직 단백질 효소들뿐이며 DNA와 RNA는 본질적으로 화학적으로 비활성적인 정보의 창고라는 데 의견을 같이하고 있었다. 하지만 운반 RNA라 불리는 특수한 RNA 분자가 유전 암호를 단백질로 해독해내는 데 있어 단지 수동적인 것으로 간주하기에는 어려운 중요한 역할을 한다는 사실에서, RNA기 동적으로 더욱 중요한 작용을 할 거라는 희미한 냄새가 맡아졌을지도 모른다. 더 나아가 해독을 달성하는 세포 내의 분자 기계인 리보솜은 주로 RNA 배열과 약간의 단백질로 되어 있다. 이 기관은 생명계를 통틀어 거의 동일하며, 따라서 아마도 물질이 생명을 갖게 되었을 때부터 존재했을 것이다. 그러나 이 사실은 토머스 체크Thomas Cech와 그의 동료들이 RNA 분자들 스스로가 효소로서 작용해 반응을 촉매할 수 있다는 놀라운 발견을 한 1980년대 중반까지는 미처 밝혀지지 않았다. 그런 RNA 배열을 리보자임ribozyme이라고 부른다.

단백질을 만들기 위한 명령인 DNA 메시지는 전령 RNA의 한 가닥으로 복사되고, 이때 어떤 양만큼의 정보는 무시된다. 그래서 세포는 교정 효소뿐만 아니라 편집 효소도 가지고 있는 것이다. 엑손 exon이라고 불리는 유전 명령을 포함하고 있는 배열의 부분은 무의미한 부분인 인트론intron으로부터 분리되어야만 한다. 그 때문에 RNA로부터 인트론을 잘라내고 엑손들을 함께 잇는 데 효소들이 사용된다. 이제 이웃하는 엑손들의 배열은 또다른 방법들로 처리되어 핵으로부터 운반된 후, 리보솜에 도달해서 단백질로 번역된다. 체크는, 어떤 경우에는 편집을 하는 데 아무런 단백질 효소도 필요하지 않다는 것을 발견하고 놀랐다. 그 RNA는 배열 자체가 자신의 인트론을 잘라버리는 효소로서 작용한다. 그 결과들은 분자생물학계를 상당히 놀라게 했다. 현재는 그런 리보자임들이 다양하게 존재하고, 다양한 반응들을 촉매할 수 있으며, 자기 자신이나 다른 RNA 배열들에도 작용한다는 것이 입증되었다. 예를 들어, 한 배열의 끝으로부터 다른 배열의 끝으로 C 뉴클레오티드를 옮길 수 있다. 즉, (CCCC)+(CCCC)는 (CCC)+(CCCCC)를 낳는다.

단백질 효소가 없는 경우, RNA 분자들은 자기복제에 다소 서투르게 보인다. 그러나 아마도 한 개의 RNA 리보자임이 효소로서 작용하여 RNA 분자들의 자기복제를 촉매할 수 있을 것이다. 그리고 아마도 그런 리보자임은 자신에게도 작용하여 스스로를 재생산할 것이다. 자기복제하는 한 개의 분자나 분자들의 계는 어느쪽이든 손 닿는 곳에 놓여 있다. 생명은 계속 진행될 것이다.

이 리보자임에 무엇이 요구되고 있는지를 명확하게 하는 것이 중요하다. 유전 정보는 뉴클레오티드 염기 배열 안에 담겨 있다. 따라서 .CCC는 UAG와 다르다. 만약 RNA 분자의 한 가닥이 UAGGCCUAAUUGA라면, 그것에 보완적인 가닥이 합성될 때 성장하는 새로운 배열은 AUCCGGAUUAACU가 되어야 한다. 새로운 뉴클레오티드 하나하나가 더해질 때에는 네 가지의 가능한 뉴클레오티드 중에서 적절한 것이 선택되어야만 하고 또 뉴클레오티드 사이에 적절한 결합이 형성되어야만 한다. 단백질 효소는 이 정교한 선별 작업을 수행할 수 있으며, 이런 것들을 중합효소polymerase라고 부른다. RNA와 DNA 중합효소는 세포 내에서 RNA와 DNA를 합성하는 데 절대로 필수적이다. 그러나 이 중합효소 기능을 수행할 수 있는 RNA 배열을 찾는 일은 쉽지 않을 것이다. 그럼에도 불구하고 그런 리보자임 중합효소의 존재는 충분히 그럴듯하다. 그런 분자가 생명의 여명기에 존재했을지도 모른다.

하지만 어쩌면 그렇지 않았을지도 모른다. 실제로 중대한 문제가 이 리보자임 중합효소 가설을 맹렬히 공격한다. 그런 정교한 분자가 발생했다는 것을 인정해보자. 그 분자가 돌연변이적인 퇴화에 대항하여 스스로를 유지할 수 있었을까? 그리고 진화할 수 있었을까? 두 질문에 대한 대답은 둘 다 〈아니오〉인 것처럼 보인다. 화학자 레슬리 오르겔Leslie Orgel에 의해 유전 부호의 백락에서 처음으로 묘사되었지만, 그 문제는 오류 파국의 형태이다. 중합효소로서 기능하면서 자기 자신을 포함한 임의의 RNA 분자를 복사할 수 있는 리보자임을 상상해보자. 뉴클레오티드들이 공급되면 이 리보자임은 순수 복제 유전자를 구성할 것이다. 그러나 효소 역시 일어날 가능성이 있는 대체적이고 부수적인 반응들 중에 정확한 반응을 재촉하기만 하는 것이다. 오류는 피할 수 없다. 자기복제하는 리보자임은 필연적으로 돌연변이에 의한 변종들을 만들 것이다. 그러나 그 변종 리보자임들은 정상적인, 혹은 원래의 야생형 리보자임보다 덜 효율적이기 쉽고, 따라서 더 빈번하게 오류를 저지르기 쉽다. 이러한 더 나약한 리보자임들은 야생형의 리보자임보다 복제할 때마다 훨씬 더 많은 돌연변이종들을 만드는 경향이 있을 것이다. 더욱 나쁜 것은, 그 나약한 변종 리보자임들이 야생형의 리보자임의 복제를 촉매할 수가 있고, 따라서 한층 더 많은 돌연변이들을 만들어낸다는 것이다. 복제의 순환이 계속되면 그 계에는 돌연변이에 의한 변종들의 범위가 급증할 것이다. 만약 그렇게 된다면, 자신과 다른 것들을 충실히 복제할 능력을 지닌 원래의 리보자임은 더 이상 촉매하지 않는 RNA 배열의 계에 이르게 되는 나약한 촉매의 소동 속에서 그 존재를 잃어버리게 될 것이다. 생명은 급증하는 오류 파국으로 멸종하게 될 것이다. 나는 이 특정한 문제의 상세한 해석에 대해서는 알지 못하지만, 자기복제하는 리보자임에 대한 오류 파국의 가능성은 실제로 분석될 가치가 있으며, 다른 매우 매력적인 가설에 대해 신중을 기하도록 한다고 생각한다.

생명이 순수한 자기복제 RNA 분자들에서 시작되었다는 가설이 갖는 많은 문제들 가운데서 내가 가장 견뎌내기 어렵다고 느낀 것은 연구자들 사이에서 거의 거론되지 않는 문제이다. 즉 모든 생명체는, 그 이하로는 더 이상 내려가는 것이 불가능한 최소한의 복잡도를 가지고 있는 것 같다는 것이다. 가장 간단한 자유 생명 세포는 플루로모나pleuromona라고 불린다. 이것은 고도로 단순화된 종류의 박테리아이며, 세포에게 필요한 표준 장비의 완전한 내용물들인 세포막, 유전자, RNA, 단백질 합성 기관, 단백질들을 풍족하게 갖고 있다. 우리의 창자 안에 있는 박테리아인 대장균의 유전자 수가 3,000개로 추정되는 것에 비해 플루로모나의 유전자의 수는 수백 개에서 대략 천 개까지 변동적으로 추정된다. 플루로모나는 살아 있는 것으로 알려진 것들 중 가장 단순한 것이다. 호기심이 일어날 것이다. 바이러스는 플루로모나보다 훨씬 더 단순하지만 자유로운 생명체가 아니다. 그들은 다른 세포들에 침입해서 자신의 재생산을 위해 그 세포의 대사 기관을 흡수하고, 숙주 세포를 빠져나와 또다른 세포에 침입하는 기생생물이다. 모든 자유 생명 세포들은 적어도 플루로모나가 갖는 최소한의 분자적 다양성을 가진다. 당신의 안테나는 여기서 약간 떨릴 것이다. 왜 이 최소의 복잡도가 존재하는 것인가? 왜 플루로모나보다 더 단순한 계는 살아 있을 수 없는가?

RNA 세계의 옹호자들이 제시할 수 있는 최선의 대답은 진화론적인 〈그냥 그래〉라는 식의 대답이다. 이 점에 대해 러드야드 키플링Rudyard Kipling과, 서로 다른 동물들이 어떻게 존재하게 되었는지에 대한 그의 기상천외한 이야기에 경의를 표하는 바이다. 의과 대학에서 나는 창문 모양의 작은 구멍들이 많이 나 있는 사상판cribiform plate이라 불리는 뼈가 코와 이마의 연결 부위를 형성한다고 배웠다. 이 뼈에 대한 진화론적인 해석이 우리에게 설명되었다. 즉 그것은 가볍고 강하며 자신의 기능에 잘 적응된 것이라는 것이다. 그러나 만약 그 사상판이 나의 긴 코를 가리는 일종의 가리개처럼 뿔 모양의 돌출부를 만드는 혹 같은 뼈의 단단한 덩어리였다면, 틀림없이 우리 교수는 머리를 벽에 쿵 부딪칠 수 있도록 고도로 적응된 단단하고 거대한 혹의 용도를 다시 발견했을 것이다. 진화는 이런 〈그냥 그래〉라는 그럴듯하지만 어떤 증거도 없는 시나리오들로, 말하기에는 편하지만 아무런 지적 신뢰를 둘 수 없는 이야기들로 채워진다.

키플링이나 혹은 그 문제에 관한 한 대다수의 진화론 생물학자들은 단순한 RNA 복제자가 왜 복잡도의 어떤 문턱치 위에서만 생명이 발생하는 것으로 보이는 세계를 초래했는가에 대해서 어떻게 말할까? 대답은 이렇다. 돌연변이와 적자생존에 의해 구동되는 이 최초의 살아 있는 분자가 신진대사, 세포막 등등의 의복을 자신의 주위로 모았기 때문이다. 결국 그들은 오늘날의 세포로 진화했다. 마침내 완전한 옷을 입은 현재의 최소한의 세포는 관찰된 최소한의 복잡도를 갖고 있다. 그러나 이 설명에는 심오함이 없다. 대신 이것은 그럴듯하지만 확신은 없는 또다른 〈그냥 그래〉 식의 이야기이며, 이런 설명들은 다른 모든 〈그냥 그래〉 식의 이야기들처럼 언제라도 쉽게 다른 식으로 될 수 있다는 것을 암시한다. 만약 우리의 출현을 이끌었던 우연들의 사슬이 다른 경로를 취했더라면, 우리는 정말로 이마에 뿔 모양의 돌출부를 가지고 있을지도 모른다. 만약 RNA 분자들이 다른 경로를 따라서 올라갔다면, 복잡도의 문턱은 달라졌을지도 모른다. 즉 플루로모나보다 더 단순한 것들이 스스로를 유지할 수 있었을지도 모른다. 혹은 반대로 가능한 가장 단순한 생명 형태가 훨씬 더 복잡한 연체동물이 되었을지도 모른다.

간단히 말하자면, 순수 RNA나 순수 리보자임 중합효소는 모든 자유 생명 세포들에서 관찰된 최소의 복잡성에 관해서 전혀 깊은 설명을 주지 않는다. 나는 왜 물질이 생명으로 도약하기 위해서 복잡성의 어떤 수준에 도달해야만 하는지를 명확하게 만드는 그것을, 3장에서 설명하려고 하는 생명의 기원 이론의 한 장점으로서 취한다.

이 복잡성의 문턱치는 무작위적인 변이와 자연선택에 기인하는 우연
적인 것이 아니다. 나는 그것이 바로 생명의 본성에서 오는 것이라
고 여긴다.

생명의 결정(結晶)

우리는 여기에 존재하도록 되어 있지 않다. 생명이 나타났을 리가
없다. 당신이 지금 막 들으려는 주장에 대한 무뚝뚝한 반박으로 의
자에서 일어나 떠나기 전에, 단순하고 지적인 겸손함이 당신을 붙잡
아서 다시 생각하고 잠시 더 머물게 하기를 바란다. 내가 지금 소개
하려는 주장은 매우 능력 있는 과학자들에 의해 진지하게 받아들여
졌다. 나는 복잡계에서 자기조직화의 심오한 힘을 이해하지 못한 것
에 실패의 원인이 있다고 믿는다. 나는 그런 자기조직화가 생명의
발현을 거의 피할 수 없도록 만들었으리라는 것을 곧 당신에게 보여
주려고 애쓸 것이다.

노벨상 수상자 조지 월드George Wald가 1954년에《사이언티픽 아
메리칸*Scientific American*》의 한 기사에서 논한 지구에서의 생명의
기원에 대한 주장을 빌어 낙관적인 견해로 이야기를 시작해보자. 월
드는 분자들의 집단이 하나의 살아 있는 세포를 형성하기 위해 정확
한 방법으로 모인다는 것이 어떻게 가능했는가에 의문을 갖는다. 이
작업의 규모를 곰곰이 생각해보기만 하면, 살아 있는 유기체가 자발
적으로 발생한다는 것이 불가능하다는 것을 인정하게 될 것이나. 그
러나 우리는 여기에 존재한다. 월드는 그의 주장을 계속한다. 매우
많이 시도하면 상상할 수 없을 정도로 일어날 것 같지 않은 일이 실

질적으로 일어날 수 있다. 시간이 사실상 그 연극의 주인공이다. 우리가 다루려고 하는 시간은 대략 20억 년이다(월드는 1954년에 그렇게 썼지만, 지금 우리는 40억 년이라고 말한다). 그렇게 많은 시간이 주어진다면, 불가능한 일이 가능하게 되고, 가능한 것은 개연적이 되며, 개연적인 것은 실질적으로 확실한 것이 된다. 우리는 그저 기다리기만 하면 된다. 시간 자신이 그 기적들을 행한다.

그러나 비평가들, 그것도 매우 저명한 비평가들이 일어나서 반박을 했다. 생명이 거대한 규모의 질서(법칙)들이 아니라 순수한 우연에 의해 비롯되기에는 20억 년 혹은 40억 년조차도 충분한 시간이 아니라는 것이다. 샤피로는 그의 책 『기원』에서, 지구의 역사에서 상상컨대 우연히 생명을 창조하려 했던 시도가 2.5×10^{51}번 있을 수 있었다고 계산한다. 그것은 엄청나게 많은 시도이다. 그러나 그것으로 충분한가? 우리는 한 시도당 성공할 확률을 아는 것이 필요하다.

샤피로는 대장균 같은 생명들을 우연히 얻게 되는 확률을 계산하려는 노력을 계속한다. 그는 천문학자들인 프레드 호일Fred Hoyle 경과 위크라마싱 N. C. Wickramasinghe이 제기한 주장에서 시작한다. 이들은 박테리아 전체를 얻는 확률을 추정하기보다는 하나의 기능 효소를 얻는 확률을 계산하려고 노력한다. 그들은 효소를 구성하는 데 사용되는 20가지의 아미노산 집합으로 시작한다. 만약 그 아미노산들이 무작위로 선택되고 무작위한 순서로 배열된다면, 200개의 아미노산을 갖는 실제의 박테리아 효소를 얻을 기회는 얼마나 될까? 그 답은 그 배열의 한 자리에 정확한 아미노산이 들어올 확률인 1/20을 배열의 총 아미노산의 개수인 200번만큼 곱하여 얻은 $1/20^{200}$이다. 엄청나게 낮은 확률이다. 그러나 한 가지 이상의 아미노산 배열들이 주어진 반응을 촉매하는 기능에 관여할 수도 있기 때문에, 그들은

$1/10^{20}$의 확률로 양보를 한다. 그러나 이제 최후의 일격을 가하자면, 한 개의 박테리아를 복제하기 위해서는 한 개의 효소를 창조하는 것만으로는 충분하지 않을 것이라는 점이다. 대신에 대략 2,000개의 기능 효소들을 조합하는 것이 필요할 것이다. 이것을 감안한 확률은 $1/10^{20 \times 2000}$ 혹은 $1/10^{40000}$이 될 것이다. 이 지수 표기는 쓰기는 쉽지만 마음에는 쉽게 와 닿지 않을 것이다. 우주 안에 있는 수소 원자들의 총 수라 봐야 10^{60} 정도 된다. 그래서 10^{40000}은 상상할 수도 없는 천문학적인 광대함을 뛰어넘어 광대하다. 따라서 $1/10^{40000}$은 감히 생각도 할 수 없을 정도로 낮은 가능성이다. 만약 생명을 향해 행해진 총 시도의 수가 겨우 10^{51}이고, 시도당 가능성이 $1/10^{40000}$이었다면, 생명은 생겨났을 리가 없다. 우리는 운이 좋은 것이다. 매우 매우 운이 좋은 존재다. 우리는 믿기 어려운 존재다. 호일과 위크라마싱은 자발적인 발생이라는 주장을 포기했다. 그런 사건의 가능성은 폐차장을 휩쓸고 지나간 회오리 폭풍이 그 안의 재료들을 모아서 보잉 747기를 조립할 수 있는 가능성에 필적하기 때문이다.

당신이 이 책을 읽고 있고, 나는 그것을 쓰고 있기에, 그 주장은 어딘가 잘못되어 있어야만 한다. 내가 믿는 바에 의하면 이 문제는 호일과 위크라마싱을 비롯한 많은 다른 사람들이 자기조직화의 힘을 잘 인지하지 못했다는 데 있다. 일련의 특정한 반응들을 수행하기 위해서 특정한 2,000개 효소들의 집합이 하나씩 조립될 필요는 없다. 3장에서 보게 될 것처럼, 화학물질들의 집단이 충분히 다양한 종류의 분자들을 포함할 때는 언제나 신진대사가 그 수프로부터 결정화될 것이라고 믿지 않을 수 없는 이유들이 있다. 이 주장이 옳다면, 신진대사 회로망들은 한꺼번에 한 구성으로 만들어질 필요가 없다. 그들은 원시 수프로부터 성숙하여 튀어나올 수 있다. 나는 그것을 〈저절

로 생기는 질서 order for free〉라고 부른다. 만약 내가 옳다면, 생명의
표어는 〈우리는 불가능한 존재다〉가 아니라 〈우리는 기대된 존재다〉
로 되어야 한다.

---

1) 다양한 분자들이 용해되어 있지만 아직 생물이 발생하기 이전 상태의 용액으
   로, 생물이 아직 창조되지 않았던 원시 지구에 존재했을 것으로 추정한다.
2) 벌거벗은 유전자라 함은 더 이상 다른 매체가 필요 없이 순수하게 RNA의 역
   할만으로 유전 정보가 전달된다는 의미로 쓰임.

3... 기대되었던 인간

미래로 충만한, 순수 그 자체인 생명을 처음 본 시대는 얼마나 순수했을까? 마법의 신진대사가 첫 순환 과정에서부터 나와 여러분에게 이르기까지는 대략 40억 년이 걸렸다. 순수한 기회? 이 우주 역사의 수십억 배의 시간이 흘러도 결코 일어나지 않았을지도 모르는 순수한 불가능성? 우리의 존재는 그토록 어렵게도 설명이 되지 않는 순수한 무의미함인가?

호일과 위크라마싱이 한 계산의 당연한 결과로 보듯이 생명은 실제로 도저히 있을 법하지 않은 우연인가? 월드가 주장했듯이 시간이 그 연극의 주인공인가? 그러나 지금 우리는 지각이 식고 난 후 세포 생물의 증기가 명백해지기까지, 월드가 주장했던 20억 년이 아니라 실제로는 3억 년 정도의 시간이 흘렀다고 믿는다. 월드의 이야기가 옳을 만큼 방대한 시간이 걸리지 않았다. 그리고 명백히 호일과 위크라마싱의 이야기도 옳지 않았다. 살아 있는 존재인 우리가 원래는 불가능했던 것이라면, 우리는 시간과 공간의 역사 속에서 설명할 수 없는 수수께끼들이다. 그러나 만약 이 관점이 틀리다면, 즉 생명이 가능했다고 믿을 어떤 이유가 있다면, 우리는 이 팽창하는 우주 안에서 엉뚱하게 존재하는 수수께끼들이 아니라 우주의 자연스러운 한 부분이 될 것이다.

대부분의 내 동료들은 생명이 단순하게 발현해서 복잡하게 되었다고 믿는다. 그들은 순수한 RNA 분자들이 복제에 복제를 거듭하여 결국에는 우연히 서로 부딪쳐서 살아 있는 세포 안에 있는 모든 복잡한 화학 기관들을 조립하는 식의 모습들을 상상한다. 또한 대부분의 내 동료들은 생명이, 내가 2장에 설명했던 A-T, G-C 왓슨-크릭 짝짓기와 같은 주형 복제의 분자적인 논리에 완전히 의존한다고 믿는다. 그러나 나는 변절자의 관점을 취한다. 생명은 주형 복제의 마술에 구속되는 것이 아니라 더 깊은 논리에 기초한다. 나는 생명이 복잡한 화학계의 자연스러운 성질이며, 화학적 수프 안에 있는 서로 다른 종류의 분자들의 수가 어떤 문턱치를 넘을 때 스스로를 유지하는 반응들의 회로망인 자기촉매적인 신진대사가 갑자기 나타난다는 것을 당신에게 납득시키고 싶다. 즉 생명은 단순한 것이 아니라 복잡하고 전체적인 것으로 발현했고, 그 후로도 줄곧 복잡하고 전체적인 것으로 남아 있다고 나는 제안한다. 신비로운 생명의 묘약 때문이 아니라, 각 분자들이 조직 안의 다른 분자들에 의해 촉매되어 형성되면서 생명이 없는 분자들이 살아 있는 조직을 이루는, 간단하지만 심오한 분자들의 변형 덕분으로 유지되는 그런 생명을 말이다. 재생산의 근원인 생명의 비밀은 왓슨-크릭 짝짓기의 아름다움에 있지 않고, 집단적인 닫힌 촉매계가 성취하는 것에 있다. 그 뿌리들은 이중나선보다 더 깊은 화학 그 자체에 자리하고 있다. 그래서 또다른 관점에서 보면, 복잡하고, 전체적이고, 창발하는 생명은 결국 단순한 것이며, 우리가 살고 있는 세계의 자연스러운 부산물이다.

생명이 복잡한 화학계에서 자연스런 상전이로서 창발한다는 주장은 과거의 이론들로부터 너무 급진적으로 이탈하는 것이어서 나는 여러분에게 주의를 줘야 할 것들이 있다. 그런 관점이 적어도 이론적으로 일관성을 갖고 있는지 우리는 아는가? 그것이 물리학 및 화학적으로 가능한 것인지 알고 있는가? 그런 관점에 대한 증거가 있는가? 있다면 그 증거를 얻을 수 있는가? 내가 제안하려고 하는 것처럼 생명이 시작했는지 과연 우리가 알 수 있는가? 이 시점에서 말할 수 있는 최선의 것은 훌륭하고 주의 깊은 이론적인 연구 결과가 내가 제시하려는 주장의 가능성을 강력하게 지지한다는 것뿐이다. 그 결과는 우리가 복잡한 화학계에 대해서 이해하고 있는 것과 일치하는 것으로 보인다. 아직 이 관점을 지지하는 실험적인 증거는 빈약하지만, 분자생물학의 놀라운 발전은 자기복제하는 분자계인 합성 생명을 실제로 창조하는 것을 상상할 수 있게 한다. 나는 10년 혹은 20년 안에 이것이 이루어 질 것이라고 믿는다.

생명의 회로망

2장에서 지적했듯이, 대부분의 연구자들은 주형 복제에 의해 자신을 재생산하는 RNA, 혹은 RNA와 유사한 중합체들에 관심을 집중하고 있다. 그런 관심은 이해할 만한 것이다. DNA 혹은 RNA의 아름다운 이중 나선을 쳐다보고, 왓슨-크릭 짝짓기 규칙에 주목하게 되면, 누구라도 자연의 선택으로 보이는 이 아름다움에 매료되지 않을 수 없을 것이다. 오르젤과 그의 동료들이 효소 없이 복제하는 중합체들을 얻는 데에 이제껏 성공하지 못했다고 해서, 그 시도가 앞으로도 항상 실패할 것이라고 말할 수는 없다. 오르젤은 아마도 25년 동안 그 문제에 매달려 있었다——자연은 1억 년 가량이 걸렸다. 오르젤은 매우 똑똑한 사람이지만, 미국 국립보건원의 연구 지원 기간인 3년 단위로 측정했을 때 1억 년이란 시간은 너무 길어서 그렇게 많은 가능성을 시도해보기에는 어려움이 있다. 대신 다른 방법을 시도해보자. 화학 법칙들이 약간 다르고, 질소가 5개가 아닌 4개의 원자가전자를 가지고 있다고 가정하자. 말하자면 질소에게 5개가 아니라 4개의 결합 상대가 허용되는 것이다. 이것이 야기할 양자역학의 곡해는 무시하자——철학적 관점을 만들 때는 때때로 양자역학에 서투른 척할 수 있다. 만약 화학의 법칙들이 약간 달라서 DNA와 RNA의 아름다운 이중나선 구조가 더 이상 가능하지 않다면, 화학에 근거한 생명도 불가능할까? 나는 우리가 정말로 그렇게 운이 좋았다고 생각하고 싶지 않다. 나는 우리가 주형 자기보완성 template self-complementarity[1]보다 더 깊은 곳에 있는 생명의 토대를 발견할 수 있기를 희망한다.

나는 화학자들이 촉매 작용이라 부르는 것에 비밀이 있다고 믿는다. 많은 경우 화학 반응들이 진행되기 위해서는 커다란 어려움을 겪어야 한다. 긴 시간이 주어져야 몇 개의 A분자들이 B분자와 결합하여 C분자를 만들 수가 있다. 그러나 또다른 분자인 D라는 촉매가 존재하는 경우에는 반응에 불이 붙은 것처럼 훨씬 더 빠르게 진행된다. 이와 관련하여 흔히 쓰이는 은유가 자물쇠와 열쇠다. 즉 A와 B가 D 위의 홈에 끼이는데, 이로써 그것들은 서로 훨씬 더 잘 결합하

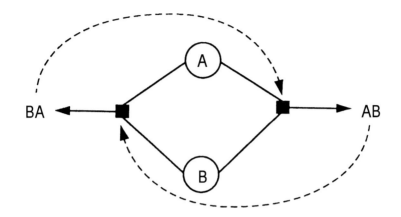

그림 3-1 간단한 자기촉매 집합. 두 개의 이량체(二量體) 분자인 AB와 BA가 두 가지의 간단한 단량체(單量體)인 A와 B로부터 형성된다. A와 B를 결합하여 이량체들을 만드는 바로 그 반응들을 AB와 BA가 촉매하기 때문에 회로망은 자기촉매적이다: 먹이분자들(A 와 B)이 공급되면 회로망은 자신을 유지할 것이다.

여 C를 형성한다. 앞으로 보게 될 것처럼, 이것은 심하게 단순화시 킨 것이지만 지금으로서는 요점을 이해하는 데 있어 충분하다. D가 C를 만들기 위해 A와 B를 결합시키는 촉매인 반면, A와 B, 그리고 C 분자 자신들도 다른 반응들을 위한 촉매가 될 수도 있다.

실제로 살아 있는 생물체는 자기 자신의 재생산을 촉매하는 능력 이 있는 화학 물질들의 계이다. 효소 같은 촉매들은 어떤 화학 반응 에서는 예외이기도 하지만 극히 느리게 일어날 반응을 가속시킨다. 내가 〈집단적으로 자기촉매적인 계〉라고 부르는 계 안에서는 분자들 이 자신들을 만드는 바로 그 반응들을 가속시킨다. 즉 A는 B를 만들 고, B는 C를 만들고, C는 다시 A를 만든다. 이제 이 자기추진 고리 self-propelling loop들의 전체 회로망을 상상해보자(그림 3-1). 먹이 분자들이 공급된다면, 그 회로망은 끊임없이 자신을 재창조할 수 있을 것이다. 모든 살아 있는 세포에 존재하는 신진대사 회로망처럼 그것은 살아 있을 것이다. 내가 보여주려고 하는 것은 만약 충분하게 다양한 분자들의 혼합물이 어딘가에 축적된다면, 자기 자신을 부양하고 자기를 재생산하는 신진대사인 자기촉매계가 튀어나올 기회가 거의 확실해진다는 것이다. 만약 그렇다면, 생명의 발현은 상상했던 것보다 훨씬 더 쉽게 이루어졌을지도 모른다.

내가 보여주려고 하는 것은 단순하지만 급진적이다. 나는 생명이 근본적으로 왓슨-크릭 염기 짝짓기나 어떤 다른 특정한 주형 복제 기관의 마술에 의존하지 않는다고 믿는다. 근본적으로 생명은 분자 종들의 집단 안에서의 촉매 반응 고리catalytic closure[2] 성질에 있다. 혼자 있으면 각각의 분자 종들은 죽는다. 하지만 서로 연결되어 그들 사이에 일단 촉매 반응 고리가 이루어지면, 집단적인 분자들의 계는 산다.

당신의 몸 안에 있는 모든 자유 생명 세포는 집단적으로 자기촉매적인 계이다. 자유 생명 생물체 내에서는 어떤 DNA 분자도 혼자서 복제하지 않는다. DNA는 단지 세포 내의 반응들과 효소들로 구성된 복잡하고 집단적으로 자기촉매적인 회로망의 한 부분으로서만 복제한다. 어떤 RNA 분자도 자기 자신을 복제하지 않는다. 세포는 그 기원이 아마 수수께끼이긴 하지만 신비주의적이지는 않은 전체이다. 〈먹이 분자〉를 제외하고는 한 세포를 구성하는 모든 분자 종들은 촉매 반응에 의하여 창조되고, 그 촉매 반응 자체는 세포에서 창조된 촉매들에 의해서 수행된다. 생명의 기원을 이해하기 위해서 나는 그런 자기촉매적인 분자계들이 최초로 창발할 수 있도록 한 조건들을 이해해야만 한다고 주장한다.

그러나 생명이 있기 위해서는 촉매 작용 하나만으로는 충분하지 않다. 모든 살아 있는 계는 〈먹는다〉. 즉 그들 스스로를 재생산하기 위해서 물질과 에너지를 취한다. 이것은 살아 있는 계들이, 1장에서 언급했던 〈열린 열역학계〉라는 것을 의미한다.

이와 대조적으로, 닫힌 열역학계는 환경으로부터 아무런 물질이나 에너지도 취하지 않는다. 닫힌 열역학계의 거동에 대해서 많은 것들이 알려져 있다. 열역학과 통계역학의 이론학자들은 100년 이상 그런 계를 연구해왔다. 대조적으로, 열린 열역학계의 가능한 거동에 대해서는 놀랍게도 이해된 것이 거의 없다. 이런 무관심은 그리 놀라운 것은 아니다. 지난 34억 5천만 년 동안에 방대하게 번성한 모든 생명 형태들은 열린 열역학계가 보일 수 있는 가능한 거동들 중의 극미한 예에 불과하다. 우주 발생 자체도 마찬가지이다. 대폭발 이래 진화하는 우주는 거대한 규모로 은하계와 초은하계 구조들을 형성해왔다. 그 별들의 구조와, 생명 자신이 생겨난 원자와 분자들을 발생시켰던 별 안의 핵반응 과정들은 비평형 과정들에 의해 구동되는 열린 계들이다. 우리는 진화하는 우주 안에서 비평형 과정들의 경외로운 창조력을 겨우 이해하기 시작했다. 우리는 모두 복잡한 원자들, 목성, 나선은하, 혹멧돼지, 그리고 개구리처럼 그 창조력의 필연적인 결과이다.

충분히 복잡한 비평형 화학계에서 촉매가 자연스러운 업적으로 성취한 것이 바로 생명이다. 이 사실을 당신에게 납득시키고자 하는 것이 나의 희망이기 때문에, 지금이 바로 촉매가 무엇을 수행하고 평형 화학계와 비평형 화학계가 어떻게 거동하는지를 기술할 더할 나위 없이 적절한 순간이다. 화학 반응은 어떤 것은 빠르게 어떤 것은 느리게 자발적으로 일어난다. 전형적으로 화학 반응은 다소간 가역적이다. 즉 A가 B로 변할 뿐만 아니라 B가 A로 변하기도 한다.

그런 반응들은 가역적이므로, 물질과 에너지의 공급이 차단된 비커 안에 B분자는 없고 어떤 초기 농도의 A분자들만 있다면, 무엇이 일어날지 쉽게 생각할 수 있다. A분자들은 B분자들로 변환되기 시작할 것이지만, 그 반응이 일어남에 따라서 새로 만들어진 B분자들이 A분자로 거꾸로 변환되기 시작할 것이다. 단지 A분자들만으로 시작했지만, B분자의 농도는, A가 B로 변환되는 비율이 B가 A로 변환되는 비율과 정확하게 같아지는 점까지 증가할 것이다. 이 균형을 화학적 평형이라고 부른다. 화학적 평형에서 A와 B의 순농도net concentration는 시간에 따라서 변하지 않지만, 임의의 A분자들은 B로 변환되었다가 다시 A로 되돌아오곤 하며 이 같은 일은 분당 수천 번 일어날 수 있다. 물론 평형은 통계적이다. A분자와 B분자의 농도에는 항상 작은 동요가 있다.

화학적 평형은 A, B와 같은 분자 쌍에 국한되지 않고, 임의의 닫힌 열역학계에서 일어날 수 있다. 만약 그 계가 수백 개의 서로 다른 분자 종들을 가지고 있더라도 결국에는 임의의 분자 쌍 사이의 순반응과 역반응이 균형을 이루는 평형 상태에 안착할 것이다.

단백질 효소와 리보자임이 그 예가 되는 촉매들은 순반응과 역반응 둘 다를 똑같은 정도로 가속시킬 수 있다. A와 B 사이의 평형은 달라지지 않는다. 즉 효소는 단순히 이 균형된 상태에 도달되는 속도를 증가시킨다. 평형에서 A와 B의 농도 비율이 1이어서 두 분자의 농도가 똑같다고 가정하자. 만약 그 화학계가 평형으로부터 떨어져서 시작한다면 —— 말하자면, B의 농도가 높고 A분자가 거의 없는 상태로 —— 효소는 두 분자의 농도가 같아지는 평형 비율에 도달하는 데 걸리는 시간을 크게 단축시킬 것이다. 요컨대 효소는 A의 생산율을 증가시킨다.

촉매 반응은 어떻게 일어나는가? A와 B 사이에 전이 상태라고 불리는 중간 상태가 존재하는데, 이 상태에서는 분자를 구성하는 원자들 사이의 하나 이상의 결합이 심하게 당겨지고 비틀린다. 즉 전이 상태의 분자들은 다소 불행한 상태라고 할 수 있다. 불행의 정도는 분자의 에너지에 의해 주어진다. 낮은 에너지는 변형되지 않은 분자에 해당한다. 높은 에너지는 변형된 분자에 해당한다. 용수철을 생각해보라. 평형 상태의 길이에 있을 때 용수철은 행복하다. 용수철이 평형 길이를 넘어서 늘려진다면, 용수철은 저장된 에너지를 갖게 되고 불행한 상태가 된다. 용수철은 평형 길이로 철커덕하고 되돌아옴으로써 그 에너지를 방출할 수 있고, 그리하여 용수철은 다시 낮은 에너지를 갖는다.

놀랄 것 없이, A에서 B로 지나가는 길목의 전이 상태는 B에서 A로 되돌아가는 길목의 전이 상태와 정확하게 똑같다. 효소들은 전이 상태에 결합하여 그것을 안정하게 함으로써 작용하는 것으로 생각된다. 효소는 A와 B분자 모두가 더 쉽게 전이 상태로 뛰어오르게 하여, A에서 B로 또 B에서 A로의 변환율을 증가시킨다. 그래서 효소는 A와 B의 평형 농도 비율로 접근하는 속도를 증가시킨다.

우리는 우리 몸의 세포들이 화학적 평형에 있지 않다는 것에 감사해야 할 것이다. 즉 생명을 지닌 계에 있어서 평형은 죽음에 해당한다. 대신에 살아 있는 계들은 화학적 평형으로부터 끊임없이 이탈하는 열린 열역학계이다. 우리의 먼 조상들이 그랬던 것처럼 우리는 먹고 배설한다. 에너지와 물질이 우리를 거쳐 흐르면서, 생명의 게임에서 토큰token[3]이 되는 복잡한 분자들을 구축한다.

열린 비평형계는 닫힌 계와 매우 다른 규칙들을 따른다. 간단한 경우를 고려하자. 즉 우리에게 비커 하나가 있어서 그 비커에 어떤 외부의 원천으로부터 계속해서 일정한 속도로 A분자를 첨가하고, 비커 안에 있는 B분자들을 그 농도에 비례하는 속도로 바깥으로 꺼낸다고 하자. 위의 예에서처럼 여기서도 A는 B로 변환되고 B는 A로 변환된다. 하지만 A의 첨가와 B의 제거가 계속된다는 것 때문에 위의 예에서 도달했던 평형에는 결코 도달할 수 없다. 상식적으로 예상하자면, 계는 A분자가 B분자로 변환되는 비율이 닫힌 계의 경우보다 더 큰 어떤 정상 상태로 안착할 것이다. 간략하게 말하자면, A가 B로 변환되는 비율이 열역학적 평형 비율에서 약간 달라지는 정도일 것이다. 일반적으로, 이 상식적인 견해는 정확하다. 단순한 경우들에서, 물질과 에너지의 흐름이 열린 계들은 닫힌 열역학계에서 발견되었던 것과는 약간 다른 정상 상태에 안착하게 된다.

　이제 훨씬 더 복잡한 열린 계인 살아 있는 세포를 생각해보자. 우리 몸의 세포들은 그들의 경계를 넘나드는 물질과 에너지인 대략 십만 종류의 분자들의 거동을 조정한다. 심지어 박테리아도 수천 가지 종류의 분자들의 활동을 조정한다. 매우 단순한 열린 계의 거동을 이해함으로써 세포 같은 복잡한 계를 훨씬 더 잘 이해할 수 있다고 생각하는 것은 자기 과신이다. 그 누구도 화학 반응에 관한 복잡한 세포 회로망과 그들의 촉매들이 어떻게 거동하는지, 혹은 어떤 법칙이 그들의 거동을 지배하는지 이해하지 못한다. 실제로 이것이 다음 장에서 논의하기 시작할 수수께끼이다. 그럼에도 불구하고 단순한 열린 열역학계는 적어도 하나의 출발점이며 그들 자체만으로도 매혹적이다. 단순한 비평형 화학계조차도 시공간에서 변화하는 화학물 농도의 놀랍도록 복잡한 패턴들을 놀라운 방법으로 형성할 수 있다. 1장에서 언급했듯이, 프리고진은 이 계들이 자신의 구조를 유지하기 위해서 끊임없이 물질과 에너지를 확산시키기 때문에 이들을 확산적인 계들이라고 불렀다.

열역학적으로 열린 계인 비커 안의 단순한 정상 상태의 계와는 달리, 더 복잡한 확산계 안의 화학 물질들의 농도는 시간에 따라 변하지 않는 정상 상태에 도달하지 않을 수도 있다. 대신에 농도들은 컸다가 작아지는 것을 반복적으로 순환하는 진동을 시작할 수 있다. 오랜 시간 동안 유지되는 이 순환 진동을 수렴 순환 limit cycle[4]이라 부른다. 또한 그런 계는 놀랄 만한 공간적인 패턴들을 만들어낼 수 있다. 예를 들어, 그 유명한 벨로소프-자보틴스키 Belosov-Zhabotinski 반응은 몇 가지 단순한 유기 분자들이 참여하는 것으로, 두 종류의 공간적 패턴을 만들어낸다. 첫번째 패턴에서 청색의 동심원파(同心圓波)는 오렌지 배경 위에서 중심의 진동원(原)으로부터 바깥 쪽으로 퍼져나간다. 청색과 오렌지색은 반응 혼합물이 어떤 위치에서 얼마나 산성인지 또는 염기성인지를 추적하는 지시약 분자들 때문에 나타난다. 두번째 패턴에서는 중심 근처의 오렌지 수레바퀴 위에 나선형의 청색 팔랑개비가 놓여 있다(그림 3-2). 수많은 연구자들이 그런 무늬들을 연구해왔다. 나의 친구 아서 윈프리 Arthur Winfree는 『시간이 붕괴할 때 When Time Breaks Down』라는 그의 멋진 책에서 그 연구들의 대부분을 요약한다. 가장 즉각적으로 인간에게 관련된 것은 이것이다. 즉 심장은 열린 계이고, 벨로소프-자보틴스키 반응과 유사한 양상으로 박동할 수도 있다. 심장 부정맥으로 야기되는 갑작스런 죽음은 심근에서 일종의 동심원 패턴(정상 박동)이 나선형의 팔랑개비 패턴으로 전환하는 것에 해당될 수 있다. 청색의 파동은 근육 세포가 수축하도록 하는 화학적 조건에 해당하는 것으로 생각될 수 있다. 그래서 등간격으로 떨어져서 동심원을 그리며 퍼져나가는 청색 원들의 파동은 규칙적인 수축 파동에 해당한다. 그러나 나선형의

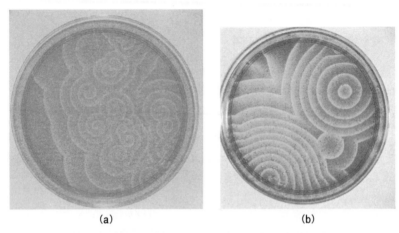

(a)   (b)

그림 3-2 작동하고 있는 자기조직화. 단순한 화학계에서 질서가 자발적으로 발현하는 것을 보여주는 유명한 벨로소프-자보틴스키 반응. (a)동심원파가 바깥쪽으로 전파되고 있다. (b)방사상으로 확장되는 팔랑개비들이 나선의 중심에서 수레바퀴처럼 회전하고 있다.

패턴에서 청색 팔랑개비는 나선의 중심 근처에는 서로 매우 가깝게 있고, 나선을 따라 멀리 나가면서는 간격이 떨어져서 점점 더 멀어진다. 나선 중심 근처에서 이 패턴은 심장 근육의 혼돈스러운 경련에 해당한다. 윈프리는 벨로소프-자보틴스키 반응을 하는 반응물들을 담고 있는 페트리 접시 petri plate[5]를 흔드는 것과 같은 단순한 교란이 계를 동심원 패턴으로부터 나선 패턴으로 전환시킬 수 있다는 것을 보였다. 그래서 윈프리는 단순한 교란이 정상적인 심장을 나선형의 혼돈 패턴으로 전환시킬 수 있고, 그래서 갑작스런 죽음도 초래할 수 있다고 제안했다.

상대적으로 단순한 비평형 화학계의 거동들은 보다 잘 연구되고 있고, 그런 것들은 다양한 생물학적인 연관성들을 가질 수도 있다. 예를 들어, 그런 계들은 낮은 화학적 농도의 줄무늬들 사이에 높은 화학적 농도의 줄무늬들이 놓여진 정상적인 패턴을 형성할 수 있다. 우리들 대다수는 그런 계들이 형성하는 자연스런 패턴들이 식물과 동물들의 발생에서 볼 수 있는 공간적인 패턴들에 대한 많은 것을 말해줄 것이라고 생각한다. 벨로소프-자보틴스키 반응에서 나타나는 청색과 오렌지색 줄무늬는 얼룩말의 줄무늬와 조개의 띠무늬, 단순하거나 복잡한 생물체에서의 형태학적인 다른 관점들을 암시할 수도 있다.

그런 화학적 무늬들이 아무리 흥미를 자아낸다고 하더라도, 그들은 아직 살아 있는 계들은 아니다. 세포는 열린 화학계일 뿐만 아니라 집단적으로 자기촉매적인 계이다. 세포들 안에서 화학적 패턴들이 나타날 뿐만 아니라, 세포들은 다윈론적인 진화를 할 수 있는 재생산하는 실체로서 스스로를 유지한다. 자기촉매계들은 어떤 법칙, 어떤 심오한 원리들에 의해 원시 지구 위에서 발현했을까? 간단히 말하자면 우리는 우리의 창조 신화를 찾고 있는 것이다.

화학적 창조 신화

과학자들은 종종 단순한 장난감 모형을 통해 생각함으로써 복잡한 문제에 대한 직관을 얻는다. 내가 여러분에게 말하고 싶은 장난감 문제는 〈무작위적인 그래프〉와 관련된다. 무작위적인 그래프는 점들과, 이들을 임의로 연결하는 선들의 집합이다. 〈그림 3-3〉은 한 예를 보여준다. 장난감 문제를 구체적으로 만들기 위해서 그 점들은 〈단추〉, 선들은 〈실〉이라고 부를 수 있다. 딱딱한 마룻바닥에 흩어진 10,000개의 단추들을 상상해보자. 무작위로 두 개의 단추를 선택하고

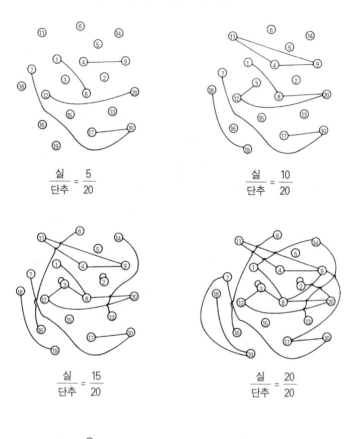

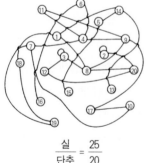

그림 3-3 연결망의 결정화. 〈실〉(선)의 수를 증가시키면서 20개의 〈단추〉(점)를 무작위로 연결한다. 단추의 숫자가 많은 경우, 실 대 단추의 비율이 문턱치 0.5를 넘어 증가함에 따라 대부분의 단추들이 한 개의 거대한 성분으로 연결된다. 그 비가 1.0을 지나면 모든 길이의 닫혀진 경로들이 발현하기 시작한다.

그것들을 실로 연결한다. 이제 이 쌍을 내려놓고 단추를 두 개 더 무작위로 선택해서 실로 연결한다. 이러기를 계속함에 따라 당신은 처음에는 전에 집은 적이 없는 단추들을 집을 것이 거의 확실하겠지만, 한참 후에는 무작위로 선택된 쌍들 중의 하나가 이미 집혀진 적이 있다는 것을 발견하게 될 가능성이 높아질 것이다. 그래서 당신이 새로 선택된 두 개의 단추들을 실로 연결하면, 세 개의 단추가 연결되는 것을 발견하게 될 것이다. 간단히 말해서, 당신이 단추들의 쌍을 무작위로 선택해서 실로 연결하는 것을 계속함에 따라, 한참 후에는 단추들이 더 큰 덩어리들로 서로 연결되기 시작한다. 단추의 수를 10,000개가 아니라 20개로 제한하여 이것을 〈그림 3-3〉에 보였다. 때때로 한 단추를 집어올려 얼마나 많은 단추들이 따라서 들어올려지는지를 보라. 연결된 덩어리는 무작위적인 그래프의 〈성분〉이라고 불린다. 〈그림 3-3〉이 보여주는 것처럼, 어떤 단추들은 다른 단추들에 전혀 연결되지 않을 수도 있다. 다른 단추들은 두 개나 세 개, 혹은 더 많은 숫자로 연결되어 있을 수도 있다.

무작위적인 그래프의 중요한 특색들은 실 대 단추의 비율을 조절함에 따라 매우 규칙적인 통계적 거동을 보여준다. 특히 실 대 단추의 비율이 0.5를 넘어설 때 상전이가 일어난다. 그 점에서는 〈거대한 덩어리〉가 갑자기 형성된다. 〈그림 3-3〉은 단지 20개의 단추들을 사용해서 이 과정을 보여준다. 단추들의 수에 비교해서 실의 수가 매우 적을 때는 대부분의 단추들이 연결되지 않을 것이다. 그러나 실 대 단추의 비율이 증가함에 따라 소규모로 연결된 덩어리들이 형성되기 시작한다. 실 대 단추의 비율이 계속해서 증가함에 따라 단추 덩어리들의 크기는 더욱 커지는 경향이 있다. 분명히 덩어리들이 더 커지면 그들은 서로 교차되어 연결되기 시작한다. 자, 이것은 마술이다! 실 대 단추의 비율이 0.5 이정표를 지나면 갑자기 대부분의 덩어리들이 하나의 거대한 구조로 서로 연결된다. 〈그림 3-3〉에서 20개의 단추로 구성된 작은 계에서 당신은 실 대 단추의 비율이 1/2, 즉 10개의 실에 20개의 단추가 있을 때 이 거대한 덩어리가 형성되는 것을 볼 수 있다. 만약 10,000개의 단추를 사용한다면, 그 거대한 성분은 대략 5,000개의 실이 사용되었을 때 생겨날 것이다. 그 거대한 성분이 형성되면 대부분의 단추들은 직접 또는 간접적으로 서로 연결된다. 만약 단추 하나를 들어올리면, 10,000개 중에서 대략 8,000개 정도의 단추들을 끌어올릴 기회가 매우 많다. 실 대 단추의 비율이 중간 이정표를 지나 계속 증가할수록, 남아 있는 고립된 단추들과 조그만 덩어리들이 더 많이 그 거대한 성분으로 교차 연결된다. 이와 같이 그 거대한 성분은 더 크게 성장하지만, 그 성장률은 남아 있는 고립된 단추들과 작은 성분들의 수가 감소함에 따라 느려진다.

실 대 단추의 비율이 0.5를 지남에 따라 가장 크게 연결된 단추 덩어리의 크기가 갑작스럽게 변하는 현상은 내가 생명의 기원을 이끌었다고 믿는 상전이의 장난감 판이라고 할 수 있다. 〈그림 3-4〉는 400개의 단추로부터 만들어지는 가장 큰 덩어리의 크기의 변화를 실 대 단추의 비율에 따른 정성적인 그래프로 나타낸 것이다. 이 곡선이 S자, 즉 시그모이드sigmoid 함수 모양이라는 것에 주의하라. 실 대 단추의 비율이 증가함에 따라서, 가장 큰 단추 덩어리의 크기는 처음에는 느리게 증가하다가 급속히 증가하고, 다시 느려진다. 급격한 증가는 상전이 같은 것의 신호이다. 400개의 단추를 사용하는 〈그림 3-4〉의 예에서, S자 모양의 곡선은 실 대 단추의 비율이 0.5를 지날 때 가파르게 상승한다. 임계 비율 0.5에서 그 곡선의 가파른 정도는 계에 있는 단추들의 수에 의존한다. 단추들의 수가 적을 때는 곡

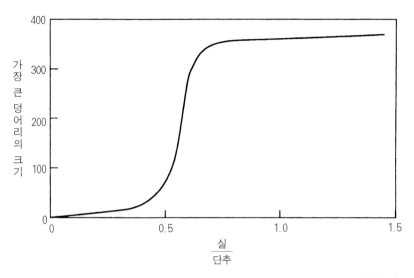

그림 3-4 상전이. 무작위적인 그래프에서 실(선) 대 단추(점)의 비율이 0.5를 지남에 따라 연결된 덩어리의 크기가 천천히 증가하여 〈상전이〉에 도달하고 거대한 성분이 결정화된다. (이 실험에서 실의 숫자는 0에서 600까지 변하고, 단추의 숫자는 400으로 고정되었다.)

선의 가장 가파른 부분은 완만하지만, 계의 단추 수가 증가——말하자면, 400개에서 1억 개로——함에 따라 곡선의 가파른 부분은 더 가파르게 된다. 무한 개의 단추들이 있다면, 실 대 단추의 비율이 0.5를 지남에 따라 가장 큰 성분의 크기는 미미한 것에서 엄청난 것으로 불연속적으로 뛰어오를 것이다. 이것이, 따로따로 떨어진 물 분자들이 하나의 얼음 덩어리로 결빙하는 것과 같은 상전이이다.

　이 장난감 문제에서 당신이 얻기를 원하는 직관은 간단한 것이다. 실 대 단추의 비율이 증가함에 따라 갑자기 수많은 단추들이 얽혀 단추들의 거대한 연결망이 형성된다는 것이다. 이 거대한 성분은 신비로운 것이 아니다. 그것의 발현은 무작위적인 그래프에서 자연

스럽게 기대되는 성질이다. 생명의 기원 이론에서 이와 유사한 것
은, 화학 반응계에서 충분히 많은 수의 반응들이 촉매될 때 촉매된
반응들의 거대한 망이 갑자기 결정화되는 것이 될 것이다. 그런 망
은 거의 확실히 자기촉매적이고, 거의 확실히 스스로를 유지하는 살
아 있는 것이라는 사실이 밝혀지고 있다.

반응 회로망

대사 반응 그래프를 그릴 때 편의상 원은 화학 물질들을 나타내고
사각형은 반응들을 나타낸다고 하자. 구체적인 예로 4가지 종류의
단순한 반응들을 생각해보자. 가장 단순한 반응에서, 한 기질 A가
한 생성물 B로 변환된다. 반응이 가역적이기 때문에 B는 또한 원래
의 A로 변환된다. 이것이 한 기질-한 생성물 반응이다. A를 떠나
A와 B 사이에 놓여 있는 작은 사각형으로 들어가는 검은 선을 그리
고 그 사각형을 떠나 B에서 끝나는 선을 그려본다(그림 3-5). 이 선
과 사각형은 A와 B 사이의 반응을 의미한다. 이제 두 종류의 분자
A와 B가 있고, 이들이 결합해서 더 큰 분자 C를 형성하는 경우를
살펴보자. 이의 역반응은 C가 〈갈라져서〉 A와 B를 만드는 것이다.
이 반응은 A와 B를 떠나서 이 반응을 나타내는 사각형으로 들어가
는 두 선과, 그 사각형을 떠나 C로 들어가는 선으로 나타낼 수 있
다. 마지막으로 두 기질과 두 생성물을 갖는 반응을 고려해보자. 전
형적으로 이런 종류의 반응은 한 기질로부터 작은 원자 덩어리를 끊
어내어 그것을 두번째 기질에 결합시킴으로써 일어난다. 두 기질-두
생성물 반응은 두 기질을 떠나 그 반응을 나타내는 사각형으로 들어

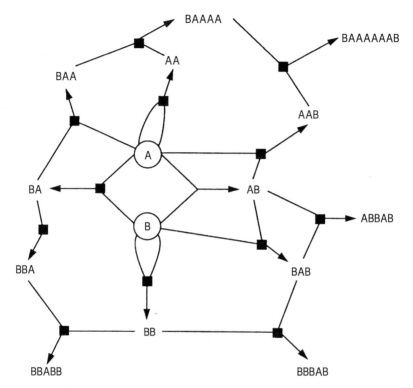

그림 3-5 단추와 실에서 분자들로. 반응 그래프라고 부르는 이 가상적인 화학 반응들의 회로망에서 작은 분자(A와 B)들은 결합하여 큰 분자(AA, AB 등등)들을 만들고, 이것들은 다시 결합하여 더 큰 분자(BAB, BBA, BABB 등등)들을 만든다. 동시에 이 긴 분자들은 다시 작은 기질 분자들로 갈라진다. 각 반응에 대해서 선이 두 개의 기질에서 반응을 나타내는 사각형 쪽으로 그어지고, 화살은 반응 사각형에서 생성물로 그어진다. (반응이 가역적이기 때문에, 화살표는 단지 한 방향의 반응에서 기질과 생성물을 구별하기 위한 것이다.) 어떤 반응의 생성물은 더 이상의 반응에서 기질이 되기 때문에 결과는 서로 연결된 반응들의 망이 된다.

가는 한 쌍의 선과 그 사각형을 떠나 두 생성물에 연결되는 누번째 쌍의 선으로 나타낼 수 있다. 이제 이 화학 반응계에서 일어날 수 있는 가능한 모든 종류의 분자들과 반응들을 생각해보자. 모든 원(화학

물질)들 사이의 모든 선들과 사각형들이 모여서 반응 그래프를 구성한다(그림 3-5).

집단적 자기촉매 분자계의 창발을 이해하기 위한 다음 단계는, 매우 느리게 일어난다고 추정되는 자발적인 반응과 빠르게 일어난다고 추정되는 촉매 반응을 구별하는 것이다. 우리는 동일한 분자들이 반응들의 촉매가 되고 동시에 그 반응들의 생성물이 되는 자기촉매 집합이 만들어지는 조건을 찾고 싶어한다. 이것은 그 계 안에 있는 각각의 분자가 이중 역할을 수행할 수 있는 가능성에 의존한다. 즉 각 분자는 한 반응의 원료나 생성물이 되기도 하지만, 또한 다른 반응을 위한 촉매가 될 수도 있다. 반응의 원료나 촉매로서의 이런 이중 임무는 확실히 가능한 것이고, 실제로 흔히 일어난다. 단백질과 RNA 분자들이 그런 이중 역할을 수행하는 것으로 알려져 있다. 트립신 trypsin이라고 불리는 효소는 우리가 흡수한 단백질을 더 작은 조각으로 분해한다. 또 트립신은 자신을 더 작은 조각들로 나누기도 한다. 그리고 2장에서 언급했듯이, 리보자임은 RNA 분자에 효소로서 작용할 수 있는 RNA 분자이다. 모든 종류의 유기 분자들이 반응의 원료와 생성물이 될 수 있을 뿐만 아니라 동시에 다른 반응들을 촉매할 수도 있다는 것은 잘 알려진 사실이다. 화학 물질들의 이중 역할에는 어떤 신비로움도 없다.

이야기를 계속 진행하기 위해서, 어떤 분자들이 어떤 반응들을 촉매하는지를 아는 것이 필요하다. 만약 이것을 알게 된다면, 임의의 분자 집단이 집단적으로 자기촉매적이 될 수 있을지를 말할 수 있게 될 것이다. 유감스럽게도, 일반적으로 이것은 아직 알려지지 않고 있다. 그러나 그럴듯한 가설을 만듦으로써 우리는 현명하게 계속해서 나아갈 수 있다. 나는 그러한 두 가지의 간단한 이론을 고려할 것이다. 각 이론은 우리가 고려할 모형계에서 어떤 임의적인 방법으로 각 반응들에 촉매를 배정한다. 당신은 이 교묘한 조작에 대해 회의적일 수 있다. 당연하다. 한 분자들의 집합이 자기촉매 집합을 그 안에 갖고 있는지를 확신하려면, 어떤 분자들이 어떤 반응들을 촉매하는지를 확실하게 알아야만 한다고 생각될 것이다. 그런 회의는 당연한 것이고, 그래서 내가 의존하고 있는 추론 방식을 도입해야 할 이유가 된다. 사람들은, 만약 실제 화학 반응의 세계에서 정확하지 않은 화학 법칙들이 전제되어 어떤 분자들이 어떤 반응들을 촉매할 것인지에 대해서 실제와 다른 분포를 예측한다면 그 예견된 화학 반응들의 결과는 실제와 맞지 않게 될 것이라고 쉽게 반대할 것이다. 거기에 대한 나의 반응은 이렇다. 만약 다른 분자들이 다른 반응들을 촉매하는 많은 대체적이고 〈가설적인〉 화학에 대해서도 자기촉매 집합이 발현한다는 것을 보여줄 수 있다면, 각 화학에 특정적인 세세한 것들은 중요하지 않을 것이다. 우리는 자기를 유지하는 망의 자발적인 창발이 너무 자연스럽고 강건한 것이어서 이 세상에 존재하게 된 어떤 특정한 화학보다도 훨씬 더 심오하다는 것을 보게 될 것이다. 자기 유지망의 자발적인 창발은 수학 그 자체에 뿌리를 두고 있다.

앞에서 했듯이, A와 B에서 그 둘 사이의 반응 사각형으로 연결되는 검은 선을 그려서 분자쌍 A와 B 사이에 반응을 나타내보자. 이제 A와 B 사이에 반응을 촉진할 수 있는 어떤 다른 분자 C를 그린다. 이 촉매 과정을 C에서 시작해서 A와 B 사이의 반응 사각형으로 향하는 청색 화살표로 나타낸다(그림 3-6). A와 B 사이에 검은 선을 적색으로 바꿔서 A와 B 사이에 반응이 촉매된다는 사실을 나타낸다. 그 계에 있는 모든 분자들에 대해서 어떤 반응 혹은 반응들을 그

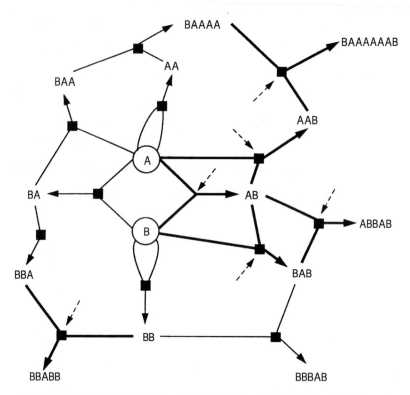

그림 3-6 반응을 촉매하는 분자들. 그림 3-5에서 모든 반응들은 저절로 일어난다고 가정했다. 우리가 그중 어떤 반응들을 가속시키는 촉매를 가하면 어떤 일이 일어날까? 여기서 점선 화살표가 지시하는 반응 사각형들은 촉매되고, 굵은 선들은 촉매 반응의 기질과 생산물을 연결한다. 결과는 반응 그래프의 촉매 부그래프를 나타내는 굵은 선들의 패턴이다.

분자가 촉매할 수 있는지를 따져본다. 모든 촉매에 대하여, 대응하는 반응 사각형에 청색 화살표를 그리고 대응하는 반응 선에 적색을 칠한다. 당신이 이 과제를 끝마쳤을 때, 적색 선들과 그들이 연결하는 화학 물질 점들은 모든 촉매된 반응들을 나타내고, 전체 반응 그래프의 촉매 반응 부그래프catalyzed reaction subgraph를 집단적으로 구성한다. 청색 화살들과 그것들이 떠나는 화학 물질 점들은 촉매과정을 수행하는 분자들을 나타낸다(그림 3-6).

이제 계가 자기촉매 부분 집합을 포함하기 위해서 무엇이 요구되는가를 고려해보자. 첫째, 일단의 분자들이 적색 촉매 반응선들에 의해 연결되어야만 한다. 둘째, 이 분자 집단 안에 있는 각 분자들은 같은 집단 안의 어떤 다른 분자로부터 오는 청색 화살표의 촉매에 의해서 만들어지거나 집단 바깥으로부터 더해져야만 한다. 후자의 분자들을 먹이 분자라고 부르자. 만약 이 조건들이 충족된다면, 스스로의 형성을 촉매할 수 있고 필요한 모든 촉매들을 창조하는 분자들의 회로망이 존재한다.

중심적 개념

그런 자기유지 반응망이 자연스럽게 발생하는 것은 어느 정도나 가능한가? 집단적 자기촉매의 창발은 용이한가, 아니면 사실상 불가능한가? 신중히 선택된 화학 물질들이어야 하는가, 아니면 대충의 어떤 혼합물들도 괜찮을 것인가? 그 대답은 고무적인 것이다. 자기촉매 집합들의 창발은 거의 필연적이다.

곧 그 호두 껍질을 열어보겠지만, 이런 일들이 일어난다. 즉 계 안에서 분자들의 다양성이 증가함에 따라 반응 대 화학 물질의 비율, 혹은 선 대 점의 비율이 더욱더 크게 된다. 다른 말로 하면, 반응 그래프는 화학 물질의 점들을 연결하는 더욱더 많은 선들을 갖는다. 그 계 안에 있는 분자들은 자신들을 형성하는 반응들을 촉매할 수 있는 후보들이다. 반응 대 화학 물질의 비율이 증가함에 따라, 계 안에서 분자들에 의해 촉매되는 반응의 수가 증가한다. 촉매된 반응의 수가 대략 화학 물질들의 수와 같게 될 때, 거대한 촉매 반응망이 형성되고, 집단적 자기촉매계가 실체(實體)로 갑자기 등장한다. 살아 있는 신진대사가 결정화된다. 생명은 상전이로서 발현한다.

이제 간단히 호두 껍질을 열어보겠다.

첫 단계는 계 안에서 분자들의 다양성과 복잡성이 증가함에 따라, 반응 그래프에서 화학 물질 대 반응의 비율도 마찬가지로 증가한다는 것을 보여주는 것이다. 왜 이것이 사실인지를 보이기는 쉽다. 원자인 4개의 단량체들로 구성되어 있는 중합체 ABBB를 고려해보자. 명백히 그 중합체는 BBB에 A가, BB에 AB가, 혹은 ABB에 B가 붙어서도 형성될 수 있다. 그래서 그 중합체는 세 가지의 다른 반응들에 의해서 세 가지 방식으로 형성될 수 있다. 만약 원자 하나만큼 그 중합체의 길이를 증가시킨다면, 분자당 반응들의 수가 증가할 것이다. ABBBA는 A와 BBBA, AB와 BBA, ABB와 BA, 그리고 ABBB와 A로부터 형성될 수 있다. 즉 길이가 L인 중합체는 일반적으로 L-1 개의 내부 결합을 갖기 때문에, 자신보다 작은 중합체들로부터 L-1 가지의 방식으로 형성될 수 있다. 그러나 이들 숫자는 단지 화학자들이 결합 반응ligation reaction이라고 부르는, 작은 조각들로부터 분자를 구축하는 반응만을 설명할 뿐이다. 분자들은 또한 분열을 통해서 형성될 수도 있다. ABBB는 ABBBA의 오른편에서 A를 잘라냄으로서 형성될 수 있다. 그래서 분자들의 수보다 분자들이 형성될 수 있는 반응의 수가 더 크다는 것이 명백해진다. 이것은 그 반응 그래프에서 점들보다 더 많은 선이 존재한다는 것을 의미한다.

분자들의 다양성과 복잡성이 증가함에 따라, 반응 그래프에서 분자 대 반응의 비율에는 어떤 변화가 일어나는가? 약간의 간단한 계산을 해보면, 단순한 선형 중합체에 대해서 분자의 길이가 증가함에 따라 가능한 분자들의 종류의 수는 지수적으로 증가하지만, 한 종류의 분자로부터 다른 종류로 변환을 가능하게 하는 반응들의 수는 그보다도 훨씬 더 빠르게 증가한다는 것을 쉽게 보일 수 있다. 이 증가하는 비율은 더 복잡하고 다양한 분자 집단이 고려될수록 그들의 반응 그래프는 한 종류의 분자로부터 다른 종류로 변환할 수 있는 반응 경로들이 훨씬 더 조밀하게 된다는 것을 의미한다. 점 대 〈반응선〉의 비율이 점점 더 커져서 가능성들의 검은 숲을 이룬다. 화학계는 분자들이 다른 분자들로 변환할 수 있는 반응들로 더욱더 풍요롭게 된다.

지금 여기에 화합물들이 들어 있는 플라스크가 있고 그 안에서 느린 자발적인 반응이 일어나고 있다고 하자. 그 계가 불을 당겨서 자기유지 자기촉매 회로망을 만들도록 하려면, 어떤 분자들은 촉매로 작용하여 그 반응들을 가속시켜야만 한다. 그 계는 비옥하지만 아직 생명을 잉태하지 않았으며, 그러려면 어떤 분자들이 어떤 반응을 촉매할지를 결정할 방법이 있어야만 한다. 그래서 약간 단순한 모형을 고려해보기로 하자. 다양한 목적을 충족시키는 매우 적합하면서도 가장 간단한 모형은 각 중합체가 임의의 주어진 반응을 촉매하는 효소로서 기능할 수 있는 기회가 이를테면 백만분의 일로 고정되어 있다고 가정하는 것이다. 이 간단한 모형을 사용할 때 우리는 백만 번에 단 한 번 앞면이 나오는 편파적인 동전을 던져서 각 중합체가 촉매할 수 있는 반응을 〈결정할〉 것이다. 이 규칙을 통해 임의의 중합체에 그것이 촉매할 반응들이 무작위로, 한번 결정되면 영원히 할당된다. 이 〈무작위 촉매〉 규칙을 사용해서, 촉매된 반응들을 저색으로 〈색칠하고〉, 촉매들로부터 각각이 촉매하는 반응들 사이에 청색 화살표를 그리고 난 후, 이 화학 모형계가 집단적 자기촉매 집합을 포함하고 있는지를 살펴본다. 즉 적색선들로 연결되어 있으며, 자기 자신들이 형성되는 반응들을 청색 화살표를 따라 촉매하는 바로 그 분자들 역시 포함하고 있는 분자들의 회로망을.

화학적으로 약간 더 그럴듯한 모형은 위의 중합체로 RNA 배열을 가정하고 주형 정합(整合)을 도입하는 것이다. 이 단순화된 모형에서 B는 일종의 왓슨-크릭 짝짓기에 의해 A와 대응한다. 그러므로 육량체 BBBBBB는 리보자임처럼 작용해서, 두 개의 기질 BABAAA와 AAABBABA 중에 대응하는 AAA 3량체 자리들과 각각 결합하고 두 기질의 연결을 촉매하여 BABAAAAABBABA를 형성하도록 할 수 있다. 화학적으로 훨씬 더 실제적으로 하기 위해서, 비록 후보 리보자임이 기질들의 왼쪽과 오른쪽 끝에 정합되는 자리를 가지고 있다고 할지라도, 그 후보 리보자임이 그 반응을 실제로 촉매할 수 있도록 해주는 다른 화학적 특성들을 가질 확률은 여전히 단지 백만분의 1에 불과하도록 조건을 줄 수 있다. 이것은 리보자임의 촉매 작용이 일어나기 위해 주형 정합 이상의 다른 화학적 특성들이 요구될 수도 있다는 착상을 포착하게 한다. 이것을 정합 촉매 규칙match catalyst rule이라고 부르자.

여기에 중대한 결과가 있다. 즉 이들 〈촉매〉 규칙들 중에서 어느 것을 사용하는가에 관계 없이, 모형 분자계의 다양성이 임계치에 도달하면 촉매 반응들의 거대한 〈적색〉 성분이 결정화되고, 이에 따라 집단적으로 자기촉매적인 집합이 창발한다는 것이다. 이제 이 창발이 왜 실질적으로 필연적인가를 보이는 것은 쉽다. 무작위적인 촉매 규칙을 사용하여 임의의 중합체가 백만분의 1의 기회로 임의의 주어진 반응에 대하여 효소로 작용한다고 가정하자. 모형계 안에서 분자들의 다양성이 증가함에 따라 분자수 대 반응의 비율이 증가한다.

분자들의 다양성이 충분히 클 때, 중합체 대 반응의 비율은 1 대 백만에 도달한다. 그 다양성에서 각 중합체는 평균적으로 한 가지의 반응을 촉매할 것이다. 1 대 백만에 백만분의 1을 곱하면 1이다. 화학 물질 대 촉매된 반응의 비율이 1.0이 되면 촉매 반응들의 망인 〈적색〉의 거대한 성분이 극히 높은 확률로 형성되고, 분자들의 집단적 자기촉매 집합이 창발하게 되는 것이다.

생명의 기원에 관한 이 관점에서, 계에 불이 붙고 촉매 반응 고리가 얻어지기 위해서는 분자들이 임계 다양성을 가져야만 한다. 10개의 중합체로 구성되고 백만분의 1의 촉매 반응 기회를 갖는 간단한 계는 그저 죽은 분자들의 집단이다. 거의 확실히 10개 분자들 중에 어떤 분자도 그들 사이에서 가능한 어떤 반응도 촉매하지 않는다. 비활성적 수프에서는 매우 느린 자발적인 화학 반응 외에는 아무것도 일어나지 않는다. 분자들의 다양성과 구조적 복잡성을 증가시키면 그들 사이에 점점 더 많은 반응들이 그 계의 일원들 스스로에 의해 촉매된다. 임계 다양성을 넘어서게 됨에 따라 촉매 반응들의 거대한 망이 상전이에 의해 결정화된다. 촉매 반응 부그래프는 거의 연결되지 않은 많은 조그마한 성분들을 가지고 있던 상태에서 한 개의 거대한 성분과 고립된 훨씬 더 작은 성분들을 갖는 상태로 이동한다. 당신의 직관은 이제 충분히 조율되어 있기 때문에 그 거대한 성분이 공급된 먹이 분자들로부터 촉매 반응들에 의해 스스로를 형성할 수 있는 집단적 자기촉매 집합을 포함한다는 것을 쉽게 짐작할 수 있을 것이다.

나는 지금까지 생명이 어떻게 형성되었는지에 대해서 내가 갖고 있는 중심적인 착상들을 서로 연관시켰다. 이 착상들은 비록 생소할지라도 정말로 매우 단순하다. 생명은 분자들의 임계 다양성에 의해

결정화되는데, 이는 그 시점에서 촉매 반응 고리 자체가 결정화되기 때문이다. 새로운 화학적 창조 이야기, 먼 옛날의 우리 생명의 시조에 관한 새로운 관점, 물리적 세계의 기대된 성질로서의 생명의 창발을 보는 새로운 인식 등과 관련하여, 나는 이 착상들이 실험적으로 정립될 수 있는 부분들이 되기를 희망한다.

이 과정을 컴퓨터를 이용해 만든 모의 영화를 통해서, 분자들의 다양성이나 또는 임의의 분자가 임의의 반응을 촉매하는 확률이 증가함에 따라 이 결정화가 나타나는 것을 볼 수 있다. 이 두 가지의 매개 변수들을 M과 P로 부르자. M이든 P이든 어느 한쪽을 증가시키면, 처음엔 생명이 없는 수프에서 거의 아무 일도 일어나지 않다가 갑자기 생명이 튀어나온다. 나중에 그것에 대해 답하겠지만, 그 실험은 아직 실제 화학 물질들을 가지고 행해지지는 않았다. 그러나 컴퓨터 상에서는 살아 있는 계가 실체로 떠오르는 것을 볼 수 있다. 〈그림 3-7〉은 이 자기재생산 대사에 관한 모형들 중의 하나가 어떠한지를 보여준다. 당신이 보는 것처럼, 이 모형계는 단량체 A와 B, 그리고 이들의 조합으로 가능한 네 가지의 이량체 AA, AB, BA, BB 등의 간단한 먹이 분자들의 지속적인 공급에 바탕을 두고 있다. 이것으로부터, 그 계는 대략 21종의 분자들을 갖는 집단적으로 자기촉매적이고 자기유지적인 모형 대사망을 결정화한다. 더 복잡한 자기촉매 집합들은 수백 개 혹은 수천 개의 분자 성분들을 갖는다.

촉매 반응에 관한 주형 정합 모형을 사용하면 동일한 기본적인 결과들을 발견할 수 있다. 중합체 대 가능한 반응수의 비율이 충분히 큰 값이어서 결국 거대한 촉매 성분과 자기촉매 집합이 발현한다. 어떤 화학 물질들이 어떤 반응들을 촉매할지에 대해서 자연이 결정할 수 있는 거의 모든 방법이 주어져도, 분자들이 임계 다양성에 도

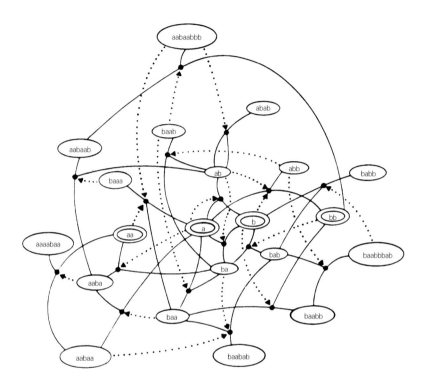

◯ = 먹이 분자

◯ = 다른 화학 물질

>— = 반응

◀····· = 촉매 작용

그림 3-7 자기촉매 집합. 먹이 분자들(a, b, aa, bb)이 자기유지적인 분자 회로망 속에 결정화되어 있는, 작은 자기촉매 집합의 전형적인 예. 긴 중합체와 그것의 분해 산물들을 연결하는 점이 반응을 나타낸다. 점선은 촉매 작용을 나타내고, 촉매로부터 촉매하는 반응 쪽을 향하고 있다.

달할 때 적색의 촉매 반응들의 수가 상전이점을 지나고 계 안에서 화학 물질들의 방대한 망이 결정화된다. 이 방대한 망은 거의 항상 집단적으로 자기촉매적이라는 것이 입증된다.

그런 계는 최소한 자기유지적이지만, 아직 자기재생산을 수행할 수 있는 것 같지는 않다. 하지만 위의 집단적 자기촉매 반응계가 일종의 구획된 방 안에 갇혀 있다고 가정하자. 방으로 구획하는 것은 반응하는 분자들이 희석되는 것을 방지하기 위해서 필수적이다. 자기촉매계는 오파린의 코아세르베이트[6] 중의 하나를 구성할 수도 있고, 혹은 이중지질 세포막을 갖는 소포체 vesicle를 만들어서 그 안에 갇혀 있을 수도 있다. 그 계의 구성 요소 분자들이 그들 자신을 재창조함에 따라 각 종류의 분자들의 사본들의 수는 전체 분자들의 수가 배가 될 때까지 증가할 것이다. 그러면 그 계는 두 개의 코아세르베이트나 두 개의 이중지질막 소포체, 혹은 그 밖의 또다른 구획된 형태로 나누어질 수 있게 된다. 실제로 그렇게 둘로 나누어지는 일이 계들의 크기가 증가함에 따라 자발적으로 일어난다. 그래서 우리의 자기촉매적인 원시 세포는 이제 자기재생산을 하게 된다. 살아 있는, 자기재생산하는 화학계가 실체로 도약하는 것이다.

반응의 에너지

이제 누군가가, A와 B에 대해서 성립했던 것이 실제의 원자와 분자들에 대해서는 사실이 아닐 수도 있다고 이의를 제기할지도 모른다. 알베르트 아인슈타인 Albert Einstein이 말했듯이, 이론은 가능한 단순해야 하지만, 너무 단순해도 안 된다. 이제까지 우리의 모형에서 누락되었던 것은 에너지였다. 앞에서 보아왔듯이, 살아 있는 계들은 열린 계이고 비평형 열역학계이며 물질과 에너지의 흐름에 의해 유지된다. 훨씬 단순한 벨로소프-자보틴스키 반응에서처럼, 살아 있는 계들은 물질과 에너지를 확산시킴으로써, 간단히 말해 먹고 배설하면서 구조를 유지한다.

문제는 이것이다. 즉 열역학적 관점에서 큰 중합체들은 작은 구성 요소들로 나눠지는 것을 선호하기 때문에, 큰 중합체들을 유지하거나 만들려면 에너지가 필요하다는 것이다. 화학적으로 실재하는 자기촉매 집합은 자신의 촉매가 될 수도 있는 큰 분자들을 만들고 유지하기 위해서 에너지를 얻어야만 한다.

구체적인 예로, 100개의 아미노산이 서로 연결된 단백질, 혹은 펩티드peptide라고 부르는 더 짧은 아미노산의 배열을 생각해보자. 임의의 두 아미노산을 펩티드 결합으로 연결하는 데는 에너지가 필요하다. 이것을 쉽게 이해하는 방법은 결합이 각각의 아미노산 서로에 대한 운동을 제한한다는 것이다. 아미노산을 따로 떨어뜨리기 위해서는 어느 정도 세게 잡아당겨야 할 것이다. 이때 잡아당기는 데 필요한 에너지의 정도가 결합 에너지의 척도이다. 거의 모든 반응이 자발적으로 가역적이라는 것을 앞에서 언급했다. 이것은 펩티드 결합에 관해서도 사실이다. 그것이 형성되는 동안에 반응하는 아미노산 쌍에서 물 분자가 빠져나온다. 그래서 물은 그 반응의 생성물이다. 역으로 펩티드 결합이 깨질 때는 물 분자가 동원된다. 만약 펩티드가 물에 용해되어 있다면, 물 분자는 펩티드 결합을 깨려는 경향을 갖게 될 것이다.

보통의 수성(水性) 환경에서 짝지은 아미노산 쌍(2-펩티드dipeptide)과 갈라져 홀로 있는 아미노산들이 평형을 이루는 비율은 대략 1 대

10이다. 그러나 서로 결합해서 3-펩티드tripeptide를 형성하는 이펩티드와 단일 아미노산에 대해서도 동일한 계산이 성립한다. 수성 환경에서 3-펩티드에 대한 2-펩티드와 아미노산 비율은 화학 평형 상태에서 대략 1 대 10이 될 것이다. 이 결과에 주목하라. 즉 평형 상태에서 2-펩티드 대 두 아미노산의 비율은 1 대 10이며, 3-펩티드 대 단일 아미노산을 더한 2-펩티드의 비율 역시 1 대 10이다. 따라서 3-펩티드 대 단일 아미노산의 비율은 1 대 10이 아니라 대략 1 대 100이다. 유사한 방법으로, 평형 상태에서 4-펩티드 대 아미노산의 비율은 대략 1 대 1000이다. 큰 중합체들의 길이가 아미노산 한 개만큼 증가함에 따라 아미노산에 대한 상대적인 중합체의 평형 상태 농도는 대략 10분의 1의 비율로 떨어진다.

앞에서의 간단한 계산이 암시하는 것은 이것이다. 예를 들어 단일 아미노산들과, 길이가 25에 이르는 다양한 펩티드들이 평형을 이루는 혼합물에서, 임의의 특정한 길이 25인 펩티드의 농도 대 아미노산 농도의 비율은 대략 10^{-25} 대 1이 될 것이다. 구체적으로, 만약 아미노산이 도달할 수 있는 가장 높은 농도로 물에 용해되어 있다면, 평형 상태에서 25개 아미노산으로 된 임의의 특정한 배열의 사본들의 수는 물 1리터에 분자 하나도 안 되는 정도가 될 것이다! 반대로, 임의의 단일 아미노산의 사본들의 수는 10^{20}에서 10^{23} 정도가 될 것이다. 자기촉매 집합에는 큰 중합체들이 포함될 수도 있다. 이 열역학적 어려움에도 불구하고 어떻게 그런 분자들이 높은 농도를 가질 수 있을까?

이 어려운 장애를 극복할 수 있는 적어도 세 가지의 근본적인 방법들이 있다. 각각은 놀라울 정도로 단순하다. 첫째로, 반응이 3차원 공간에서 일어난다기보다는 표면에서 일어나는 것으로 제한할 수 있다. 이것이 더 큰 중합체의 형성을 돕는 이유는 간단하다. 어떤 화학 반응이 일어나는 속도는 그 반응의 상대자들이 서로 얼마나 빨리 충돌하는가에 의존한다. 만약 효소가 수반된다면, 그 효소도 마찬가지로 충돌되어야만 한다. 만약 반응이 비커에서처럼 3차원 공간에서 일어난다면, 각각의 분자는 공간에 확산되어 그것의 반응 상대와 부딪쳐야만 한다. 3차원에서 이리저리 돌아다니는 분자들은 서로 부딪히기가 어렵다(2장에서 언급했던 만화를 상기하자). 이와 대조적으로, 만약 그 분자들이 진흙이나 이중지질막에서처럼 매우 얇은 표면층에 국한되어 있다면, 각 분자들의 탐색은 단지 2차원에서 일어난다. 2차원의 분자들은 서로 더 잘 부딪힌다. 여러분의 직관을 돕기 위해서, 직경이 아주 작은 1차원 관 안에서 분자들이 확산된다고 상상하자. 그러면 그 분자들은 서로 부딪힐 수밖에 없는 운명에 처하게 될 것이다. 간단히 말하자면, 반응들을 표면에서 일어나도록 제한하는 것은 기질들이 서로 충돌할 기회를 강력하게 증가시키고, 따라서 더 긴 중합체들의 형성률을 높이게 된다.

더 긴 중합체의 형성을 강화하는 두번째의 간단한 방법은 그 계를 탈수하는 것이다. 탈수는 물 분자들을 제거하고, 따라서 펩티드 결합의 분열 속도를 떨어뜨린다. 나와 나의 동료들인 도인 파머 Doyne Farmer, 노먼 팩커드 Norman Packard, 그리고 나중에 합류한 리처드 배글리 Richard Bagley가 행한 컴퓨터 모의실험에서, 우리는 중합체로 된 실제의 자기촉매계들이 단순한 탈수만으로도 충분히 재생산을 할 수 있다는 강력한 증거를 발견했다. 우리의 모형은 그것을 변형시키지 않고도 화학과 물리학 법칙들에 잘 맞는다.

탈수는 속임수가 아니다. 그것은 실제로 효력이 있다. 플라스테인 plastein[7] 반응이라고 불리는 유명한 반응은 거의 60년에 걸쳐 연구가 잘 되어 있다. 위장 안에 있는 트립신 효소는 우리가 먹는 단백질의 소화를 돕는다. 만약 트립신이 수성 매질 안에서 큰 단백질과 섞이게 되면, 그 효소는 단백질을 더 작은 펩티드로 쪼갠다. 그러나 만약 그 반응계가 탈수되어서 펩티드에 비교하여 상대적으로 물의 농도가 낮아지면, 작은 펩티드 조각들로부터 더 큰 중합체로의 합성을 선호하는 쪽으로 평형 상태가 이동한다. 트립신은 이들 결합 반응을 호의적으로 촉매하여 더 큰 중합체들을 만들어낸다. 이들 더 큰 중합체들이 제거되고 계가 다시 탈수되면, 트립신은 훨씬 더 많은 큰 중합체들을 호의적으로 합성한다.

표면에 제한된 반응과 탈수는 큰 중합체의 형성을 지원하는 데 사용될 수 있다. 그러나 현존하는 세포들은 또한 더 융통성 있고 정교한 메커니즘을 사용한다. 세포들이 결합을 형성할 때, 그들은 흔히 주변에 산재하는 조력 분자들helper molecules 내의 고에너지 결합을 깨뜨림과 동시에 필요한 에너지를 얻는다. 아데노신3인산adenosine triphosphate (ATP)은 이들 조력 분자들 중에서 가장 일반적인 것이다. 에너지를 요구하는 반응을 에너지 흡수endergonic 반응이라 하고, 에너지를 방출하는 반응은 에너지 방출exergonic 반응이라고 한다. 세포들은 에너지가 필요한 에너지 흡수 반응들을 구동하기 위해 그 반응들을 ATP를 통해서 에너지 방출 반응에 연결한다.

초기의 자기재생산 대사에 동력을 제공했을지도 모르는 고에너지 결합들에 대해 그럴듯한 수많은 후보들이 제안되어왔다. 예를 들어, 두 인산염이 서로 연결된 파이로인산염pyrophosphate은 풍부하게 존재하고 분열할 때 상당한 에너지를 방출한다. 파이로인산염은 초기의 살아 있는 계에서 합성을 구동하는 데 필요한 자유 에너지의 유용한 원천이었을 것이다. 파머와 배글리는 컴퓨터 모의실험을 통해서 이들 결합이 동력을 제공하는 모형계가 그럴듯한 열역학적 기준을 충족시키며 재생산도 가능하다는 것을 보여주었다.

에너지 방출 반응과 에너지 흡수 반응을 연결하기 위해서 무엇이 요구되는가? 촉매 반응 고리를 갖추는 이상의 어떤 새로운 신비로운 것이 필요한가? 나는 그렇지 않다고 생각한다. 문제는 있지만, 거의 신비한 것이라고는 할 수 없다. 결국 요구되는 모든 것은 단지 자기 촉매 집합이 에너지 방출 반응과 에너지 흡수 반응을 연결하는 촉매들도 포함하고 있어서 한 분자가 다른 것에 동력을 제공하도록 해야 한다는 것이다. 큰 분자들의 에너지 흡수 합성은 먹이 분자들이나, 궁극적으로 햇빛에 의해서 공급되는 고에너지 결합의 약화와 연결되어야만 한다. 그러나 이 문제는 극복할 수 없는 장애로 보이지는 않는다. 그런 연결된 반응들의 촉매 작용은 다른 반응들과 근본적으로 다르지 않다. 즉 전이 상태와 결합하는 한 효소가 필요할 뿐이다. 요구되는 모든 것은 결국 분자들의 충분한 다양성이다.

완고한 전체주의

생명의 기원에 관한 이 이론은 신비주의가 아니라 수학적인 필연으로 태어난 완고한 전체론에 뿌리를 두고 있다. 분자 종들의 임계 다양성은 생명이 결정화되기 위해서 필수적이다. 더 단순한 계들은 단순히 촉매 반응 고리를 이루지 않는다. 생명은 조각조각이 아니라 전체로서 창발했고, 지금까지 그렇게 남아 있다. 그래서 진화론적으로 〈그냥 그래〉라는 식의 설명을 하는 순수 RNA의 관점과는 달리 살아 있는 창조물들이 왜 최소한의 복잡성을 갖는 것으로 보이는

지, 왜 플루로모나보다 더 단순한 것은 살아 있을 수 없는 것인지를 설명할 희망이 있다.

만약 이 관점이 옳다면, 우리는 그것을 증명할 수 있을 것이다. 마치 파우스트적인 꿈[8]을 가진 어떤 과학자들이 믿었던 것처럼, 가상의 시험관 안에서 다시 한번 생명을 창조할 수 있을 것이다. 새로운 생명 형태를 창조할 것이라는 희망을 가질 수 있을까? 신을 향해 대담하게 맞설 수 있을까? 그렇다. 나는 그렇게 생각한다. 그리고 신은 그의 은혜와 소박함으로 자신이 만든 법칙들을 찾으려는 우리들의 몸부림을 기꺼이 받아들일 것이다. 과학의 길은 진정으로 불가사의하다. 7장에서 보게 될 것처럼, 집단적 자기촉매 분자 집단을 창조하려는 희망은 새로운 약품과 백신, 그리고 의학의 기적들을 약속하는 생물공학의 두번째 시대가 될 그 무언가와 연관되어 있다. 그리고 집단적 자기촉매 분자 집단 안에서 촉매 반응 고리의 개념은 생태계, 경제계, 문화계들에 관한 이해에서 다시 출현하는 복잡성의 법칙들의 심오한 특성으로 나타나기 시작할 것이다.

칸트Immanuel Kant는 지금으로부터 2세기도 전에 집필한 바와 같이, 생물체를 전체로서 보았다. 부분은 전체의 수단으로 존재한다. 즉 부분들은 전체를 유지하기 때문에, 그리고 전체를 유지하기 위해서 존재한다. 이 전체주의는 생물학에서 자신의 자연스러운 역할을 빼앗겨왔다. 그리고 분자들의 춤을 명령하는 중앙 감독 기관인 게놈 genome의 이미지가 그 역할을 대신했다. 그러나 분자들의 자기촉매 집합은 아마도 우리가 가질 수 있는 칸트의 전체론의 가장 간단한 형상일 것이다. 촉매 반응 고리는 부분이 전체의 수단이며, 부분들은 전체를 유지하기 위해서 그리고 전체를 유지하기 때문에 존재한다는 것을 확인한다. 자기촉매 집합은 전체론의 발현 성질을 나타낸다. 만약 생명이 집단적 자기촉매 집합들로 시작했다면, 그것들은 경외받을 가치가 있다. 왜냐하면 생물권의 번성이 바로 그 자기촉매 집합들이 지구에 풀어놓은 창조력에 기인하기 때문이다. 경외와 경탄, 하지만 거기에 신비주의는 없다.

무엇보다도 중요한 것은, 만약 이것이 사실이라면, 생명은 우리가 상상해온 것보다 훨씬 더 가능한 것이라는 점이다. 현재 우리는 우주에서 편안함을 느낄 수 있을 뿐만 아니라, 아직 알려지지 않은 동료들과 함께 그 편안함을 공유하게 될 것이 거의 확실한 것 같다.

---

1) DNA나 RNA 가닥의 보완적인 염기 배열을 의미함.
2) 분자들의 촉매 관계가 서로 연결되어 닫혀진 고리를 형성하는 분자들의 집합을 의미함.
3) 지하철, 버스 등의 요금으로 사용하는 대용 화폐.
4) 시작할 때의 상태가 다소 다르더라도 종국에는 동일한 순환 상태로 수렴한다.
5) 세균 배양용 접시. 여기서는 화학 반응이 일어나게 하는 실험용 접시를 의미함.
6) 2장의 〈생명에 관한 이론들〉 참조.
7) 단백질을 펩신으로 소화했을 때 생성되는 단백질.
8) 전지전능을 원하여 메피스토펠레스에게 혼을 팔았던 파우스트처럼 물질적 이익을 위해 정신적 가치를 파는 것을 의미함.

4... 저절로 생기는 질서

살아 있는 세계는 질서를 하사받는 은혜를 입었다. 박테리아는 수천 개의 단백질과 다른 분자들의 합성 및 배치를 지휘한다. 당신의 몸 안에 있는 각 세포는 대략 3만에서 4만 개의 유전자와 그것들이 생산하는 효소들과 다른 단백질들의 활동을 조정한다. 각각의 수정된 알은 생물체라고 불리는 잘 형성된 전체를 향하여 일련의 단계를 거쳐 펼쳐진다. 만약 이 질서의 유일한 근원이 자크 모노가 〈날개 끝에 붙들린 우연〉이라고 불렀던, 하나씩 계속되는 뜻밖의 우연들과 그것들을 걸러내는 자연선택의 산물이라면, 우리들은 정말로 있음직하지 않은 존재이다. 우리의 천국 이탈──천체역학에서는 코페르니쿠스에서 뉴턴으로, 생물학에서는 나윈으로, 그리고 카르노와 열역학 제2법칙으로의 이탈──은 우리를 단조로운 은하계의 가장자리에 있는 한 평범한 별 주위를 돌고 있는, 그리고 생명의 형태로 발현될 정도로 따질 수도 없이 운이 좋은 존재로 남겨 두었다.

만약 생명이 충분히 복잡한 분자들의 혼합물에서 거의 필연적으로 결정화되었다는 것이 사실로 증명된다면, 또 생명이 물질과 에너지로부터 창발하는 예상된 성질이라는 것이 사실로 증명된다면, 인류의 위상은 얼마나 달라질까? 우리는 우주 안에서 우리들을 위한 자연스런 보금자리에 대한 암시를 발견하기 시작한다.

그러나 우리는 창발하는 질서에 관한 이야기를 단지 시작만 했을 뿐이다. 왜냐하면 내가 여러분에게 보여주고 싶은 자발적인 질서는 살아 있는 세계를 창조하는 데 자연선택만큼이나 유력했기 때문이다. 우리는 단 하나의 질서의 근원이 아니라 짝을 이루는 두 근원들의 자손이다. 지금까지 우리는 자기촉매 집합이 어떻게 다채로운 화학적 수프 안에서 자연스럽게 튀어나올 수 있었는지를 보아왔다. 우리는 생명 그 자체의 기원인 집단적 자기촉매 작용의 기원이 자연스럽게 나타나는 자기조직화, 즉 내가 〈저절로 생기는 질서〉라고 부르는 것 때문에 왔다는 것을 보아왔다. 그러나 나는 생명 그 자체의 기원을 뒷받침했던 이 〈저절로 생기는 질서〉가 또한 생물체들이 진화해올 때 그들 안의 질서도 뒷받침했으며, 심지어 그 자신을 진화시키는 바로 그 능력도 뒷받침했다고 믿는다.

만약 생명이 어떤 수프 안에서 소용돌이치는 집단적 자기촉매계로서 창발한다면, 우리의 역사는 거기서 단지 시작만 하는 것이다. 진화할 능력이 부족해서 그 역사가 갑작스럽게 끝나지 않아야 할 것이다. 다윈이 우리에게 가르쳤던 것은 진화의 원동력이 자기재생산과 유전될 수 있는 변이라는 것이다. 일단 이들이 발생하면, 자연선택이 덜 적합한 것으로부터 더 적합한 것을 추려낼 것이다. 대부분의 생물학자들은 DNA 또는 RNA가 유전 정보의 안전한 창고로서 적응성 진화에 본질적이라는 생각을 갖고 있다. 그러나 만약 생명이 집단적 자기촉매 작용으로 시작되었고 나중에야 DNA와 유전 암호를 편입하도록 배웠다면, 우리는 그런 자기촉매 집합들이 어떻게 아직 게놈도 없이 유전되는 변이와 자연선택을 수행할 수 있었는지를 설명해야 하는 문제에 봉착하게 된다. 만약 그 주형 복제의 마술과 더 나아가 단백질의 유전 암호의 마술까지도 설명해야 한다면, 닭과 달걀과 같은 이 문제는 너무 끔찍해서 생각하기조차 어렵게 된다. 진화는 이들 자기재생산과 변이의 메커니즘 없이는 진행될 수 없고, 그 메커니즘들을 수선하는 진화 없이는 이들 메커니즘이 있을 수 없다. 기대되었던 존재를 설명하는 이론을 찾는 연구를 계속하면서, 우리는 다음과 같은 질문을 하게 된다. 자기촉매 집합이 게놈의 온갖 복잡한 작용이 없이도 진화할 수 있는 길이 있는가?

내 동료 리처드 배글리와 도인 파머는 이것이 어떻게 일어날 수 있을지에 관한 암시를 볼 수 있었다. 우리는 이미 3장에서, 자기촉매 집합이 어떤 부류의 공간적 구획, 말하자면 코아세르베이트나 이중지질막 소포체 같은 것 안에 한번 둘러싸이게 되면, 자기유지 신진대사 과정에 의해서 그 계 안에서 각 종류의 분자들의 사본들의 수가 실제로 증가할 수 있다는 것을 보았다. 원리적으로 분자들의 총수가 두 배가 되면 구획된 계는 두 개의 자손으로 〈분열〉될 수 있다. 즉 자기재생산이 일어날 수 있다. 앞서 지적했듯이, 실험들에서 그런 구획된 계들은 체적이 증가함에 따라 두 개의 자손으로 자발적으로 나누어지는 경향을 확실히 보인다. 그러나 만약 자손 〈세포〉들이 부모 〈세포〉들과 항상 동일히디면, 이떤 유진되는 변이라는 것은 있을 수 없을 것이다.

리처드와 도인은 그런 계에서 변이와 진화가 일어날 수 있는 자연스런 방법을 발견했다. (리처드는 샌디에이고의 캘리포니아 주립대학에서 박사학위 논문의 일부로서 이 연구를 수행했고, 밀러는 그의 논문 심사위원 중의 하나였다.) 그들은, 자기촉매 회로망이 자신의 작업을 하고 있을 때 어떤 촉매되지 않은 반응이 무작위적으로 가끔 일어날 것이라고 제안했다. 이런 저절로 생기는 요동은 그 집합의 일원이 아닌 새로운 분자들을 만드는 경향이 있을 것이다. 그런 새로운 분자들은 자기촉매 집합을 둘러싸는 화학적인 아지랑이로서, 일종의 분자들의 그림자로 간주될 수 있다. 이들 새로운 분자 종들 중에 약간을 그 집합으로 흡수함으로써, 그 집합은 변하게 될 것이다. 만약 이 새로운 분자들 중 하나가 자기 자신의 형성을 촉매하는 것을 스스로 돕는다면, 그 분자는 그 회로망에서 성장하여 훌륭한 일원이 될 것이다. 새로운 고리가 그 신진대사에 더해질 것이다. 혹은, 만약 그 침입자 분자가 이미 존재했던 반응을 억제한다면, 한 개의 오래된 고리가 그 집합으로부터 제거될 것이다. 어느쪽이든 유전되는 변이가 명백하게 가능할 것이다. 만약 그 결과가 가혹한 환경 속에서 자신을 유지할 더 나은 능력을 지닌 더 효율적인 회로망이라면, 이들 돌연변이는 보상받을 것이고, 변화된 회로망은 더 약한 경쟁자 회로망들을 밀어낼 것이다.

요컨대 자기촉매 집합들이 게놈 없이도 진화할 수 있다고 믿을 만한 이유가 있다. 이것은 우리에게 익숙하지 않은 진화 형태이다. 거기에는 유전 정보를 운반하는 DNA 같은 별개의 구조가 없다. 생물학자들은 세포와 생물체들을 유전자형genotype(유전 정보)과 표현형phenotype(신체를 구성하는 효소들과 다른 단백질들, 그리고 기관과 조직들)으로 나눈다. 자기촉매 집합들에는 유전자형과 표현형의 구분이 없다. 계는 자기 자신의 게놈 역할을 한다. 그럼에도 불구하고, 새로운 분자 종들을 편입하고, 어쩌면 낡은 분자 형태들을 제거할 수도 있는 그 능력은 다른 특성들을 지닌 자기재생산하는 화학 회로망들의 개체군을 만들 가망이 있다. 다윈은 그런 계들이 자연선택에 의해 진화한다는 것을 우리에게 말해주고 있다.

실제로, 자기재생산하는 구획된 원시 세포들과 그들의 자손들은 필연적으로 복잡한 생태계를 형성할 것이다. 각각의 원시 세포는 유전되는 변이들을 갖고 재생산한다. 게다가 각각은 현존하는 박테리아가 하는 것처럼 자신의 환경 속에서 분자 종들을 선택적으로 흡수하고 배설할 것이다. 요컨대 하나의 원시 세포 안에서 만들어진 단백질은 다른 원시 세포들로 이동할 수 있다. 두번째 원시 세포 안에서 그 분자는 기존의 반응들을 촉진하거나 억제할 것이다. 대사를 하는 생명은 전체적이고 복잡하게 시작할 뿐만 아니라, 우리가 생태계로 생각할 수 있는 일단의 모든 공생과 경쟁도 바로 처음부터 생겨난다. 모든 척도에서 일어나는 그런 생태계의 이야기는 단순한 진화가 아니라 공진화coevolution의 이야기이다. 거의 40억 년 동안 우리 모두가 함께 우리들의 세계를 만들어왔다. 뒷장들에서 보겠지만, 저절로 생기는 질서의 이야기는 이 분자와 생물들의 공진화에서 계속된다.

그러나 진화는 단순히 변화하고 유전되는 변이들을 일으키는 능력 이상의 것을 요구한다. 다윈의 무용담에 참여하기 위해서 살아 있는 계는 먼저 유연성과 안정성 사이에서 내부적인 타협을 이끌어내는 능력을 가져야만 한다. 변화하는 환경 속에서 생존하기 위해서 그 계는 확실히 안정적이어야 한다. 하지만 영원히 그 상태에 정적으로 머물 정도로 안정적이어서는 안 된다. 그렇다고 해서 아주 미미한 내부의 화학적 동요가 전체의 흔들거리는 구조를 붕괴시킬 정도로 불안정해서도 안 된다. 그 문제를 인식하기 위해서는 잘 알려진 결정론적 혼돈의 개념들을 다시 생각해보면 된다. 활기에 찬 날개의 퍼덕임, 혹은 기운 없는 살랑거림조차도 멀리 시카고에서의 날씨를 변화시킬 수 있다는 그 유명한 리우의 나비를 상기하자. 혼돈계에서 초기 조건의 사소한 변화는 커다란 소동을 초래할 수 있다. 우리가 여태까지 말해왔던 것에 의하면, 우리의 자기촉매 집합들이 극히 과민하고 혼돈적이고 출발부터 그렇게 운명지어졌다고 믿지 않을 아무런 이유가 없다. 이웃 세포로부터 유입된 어떤 분자로 인한 내부 신진대사에서의 사소한 농도의 변화는 그 회로망이 산산히 흩어질 정도로 강하게 증폭될 수도 있다. 내가 제안하고 있는 자기촉매 집합은 수천 개 분자들의 거동을 조절해왔어야만 했다. 이런 복잡성을 가진 계들에서 잠재적으로 번성할 수 있는 혼돈이 우리를 깜짝 놀라게 한다.

혼돈의 가능성은 그저 이론적인 것이 아니다. 다른 분자들이 우리 자신의 세포들 안에서 효소들과 결합해서 그 효소들의 활동을 억제하거나 촉진할 수 있다. 즉 효소들은 반응 회로망에서 다른 분자들에 의해 〈켜지거나〉 〈꺼질〉 수 있다. 대부분의 세포에서 그런 분자적인 되먹임이 시공간 상에서 복잡한 화학적 진동을 야기할 수 있다는 것이 지금은 잘 알려져 있다. 혼돈은 실재할 수 있다.

만약 분자들이 자발적으로 모여서 자기촉매적 신진대사를 형성했을 때 생명이 시작되었다는 것을 믿으려 한다면, 우리는 분자 수준에서 일어나는 질서의 원천을 찾아야 할 것이다. 그것은 또한 외부로부터 세포에 가해지는 충격들을 완화하는 근본적인 내적 항상성의 원천이며, 원시 세포의 회로망이 미세한 내부 요동들을 극복하고 세포 전체의 붕괴를 피할 수 있도록 해주는 절충안이기도 하다. 게놈이 없이 어떻게 그런 질서가 생겨날까? 그 질서는 어떤 식으로든 회로망의 집단적인 동역학으로부터, 결합된 분자들의 조정된 거동으로부터 발현되어야만 한다. 그것은 또다른 경우의 저절로 생기는 질서임에 틀림없다. 곧 보겠지만, 놀랍게도 간단한 규칙 혹은 제한들이 있는 것만으로 충분히, 예기치 않았던 심오한 동적인 질서가 자발적으로 발현하는 것이 보장된다.

항상성의 근원들

단순하지만 크게 쓸모가 있는 이상(理想)적인 모형을 고려해보자. 각각의 효소들이 단지 두 개의 활동 상태, 즉 켜짐 on과 꺼짐 off만을 갖고, 또 두 상태 사이에서 전환이 가능하다고 가정하자. 그래서 매 순간에 각 효소는 활성이거나 비활성이다. 모든 이상화의 예들처럼, 이 경우도 문자 그대로는 허구이다. 실제의 효소들은 연속적인 촉매 활성도를 보여준다. 또한 가장 간단한 경우에도 반응률은 효소와 기질의 농도에 의존한다. 그럼에도 불구하고, 효소 위에 결합하는 분자들에 의한 효소들의 억제와 활성화, 혹은 다른 방식으로 일어나는 효소의 변화 등은 흔한 일이며, 종종 효소 활동의 급격한 변화와 관련이 있다. 추가로, 반응의 기질이나 생성물들도 있거나 혹은 없거나 하는 두 가지 상태로 나타낼 수 있다고 생각해보자. 이것역시 문자 그대로는 거짓이다. 그러나 복잡한 반응 회로망에서 기질과 생성물의 농도는 종종 높은 값에서 낮은 값으로 매우 급격하게 변할 수 있다. 〈켜짐-꺼짐〉, 〈있음-없음〉의 이상화는 매우 쓸모가 있다. 왜냐하면 우리가 다룰 회로들은 수천 개의 효소, 기질, 생성물의 모형들로 구성되기 때문이다.

과학에서 이상화를 시도하는 이유는 이상화가 주된 논점들을 포착하는 데 도움이 되기 때문이다. 그렇게 포착된 논점들은 나중에 이상화를 제거해도 변하지 않는다는 것이 보여져야만 한다. 물리학에서 기체 법칙의 분석은 딱딱한 탄성구로 간주한 기체 분자 모형에 기초하고 있다. 그 이상화는 통계역학을 만드는 데 필요한 주요 특성들을 포착한다. 3장에서 우리는 분자와 그들의 반응을 단추와 실로 표현했다. 이제 은유를 바꿔서, 효소들과 기질들과 생성물들의 신진대사 회로망을 전선으로 연결된 전구들의 회로망인 전기회로로 생각하자. 다른 분자의 형성을 촉매하는 분자는 다른 전구의 불을 켜는 한 전구로 생각할 수 있다. 그러나 또한 분자들은 다른 분자들의 형성을 억제할 수도 있다. 이것은 한 전구가 또다른 전구의 불을 끄는 경우로 생각하자.

그런 회로망이 질서 있는 방식으로 거동하도록 하는 한 가지 방법은 엄청난 주의와 기교를 사용하여 그런 회로망이 되도록 설계하는 일일 것이다. 하지만 우리는 자기촉매 신진대사가 원시의 물 안에서 주위에 있던 것들은 무엇이든 무작위로 모인 덩어리로부터 자발적으로 생겨났다고 제안했다. 당신은 수천 개 분자 종들이 만드는 그런 우연한 조합은 무질서하고 불안정한 방식으로 거동할 확률이 가장 크다고 생각할 것이다. 그러나 실제로는 그 정반대가 사실이다. 즉 질서는 자발적으로 일어난다. 다시 전기회로의 비유로 돌아가서, 비록 전구들이 서로 무작위로 연결될지라도, 그것들이 반드시 미친 크리스마스 트리처럼 무작위로 깜박거릴 이유는 없다. 적절한 조건에서 그들의 깜박거림은 일관성 있고 반복되는 양식으로 안착된다.

왜 질서가 자발적으로 발현되는가를 보기 위해서는 수학자들이 동역학계를 고려하기 위해서 사용하는 몇 가지 개념들을 도입해야 한다. 만약 자기촉매 집합을 전기회로망으로 생각한다면, 그 회로망에 가능한 상태들은 엄청나게 많다. 모든 전구들이 꺼져 있는 상태와 모두 켜져 있는 상태, 그리고 이들 두 극단적인 상태들 사이에 있는 무수히 많은 조합 상태들이 있을 수 있다. 100개의 점이 있는 회로망을 가정하자. 각 점은 켜짐 아니면 꺼짐의 상태에 있을 수 있다. 그러면 회로망이 가질 수 있는 가능한 조합 배열의 수는 2^{100}이다. 아마 천 가지 종류의 분자들이 있는 우리의 자기촉매 대사 회로망에 대해서는 그 가능성의 수는 훨씬 더 방대한 2^{1000}이 된다. 동역학 이론에서는 이 가능한 거동들의 영역을 상태 공간이라고 부른다. 상태 공간은 계가 자유롭게 배회하는 수학적 우주로 생각될 수 있다.

이 개념들을 구체적으로 만들기 위해서 단지 세 개의 전구 1, 2, 3으로 구성된 단순한 회로망을 고려하고 각 전구가 다른 두 전구로부터 입력을 받는다고 하자(그림 4-1a). 화살표들은 신호가 흐르는 방향을 보여준다. 즉 전구 2와 3에서 전구 1로 향하는 화살표들은 전구 1이 전구 2와 3으로부터 입력을 받는다는 것을 의미한다.

배선 도표를 나타내는 것 이외에, 각 전구가 입력되는 신호들에 대해 어떻게 반응하는지를 아는 것이 필요하다. 각 전구가 단지 두 개의 값인 켜짐과 꺼짐만을 가질 수 있기 때문에, 이것을 1과 0으로 표현하면, 한 전구가 이웃하는 두 전구로부터 받을 수 있는 입력 형태는 4가지가 있음을 쉽게 보일 수 있다. 두 입력이 둘 다 꺼짐(00)이거나, 어느 하나가 켜짐(01 또는 10)이거나, 둘 다 켜짐(11)이 될 수 있다. 이 정보를 사용하여, 이 4개의 가능한 신호 각각에 대해서 입력을 받는 전구가 활성화(1)될 것인지 불활성화(0)될 것인지를 명기하는 규칙표를 작성할 수 있다. 예를 들어, 전구 1은 이전 순간에

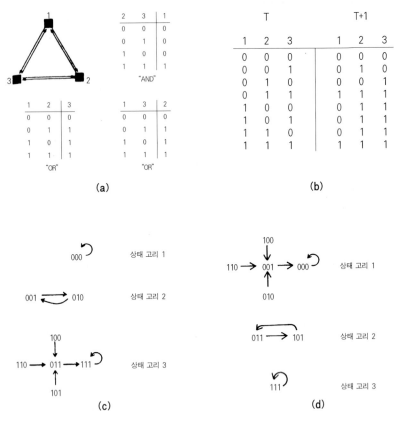

그림 4-1 부울 회로망. (a)세 개의 이진 요소를 갖는 부울 회로망의 배선 도표. 각 요소는 다른 두 요소들에게 입력을 준다. (b)(a)에 대한 부울 규칙. 시간 T에서 모든 (2^3)=8가지의 상태들에 대해서 그 다음 순간인 시간 T＋1에서 각 요소들이 취하는 활동도를 보여준다. 즉 왼쪽이 오른쪽의 이전 상태를 나타낸다. (c)상태 전이 그래프, 혹은 (a)와 (b)의 자율적인 부울 회로망의 〈거동장(場)〉. 후속 상태로의 전이를 화살표로 연결하여 얻어진다. (d) 전구 2의 규칙이 논리합(OR)에서 논리곱(AND)으로 돌연변이되었을 때의 효과.

두 입력이 다 활성화되어 있었을 경우에만 활성화되게 할 수 있다. 19세기 수리 논리학의 창시자인 조지 부울 George Boole에 경의를 표하여 이름지어진 부울 대수의 언어에 의하면, 전구 1은 그 이전에 전구 2와 3이 활성화되어야만 불이 켜지므로 논리곱(AND) 회로이다. 혹은 그 전구가 부울의 논리합(OR) 함수에 의해 관장되는 것으로 선택할 수도 있다. 그러면 전구 1은 전구 2나 3, 혹은 둘 모두가 그 이전에 활성화되어 있으면 다음 순간에 활성화될 것이다.

이제 부울 회로망이라고 부를 것에 대한 명세서를 완성하기 위해, 각각의 전구에 가능한 부울 함수 중 하나를 할당할 것이다. 말하자면 전구 1에 AND 함수를 할당하고 전구 2와 3에 OR 함수를 할당한다(그림 4-1a). 매 초마다 각 전구는 두 입력의 활동을 검토하고 자신의 부울 함수가 기술하는 0 또는 1의 상태를 택한다. 결과는 패턴들이 매 초마다 하나씩 차례로 펼쳐지는 만화경의 깜박임이다.

〈그림 4-1b〉의 왼쪽 반은 회로망이 취할 수 있는 〈000〉부터 〈111〉까지의 가능한 8개의 상태들을 보여준다. 〈그림 4-1b〉의 오른쪽 반의 세로열은 각각의 전구를 지배하는 부울 규칙을 명시한다. 〈그림 4-1b〉의 각 열을 왼쪽에서 오른쪽으로 읽으면, 시간 T에서의 각 현재 상태에 대하여, 모든 전구들이 새로운 활동을 동시에 선택했을 경우 시간 T+1의 순간에 전체 회로망이 취하는 다음 상태를 보여준다.

이제 우리는 이 작은 회로망의 거동을 이해하기 시작하는 위치에 와 있다. 보는 바대로, 그 계는 유한한 수의 상태(여기서는 8가지)에 있을 수 있다. 어떤 한 상태에서 시작되었다면 시간에 따라 그 계는 상태들의 어떤 배열을 따라 흘러갈 것이다. 이 배열을 궤적trajectory이라고 부른다(그림 4-1c). 유한한 수의 상태가 있으므로, 그 계는 이전에 갔던 상태에 결국 다시 가게 된다. 그 후로 그 궤적은 같은 상태 배열을 반복할 것이나. 이 세가 결정론석이기 때문에 궤석은 상태 고리state cycle라고 불리는 상태들의 연결 고리를 따라 그 둘레를 영원히 순환하게 될 것이다.

회로망이 어디에서 시작되는가 하는 초기 상태(켜지거나 꺼진 전구들의 초기 패턴)에 의존해서 계는 다양한 궤적들을 따를 것이고, 어떤 시점에서는 영원히 반복되는 상태 고리 속으로 떨어질 것이다(그림 4-1c). 가능한 가장 간단한 거동은 계의 궤적이, 모든 요소들이 1이거나 0인 단일 패턴으로 구성되는 상태 고리 상태로 갈 때 나타난다. 그런 상태에서 시작된 계는 결코 변하지 않는다. 이럴 때 계가 길이 1의 순환에 고착되었다고 말한다. 대신에 상태 고리의 길이가 상태 공간의 상태들의 총 개수가 되는 경우도 상상할 수 있다. 그런 순환에 빠진 계는 나타낼 수 있는 모든 패턴들을 하나씩 차례로 반복할 것이다. 3개의 전구로 된 계에서는 계가 가능한 8개의 상태를 거쳐감에 따라 계가 정상적으로 깜박거림을 반복할 것이다. 이 경우는 전체에서 가능한 상태들의 수가 너무 적기 때문에 계가 깜박거리는 양상을 곧 간파할 수 있을 것이다. 이제 1,000개의 전구로 된, 그래서 가능한 상태의 상태들의 수가 2^{1000}인 더 큰 계를 상상해보자. 만약 그 회로망이 이 천문학적인 수의 모든 상태를 거쳐 지나가는 상태 고리에 있다면 어떻게 될까? 상태가 전이되는 데 불과 1조분의 1초의 시간이 걸린다고 하더라도 우주의 일생 동안에도 우리는 그 계가 궤도를 완성하는 것을 결코 볼 수 없을 것이다.

그래서 부울 회로망에 대하여 첫번째로 통찰하게 되는 것은 이것이다. 즉 어떤 회로망이라도 결국 한 상태 고리로 안주하겠지만, 그런 반복되는 양상에서 나타나는 상태들의 수는 아주 적거나(길이가 1인 단일 정상 상태는 최소의 예) 혹은 천문학적인 큰 수여서 상태 고리의 길이로서 그 의미가 없게 될 수도 있다는 것이다. 만약 계가 작은 상태 고리로 떨어진다면, 그 계는 규칙적인 방식으로 거동할 것이다. 그러나 만약 그 상태 고리가 매우 방대한 것이라면, 그 계는 근본적으로 예측할 수 없는 방식으로 거동할 것이다. 수천 종의 분자들로 된 분자 회로망이 이리저리 배회할 수 있는 상태 공간은 이미 우리의 평상적인 상상을 넘어선다. 우리의 자기촉매 회로망이 규칙적으로 되기 위해서는, 외견상으로 끝이 없는 접선들 위에서 방향을 바꿔 나아가는 것을 피하고, 안정한 거동들의 목록인 작은 상태 고리들로 안착해야만 한다.

자기촉매 집합들이 지속될 수 있을 만큼 충분히 안정될 것인지에 대한 가능성을 통찰하기 위해서는 다음의 질문들을 해야만 한다. 짧은 상태 고리들을 갖는 규칙적인 회로망을 어떻게 만들 수 있는가? 아주 작은 상태 고리의 창조는 어려운가? 즉 안정한 자기촉매 신진 대사가 발현된다는 것은 기적같은 일이라는 것을 의미하는가? 아니면 그것은 자연스럽게 일어나는가? 그것은 저절로 생기는 질서의 한 부분인가?

이 질문들에 답하기 위해서는 끌개attractor의 개념을 이해하는 것이 필요하다. 하나 이상의 궤적이 같은 상태 고리로 흘러 들어갈 수 있다. 이 궤적들 중에서 아무것에서건 회로망을 시작해보라. 초기 패턴이 어떻든 간에 궤적들은 일련의 상태들을 거치며 다른 양상으로 우왕좌왕하다가, 종국에는 모든 경우의 회로망이 똑같은 깜박임 양식을 보이는 같은 상태 고리로 안착할 것이다. 동역학계의 언어를 빌면, 그 상태 고리는 하나의 끌개이고 그것으로 흐르는 궤적들의 집합은 흡인 유역basin of attraction이라고 불린다. 개략적으로 끌개는 호수로 생각할 수 있고 흡인 유역은 그 호수로 물이 흐르는 배수 유역으로 생각할 수 있다.

산이 많은 지역이 많은 호수들을 품을 수 있는 것과 마찬가지로, 부울 회로망도 그것들 각각이 자신의 흡인 유역을 갖는 많은 상태 고리들을 품을 수 있다. 〈그림 4-1〉의 a-c의 작은 회로망은 3개의 상태 고리를 가진다. 첫번째 상태 고리는 궤적들의 흡인 유역이 없는 단일 정상 상태 〈000〉을 가진다. 그것은 고립된 정상 상태이다. 이 상태는 회로망이 단지 거기서 시작될 때에만 얻어지는 상태이다. 두번째 상태 고리는 두 개의 상태 〈001〉과 〈010〉을 갖는다. 회로망은 이 둘 사이를 진동한다. 이 끌개로 빠져드는 다른 상태들은 없다. 회로망을 이 두 패턴 중에 하나에서 시작시키면, 회로망은 두 상태 사이에서 교대로 깜박이는 고리 안에 머물 것이다. 세번째 상태 고리는 정상 상태 〈111〉을 구성한다. 이 끌개는 4개의 다른 상태들이 빠져드는 흡인 유역에 놓여 있다. 이 4개의 패턴들 중에 어느 하나에서 시작하면, 회로망은 재빨리 그 정상 상태로 흐르고 거기서 움직이지 않는다. 3개의 전구에 불이 켜진 상태가 지속된다.

적절한 조건들 하에서, 이 끌개들은 거대한 동역학계에서의 질서의 근원이 될 수 있다. 계가 필연적으로 끌개로 흘러가는 궤적들을 따라가기 때문에, 아주 작은 끌개들은 계를 상태 공간의 아주 작은 영역 속에 〈가둘〉 것이다. 가능한 거동들의 광대한 영역에서 계는 소수의 규칙적인 것으로 안착한다. 끌개들이 작다면 그들은 질서를 창조한다. 실제로 아주 작은 끌개들은 우리가 찾고 있는 저절로 생기는 질서의 필요 요건이다.

그러나 작은 끌개들만으로 충분하지는 않다. 자기촉매 회로망과 같은 동역학계가 규칙적이기 위해서는 항상성을 보여야만 한다. 즉 작은 교란들에 대한 저항력이 있어야만 한다. 끌개는 마찬가지로 항상성의 궁극적인 근원이다. 즉 끌개는 계가 안정하다는 것을 보장한다. 커다란 회로망에서 임의의 상태 고리는 전형적으로 거대한 흡인 유역을 갖는다. 즉 많은 상태들이 그 끌개로 흘러든다. 더욱이 그 유역 안에 포함된 상태들은 그들이 빠져드는 상태 고리의 상태와 매우 유사할 수 있다. 이것이 왜 중요한가? 임의로 하나의 전구를 선택해서 원래 상태의 반대로 뒤집는다고 가정하자. 전부 혹은 대부분의 그런 교란은 계를 여전히 같은 흡인 유역 안에 남겨둔다. 그래서 계는 교란 때문에 잠시 멀어졌다가 같은 상태 고리로 돌아올 것이다! 이것이 항상적인 안정성의 본질이다. 〈그림 4-1c〉에서 상태 고리 3은 이런 방식으로 안정하다. 즉 회로망이 그것의 흡인 유역 안에 있다면, 임의의 전구의 활동을 뒤집는 것은 회로망의 거동에 아무런 장기적인 영향을 미치지 못할 것이다. 계가 같은 상태 고리로 돌아올 것이기 때문이다.

그러나 항상적인 안전성이 언제나 나타나는 것은 아니다. 대조적으로 상태 고리 1은 고립된 정상 상태이고 미세한 교란에 불안정하다. 임의로 전구의 상태를 뒤집으면 계는 다른 흡입 유역으로 밀려난다. 계는 다시 집으로 올 수 없다. 만약 회로망의 모든 끌개가 이런 방식으로 불안정한 특성을 갖는다면, 회로망에 가해진 미세한 교란은(나비 날개의 펄럭임) 계를 끊임없이 끌개 밖으로 튕겨내서, 상태 공간을 가로질러 결코 반복되지 않는 끝없는 여행을 선회하도록 할 것이다. 그 계는 혼돈적일 것이다.

우리가 생명이 자기촉매망들의 자발적인 발생으로 시작되었다고 믿길 원한다면, 그들이 또한 항상성을 갖는 것이었기를 선호할 것이다. 하지만 어떤 커다란 회로망들이 항상성을 드러낸다는 것이 자연스러운 것인가? 항상성은 만들어지기 어려운 것인가? 그래서 안정된 회로망들의 발현은 기의 가망 없는 일이 아닌가? 아니면, 그것도 역시 저절로 생기는 질서의 일부가 될 수 있는가?

우리에게 필요한 것은, 어떤 종류의 회로망들이 질서적이고 어떤 것들이 혼돈에 굴복하게 될 것 같은지를 설명할 수 있는 법칙들이다. 어떤 부울 회로망도 각각 어떤 흡인 유역이 있는 끌개들을 가지지만, 수천 개의 분자 종들로 구성된 회로망의 상태 공간은 천문학적인 것을 넘어선다. 비유를 바꿔서 각 상태 고리를 우주 안에 있는 은하로 생각한다면, 얼마나 많은 끌개 은하들이 엄청나게 큰 상태 공간에 흩어져 있겠는가? 헤아릴 수 없이 무수히 많은 상태들로 구성된 상태 공간에서는 무수히 많은 끌개들을 가질 수도 있다. 만약 엄청나게 많은 수의 끌개들이 있고, 계가 그들 중에 어느 하나에 위치하고 있다면, 그것이 질서로 여겨지지는 않을 것이다.

과거의 집단적 자기촉매 집단들도 아마 그랬을 것이고, 현존하는 생물체들은 확실히 계 안에 있는 분자 종들 사이의 기능적인 연결을 끊임없이 바꾸는 돌연변이에 의해서 진화한다. 과연 이러한 영구적인 돌연변이 변화들이 자기촉매계를 붕괴시켜서 계가 혼돈적으로 깜박거리며 상태 공간을 방황하게 만들고, 또 자기재생산을 촉매하는 계의 능력을 못 쓰게 할 것인가? 사소한 돌연변이들에 의해 전형적으로 파국적인 변화가 야기될 것인가? 부울 회로망의 언어를 빌면, 회로망을 교란하는 또다른 방법은 그것의 배선 도표를 영구히 〈돌연변이〉시켜서, 입력을 바꾸거나 혹은 전구가 언제 켜지고 꺼지는지를 관장하는 부울 함수를 바꾸는 것이다. 〈그림 4-1d〉는 전구 2를 관장하는 규칙을 OR에서 AND로 바꾼 결과를 보여준다. 당신이 볼 수 있는 것처럼, 이것 때문에 그 회로망은 새로운 동적 형태를 취한다. 어떤 상태 고리들은 남아 있지만 다른 것들은 변화된다. 새로운 흡입 유역들이 회로망을 다른 패턴들로 조정할 것이다.

다윈은 살아 있는 계가 생물체의 성질들을 약간만 변형시키는 돌연변이들에 의해서 진화한다고 가정했다. 작은 변형이라는 이 암전한 특성은 설명되기 어려운 것인가? 혹은 역시 저절로 생기는 질서의 일부인가? 순수한 다윈주의자는 이런 종류의 얌전한 안정성이 단지 일련의 진화론적인 실험들이 있은 후에야 나타날 수 있을 것이라고 주장하겠지만, 이것은 논점을 교묘히 회피하는 것이다. 우리는 진화를 하는 바로 그 능력의 기원을 설명하려 하고 있다! 자기복제하는 순수 RNA 분자들이든 혹은 집단적 자기촉매 집합들이든, 또 생명이 어떻게 시작되었든 이 안정성은 자연선택에 의해 바깥으로부터 주어질 수는 없다. 그것은 진화 자체의 조건으로서 안으로부터 일어나야만 한다.

나는 우리가 필요로 하는 이 모든 성질들과 우리가 요구하는 모든 질서가 자발적으로 일어난다고 믿는다. 다음으로 우리는 저절로 생기는 질서가 어떻게 우리가 필요로 하는 작은 규칙적인 끌개들과, 우리가 필요로 하는 항상성과, 그리고 우리가 필요로 하는 얌전한 안정성을 제공하는지를 보여야만 한다. 비록 이제껏 거의 알려지지는 않았지만, 지극히 자연스러운 저절로 생기는 질서가 생명을 보는 우리의 관점을 바꿀 것이다.

질서의 요건들

우리는 부울 회로망이 심오한 질서를 드러낼 수 있지만, 마찬가지로 심오한 혼돈을 드러낼 수도 있다는 것을 보았다. 따라서 우리는 그런 계 안에서 규칙적인 동역학이 발현할 수 있는 조건들을 찾는 것이 필요하다. 나는 이제 대략 30년에 걸친 연구의 결과를 제시할 것이다.

주요 결과는 간단히 요약된다. 즉 회로망이 구축되는 방식을 결정하는 두 가지 특성이 있는데, 이들이 회로망을 조절하여 회로망을 다음과 같은 세 가지 영역에 위치하도록 할 수 있다. 먼저 그 영역들은 질서 영역, 혼돈 영역, 이들 사이의 〈혼돈의 가장자리〉에 있는 상전이 영역이다. 두 가지 특성 중 하나는 단순히 얼마나 많은 입력들이 한 전구를 제어하는가 하는 것이다. 만약 각 전구가 단지 한 개 혹은 두 개의 다른 전구들에 의해서만 제어된다면, 즉 회로망이 〈성기게 연결되어〉 있다면, 계는 놀라운 질서를 드러낸다. 만약 각 전구가 많은 다른 전구들에 의해서 제어된다면, 회로망은 혼돈적으로 된다. 그래서 회로망의 연결도connectivity를 〈조절〉하는 것은 질서를 발견할지 아니면 혼돈을 발견할지를 조율한다. 질서나 혼돈의 발현을 조절하는 두번째 특성은 제어 규칙들 자체에 내재된 간단한 바이어스bias이다. 앞서 이야기했던 부울의 AND와 OR 함수와 같은 제어 규칙들은 규칙적인 동역학을 만드는 경향이 있다. 다른 어떤 제어 규칙들은 혼돈을 만든다.

나와 다른 사람들이 이 연구에서 사용했던 방법은 꽤 쉬운 것이다. 어떤 종류의 전구 회로망들이 어떤 조건에서 혼돈이나 질서를 나타내는지를 따져보는 한 가지 방법은 매우 특정한 회로망들을 구성하고 그들을 연구하는 것이다. 그러나 이 방법은 하나하나 연구해야 할 특정한 회로망들이 엄청나게 많이 존재한다는 문제가 있다. 내가 취했던 접근 방법은 어떤 일반적인 종류의 회로망들이 혼돈이나 질서 중 어느 것을 나타내는지를 따져보는 것이다. 이 질문에 답하기 위한 자연스런 접근은 먼저 질문 안의 회로망의 〈종류〉를 주의 깊게 정의하고, 그 종류의 회로망들의 모집단pool으로부터 무작위로 끌어낸 많은 수의 회로망들을 컴퓨터로 모의실험하는 것이다. 그러면 여론 조사원처럼 우리는 그 종류에 속하는 구성원들의 전형적 혹은 일반적인 거동에 대한 초상(肖像)을 얻을 수 있다.

예를 들어, 1,000개(변수 N)의 전구와 전구당 20개의 입력(변수 K)을 갖는 회로망의 모집단을 연구할 수 있다. $N=1000$ 그리고 $K=20$이 주어지면, 회로망들의 거대한 집합이 만들어질 수 있다. 1,000개의 전구 각각에 무작위로 20개의 입력을 할당하고, 다시 가능한 부울 함수 중에 하나를 무작위로 할당해서 이 집합의 표본을 추출한다. 그런 후 우리는 끌개의 수와 끌개의 길이, 교란과 돌연변이에 대한 끌개의 안정성 등을 척도로 해서 회로망의 거동을 연구할 수 있다. 다시 주사위를 던져서, 동일한 일반적인 특성을 갖는 또다른 회로망을 무작위로 배선해서 그것의 거동을 연구할 수 있다. 표본을 차례로 추출하여 부울 회로망 군(群)의 초상을 그려나가고, 그 다음에 N과 K의 값을 바꿔서 또다른 초상을 그린다.

그런 실험을 몇 년 하고 나면 여러 가지 매개변수를 가진 회로망들이 오랜 친구들처럼 친근하게 여겨지게 된다. 각 전구가 단지 하나의 다른 전구로부터 입력을 받는 회로망을 고려해보자. $K=1$인 이 회로망에서는 아무런 흥미로운 일이 발생하지 않는다. 그들은 아주 짧은 상태 고리 속으로 재빨리 떨어지는데, 그 상태들은 종종 너무 짧아서 그저 단일 점멸 패턴의 단일 상태만으로 구성된다. $K=1$인 그런 회로망을 시작하면, 회로망은 언제까지고 계속해서 같은 상태만 보이면서 꼼짝도 하지 않는다.

잣대의 반대쪽 끝에서 $K=N$인 회로망을 고려하자. 이 회로망에서는 각 전구가 자신을 포함해서 모든 전구들로부터 입력을 받는다. 누구나 그 회로망의 상태 고리의 길이가 상태들의 수의 제곱근이라는 것을 금방 알아챌 수 있다. 이것이 암시하고 있는 것에 주목하자.

켜지거나 꺼지는 전구들은 이진 변수다. 단지 200개의 이진 변수늘을 갖는 회로망은 2^{200} 혹은 10^{60}의 가능한 상태들을 갖고 있다. 그러므로 그 상태 고리의 길이는 대략 10^{30}개 상태 정도이다. 켜진(1) 전구들과 꺼진(0) 전구들이 어떤 임의의 패턴을 갖는 회로망에서 시작하면, 궤적은 끌개에 의해 반복하는 고리로 끌어당겨지겠지만, 그 고리는 거의 측정할 수 없을 정도로 긴 고리가 될 것이다. 회로망이 상태를 바꾸는 데 백만분의 1초가 걸린다고 가정하자. 그러면 그 작은 회로망이 그 상태 고리를 한번 돌아오는 데는 10^{30} 곱하기 백만분의 1초의 시간이 걸릴 것이다. 이것은 우주의 150억 년 역사의 수십억 배에 해당한다! 그래서 우리는 실제로 그 계가 상태 고리 끌개로 〈안착〉하는 것을 결코 관측할 수 없다! 그 전구들의 깜박거리는 패턴들을 보고서, 회로망이 상태 공간의 전체 영역에서 무작위로 이리저리 배회하는 것이 아니라고 결코 말할 수 없을 것이다.

여기서 당신이 잠시 쉬어갈 수 있기를 바란다. 우리는 규칙적인 동역학을 만들 수 있는 법칙들을 찾고 있다. 우리의 부울 회로망은 비평형의 열린 열역학계이다. 단지 200개의 전구들로 구성된 작은 회로망도 패턴을 반복하지 않고 끝없이 깜박거릴 수 있기 때문에, 비평형의 열린 열역학계 안에서 질서는 자동적으로 생기지는 않는다.

하지만 그런 $K=N$인 회로망도 질서의 가능성을 보여주기는 한다. 회로망 안에 있는 끌개들(호수들)의 수는 단지 N/e이다. 여기서 e는 자연로그의 밑수로서 2.71828이다. 그래서 100,000개의 이진변수들을 갖는 $K=N$인 회로망은 대략 37,000개의 끌개들을 가질 것이다. 물론 37,000이 큰 수이긴 하지만 상태 공간의 크기인 2^{100000}보다는 엄청나게 작다.

그러나 이제 꺼진 전구를 켜거나 혹은 그 반대로 해서 그 회로망

을 교란시킨다고 하자. $N=K$인 회로망에서, 우리는 극단적인 나비
효과를 발견한다. 약간 뒤집는 것으로 그 계는 거의 확실하게 또다
른 끌개의 지배권으로 떨어진다. 그러나 거기에 존재하는 37,000개의
끌개들은 그 각각의 길이가 대략 10^{15000}개의 상태까지 될 수 있기 때
문에, 미세한 교란은 이후의 계의 진화를 완전히 변화시킬 것이다.
$K=N$인 회로망은 강력한 혼돈계이다. 이 군(群)에는 저절로 생기는
질서는 없다.

더 나쁜 상황이 되겠지만, 몇 개의 전구에 대한 부울 규칙을 무작
위로 바꿔 섞어서 그런 회로망을 진화시켜 보자. 회로망의 상태 전
환의 반이 바뀔 것이고, 이전의 모든 흡인 유역과 상태 고리들이 회
로망 역사의 쓰레기통으로 사라질 것이다. 여기서 작은 변화는 회로
망의 거동에 커다란 변화를 야기한다. 이 군에는 자연선택이 작용할
그 어떤 얌전하고 자그마한 유전성의 변이들도 있을 수 없다.

대부분의 부울 회로망은 혼돈적이고 사소한 돌연변이에 대해서 과
격하게 대처한다. $K=4$ 혹은 $K=5$처럼 K가 N보다 매우 작은 회로망
에서조차 $K=N$인 회로망과 유사한 예측할 수 없는 혼돈스러운 거동
을 보인다.

질서는 어디에서 오는가? 질서는 $K=2$인 회로망에서 갑작스럽고
놀랍게 일어난다. 근사한 거동을 보이는 이 회로망들에 대해서 상태
고리의 길이는 상태의 총수의 제곱근이 아니라, 대략 이진 변수들의
총수의 제곱근이다. 잠깐 이것을 가능한 한 명확하게 해석을 해 보
고 지나가자. 전구의 수(N)가 100,000이고 각각이 받는 입력(K)이
2인, 무작위로 구축한 불 회로망을 생각해보자. 그 〈배선 도표〉는 뚫
고 들어갈 수 없는 밀림처럼 정신없이 뒤범벅된 것처럼 보일 것이
다. 각 전구에는 또한 무작위로 부울 함수가 할당되어 있다. 결과적

으로 그 논리란 정신없이 뒤섞여서 우연하게 조립된 그저 어떤 폐물과 같다. 2^{100000} 혹은 10^{30000}개의 상태들(엄청나게 많은 가능성)이 있는 그 계에서는 무슨 일이 일어날까? 그 거대한 회로망은 재빨리 그리고 순순히 어떤 상태 고리로 떨어져서, 100,000의 제곱근에 해당하는 단지 317개의 상태들 사이를 순환한다.

나는 다음의 설명이 당신에게 강한 일격을 날리기를 바란다. 내 경우는, 내가 거의 30년 전에 이것을 발견한 이래로, 아직도 그 충격에서 회복되지 않고 있다. 이러는 나를 용서하라. 여기에 놀라운 질서가 있다. 상태 전환에 백만분의 1초가 걸린다고 할 때, 어떤 지능에 의해서도 인도되지 않는 무작위로 조립된 회로망은 백만분의 317초의 시간에 걸쳐 자신의 끌개를 순환할 것이다. 이것은 엄청나게 작아서 우주의 역사보다 수십억 배만큼 짧은 시간이다. 317개의 상태들? 이것이 무엇을 의미하는지를 다른 방식으로 보기 위해서, 전체 상태 공간의 얼마나 작은 부분으로 회로망이 그 자신을 밀어 넣는지를 따져볼 수 있다. 단지 317개에 불과한 상태들은 전체 상태 공간과 비교해서 대략 10^{29998}분의 1 정도로 극도로 작은 부분이다.

우리는 섬세한 가공을 필요로 하지 않는 질서를 찾는다. 닫힌 열역학계에 대한 1장에서의 논의를 상기하라. 닫힌 열역학계에서 기체 분자들은 확률이 작은 배치——한쪽 모퉁이에 몰려 있거나 상자의 한쪽 면과 평행하게 퍼져 있는——로부터 상자 속의 공간에 균일하게 퍼지는 배치로 저절로 흩어진다. 확률이 작은 배치가 질서를 갖고 있다. 그러나 여기 이 열려진 열역학계의 부류에서는 자발적인 동역학이 계를 상태 공간의 무한히 작은 모퉁이로 몰아넣고 거기에 붙잡아두어서 영원토록 흔들거리게 한다. 저절로 생긴 질서이다.

질서는 다양한 방식으로 이들 회로망에서 자신을 표현한다. 상태 공간 안에서 가까이에 있는 상태들은 수렴한다. 즉 두 개의 비슷한 초기 패턴은 아마 같은 흡인 유역 안에 놓여 있을 것이므로 계를 같은 끝개로 끌고 갈 것이다. 그래서 그런 계들은 초기 조건에 민감성을 보이지 않는다. 즉 그들은 혼돈계가 아니다. 결과는 우리가 찾는 항상성이다. 그런 계가 일단 끝개 위에 있게 되면 교란되더라도 같은 끝개로 돌아올 확률이 매우 높을 것이다. 항상성은 이런 회로망 지역에서는 저절로 얻어진다.

같은 이유로, 이들 회로망은 무작위성을 도입하지 않고도 배선이나 논리를 변화시키는 돌연변이를 겪을 수 있다. 대부분의 작은 돌연변이들은 우리가 바라듯이 회로망의 거동에서 작고 과격하지 않은 변화를 야기할 뿐이다. 흡인 유역과 끝개들은 단지 약간만 변한다. 그런 계는 손쉽게 진화한다. 그래서 자연선택은 진화를 하려고 애써 노력하지도 않는다.

마지막으로, 이들 회로망은 지나치게 규칙적이지는 않다. $N=1$인 경우와는 달리, 그 회로망들은 바위처럼 단단하게 굳는 것이 아니라 복잡한 거동을 할 능력이 있다.

질서의 필요 요건에 대한 우리의 직관들은 수천 년 동안이나 잘못되어 있었다고 나는 강력하게 주장한다. 질서를 만들기 위해 주의 깊게 설계할 필요가 없다. 섬세한 가공도 요구되지 않는다. 단지 극히 복잡하게 상호작용하는 요소들의 망이 성기게 결합하기만을 요구할 뿐이다.

나의 책 『질서의 기원 *The Origins of Order*』에서 보여주는 바와 같이, K가 2보다 큰 회로망들을 조질해서 그것들이 혼돈적일 뿐만 아니라 규칙적이도록 할 수 있는 여러 가지 방법들이 있다. 내 동료들인 베르나르 데리다 Bernard Derrida와 제라르 바이스부흐 Gerard

Weisbuch —— 둘 다 파리 고등사범학교Ecole Normale Superieure (ENS)에서 고체물리학을 연구하고 있다 —— 는 P라고 부르는 변수가 혼돈 회로망을 규칙적으로 만들 수 있도록 변경될 수 있다는 것을 보였다.

매개변수 P는 매우 단순하다. 〈그림 4-2〉는 각각이 4개의 입력을 받는 3개의 부울 함수들을 보여준다. 각각에서, 조정된 전구의 반응은 4개 입력 전구들의 16가지의 가능한 상태들 —— (0000)부터 (1111)까지 —— 각각에 대하여 지정되어야만 한다. 〈그림 4-2a〉의 부울 함수를 보면, 조정된 전구의 반응 중에 반은 1이고 나머지 반은 0이다. 〈그림 4-2b〉의 부울 함수에서는, 반응 중에 15개가 0이고 단 하나의 입력 패턴만이 조정된 전구로부터 1이라는 반응을 얻는다. 〈그림 4-2c〉의 부울 함수는 선호하는 출력 반응이 0이 아니라 1이라는 것만 제외하면 〈그림 4-2b〉와 비슷하다. 16개의 입력 패턴 중에서 15개가 1이라는 반응을 이끌어낸다. P는 부울 함수에서 반은 1이고 반은 0인 반응으로부터 떨어져 있는 편향bias 정도를 나타내는 매개변수이다. 그래서 〈그림 4-2a〉의 부울 함수에 대한 P는 0.5이고, 반면에 〈그림 4-2b〉의 부울 함수에 대한 P는 15/16 혹은 0.9375이고, 〈그림 4-2c〉의 부울 함수에 대한 P도 역시 15/16 혹은 0.9375이다.

데리디와 바이스부흐가 보인 것은 상당히 직관적이었다. 만약 편향이 없는 0.5에서 시작해서 최대값 1.0까지 P값을 증가시키면서 다른 회로망들을 구축하면, $P=0.5$ 혹은 0.5보다 아주 약간 큰 값을 갖는 회로망들은 혼돈적이 되고 1.0 근처의 P값을 갖는 회로망들은 규칙적으로 될 것이다. P값이 1.0인 극한에서 이것은 쉽게 입증될 수 있다. 이 경우 회로망에 있는 전구들은 단지 두 가지의 유형만이 존재하게 된다. 임의의 입력 무늬에 대하여 한 유형은 0으로 반응하고

A	B	C	D	E
0	0	0	0	0
0	0	0	1	1
0	0	1	0	0
0	0	1	1	1
0	1	0	0	0
0	1	0	1	1
0	1	1	0	1
0	1	1	1	0
1	0	0	0	1
1	0	0	1	0
1	0	1	0	0
1	0	1	1	1
1	1	0	0	0
1	1	0	1	0
1	1	1	0	1
1	1	1	1	1

(a)

A	B	C	D	E
0	0	0	0	0
0	0	0	1	0
0	0	1	0	0
0	0	1	1	0
0	1	0	0	0
0	1	0	1	0
0	1	1	0	0
0	1	1	1	0
1	0	0	0	1
1	0	0	1	0
1	0	1	0	0
1	0	1	1	0
1	1	0	0	0
1	1	0	1	0
1	1	1	0	0
1	1	1	1	0

(b)

A	B	C	D	E
0	0	0	0	1
0	0	0	1	1
0	0	1	0	1
0	0	1	1	0
0	1	0	0	1
0	1	0	1	1
0	1	1	0	0
0	1	1	1	1
1	0	0	0	1
1	0	0	1	1
1	0	1	0	1
1	0	1	1	1
1	1	0	0	1
1	1	0	1	1
1	1	1	0	1
1	1	1	1	1

(c)

그림 4-2 매개변수 P 다루기. (a)네 개의 입력을 갖는 부울 함수. 16개의 입력 배열 중 8개가 반응 0을, 나머지 반인 8개가 반응 1을 출력한다. P=8/16=0.50. (b)16개의 가능한 입력 배열 중 15개에 대한 반응이 0이다. P=15/16=0.9375. (c)16개의 입력 배열 중 15개가 반응 1을 출력한다. P=15/16=0.9375.

다른 유형은 1로 반응한다. 그래서 어떤 초기 상태에서 그 회로망을 시작하더라도, 0 유형의 전구들은 0으로 반응하고 1 유형의 전구들은 1로 반응해서 회로망은 0과 1의 해당하는 패턴으로 굳어져서 영원히 그 정상 상태에 머무를 것이다. 그래서 매개변수 P가 최대값일 때 회로망은 질서 영역에 있다. 매개변수 P가 0.5일 때 전구 하나당 많은 입력을 갖는 회로망은 영원토록 깜박거리는 혼돈 영역에 있다. 그들은 또한 어떤 회로망에 대해서도 회로망이 혼돈 상태에서 규칙적인 상태로 전환되는 P의 임계값이 존재한다는 것을 보였다. 그 임계 상태가 혼돈의 가장자리이다. 우리는 곧 그 문제로 다시 돌아갈 것이다.

요약하면 이렇다. 부울 전구 회로망이 혼돈적일지 규칙적일지를 관장하는 매개변수들이 있으며 이것은 두 개의 변수로도 충분하다. 성기게 연결된 회로망은 내부적인 질서를 드러내고, 조밀하게 연결된 회로망은 혼돈으로 선회를 한다. 구성 요소당 하나의 연결이 있는 회로망은 멍청한 거동으로 굳는 것이다. 그러나 연결 밀도가 유일한 원인은 아니다. 만약 회로망이 조밀한 결합을 하고 있다면 편향 매개변수 P를 조절해서 회로망을 혼돈 영역으로부터 질서 영역으로 움직일 수 있다.

이 규칙들은 모든 종류의 회로망에 적용된다. 5장에서 나는 게놈 그 자체가 질서 영역에 있는 회로망으로 간주될 수 있다는 것을 보일 것이다. 그래서 오랫동안 다원주의적 진화가 연마했던 것으로 생각했던 세포들이 보여주는 어떤 질서들은, 그 대신에 게놈 회로망의 동역학으로부터 일어나는 것으로 보인다. 즉 저절로 생기는 질서의 또 하나의 예이다. 나는 다시 한번, 자연선택이 살아 있는 세계의 질서를 관장하는 유일한 근원이 아니라는 것을 당신에게 납득시키길 희망한다. 우리가 지금 논하고 있는 이 강력한 자발적인 질서는 안정된 자기촉매 집합의 창발에서뿐만 아니라 이후 생명의 진화에서도 역할을 수행했을 것이다.

혼돈의 가장자리

3장에서 논의한 집단적으로 자기촉매적인 원시 세포로부터 우리 몸 안의 세포와 완전한 생물체들에 이르는 모든 생명계들은 안정적이어야 하고, 돌연변이되었을 때 항상성과 얌전한 작은 변형들을 보여야만 한다. 그러나 세포와 생물체들이 복잡한 환경에 대처하려면 너무 경직되게 대응해서도 안 된다. 원시 세포는 이리저리 떠도는 새로운 분자들에 그 나름대로 대응할 수 있게 되는 것이 최선이다. 우리 몸의 장(腸) 안에 있는 대장균은 자신의 효소들과 유전자들 사이로 연쇄 전파되는 내부적인 분자 신호를 보내거나, 독소로부터 세포를 보호하기 위해서 효소와 유전자들의 활동에 다양한 변화를 일으키거나, 음식을 물질대사시키거나, 혹은 이따금, 다른 세포들과 DNA를 교환함으로써 엄청나게 다양한 분자들에 대처한다.

세포 회로망이 어떻게 안정성과 유연성 둘 다를 얻는가? 새롭고 매우 흥미로운 가설은 회로망이 혼돈의 가장자리에서 일종의 균형을 잡고 있는 상태에 도달함으로써 이를 이룰 수 있다는 것이다.

우리는 이미 전구 모형에서 규칙적인 거동으로부터 혼돈적인 거동으로 달리는 주축axis에 관한 암시를 보았다. $K=1$ 혹은 $K=2$ 인 드문드문 연결된 회로망은 자발적으로 강력한 질서를 드러낸다. 전구당 입력의 수가 $K=4$ 혹은 그 이상인 회로망은 혼돈 거동을 보인다. 그래서 전구당 입력의 수(전구들 사이를 연결하는 망의 밀도)를 작은 값에서부터 큰 값으로 조절하면 회로망의 거동은 규칙적인 것에서 혼돈적인 것으로 조절된다. 덧붙여서, 편향 매개변수 P를 0.5에서 1.0까지 조정하는 것도 역시 회로망이 혼돈 영역에 있을지 질서 영역에 있을지를 조절한다는 것을 보았다.

만약 계의 거동에 어떤 종류의 급격한 변화, 즉 질서에서 혼돈으로의 어떤 종류의 상전이가 이 축을 따라 발생한다 하더라도 그렇게 놀라지 말아야 한다. 실제로 3장에서 다룬 생명의 기원에 관한 장난감 모형에서 우리는 그런 형태의 급격한 변화를 보았다. 실로 단추들을 연결할 때, 실 대 단추의 비율이 0.5라는 신비한 수를 지날 때 가장 크게 연결된 덩어리의 크기가 작은 값에서 거대한 값으로 갑자기 도약하는 것을 발견했던 것을 상기하자. 그 값 아래에서는 단지 작은 크기의 연결된 단추 덩어리들만 존재한다. 그 값 이상에서 대부분의 단추들이 연결된 거대한 성분이 발현된다. 이것이 상전이이다.

매우 비슷한 종류의 상전이가 전구 회로망 모형에서도 발생한다. 연결된 구성 요소들의 거대한 덩어리가 다시 한번 나타날 것이다. 그러나 연결된 덩어리는 단추들이 아니라, 각각이 1이나 0으로 활동이 고정되어 얼어붙은 전구들의 거대한 덩어리이다. 만약 이 거대한 고착된 성분이 형성되면, 전구들의 회로망은 질서 영역에 있는 것이다. 만약 그것이 형성되지 않는다면, 회로망은 혼돈 영역에 있다. 바로 그 사이에서, 바로 그 상전이 근처에서, 즉 바로 그 혼돈의 가장자리에서 가장 복잡한 거동이 일어날 수 있다. 그 거동은 안정성을 보장하기에 충분하게 규칙적이고, 동시에 유연함과 뜻밖의 일들로 가득 차 있다. 정말로 바로 이것이 우리가 말하는 복잡성이다.

무작위적인 전구 회로망 안에서 어떤 일이 일어나고 있는지를 시각화하는 한 가지 방법은 마음속에 영화를 만드는 것이다. 어떤 초기 상태에서 시작하는 회로망을 그려보자. 회로망의 궤적이 처음에는 상태 고리를 향하여 가다가 나중에는 그 위를 순환하게 됨에 따라서, 임의의 전구에서는 두 가지 종류의 거동이 보여질 수 있다. 그 전구는 다소 복잡한 양상으로 깜박거릴 수도 있고, 혹은 항상 켜져 있거나 항상 꺼져 있는 고정된 활동으로 안착될 수도 있다. 이들 두 거동을 구별하기 위해서 두 가지 색깔을 상상해보자. 즉 깜박거리는 전구는 녹색으로 칠하고 항상 켜져 있거나 꺼져 있는 전구는 적색으로 칠한다.

이제 혼돈 영역에 있는, 예를 들어 $N=1000$이고 $K=20$인 회로망을 고려하자. 거의 모든 전구들은 켜지고 꺼지면서 깜박거린다. 따라서 그들은 모두 녹색으로 칠해진다. 아마 몇 개의 전구들과 혹은 전구들의 작은 덩어리들은 항상 켜져 있거나 꺼져 있을 것이고, 그러면 이들은 적색으로 칠해진다. 요약하면, 깜박거리는 녹색 전구들의 광대한 바다 안에 얼어붙은 적색 전구들로 된 매우 작은 덩어리들이 존재한다. 그래서 혼돈 영역에 있는 회로망은 깜박거리는 녹색 전구들의 광대한 바다를 가지며, 그 위에 얼어붙은 적색 전구들로 된 몇 개의 섬들도 가질 수 있다.

이번에는 질서 영역에 있는, 예를 들어 $N=100000$이고 $K=2$인 전구 회로망을 모의실험한다고 가정해보자. 이것은 당신의 게놈이나 매우 큰 자기촉매 집합과 동등한 복잡성을 지닌 방대하게 얽힌 회로망이다. 어떤 초기 상태로 회로망을 시작하여, 상태 고리로 향하다가 나중에는 그것을 순환하는 궤적을 따라가보자. 처음에는 대부분의 전구들이 깜박거리기 때문에 녹색으로 칠해진다. 그러나 회로망이 자신의 상태 고리로 수렴하여 고리를 순환함에 따라서 점점 더 많은 전구들이 켜져 있거나 꺼져 있는 고정된 활동 상태로 안주한다. 그래서 대부분의 전구들이 이제는 적색으로 칠해진다.

이제 마술을 보자. 만약 당신이 적색 전구만을 생각하고, 단추들이 다른 단추들과 실로 연결되어 있는지를 따져보았던 것처럼, 적색 전구들이 다른 전구들과 연결되어 있는지를 따져 본다면, 당신은 얼어붙은 적색 전구들이 상호 연결된 엄청나게 거대한 전구들의 덩어리가 형성되는 것을 발견하게 될 것이다! 각각이 켜져 있는 상태 혹은 꺼져 있는 상태로 얼어붙은, 전구들의 거대한 고착된 성분이 질서 영역에 있는 부울 회로망 안에 존재한다.

물론 $N=100000$이고 $K=2$인 회로망 안에 모든 전구들이 고착될 필요는 없다. 전형적으로, 작거나 크게 연결된 전구들의 덩어리들이 깜박거리기를 계속한다. 이들 깜박거리는 덩어리들은 녹색으로 칠해진다. 질서 영역에 있는 부울 회로망의 순환 거동을 구성하는 것이 바로 녹색 전구들이 연결된 덩어리들의 깜박거리는 양상이다. 적색 전구들로 구성된 거대한 고착된 덩어리 안에 있는 전구들은 전혀 깜박거리지 않는다.

만약 $N=100000$이고 $K=2$인 전형적인 어떤 회로망을 조사한다면, 한층 더 중요한 세부를 보게 될 것이다. 깜박거리는 녹색 전구들의 덩어리들은 전혀 서로 연결되어 있지 않다. 그 대신에 그들은 고착된 적색 전구들의 광대한 바다에 떠 있는 깜박거리는 녹색 섬처럼, 독립적으로 깜박거리는 덩어리들을 형성한다.

그래서 앞에서 보였듯이, 혼돈 영역에 있는 부울 회로망은 고착되어 켜져 있거나 꺼져 있는 적색 전구 덩어리들이 아마 몇 개가 있는, 영원히 깜박거리며 변하는 녹색 전구들의 바다를 가진다. 대조적으로 질서 영역에 있는 부울 회로망은 깜박거리는 녹색 전구들의 고립된 섬들이 있는, 켜져 있거나 혹은 꺼진 채로 고착된 적색 전구들로 된 엄청나게 거대한 적색 덩어리를 가진다. 여기서 당신의 안테나가 진동해야 한다. 깜박거리는 고립된 녹색 섬들을 배경으로 거대하게 고착된 적색 덩어리들이 형성될 때, 전구당 입력의 수 K나 혹은 편향 매개변수 P와 같은 매개변수들이 조절됨에 따라 혼돈으로부터 질서로의 상전이가 일어난다.

이것을 보는 특별히 쉬운 방법은 사각형 격자 위에서 매우 단순한 부울 회로망 모형을 만드는 것이다. 여기에서 각각의 전구는 동서남북의 4개 이웃들과 연결되어 있다. 각 전구는 4개 입력의 현재 활동

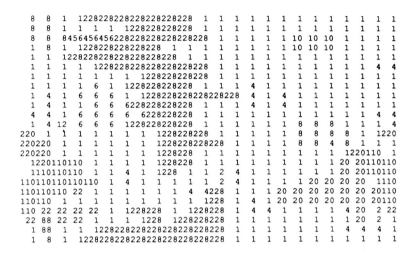

```
  8   8   1   1228228228228228228228     1  1  1   1  1  1   1  1  1   1  1  1
  8   8   1   1   1   1228228228228       1  1  1   1  1  1   1  1  1   1  1  1
  8   8  8456456456228228228228228228    1  1  1   1  1 10  10 10 10   1  1  1
  1   8   1   1228228228228228   1  1     1  1  1   1  1 10  10 10 10   1  1  1
  1   1  1228228228228228228228   1  1    1  1  1   1  1  1   1  1  1   1  1  1
  1   1   1   1228228228228228228228      1  1  1   1  1  1   1  1  1   1  4  4
  1   1   1   1   1   1   1228228228228    1  1  1   1  1  1   1  1  1   1  1  1
  1   1   1   1   6   1228228228228228     1  4  1   1  1  1   1  1  1   1  1  1
  1   4   1   6   6   6   1228228228228228228  4  1  4  1  1   1  1  1   1  1  1
  1   4   1   1   6   6228228228228   1    1  1  4   1  4  1   1  1  1   1  1  1
  4   4   1   6   6   6   6228228228   1   1  1  1   1  1  1   1  1  1   1  4  4
  1   4  12   6   6   6   1228228228228    1  1  1   1  1  8   8  8  1   1  1  4
220   1   1   1   1   1   1   1228228228   1  1  1   1  1  8   8  8  8   1 1220
220220    1   1   1   1   1   1228228228228  1  1  1  1  1  8  8  4  8   1  1  1
220220    1   1   1   1   1   1228228   1  1  1  1   1  1  1   1 1220110   1
  1220110110   1   1   1   1228228   1  1  1   1  1  1   1  1  1 20 20110110
  1110110110   1   1   4   1228   1  1  2   4  1  1   1  1  1  1 20 20110110
110110110110110   1   4   1   1   1   1   2  4  1   1  1  1  1 20 20 20 20   1110
110110110 22   1   1   1   1   4  4228   1  1   1 20 20  20 20 20 20 20110
110110   1   1   1   1   1   1228   1  4  1 20 20  20 20 20 20 20110
110  22  22  22  22   1  1228228   1  1228228   1  4  1   1  1  1 20  4 20   2 22
 22  88  22  22   1  1   1   1228  1228228228   1  1  1   1  1  1   1 20   2  1
  1  88   1   1  1228228228228228228228228228   1  1  1   1  1  1   1  4  4  4  1
  1   8   1   1228228228228228228228228228228   1  1  1   1  1  1   1  1  1   1  1
```

그림 4-3 저절로 생기는 질서. 이 이차원 격자에서 각 격자점(전구)은 네 개의 이웃들과 결합하고 있고 어떤 부울 함수에 의해 거동이 관장된다. 반응 1이나 0에 대한 선호의 편향 정도인 변수 P가 임계값 Pc를 넘어서 증가하면, 1이나 0에 고정된 전구들의 얼어붙은 성분인 여과 덩어리percolation cluster가 격자를 관통하며 걸쳐진다. 그 주변에는 1과 0 사이를 자유롭게 왔다갔다하며 깜박이는 전구들의 고립된 섬들이 남아 있다. 각 격자점의 숫자는 각 전구의 순환 주기를 나타낸다. 즉 1이 쓰여진 격자점은 켜져 있거나 꺼져 있는 상태에 고착된 적색 전구에 해당된다. 1보다 큰 숫자가 쓰여진 격자점들은 깜박거리는 녹색 전구들이며 이것들은 얼어붙은 격자점들의 바다에서 〈얼어붙지 않은〉 고립된 섬들을 형성한다. (이 이차원 격자는 구부린 다음에, 윗모서리를 아래쪽에, 왼쪽 모서리를 오른쪽에 〈붙여서〉 도넛, 혹은 원환면으로 만든다. 따라서 모든 전구들은 네 개의 이웃을 갖게 된다.)

에 의존해서 켜질 것인지 또는 꺼질 것인지를 말해주는 부울 함수에 의해 제어된다. 〈그림 4-3〉은 데리다와 바이스부흐에 의해 연구된 격자 회로망을 보여준다. 그들은 편향 매개변수 P를 1.0에 매우 가깝도록 조절해서 그 회로망이 질서 영역에 있도록 했다. 그리고 회로망을 상태 고리로 안착되도록 한 다음 각 전구의 순환 주기를 기록했다. 순환 주기가 1인 전구는 항상 켜져 있거나 항상 꺼져 있는 상태에 있다. 우리 마음의 그림에서 그런 전구들은 모두 적색으로 칠해져야 한다. 다른 전구들은 모두 깜박거린다. 따라서 그것들은 녹색으로 칠해져야 한다. 〈그림 4-3〉에서 보듯이, 주기가 1인 고착된 전구들은 약간의 크고 작은 깜박거리는 덩어리들을 제외하고, 격자 전체에 걸쳐 거대하게 연결된 성분을 형성한다.

〈그림 4-3〉을 보면서, 혼돈 회로망에서 초기 조건의 변화에 대한 민감성과 질서 회로망에서 그런 교란에 대한 민감성의 결핍을 설명하는 것은 쉬운 일이다. 한 전구의 상태가 뒤바뀔 때, 그 교란으로부터 시작되어 방사되는 연쇄적인 변화들을 따라가 볼 수 있다. 〈그림 4-3〉과 같은 질서 영역에서는 그런 물결치는 변화들은 주기 1로 고착된 적색 성분에 침투할 수 없다. 고착된 거대한 성분은 깜박거리는 섬들을 서로 차단하는 항구적인 거대한 벽과 다소 비슷하다. 교란은 각각의 깜박거리는 섬 안에서는 연쇄적으로 전파가 되지만, 섬을 넘어서는 좀처럼 전파되지 않는다. 그것이 질서 영역에 있는 전구 회로망이 항상성을 나타내는 근본적인 이유이다.

그러나 혼돈 영역에서는, 깜박거리는 전구들의 거대한 바다는 전제 회로망을 가로질러 확장된다. 만약 임의의 깜박거리는 전구 하나가 상태를 뒤바꾼다면, 그 영향이 그 얼어붙지 않은 바다를 통해 연쇄적으로 전파되어 전구들의 활동 양상에 굉장한 변화를 만들 것이다. 그래서 혼돈계는 작은 교란에 굉장한 민감성을 보인다. 이것이 혼돈 영역에 있는 부울 회로망의 나비효과다. 당신이 날개를 퍼덕거리면, 또는 나비, 나방, 혹은 찌르레기가, 힘차게 혹은 맥없이 날갯짓을 하면, 당신은 알래스카에서 플로리다까지 전구들의 거동이 변하는 것을 보게 될 것이다.

원시 세포들과 당신의 세포들, 최초의 생명과 이후의 온갖 생명들은 질서적이면서도 유연한 거동을 할 수 있어야만 한다. 그렇다면 어떤 종류의 상호 작용하는 분자 회로망이, 또는 상호 작용하는 그 어느 것의 회로망이 그렇게 질서적이면서도 유연한 거동을 할 수 있을까? 그런 거동은 이루기 어려운 것인가? 혹은 그 역시 저절로 생기는 질서의 한 부분일까? 이제 우리는 100,000개의 전구들이 결합하고 있는 회로망에서 질서와 혼돈을 이해하기 시작하면서, 산뜻하고 멋진, 어쩌면 진실일지도 모르는 대답이 스스로를 드러내는 것을 본다. 즉 아마도 상전이에 있는 회로망, 질서와 혼돈 사이에서 균형을 이룬 회로망들이 그 질서적이면서도 유연한 거동을 가장 잘 수행할 수 있을 것이다.

여기에 멋지고도 실용적인 가설이 있다. 산타페 연구소에 있는 크리스 랭턴Chris Langton도 그 어떤 과학자들보다도 훨씬 더 이런 중요한 가능성을 강조해왔지만, 우리는 혼돈의 가장자리가 복잡한 거동을 조정하기 위한 매력적인 영역일 것이라는 것을 직관적으로 알 수 있다. 전구들로 된 격자가 있고 서로 멀리 떨어진 두 격자점의 활동을 조정할 수 있기를 원한다고 하자. 그 격자가 얼어붙지 않은 바다를 갖는 혼돈 영역에 있다고 가정하자. 그러면 한 전구의 활동에서의 작은 교란은 활동들의 연쇄적인 변화를 시작하게 할 것이고, 그 연쇄적 변화는 격자의 전체 영역에 구석구석까지 전파되면서 바랐던 대로 조정을 이루기도 하겠지만 극적으로 다시 그 전구를 원상태로 되돌려놓기도 할 것이다. 혼돈계는 너무 혼돈스러워서 멀리 떨어져 있는 격자점들 사이의 거동을 조정할 수 없다. 그 계는 격자를 가로질러 신뢰성이 있는 신호를 보낼 수 없다.

역으로, 격자가 질서 영역 안에 깊이 빠져 있다고 하자. 깜박거리는 작은 녹색 섬들을 제외하고 얼어붙은 적색 바다가 그 격자에 걸쳐 퍼져 있다. 멀리 떨어져 있는 격자점들의 일련의 활동들을 조정하고 싶다고 하자. 슬프게도 그 어떤 신호도 얼어붙은 바다를 가로질러 전파될 수가 없다. 얼어붙지 않은 깜박이는 섬들은 기능적으로 서로 고립되어 있다. 어떠한 복잡한 조정도 일어날 수 없다.

그러나 혼돈의 가장자리에서는, 얼지 않은 깜박거리는 섬들이 덩굴손으로 서로 접촉하고 있다. 임의의 한 전구의 상태를 뒤바꾸는 것은 계를 가로지르는 크고 작은 연쇄적인 변화들에 의해서 멀리 떨어진 격자점들로 향하는 신호를 보낼 수 있을 것이고, 따라서 시간적인 그리고 망을 가로질러 공간적인 거동들이 조정될 수 있다. 그럼에도 불구하고, 계는 혼돈의 가장자리에 있긴 하지만 실제로 혼돈적이진 않기 때문에, 그 계는 조정되기 전의 깜박임들로 되돌아가지는 않을 것이다. 어쩌면, 정말로 어쩌면, 그런 계들은 우리가 생명과 연관시키는 일단의 복잡한 거동을 조정하는 능력이 있을지도 모른다.

이 부분의 이야기를 마무리하기 위해서, 나는 다음 장에서 더 완전하게 전개할 다음의 착상에 대한 증거를 제시하겠다. 〈복잡한 계가 혼돈의 가장자리나 그 근처의 질서 영역에서 존재하는 이유는 진화가 그들을 거기로 데려가기 때문이다〉. 자기촉매 회로망이 복잡성의 법칙 때문에 자발적으로 그리고 자연스럽게 나타나는 한편, 어쩌면 자연선택은 복잡한 거동이 번성하는 질서와 혼돈 사이의 전이 영역인 이 가장자리 근처의 질서 영역에 계가 있게 될 때까지 K와 P에 대한 다이얼을 비틀어 계의 매개변수를 조절한다. 결국 복잡한 거동을 할 수 있는 능력이 계의 생존력을 결정하기 때문에, 자연선택은 자발적인 저절로 생기는 질서를 다듬고 분장하는 것이 자신의 역할임을 발견한다. 이 가설을 검증하기 위해서, 박사 후 연구원인 빌 맥레디 Bill Macready와 컴퓨터 과학자 에밀리 디킨슨 Emily Dickinson, 그리고 나는 서로가 단순하면서도 어려운 경기를 하는 부울 회로망들을 〈진화〉시키는 컴퓨터 모의실험을 수행했다. 이들 경기에서는 각 회로망은 경기하고 있는 상대 회로망이 그 이전에 보인 전구 활동들의 패턴에 자신도 〈적당한〉 패턴으로 반응하여야 한다. 우리의 진화하는 회로망들은 각 회로망에서 전구들 사이에 연결과 각 회로망에 있는 전구들을 켜고 끄는 것을 조정하는 부울 규칙을 자유롭게 돌연변이시킬 수 있다. 그래서 우리의 회로망은 매개변수들을 변화시켜서 질서-혼돈 축 위에서 그들의 위치를 조절할 수가 있다. 질서-혼돈 축 위에서 회로망의 위치를 검증하기 위해서 우리는 질서 영역과 혼돈 영역을 구별하는 단순한 특징을 사용한다. 혼돈 영역에서는, 비슷한 초기 상태들은 점점 더 비슷하지 않게 되는 경향이 있기 때문에 각 초기 상태가 궤적을 따라 나아감에 따라서 그 궤적들은 상태 공간 안에서 더욱더 멀리 떨어져서 발산한다. 이것이 바로 나비효과이고 초기 조건에의 민감성이다. 작은 교란은 증폭된다. 역으로 질서 영역에서는, 비슷한 초기상태들은 더 비슷하게 되고, 따라서 궤적을 따라 흐르면서 서로가 더욱더 근접하게 수렴한다. 이것은 바로 항상성의 또다른 표현이다. 서로 근접해 있는 상태들에 가해진 교란은 〈감쇠〉된다. 우리는 질서-혼돈 축 위에서 회로망의 위치를 결정하기 위해서 회로망의 궤적들을 따라 평균적인 수렴 정도나 발산 정도를 측정한다. 실제로 이 측정에서 상전이에 있는 회로망은 인접해 있는 상태들이 발산하지도 않고 수렴하지도 않는 특성을 갖는다.

그 결과들은 무엇인가? 회로망들이 서로의 전구 패턴을 일치시키도록 애쓰면서 경기를 치를 때, 컴퓨터 모의실험은 경기를 더 잘하는 회로망인 더 최적화된 돌연변이를 선택한다. 우리가 요구하는 적절하게 복잡한 거동에 대하여 우리가 발견한 것은 회로망이 적응하고 향상하며, 혼돈의 가장자리는 아니지만 그 가장자리로부터 너무 멀리 떨어지지 않은 질서 영역으로도 진화한다는 것이다. 혼돈으로의 전이 근처에 있는 질서 영역에서의 위치가 안정성과 유연성의 최선의 혼합을 제공하는 것으로 보인다.

복잡적응계가 혼돈의 가장자리로 진화한다는 실용적인 가설을 평가하기에는 아직 너무 이르다. 이것이 사실임을 입증한다면, 그것은 멋진 일이 될 것이다. 그러나 복잡적응계가 혼돈의 가장자리 근처의 질서 영역의 어딘가로 진화하는 것을 입증하는 것도 똑같이 멋진 일이 될 것이다. 규칙적이고 안정적이면서도 여전히 유동적인 그런 위치는 어쩌면 생물학과 그 너머 영역에 있는 복잡적응계에 대한 일종의 보편적인 특성으로 나타날 것이다.

우리는 복잡계가 혼돈의 가장자리로 혹은 그 균형잡힌 가장자리 근처의 질서 영역으로 진화할 것이라는 그 멋진 가능성들을 이어지는 장들에서 더 상세하게 다룰 것이다. 왜냐하면 그 가설은 새와 양치류, 고사리, 벼룩, 나무 등으로 가는 수정란의 발생에 관한 장엄하고 질서 정연한 춤인 개체 발생의 굉장히 많은 특징들을 설명하는 것으로 보이기 때문이다. 그러나 다시 경고한다. 이 단계에서는 그 잠재적인 보편적 법칙은 잘해 봐야 단지 매혹적인 실용적 가설에 불과하기 때문이다.

그 동안에 우리는 거대한 부울 회로망을 사용하는 우리의 간단한 모형들로 이해하기 시작한 자기조직화의 정교한 능력이 동역학적인 질서의 궁극적인 원천이 될 것이라는 생각을 시작할 수 있을 것이다. 이들 열린 비평형 열역학계에서 질서는 질서 영역으로부터 도출된다. 그리고 그 질서 영역의 질서는 인접한 상태들이 수렴하는 경향이 있다는 사실로부터 도출된다. 그러므로 계는 작은 끌개 속으로 스스로를 〈밀어넣는다〉. 궁극적으로 질서를 구성하는 것은 상태 공간의 무한히 작은 부피 속으로 자신을 밀어넣는 이 자기압착이다. 그리고 자연스럽고 자발적이라는 의미에서 내가 그런 질서를 저절로 생기는 질서라고 부르는 반면에, 그것은 열역학적으로 〈거저 생기는〉 것이 아니다. 오히려 이들 열린 셰에서 계의 자기압착은 주변 환경으로 열을 방출함으로써 열역학적으로 〈보상받는다〉. 아무런 열역학적 법칙에도 위배되지 않고 도전적이지도 않다. 새로운 것은 거대한 열린 열역학적 계가 자발적으로 질서 영역 안에 놓일 수 있다는 것이다. 그런 계들은 안정한 자기재생산, 항상성, 그리고 얌전한 유전적 변이를 위해 요구되는 질서의 자연스런 근원이 될 수 있다.

만약 우리가, 그리고 지나간 과거의 수많은 학자들도, 아직 질서의 근원으로서 자기조직화의 능력을 이해하기 시작하지 못했다면, 다윈도 마찬가지였을 것이다. 이진 변수들로 무작위로 조립되어 연결된 거대한 회로망에서 창발하는 질서는 다양한 모든 복잡계에서 비슷하게 창발하는 질서의 거의 확실한 선구자이다. 우리는 살아 있는 세계를 아름답게 꾸미는 질서를 위한 새로운 기초를 찾게 될 것이다. 그렇게 된다면, 우리를 기다리고 있을, 생명과 우리 인간의 위상에 관한 우리의 관점의 변화는 어떤 것이 될 것인가? 자연선택은 결코 질서의 유일한 근원이 아니다. 방대한 질서, 예정된 질서, 저절로 생기는 질서. 우리가 이해하려고 거의 시작도 해보지 않았던 방식으로, 우리는 우주 안에서 편안해질 수 있을 것이다.

5... 개체 발생의 신비

아마도 5억 5천만 년 전의 캄브리아기 대폭발이 있은 이래로, 아니면 적어도 지난 7억 년을 거치는 동안, 다세포 생물체들은 그 어떤 인간의 사고로도 아직 이해하지 못한 수수께끼인 개체 발생을 터득했다. 다소 수수께끼 같은 진화의 창조력을 통해서, 캄브리아기의 새로운 창조물들은 모체가 결합하여 만든 산물인, 단세포 접합자 zygote로서 생명을 시작했다. (호모 사피엔스의 경우는 이보다 훨씬 더 최근의 일이다.) 어떤 방법에 의해서 그 단세포는 완전한 구조물이자 잘 조직된 전체인 생물체로 성장하는 방법을 알았다. 만약 우주 공간의 짙은 암흑 속에서 군집을 이루며 소용돌이치는 나선 은하의 별 무리가 만유인력에 의해 발생된 질서의 경이라면, 우리는 우리 자신의 발생에 대해서도 똑같은 경이감을 가지고 생각할 수 있을 것이다. 겨우 수만 종에 불과한 분자들이 서로 얽힌 것에 불과한 하나의 세포가 인간의 태아가 갖는 복잡성을 창조하는 방법을 도대체 어떻게 알 수 있을까? 아무도 알지 못한다. 만약 호모 하빌리스가 그들 자신이 어떻게 존재하게 되었는지에 대해 경이로워했다면, 또 크로마뇽인이 경이로워했다면, 우리들 역시 경이로워할 뿐이다.

그러면, 접합자에서 시작해보자. 정자에 의해서 난자가 수정된 후, 인간의 접합자는 빠른 분열(작은 크기의 대량의 세포들을 만드는 세포 분열)을 겪는다. 이 세포 덩어리는 나팔관을 타고 내려와서 자궁으로 들어간다. 이동하는 동안에 세포 덩어리는 속이 빈 둥근 공 형태를 띠게 된다. 내부 세포 집단inner cell mass이라고 불리는 소수의 세포들이 속이 빈 공의 한쪽 극으로부터 안쪽으로 이동하고, 남아 있는 바깥 층에 둘러싸여서 깊숙이 자리잡는다. 모든 포유동물은 내부 세포 집단으로부터 파생한다. 인간의 경우에 세포들의 바깥 층은 자궁의 내부로 깊숙이 파고들 수 있도록 특화되어 있고, 외배(外胚)의 세포막, 태반, 그 밖에 태아를 부양하는 것들을 형성한다.

아직 거의 발달하지 못한 이 초기 단계에서조차 이미 개체 발생 혹은 성장에 관한 두 가지의 근본적인 과정을 목격할 수 있다. 첫번째 과정은 세포 분화cell differentiation이고, 두번째는 형태 형성morphogenesis이다. 접합자는 단세포이고, 당연히 한 가지 유형의 세포이다. 접합자와 신생아 사이의 약 50회의 잇달아 일어나는 세포 분열 과정을 거치는 동안, 그 단세포는 서로 다른 유형에 속하는 세포들의 동물원을 만든다. 인간의 몸은 256가지의 다른 세포 유형들을 포함하고 있는 것으로 생각되며, 그 세포 유형들은 모두 조직과 기관 안에서 특수한 기능을 수행하도록 전문화되어 있다. 총괄적으로 말하자면, 우리의 신체 조직은 소위 3개의 배엽 germ layer, 즉 내배엽 endoderm과 중배엽 mesoderm, 외배엽 ectoderm으로부터 파생된다.

내배엽은 창자, 간장의 세포들과 조직들, 그리고 다른 조직들을 만든다. 음식물의 소화를 돕도록 염산이 분비되는 위장의 내층에 있는 특화된 세포들로부터 혈액의 해독을 촉진하는 간세포들에 이르는 많은 다양한 유형의 세포들이 형성된다. 중배엽은 근육세포들, 뼈와 연골 조직을 형성하는 세포들, 그리고 산소를 운반하는 적혈구와 면역계의 백혈구와 같은 혈액을 형성하는 세포들을 만든다. 외배엽 층은 말초신경계와 중추신경계를 형성하는 엄청나게 다양한 신경세포들과 피부세포들을 만든다.

요컨대 인간의 접합자는 대략 50회의 세포 분열을 거쳐서 당신의 몸 안에 2^{50} 또는 10^{15}개의 세포들을 만들어낸다. 최초의 접합자는 분기 경로를 따라서 분화하여, 마침내 유아의 신체 조직과 기관을 형성하는 256가지의 다양한 세포 유형들을 낳는다. 세포 유형들의 증가된 다양성을 세포 분화라고 부른다. 그 세포들을 신체 조직과 기관들로 조정하는 것을 형태 형성이라고 한다.

나는 세포 분화의 경이로움에 압도되었으며 그 때문에 생물학에 입문하게 되었다. 그래서 이 장에서는 그 경이로움을 전달하는 것 이외에 아무것도 성취하지 못한다고 하더라도 나는 만족할 것이다. 그러나 나는 그보다는 더 많은 것을 희망한다. 왜냐하면 앞의 장들에서 논의한 자발적인 질서가 개체 발생의 배후에 있는 질서의 궁극적인 원인이라고 믿기 때문이다.

예조론자[1]의 주장을 상기하자. 그들은 접합자가 아주 작은 난쟁이들을 포함하고 있고 자신의 발달 과정 동안에 성체를 형성하기 위해 어떤 식으로 팽창한다고 주장한다. 그런 이론들이 엄청나게 많은 수의 선조들과 잠재적으로 무한한 수의 후손들을 설명하는 데 어려움이 있다는 점도 상기하자. 한스 드라이슈Hans Dreisch가 이(二)세포 단계의 개구리의 배(胚)를 머리카락을 사용하여 분리한 후 각각의 세포가 완전한 개구리(비록 좀 작기는 하더라도)를 발생시키는 것을 발견했다는 것을 상기하자. 어떻게 두 세포들이 다 완전한 개구리를 만들어내기 위한 정보를 보유할 수 있을까?

개구리만이 이 기교에 정통한 것은 아니다. 당근은 발생 능력에 있어서 훨씬 더 환상적이다. 당근을 단세포들로 쪼개면, 그 조각들 중의 어떤 것이라도, 사실상 무슨 유형의 세포든지 완전한 식물을 재생할 수 있다. 어떻게 그 모든 세포들이 서로 다르게 분화되면서도 각각이 완전한 생물체를 형성하는 데 필요한 정보를 보유할 수 있을까?

20세기 초반에 멘델의 법칙의 재발견되고 염색체가 유전자를 지니고 있다는 이론이 정립된 직후까지도, 접합자가 완전한 전수(全數)의 유전자들을 갖고 있지만 생물체 안의 다른 유형의 세포들에는 유전자들의 다른 부분 집합으로 분해되어서 존재한다고 추정되었었다. 단지 정자 혹은 난자가 되는 배(胚)의 세포질에만 완전한 전수의 유전자들이 있을 것이라고 추정되었다. 그러나 머지않아, 세포에 관한 미시적 연구를 바탕으로, 한 생물체의 모든 세포 유형들이 거의 예외 없이 완전한 전수의 염색체들을 포함하고 있다는 것이 명백하게 되었다. 모든 세포들이 접합자가 가진 것처럼 모든 유전 정보를 갖고 있다. 훨씬 더 최근에 DNA 수준에서 행해진 연구는 이 대담한 주장을 지지한다. 거의 모든 다세포 생물체들의 거의 모든 세포들이 같은 DNA를 갖고 있다. 하지만 예외들도 있다. 어떤 생물체에서는 부모로부터 물려받은 염색체 전부가 소실된다. 어떤 생물체의 어떤 세포들에서는, 어떤 유전자들이 더 여러 번 복제가 된다. 면역계의 세포들에서는, 침입자를 퇴치하는 데 필요한 모든 항체들을 만들어내기 위해서 염색체들이 재배열되고 미세하게 변형된다. 그러나 대체로 당신의 몸에 있는 모든 세포들은 동일한 유전자 집합을 갖고 있다.

다세포 생물체 안에 있는 모든 세포들이 같은 유전자 집합을 갖는 다는 인식이 점차 확산되었으며 발생생물학의 중심적인 정설로 불릴 수도 있을 다음과 같은 명제를 낳았다. 즉 한 생물체의 세포들이 다른 것은 다른 유형의 세포들에서 다른 유전자들이 활성화되기 때문이다. 그래서 예를 들면 적혈구는 혈색소를 암호화하는 유전자를 발현시킨다. 또 면역계의 B세포는 항체 분자들을 암호화하는 유전자를 발현시킨다. 골격 근육세포들은 근섬유를 형성하는 액틴과 미오신 분자들을 암호화하는 유전자들을 발현시킨다. 신경세포들은 세포막에 있는 특정한 이온 채널을 형성하는 단백질들을 위한 유전자들을 발현시킨다. 어떤 소화관 세포들은 염산의 합성과 분비를 유도하는 효소들을 암호화하는 유전자들을 발현시킨다.

그러나 어떤 유전자들이 활성화되고 또 어떤 것들은 억제되는 그 메커니즘은 무엇인가? 그리고 접합자가 성체로 발생하는 동안, 다양한 유형의 세포들이 어떤 단백질들을 발현시켜야 할지 어떻게 아는 것인가?

자콥, 모노, 그리고 유전 회로들

프랑스의 생물학자, 자콥과 모노는 세포 분화와 개체 발생을 설명하는 개념적인 틀에 대한 기반을 제공한 공로로 1960년 중반에 노벨상을 받았다.

앞서 지적했듯이, 단백질이 합성되려면 그것을 암호화하는 유전자가 DNA로부터 RNA로 전사(轉寫)되어야 한다. 그러면 대응하는 전령 RNA가 유전 부호를 통해서 단백질로 번역된다. 자콥과 모노는 그들의 발견이 있기까지 장(腸) 박테리아인 대장균이 락토오스lactose (젖당)라고 불리는 당분에 대해 보이는 거동과 반응을 연구하였다. 락토오스가 처음 가해질 때, 세포들은 그 분자를 이용할 능력이 없다는 것이 잘 알려져 있었다. 락토오스를 분해하는 효소인 베타-갈락토시다아제 beta-galactosidase가 박테리아 세포 안에 충분한 농도로 존재하지 않기 때문이다. 그러나 락토오스를 가하고 몇 분 이내에 대장균들은 베타-갈락토시다아제를 합성하기 시작하고, 그 다음에는 세포의 성장과 분열에 필요한 탄소의 원천으로 락토오스를 사용하기 시작한다.

자콥과 모노는 곧 그런 효소 유도enzyme induction가 어떻게 제어되는지를 발견했다. 효소 유도란 베타-갈락토시다아제의 합성을 유도하는 락토오스의 작용을 의미하는 용어이다. 그 제어는 베타-갈락토시다아제 유전자가 대응하는 전령 RNA로 전사되는 단계에서 발생한다는 것이 입증되었다. 자콥과 모노는 DNA 안에서 이 구조 유전자structural gene ──단백질의 구조를 암호화하기 때문에 그렇게 불리는── 와 인접하여 어떤 단백질이 결합하는 짧은 뉴클레오티드 배열이 존재한다는 것을 발견했다. 그 짧은 배열은 작동자operator라고 불린다. 작동자에 결합하는 단백질은 억제자repressor라고 불린다. 이름이 암시하는 것처럼, 억제자 단백질이 작동자의 결합 부위 binding site에 결합될 때 베타-갈락토시다아제 유전자의 전사가 억제된다. 따라서 이 효소를 위한 전령 RNA는 전혀 형성되지 않고 전령 RNA의 번역에 의한 효소 형성도 이루어지지 않는다.

이제 마술 같은 조정이 일어난다. 락토오스가 대장균 세포로 들어가면, 그것은 억제자와 결합하여 억제자가 더 이상 작동자에 결합할 수 없도록 그것의 모양을 변화시킨다. 그래서 락토오스를 추가하는 것은 작동자의 결합 부위를 자유롭게 만든다. 일단 작동자가 자유롭게 되면, 인접한 베타-갈락토시다아제 구조 유전자의 전사가 시작될 수 있고, 곧바로 베타-갈락토시다아제 효소가 생산된다.

자콥과 모노는 작은 분자가 〈유전자를 활성화〉할 수 있다는 것을 발견했던 것이다. 억제자 자체가 또다른 대장균 유전자의 산물이기 때문에, 유전자들이 유전자 회로를 형성할 수 있고 서로의 활동을 켜거나 끌 수 있다는 것이 곧바로 명백하게 되었다. 1963년까지, 자콥과 모노는 세포 분화가 단순히 그런 유전자 회로에 의해서 조절될 것이라고 제안하는 개척자적인 논문을 썼다. 가장 간단한 경우라면, 두 유전자가 서로를 억제할 수 있다. 그런 계에 대하여 잠시 생각해보자. 만약 유전자 1이 유전자 2를 억제하고, 유전자 2가 유전자 1을 억제한다면, 그런 계는 유전자 활동에 대하여 두 개의 다른 양상을 가질 수 있을 것이다. 첫번째 양상에서는 유전자 1이 활성화되어 유전자 2를 억제할 것이다. 두번째 양상에서는 유전자 2가 활성화되어 유전자 1을 억제할 것이다. 유전자 발현에 관한 두 개의 다른 안정적인 양상에 의해서, 이 작은 유전자 회로는 두 개의 다른 세포 유형을 창조할 수 있을 것이다. 이 세포들 각각은 동일한 유전자 회로에서 둘 중 하나의 양상에 있게 될 것이다. 그러면 두 세포 유형은 같은 〈유전자형〉, 혹은 같은 게놈을 갖지만, 다른 유전자 집합을 발현시킬 수 있을 것이다.

자콥과 모노는 헤머록hammerlock[2]을 깨뜨렸던 것이다. 그들의 연구는 세포 분화가 어떻게 발생될 수 있는지를 제시하는 시작이었을 뿐만 아니라, 전혀 예측되지 않았던 강력한 분자적 자유를 드러냈

다. 억제자 단백질은 자신의 결합 부위를 사용해서 작동자의 결합
부위에 결합한다. 락토오스 분자(실제로는 알로락토오스allolactose라
고 불리는 락토오스의 대사 파생체metabolic derivative)는 억제자 단백
질의 두번째 결합 부위에 결합한다. 알로락토오스 분자의 결합은 억
제자 단백질의 형태를 변화시키고, 따라서 작동자 DNA의 결합 부위
에 대한 억제자 단백질의 친화력을 낮춘다. 억제자의 두번째 결합 부
위에 결합하는 알로락토오스는 억제자를 작동자로부터 〈끌어내고〉, 그
때문에 락토오스와 베타-갈락토시다아제를 대사하는 유전자의 합성
이 허용된다. 그러나 알로락토오스가 억제자 단백질 위의 작동자와
결합하는 부위가 아니라 억제자의 두번째 결합 부위(알로스테릭
allosteric 결합 부위)를 통해서 작용하기 때문에, 이것은 알로락토오
스 분자의 모양이 그 작용(유전자 활성화를 제어하는 능력)의 궁극적
인 결과에 대해 어떠한 명백한 관계도 가질 필요가 없다는 것을 의
미한다. 대조적으로, 하나의 기질은 그것의 효소와 정합되어야만 하
고, 만약 그 효소에 결합함으로써 효소를 억제하는 경쟁적인 억제자
분자가 있다면 그것은 기질처럼 생겨야만 한다. 이런 흔한 경우들에
서 기질과 경쟁적인 억제자는 필연적으로 비슷한 분자 특성을 갖는
다. 그러나 알로락토오스가 억제자의 DNA 결합 부위가 아니라 두번
째 결합 부위에 작용하기 때문에, 알로락토오스는 액틴, 미오신, 혹
은 염산의 합성에 관여하는 효소 등을 암호화하는 유전자의 전사를
제어하는 신호로도 마찬가지로 사용될 수가 있다. 분자적 제어를 하
는 분자의 형태는 제어 과정의 최후 산물과 아무런 관계를 가질 필
요가 없다. 두 저자들이 강조한 것처럼, 두번째 결합 부위를 통해
일어나는 작용은 임의의 논리와 복잡성을 가진 유전자 회로를 창조
하는 데 있어서 분자적 관점으로 볼 때 엄청난 자유를 의미했다.

자연선택이 질서의 유일한 근원인가

임의의 유전자 회로를 구성할 수 있는 자유에 몹시 매혹되었던 모노는 『우연과 필연 *Chance and Necessity*』이라는 멋진 책을 썼다. 그 책에서 모노는 내가 앞에서 언급했던 시적인 달콤한 문구(〈진화는 날다가 날개 끝에 붙들린 우연이다〉)를 다듬어냈다. 이 문구는 다윈 이래로, 무작위적인 돌연변이를 추구하는 불가사의한 자유와 쓸모없는 쓰레기로부터 아주 드문 쓸모 있는 것들을 추려내는 자연선택에 대한 우리의 느낌을, 내가 알고 있는 그 어떤 것보다 더 잘 포착한다.

내가 이미 강조했듯이, 다윈 이래로 우리는 자연선택을 생물체에서 질서의 유일한 근원으로 보아왔다. 이것은 사소한 문제가 아니다. 왜냐하면 이것이 주는 인상이 모든 생명, 모든 생물체, 모든 인간들을 지극히 우발적이고 역사적으로 우연한 사건들로 보아왔던 우리들의 인식의 중심에 놓여 있기 때문이다. 앞서 언급했듯이, 자콥은 진화가 브리콜라주나 희한하고 서투른 고안물들을 창조하는 기회주의자라는 것에 주목했다. 우리는 역사적으로 위임되어 내려오던 설계 문제들에 대한 임시 변통의 해답이다. 우리는 이 시대의 분자적인 루브 골드버그이며, 우리 전에 있었던 루브 골드버그들의 후손들이다.

그러나 무작위적인 돌연변이로 작용하는 자연선택이 질서의 유일한 근원이라면, 우리는 두 가지 점에서 놀라게 된다. 즉 질서가 그토록 장엄하기 때문에 놀라고, 또 질서가 전혀 기대되지 않은 매우 희귀하고 귀중한 것임에 틀림없다는 점에 놀란다. 우리는 광대하고 매혹적인 우주 속에서 부모를 잃어버린 기대되지 않았던 존재다. 그러나 정말로 자연선택만이 생명의 창발과 그 이후의 진화에서 질서의 유일한 근원으로서 작용했을까? 나는 그렇게 생각하지 않는다. 나의 본능으로부터, 나의 꿈으로부터, 나의 30년 간의 연구로부터, 점점 축적되고 있는 다른 과학자들의 연구로부터, 나는 그렇게 생각하지 않는다.

나는 철학, 심리학, 그리고 생리학을 거쳐서 생물학으로 왔다. 나는 매우 운이 좋게도 1961년 6월인 정규 졸업을 6개월 앞당겨 다트머스 대학Dartmout College을 졸업할 수 있었다. 6개월 동안 필수 과정으로 등산, 스키 슬로프 관리, 오스트리아의 세인트 앤톤의 주차장에 세워둔 폭스바겐 캠핑차에서 거주하기를 거쳐서, 나는 마셜Marshall 장학금을 받고 옥스포드 대학에 입학했다.

나의 스승들인 철학자 지오프리 와녹Geoffrey Warnock과 심리학자 스튜어트 서덜랜드Stuart Sutherland는 현장에서의 창의력을 높이 평가했다. 언어는 인식을 앞서는가? 두 평행선 사이의 거리가 망막의 원추세포나 간상세포의 폭보다도 작을 때, 신경 회로는 어떻게 그 두 선의 간격을 눈으로 구별할 수 있는가? 그곳에서는 누구나 영국 전통에 의해 허용되고 지원되는 모방할 가치가 있는 창의력 훈련을 받았다. 영국 사람들은 별난 사람들을 좋아한다. 한 대학 학장은 목욕탕 안에서 그레고리안 성가를 부르는 버릇이 있었다. 그런 환경은 또한 많은 물리학자들이 숭배하는 정신을 배양한다. 볼프강 파울리Wolfgang Pauli는 자신보다 젊은 동료의 이론을 듣고 있을 때, 〈미쳤군, 하지만 충분히 미치지는 않았어!〉라고 말했다고 한다. 만약 모노와 자콥이 진화의 기본 강령들에서 해방된 분자적인 자유를 본 것이라면, 우리도 과학적인 체계의 기본 강령들에서 해방된 지적인 자유를 추구해서는 안 되는 것인가? 항상 우리들 자신과 우리의 동료들을 충분히 미치도록 하라. 세상이 우리가 옳은지 틀린지를 말해줄 것이다.

근본적으로, 과학은 우리가 던지는 질문들에 의해 성장한다. 무엇이 그런 질문들의 근원인가? 나는 모른다. 그러나 나는 나 자신이 항상 생물체 안에 존재하는 질서가 자연스럽고 기대하는 대로 이해되리라고 희망해왔다는 것만은 확실히 안다. 나는 자연선택이 생명을 다듬을 때에는 언제나 동반자인 자기조직화가 있었다는 꿈을 항상 품어왔다.

만약 접합자가 그토록 아름답게 펼쳐나가는 유전적 메커니즘을 자연선택이 찾아내기에는 너무 어려운 것이라면, 그 결과는 너무나 임시변통적인, 자콥이 말했던 서투르게 조립된 희한한 고안물 중의 하나일 것이다. 그래서 의과학도로서 나는 유전자들의 거대한 회로망이 개체 발생에 필요한 질서를 자발적으로 드러낼 것이라는 희망을 세웠다. 신성함이, 법칙이, 자연스럽고 필연적인 그 무엇이 있을 것이라는 희망을.

개체 발생의 자발적인 질서

그리고 4장에서 보았던 것처럼, 내가 꿈꾸었던 자기조직화는 풍부하게 존재한다. 나는 질서, 즉 저절로 생기는 질서가 개체 발생에 관한 질서의 최종적인 근원이라는 것을 제안한다. 이것이 이단적인 관점이라는 것을 나는 당신에게 경고해야만 한다. 그러나 우리가 이미 앞장에서 보았던 자발적인 질서는 너무 강력한 깃이기 때문에, 개체 발생에 관한 질서의 대부분이 자발적으로 일어나고 그 후에 자연선택에 의해 다듬어진다는 가능성을 진지하게 조사하지 않는다는 것은 그저 어리석고 완고한 행동이 될 것이다.

자콥과 모노는 기다리고 있던 생물학자들에게, 유전자들이 서로의 활동을 켜거나 끌 수 있다는 것을, 유전자 회로가 한 생물체의 다른 세포 유형들을 구성하는 다른 유전자 활동 양상들을 가질 수 있다는 것을 말했다. 그런 유전자 회로망의 구조는 무엇인가? 개체 발생을 지배하는 제어망 안에서, 서로 결합된 유전자들과 그 산물들의 거동을 지배하는 규칙들은 무엇인가?

특히 이 질문들을 조사하기 위해서 나는 4장에서 논했던 부울 회로망 모형을 창안했다. 우리가 서로 켜고 끄는 전구들을 고려하면서, 내가 이 전구들을 서로의 생산을 촉진하거나 억제하는 효소로 해석했다는 것을 상기하자. 그러나 똑같은 착상이 자콥과 모노 유형의 유전자 조정 회로들에도 적용된다. 우리는 베타-갈락토시다아제를 위한 구조 유전자를 켜지거나 꺼지는 것으로, 혹은 이와 마찬가지로 전사되거나 되지 않은 것으로 생각할 수 있다. 우리는 억제자 단백질이 작동자의 결합 부위에 결합되거나 그렇지 않은 것으로, 켜지거나 꺼지는 것으로 생각할 수 있다. 우리는 작동자의 결합 부위가 비었거나 그렇지 않은 것으로, 켜지거나 꺼지는 것으로 생각할 수 있다. 우리는 알로락토오스가 억제자 단백질의 두번째 결합 부위에 결합을 했거나 그렇지 않은 것으로 생각할 수 있다. 이것은 당연히 하나의 이상화이지만, 조정 회로의 거대한 망 안에서 서로 상호작용하는 유전자들과 그들의 산물들이 구성하는 회로망으로 그것을 확장할 수 있다.

요컨대 우리는 부울 회로망으로 유전자 조정계를 모형화할 수 있다. 이제 전구들 사이의 〈배선 도표〉는 유전자들과 그 산물들 사이에 분자적 조정 연결들을 의미한다. 현재의 맥락에서, 억제자 단백질은

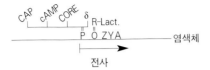

알로락토오스	억제자	작동자
0	0	0
0	1	1
1	0	0
1	1	0

"NOT IF"

CAP	cAMP	CORE	δ	촉진자
0	0	0	0	0
0	0	0	1	0
0	0	1	0	0
0	0	1	1	0
0	1	0	0	0
0	1	0	1	0
0	1	1	0	0
0	1	1	1	0
1	0	0	0	0
1	0	0	1	0
1	0	1	0	0
1	0	1	1	0
1	1	0	0	0
1	1	0	1	0
1	1	1	0	0
1	1	1	1	1

"AND"

그림 5-1 유전자 회로. 맨 위 그림은 대장균 박테리아 내부의 락토오스 오페론 operon[3] 을 보여준다. Z, Y, A는 구조 유전자들이며, O는 작동자 결합 부위이다. P는 촉진자 결 합 부위이고, R은 락토오스나 그것의 대사 산물인 알로락토오스에 결합되지 않는 한 작동 자에 결합하여 전사를 차단하는 억제자 단백질이다. (촉진자는 4개의 분자 인자들에 의해 조정된다: cAMP, core RNA 중합효소, δ(시그마) 인자, 그리고 CAP.) 중간 그림은 억 제자와 알로락토오스에 의한 작동자의 조정을 기술하는 부울 함수를 보여준다. 작동자의 결합 부위에 대해서 0=자유 상태, 1=결합 상태를 나타낸다. 억제자와 락토오스에 대해 서 0=없음, 1=있음을 나타낸다. NOT IF 함수는 가능한 네 가지의 조정 입력 상태들 이 주어졌을 때 다음 순간의 작동자의 활성을 명시한다. 맨 아래의 그림은 네 가지 분자들 의 입력들에 의한 촉진자의 조정을 보여준다. 부울 함수는 4개의 변수에 대한 AND 함수 이다.

작동자에 가해지는 분자적 조정 입력이고, 반면에 작동자 자신은 베타-갈락토시다아제 유전자의 활동에 대한 조정 입력이다. 전구들의 어떤 패턴들이 조정받는 전구를 켜거나 끄는지를 보여주는 부울 함수, 혹은 부울 규칙들은 이제 주어진 유전자의 활동을 활성화시키거나 억제하는 분자적인 신호들의 조합을 의미한다. 예를 들어, 작동자는 억제자와 알로락토오스 둘 다에 의해서 조절된다(그림 5-1). 작동자는 알로락토오스가 억제자에 결합되어 억제자를 작동자로부터 끌어내지 않는 한, 억제자와 결합한다. 그래서 작동자는 NOT IF 함수에 의해 제어된다. 즉 베타-갈락토시다아제를 생산하는 유전자는 비활성화되지만, 알로락토오스가 존재하면 그렇지 않다.

4장에서 논의한 부울 회로망 모형을 이제는 유전자 회로망 모형이라고 부르겠다. N개의 유전자로 구성된 유전자 회로망 모형은 켜져 있거나 꺼져 있는 유전자들의 조합들인 2^N개의 상태들 중 하나에 있을 수 있다는 것을 보았다. 동력학계의 표현을 빌면, 그것의 상태 공간은 2^N개의 서로 다른 가능한 유전자의 활동들로 구성된다. 유전자들이 부울 규칙을 따르고, 각자의 분자적 입력들의 활동에 따라서 켜지거나 꺼질 때, 회로망은 상태 공간 안에서 궤적을 따라 나아간다는 것을 상기하자. 궁극적으로 궤적은 상태 고리 끌개로 수렴하고, 그 후로 계는 고리를 끊임없이 순환할 것이다. 다양한 다른 궤적들이 호수로 흘러드는 물처럼 같은 상태 고리로 수렴할 것이다. 상태 고리 끌개는 호수이고, 그 속으로 수렴하는 궤적들은 끌개의 흡인 유역을 구성한다. 임의의 부울 회로망에는(따라서 임의의 모형 유전자 조정 회로망에도) 적어도 하나의 그런 상태 고리 끌개가 있어야만 하며, 각각이 자신의 흡인 유역을 갖는 많은 상태 고리 끌개들이 있을 수도 있다.

4장의 목적은 수천 개의 결합된 전구들로 구성된 거대한 회로망이 자발적인 질서를 나타낼지를 보는 것이었다. 실제로 그것은 회로망 모형에 대한 나의 초기 연구의 희망이기도 했다. 우리는 대규모의 질서를 발견했다. 우리는 100,000개나 되는 많은 전구들과 2^{100000}, 즉 10^{30000}개 상태들의 공간을 지닌 회로망이 겨우 317개의 상태들을 갖는 아주 작은 상태 고리로 안착해서 순환할 것이라는 것을 발견했다. 저절로 생기는 질서이다. 앞서 말했듯이 10^{30000}과 비교해서 317이라는 것은 회로망이 전체 상태 공간의 10^{29998}분의 1에 해당하는 지극히 적은 부분으로 스스로를 밀어 넣는다는 것을 의미한다.

나는 여러분에게 그런 깊이를 헤아릴 수 없는 상태 공간에 있는 끌개를 보여 줄 수는 없다. 〈그림 5-2〉는 단지 15개의 전구들로 구성된 작은 회로망의 4개의 끌개들을 보여준다. 이 회로망은 대략 32,000개의 상태들, 32,000가지의 점멸 패턴들을 가질 수 있다. 각각의 끌개를, 회로망의 광대한 상태 공간 안에서 그것의 흡인 유역으로 떨어지는 모든 것을 빨아들이는 점 같은 블랙홀이라고 상상하자. 도저히 생각도 할 수 없이 큰 상태 공간 전체는 각각이 그것 주위의 거대한 영역으로부터의 흐름을 지휘하는 어떤 적당한 수의 블랙홀들로 분할된다. 계를 어디에든지 풀어놓으면, 최종 목적지를 향해 나아가는 우주선처럼, 그 계는 불가항력적으로 그것을 잡아끄는 공간의 아주 작은 점인 끌개로 신속히 돌진한다.

아주 조그만 끌개들. 그리고 광대하고 광대한 질서.

자콥과 모노는 그들 유전자 회로의 대체적인 안정된 양상들——유전지 1온 켜지고 유진자 2는 꺼지고, 또는 유전자 1은 꺼지고 유전자 2는 켜지는——이 한 유전자 회로망이 갖는 다른 세포 유형들이라고 제안했다. 나는 유전자 회로망의 광대한 상태 공간 안에 있는 블랙

그림 5-2 흡인 유역. 부울 회로망의 상태 공간에 있는 4개의 상태 고리 끌개들과 각각의 흡인 유역. N=15개의 이진 변수들과 이진 변수당 K=2개의 입력을 갖고 있는 회로망이 사용되었다.

홀 상태 고리 끌개 각각이 다른 세포 유형이라고 제안한다. 그리 많지 않은 수의 유전자들로 구성된 회로망들도 잠재적으로 광대한 상태 공간을 탐구할 수 있다. 그러나 만약 내가 옳다면, 몇 개의 끌개들만이 몇 개의 방향에서 계를 끌어당긴다. 회로망이 어떤 상태 고리를 선회하는가에 따라 다른 유전자들이 켜지거나 꺼질 것이다. 다른 단백질들이 생산될 것이다. 유전자 회로망은 다른 종류의 세포처럼 작용할 것이다.

이 하나의 가설로부터 수많은 예측들이 유도된다. 유전자 계들과 개체 발생에 관한 수많은 개념들이 이 새로운 개념적 틀 안에서 무리 없이 설명되는 것으로 보인다. 그래서 이 새로운 가설을 증명하는 일이 남아 있긴 하지만, 많은 증거들이 이미 이것을 지지한다.

개체 발생의 문제를 다른 방식으로 말해보자. 인간의 게놈은 대략 100,000개의 구조 유전자들과 그 숫자가 알려지지 않은 작동자들, 촉진자들(다른 유전자들을 끄는 대신에 켜지게 하는) 등등을 암호화한다. 이 유전자들은 그들의 RNA와 단백질 산물들과 함께 상호 조정의 얽힌 망인 유전자 조정 회로망으로 연결되어 있다. 또한 이 회로망의 연합 거동은 접합자로부터 성체로의 발달을 조정한다. 인간의 몸은 256가지의 세포 유형들을 갖는다. 과일파리(*Drosophila melanogaster*)는 15,000개에 상당하는 구조 유전자들과 60가지 정도의 세포 유형들을 가지고 있다. 히드라는 훨씬 더 작은 게놈과 13-15가지의 세포 유형들을 갖는다. 그런 유전자 조정 회로망을 개체 발생의 정교한 질서로 인도하는 원리는 무엇인가?

만약 박테리아와 그보다 고등 생물체가 갖는 유전자 회로들을 조사한다면, 다음과 같은 세 가지의 특성들이 나타날 것이다.

1. 임의의 유전자 혹은 다른 분자적 변수는 다소 소수인 분자적 입력들에 의해서 직접적으로 조정된다. 예를 들어, 앞에서 설명된 락토오스 작동자는 두 개의 분자적 입력인 알로락토오스와 억제자 단백질에 의해서 조정된다.

2. 다른 유전자들의 활동을 기술하는 부울 규칙은 서로 다르다. 그래서 락토오스 작동자는 NOT IF 규칙에 따라서 락토오스에 의해 활성화된다. 다른 유전자들은 OR 혹은 AND 규칙에 따르는 분자 입력에 의해 활성화되거나, 더 복잡한 규칙들에 의해 활성화된다.

3. 유전자들이 전사될 때 활성인가 비활성인가에 의해 이진 변수로 나타내고, 그들의 조절 입력들을 있음과 없음으로 나타내는 이상화를 사용

180

하면, 즉 4장에서 도입한 부울 함수의 이상화를 사용하면, 알려진 유전자들은 부울 함수의 특별한 부분 집합에 의해 조정된다. 나는 이 함수들을 유도 함수canalyzing function라고 부를 것이고 곧 정확하게 기술할 것이다.

여기에 놀라운 사실이 있다. 즉, 이 세 가지의 알려진 특성들을 품고 있는 대다수의 임의의 유전자 조정 회로망은 우리가 바라 마지 않는 모든 저절로 생기는 질서를 드러낼 것이다. 이 알려진 특성들은 이미 생물학적인 세계가 갖고 있는 많은 질서들을 예측한다.

4장에서, 이진 구성 요소들로 구성된 큰 회로망, 무작위적인 부울 회로망들이 일반적으로 세 가지 영역(혼돈 영역과 질서 영역, 그리고 혼돈의 가장자리에 있는 복잡 영역) 안에서 거동한다는 것을 보았다. 두 개의 간단한 제약 조건만으로도 거의 대부분의 계의 상태들이 질서 영역 안에 놓이도록 하는 것을 보장하기에 충분하다는 것을 보았다. 각각의 이진 구성 요소가 $K=2$ 혹은 더 작은 입력을 받는 것으로 충분하다. 그렇지 않고, 회로망이 전구당 $K=2$보다 더 많은 입력을 받는다면, 부울 규칙 내의 변수 P로 매개되는 어떤 편향들을 조정하여 질서를 확립할 수 있다.

규칙적인 거동을 확립하는 또다른 방법은 유도 부울 함수라고 불리는 것을 사용하는 회로망을 구성하는 것이다. 이 부울 규칙들은 분자적 입력들 중에 적어도 하나의 입력이 1 또는 0의 값을 가질 때, 조정되는 유전자의 반응이 바로 그것에 의해서 완전히 결정된다는 간단한 특성을 갖는다. OR 함수가 유도 함수의 한 예이다(그림 5-3a). 이 함수에 의해 조정되는 구성 요소는 첫번째 입력이나 두번째 입력, 혹은 둘 다가 현재 순간에 활성화되어 있다면 그 다음 순

A	B	C
0	0	0
0	1	1
1	0	1
1	1	1

(a)

A	B	C
0	0	0
0	1	1
1	0	1
1	1	0

(b)

그림 5-3 부울 함수들. (a) 두 개의 입력이 있는 OR 함수. A나 B, 혹은 둘 다가 1이면, C가 1이다. (b) 두 개의 입력이 있는 EXCLUSIVE OR 함수. 둘 다 1이 아닌 경우, A나 B가 1이면, C가 1이다.

간에 활성화된다. 그래서 만약 첫번째 입력이 활성화되어 있다면, 조정되는 구성 요소는 두번째 입력의 활성에 관계없이 다음 순간에 활성화되는 것이 보장된다. 이 특성이 유도 부울 함수를 정의한다. 적어도 하나의 입력이, 조정된 변수가 하나의 값을 갖는 것을 단독으로 보장하기에 충분한 1 또는 0 중의 어떤 하나의 값을 가져야만 한다.

바이러스, 박테리아, 그리고 더 고등의 생물체들 안에 있는, 내가 알고 있는 거의 모든 조정되는 유전자들은 이상화된 부울 회로망 안에서 유도 부울 함수에 의해 지배를 받는다. 〈그림 5-1〉에서 보았듯이, 작동자의 결합 부위는 유도 NOT IF 함수에 의해 지배된다. 만약 억제자가 없다면, 작동자의 결합 부위는 알로갈락토오스의 유무에 상관없이 자유를 보장받는다. 마찬가지로, 알로갈락토오스가 존재한다면 작동자는 억제자 단백질의 유무에 관계없이 자유를 보장받는다. 이것은 알로갈락토오스가 억제자에 있는 알로스테릭 결합 부위[4] (작동자의 결합 부위를 밀어내는)에 붙기 때문에 사실이다.

많은 입력을 받는 대다수의 부울 함수는 유도 함수가 아니다. 즉 그들은 임의의 단일 입력이 갖는, 조정되는 전구의 다음 상태를 독단으로 결정할 수 있는 특성을 가지고 있지 않다. 가장 간단한 예는

두 개의 입력을 갖는 EXCLUSIVE OR 함수이다(그림 5-3b). 이 함수
에 의해서 조정되는 유전자는 현재 순간에 어느 하나가(둘 다인 것은
제외하고) 활성화되어 있을 때만 다음 순간에 활성화될 것이다. 당신
이 볼 수 있는 것처럼, 1이든 0이든 어떤 활성도 그 자체만으로는 조
정되는 유전자의 활성을 보장하기에 충분하지 않다. 그래서 첫번째
입력이 1일 때, 두번째 입력이 0이면 조정되는 유전자는 활성화될
수 있고, 두번째 입력이 1이면 비활성화될 수 있다. 만약 첫번째 입
력이 0일 때, 두번째 입력이 0이면 조정되는 유전자는 활성화될 수
있고 두번째 입력이 1이면 비활성화될 수 있다. 똑같은 이야기가 두
번째 입력에 대해서도 적용된다. 두번째 입력의 어떤 활성도 조정되
는 유전자의 거동을 보장하지 않는다.

조정되는 유전자들과 대부분의 다른 생화학적 과정들이 유도 함수
들에 의해 지배되는 것으로 보이는 것은 아마 우연이 아닐 것이다.
왜냐하면 유도 함수가 가능한 부울 함수들 중에서 드물게 나타나며
입력의 수, K가 증가함에 따라서 더 드물게 되기 때문이다. 그러나
그들은 화학적으로 간단하게 구축된다. 그래서 유도 함수가 풍부하
다는 사실은 드문 종류의 부울 규칙에 대한 선택이나, 아니면 화학
적 단순성에 대한 선택을 반영한다. 어느쪽이든 유도 함수가 풍부하
다는 사실은 유전자 조정계들의 규칙적인 거동에 매우 중요한 것으
로 보인다.

K개의 다른 입력들이 있을 때 가능한 부울 함수들의 수는 $2^{(2^K)}$이
다. 이 결과는 쉽게 보일 수가 있는데, 우선 K개의 입력이 있을 때
입력 활동들의 가능한 조합의 수는 2^K이다. 부울 함수는 이들 입력
조합 각각에 대해서 1 혹은 0의 반응을 선택해야만 하고, 따라서 위
의 식이 주어진다. $K=2$일 때 이 함수들 중 유도 함수들의 비율은

```
1  2 │ 3
0  0 │ 0
0  1 │ 0
1  0 │ 0
1  1 │ 0


1  2 │ 3    1  2 │ 3    1  2 │ 3    1  2 │ 3
0  0 │ 0    0  0 │ 0    0  0 │ 0    0  0 │ 1
0  1 │ 0    0  1 │ 0    0  1 │ 1    0  1 │ 0
1  0 │ 0    1  0 │ 1    1  0 │ 0    1  0 │ 0
1  1 │ 1    1  1 │ 0    1  1 │ 0    1  1 │ 0


1  2 │ 3    1  2 │ 3    1  2 │ 3    1  2 │ 3    1  2 │ 3    1  2 │ 3
0  0 │ 0    0  0 │ 0    0  0 │ 1    0  0 │ 1    0  0 │ 1    0  0 │ 0
0  1 │ 0    0  1 │ 1    0  1 │ 0    0  1 │ 0    0  1 │ 1    0  1 │ 1
1  0 │ 1    1  0 │ 0    1  0 │ 0    1  0 │ 1    1  0 │ 0    1  0 │ 1
1  1 │ 1    1  1 │ 1    1  1 │ 1    1  1 │ 0    1  1 │ 0    1  1 │ 0


1  2 │ 3    1  2 │ 3    1  2 │ 3    1  2 │ 3
0  0 │ 1    0  0 │ 1    0  0 │ 1    0  0 │ 0
0  1 │ 1    0  1 │ 1    0  1 │ 0    0  1 │ 1
1  0 │ 1    1  0 │ 0    1  0 │ 1    1  0 │ 1
1  1 │ 0    1  1 │ 1    1  1 │ 1    1  1 │ 1


1  2 │ 3
0  0 │ 1
0  1 │ 1
1  0 │ 1
1  1 │ 1
```

그림 5-4 K=2개의 입력을 갖는 가능한 16개의 부울 함수들.

매우 높다. 실제로 K=2의 입력을 받는 16개의 부울 함수들 중에서 14개가 유도 함수이다(그림 5-4). 단지 두 개의 함수, EXCLUSIVE OR과 그것의 보함수인 IF AND ONLY IF만이 유도 함수가 아니다. 그러나 K=4인 64,000개 정도의 불 함수들 중에서는 겨우 5퍼센트만이 유도 함수이다. K가 증가함에 따라 유도 함수의 비율은 훨씬 더 낮아진다.

분자적인 관점에서 유도 함수들을 구축하는 것은 쉽다. 두 개의 입력을 받는 효소를 고려하고, 두 입력 중에 어느 하나가 활성화되면 그 효소가 활성화된다고 하자. 이것은 쉽게 구축할 수 있다. 필요한 것은 단지 하나의 알로스테릭 결합 부위를 갖는 효소를 만드는 것뿐이다. 어느 하나의 분자 입력이 그 결합 부위로 결합되면 효소의 구조가 변화되고 활성화된다. 이것이 유도 OR 함수이다. 하지만 비유도 EXCLUSIVE OR 함수를 실현하는 효소는 어떻게 만들어질 수 있을까? 이것은 두 개의 구별되는 알로스테릭 결합 부위를 요구할 것이다. 분자적 입력이나, 혹은 작동체effector가 어느 한 결합 부위에만 결합하는 것은 효소를 변화시켜 활성화되도록 할 것이다. 그러나 두 알로스테틱 결합 부위에 동시에 결합하거나 어느쪽에도 결합하지 않는다면, 그 효소를 활성화시키는 그 같은 변화는 허용되지 않을 것이다. 그런 분자적인 기관은 명백히 가능하지만, OR 함수보다는 분명히 얻기가 더 어렵다. 일반적으로 비유도 함수보다는 유도 함수를 실현하는 분자적 장치를 만드는 것이 더 쉬워 보인다.

유도 함수의 명백한 화학적 단순성이 갖는 중요성은, 압도적으로 유도 함수들에 의해 지배되는 이진 구성 요소 회로망들이 자발적으로 질서 영역에 놓인다는 것이다. 자연선택이 한층 더 걸러낼 저절로 생기는 거대한 질서는 많이 있다. 만약 유도 함수가 화학적으로 단순하기 때문에 세포들 안에서 많이 존재한다면, 화학적 단순성 그 자체만으로 거대한 대규모의 자발적 질서를 낳기에 충분하다.

나는 이 자발적인 질서가 게놈의 거동을 이해하는 데 결정적인 것이라고 믿는다. 우리의 세포들 각각은 약 100,000개 혹은 더 많은 유전자들을 보유하고 있기 때문에, 인간 게놈 조정계의 상태 공간은 그 크기가 적어도 2^{100000} 또는 10^{30000}이다. 앞서 지적했듯이, 이 수는 우리가 알고 있는 어떤 것과 비교해도 큰 무의미할 정도로 거대한 수이다. 이 광대한 상태 공간의 관점에서, 세포 유형이란 무엇인가?

발생생물학의 중심적 정설은 다른 세포 유형이란 같은 게놈계의 다른 활동 양상이라고 설명할 뿐이다. 그런 설명은 인간의 게놈이 유전자의 활동에 대하여 적어도 10^{30000}개의 조합을 할 수 있다고 할 때 크게 도움이 되지 않는다. 켜짐-꺼짐의 이상화를 버리고, 유전자들의 발현의 정도가 연속적일 수 있으며 효소들의 활성도 연속적인 단계를 갖는다는 점을 기억할 때, 상태 공간의 가능성의 영역은 훨씬 더 거대해진다. 그 활성이 켜짐-꺼짐으로 이상화될 수 있건 아니면 연속적 단계들을 갖건, 대폭발 이래로 모든 세계에 존재했을 모든 창조물들의 수명 이내에도, 세포들이 유전자 활동 양상들의 가능한 범위를 전부 탐사해본다는 것은 불가능할 것이다.

이 수수께끼는, 게놈 회로망이 자신이 구성되는 방식 때문에 질서 영역에 놓여 있다는 가능성을 즐겁게 받아들인다면 풀리기 시작한다. 지도 위의 모든 곳을 돌아다니는 대신에, 그런 회로망은 게놈의 상태 공간 안에 있는 블랙홀인 몇 개의 끌개들에 의해 끌어당겨진다. 어떤 특정한 끌개를 선회하는 세포는, 어떤 유전자들과 단백질들을 발현시켜서, 자신을 어떤 유형의 세포로 거동하도록 할 것이다. 다른 끌개를 선회하는 동일한 세포는 다른 유전자들과 단백질들을 발현시킬 것이다. 그래서 우리의 가설의 틀에서 세포 유형들이란 게놈 회로망의 목록 안에 있는 끌개들인 것이다.

개체 발생에 관해 알려진 많은 특성들이 쉽게 이 틀에 들어맞는다. 우선 첫째로, 각 세포 유형은 가능한 유전자 활동 양상들 중에서 무한히 작은 부분으로 한정되어야만 한다. 바로 이 거동이 질서 영역에서는 자발적으로 생긴다. 상태 고리 끌개의 길이는 유진자들의 수의 제곱근에 비례한다. 예를 들면, 100,000개의 유전자들이 있고 10^{30000}가지의 유전자 발현 양상이 가능한 인간의 게놈계는, 가능한 유전자 발현 양상들의 수에 비하여 극히 작은 수인 단지 317개 정도의 상태들을 갖는 상태 고리로 안주해서 그 주위를 선회할 것이다. 질서 영역의 작은 끌개들은 저절로 생기는 질서를 구성한다.

세포들이 그들의 끌개를 선회하는 데 걸릴 것으로 예측되는 시간은 생물학적으로 완전히 그럴듯하다. 유전자 하나를 켜거나 끄는 데 1분에서 10분 정도 길이의 시간이 소요된다. 그러므로 상태 고리를 선회하는 데 걸리는 시간은 317분에서 3,170분, 다시 말하면 대략 5시간에서 50시간이 되어야 한다. 이것은 세포의 거동과 관련하여 그럴듯한 범위에 정확히 들어온다!

실제로 세포들이 겪는 가장 분명한 주기는 바로 세포 분열 주기이다. 박테리아의 경우 최고 속도일 때 세포 주기는 대략 20분이다. 리베르퀸소와 the crypts of Lieberkühn라고 불리는 영역의 장(腸) 내벽에 있는 세포들은 8시간을 주기로 순환한다. 당신의 몸 안에 있는 다른 세포들은 약 50시간 정도의 주기를 갖는다. 그래서 만약 세포 유형들이 상태 고리 끌개들에 대응한다면, 세포 주기는 세포가 자신의 상태 고리를 한바퀴 선회하는 데 걸리는 시간으로 생각될 수 있다. 그리고 끌개를 선회하는 데 소요되는 시간의 규모는 세포 주기의 실제 시간 규모와 같다.

유전자당 2개의 입력($K=2$)이 있는 유전자 회로망이나 유도 함수들이 풍부한 회로망은 자발적인 질서를 드러낼 뿐만 아니라, 실제의 세포에서 발견되는 것과 유사한 질서를 드러낸다. 100,000개의 유전자들로 구성된 $K=N$인 회로망에서 순환 고리는 10^{15000}개의 상태들을 가질 것이라는 4장의 내용을 기억하자. 당신은 이제 상태 전이당 1분의 속도로 상태 고리 끌개를 완전히 선회하는 데 얼마나 오랜 시간이 소요될 것인지를 계산할 수 있다. 그러나 생물학적인 견지에서

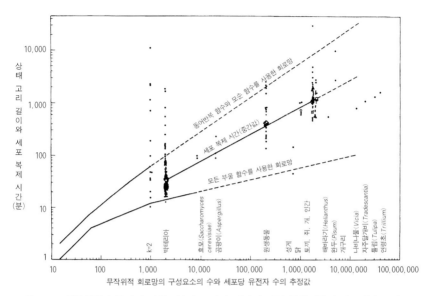

그림 5-5 생물학적인 구성의 법칙? 상태 고리의 길이에 대한 무작위적인 회로망의 구성
요소의 수와 다양한 생물체에서 세포의 복제 시간의 중간값에 대한 유전자 수의 추정값이
로그 눈금을 사용해서 도표화되어 있다. 유전자 수는 세포당 DNA의 양에 비례하는 것으
로 가정하여 추정되었다. 양자의 경우에 결과는 기울기가 0.5인 직선으로 나타난다. 이것
이 제곱근 관계에 대한 인증이다. (그림 5-4의 맨 처음과 마지막의 부울 함수인 동어반복
Tautology과 모순Contradiction은 회로망 계산에서 사용되지 않았다.)

그것은 잊어버리는 것이 낫다. 혼돈 영역에 이미 잘 놓여 있는 $K=4$
또는 $K=5$인 회로망들조차도 엄청나게 긴 상태 고리를 갖는다. 여기
서 우리는 완전히 무작위로 구축되었으며, 단지 실제의 게놈 회로망
에서 발견된 알려진 구속 조건들에 의해서만 제한을 받는 게놈 회로
망을 고려해본다. 그리고 생물학적으로 상당히 근접하게 순환 시간
들을 알아낸다.

만약 이 관점이 옳다면, 세포의 순환 시간은 대략 유전자의 수에
대한 제곱근 함수에 비례해야 한다. 〈그림 5-5〉는 박테리아에서부터

효모, 히드라, 인간에 이르는 생물체들에 대해서 이것이 사실임을 보여준다. 즉 세포 순환 시간의 중간값은 대략 그 생물체 안에 있는 유전자들의 수의 제곱근으로 변한다. 그래서 박테리아의 분열 시간은 대략 20분이고, 이에 비해 세포당 1,000배의 DNA를 갖고 있는 인간에 대해서는 대략 22시간에서 24시간이다.

〈그림 5-5〉는 우리의 가설에 의해 예측되는 것처럼, 실제로 세포 순환 시간의 중간값들이 대략 생물체 안에 있는 유전자 수의 제곱근에 따라 증가한다는 것을 보여준다. 그러나 〈그림 5-5〉는 역시 우리의 모형이 예측하듯이, 중간값 주위의 분포가 강한 비대칭도 skewness를 갖는다는 것도 말해준다. 즉 임의의 게놈적 복잡도에서 대부분의 세포들은 짧은 주기를 갖고 소수의 세포들만이 긴 주기를 갖는다. 동일한 비대칭적 분포가 $K=2$인 게놈 회로망 모형에서도 발견된다. 그러나 여기서 나는 당신에게 주의를 주어야 한다. 세포 주기에 관해서 많은 연구가 이루어졌지만, 이론과 관찰 사이에 강력한 통계적인 일치가 있다고 말하는 것 이상으로 우리가 충분히 아는 것은 없다는 것이다.

우리는 이제 이들 강력한 일치를 더 많이 보게 될 것이다. 생물체가 갖는 세포 유형의 수는 박테리아의 1-2가지로부터, 효모의 3가지, 히드라와 같은 간단한 생물체의 대략 13-15가지, 과일파리의 대략 60가지, 그리고 우리 몸의 256가지에 이르기까지 증가한다. 동시에 유전자들의 수도 박테리아에서 인간으로 증가한다. 다른 복잡성을 갖는 다른 게놈계들이 왜 그들 나름의 세포 유형의 수를 갖는지를 이해하는 것은 굉장히 멋진 일이 될 것이다.

만약 세포 유형이 상태 고리 끌개라면, 우리는 세포 유형의 수를 생물체가 갖는 유전자들의 수의 함수로 예측할 수 있어야 한다. $K=$

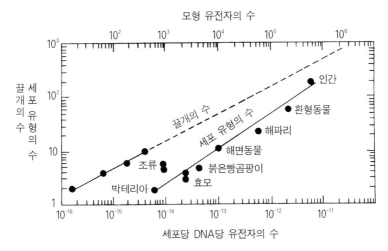

모형 유전자의 수

끌개 세포 유형의 수

세포당 DNA당 유전자의 수

그림 5-6 또다른 후보 법칙. 많은 문(門)에 걸쳐 생물체들의 세포당 DNA의 양에 대한 세포 유형의 수가 로그 눈금을 사용하여 도표화되어 있다. 또다시 도표는 기울기가 0.5인 직선이고, 세포 유형의 수가 세포당 DNA의 양의 제곱근에 비례하여 증가한다는 것을 나타낸다. 구조 유전자와 조절 유전자의 수가 세포당 DNA의 양에 비례한다고 가정하면, 세포 유형의 수는 유전자 수의 제곱근 함수로 증가한다.

2인 게놈 회로망에 대하여, 그리고 더 일반적으로 유도 회로망들에 대해서도, 상태 고리 끌개의 수의 중간값은 단지 대략 유전자 수의 제곱근이다. 그러므로 우리는 3만에서 4만 개의 유전자가 있는 인간이 대략 317가지의 세포 유형을 가질 것이라고 예측한다. 실제로 인간의 알려진 세포 유형의 수는 256이다.

만약 우리의 이론이 옳다면, 유전자들의 수와 세포 유형들의 수 사이의 비례 관계를 예측할 수 있어야 한다. 세포 유형들의 수는 유전자들의 수에 대하여 제곱근 함수로 증가해야 한다. 〈그림 5-6〉은 이 예측을 확인한다. x축은 유전자들의 수이고 y축은 세포 유형의 수를 나타낸다. 실제로 세포 유형들의 수는 대략 유전자들의 수의 제곱근 함수로 증가한다.

이 사실은 깊은 감동을 준다. 게놈계들이 질서 영역에 놓여 있어야 한다는 이론은 다시 한번 생물학적으로 상당히 근접할 뿐만 아니라, 거의 정확하게 표적을 맞춘 것이다. 질서 영역에 있는 병렬 처리 게놈 회로망의 일반적 거동에 관한 이론이 왜 게놈의 복잡성에 대한 세포 유형의 비례 관계를 대략적이나마 예측해야 하는가? 그 절대값들이 왜 관측된 값과 그토록 근접해야 하는가?

지적했듯이, 교란에 대해서 세포 유형들이 같은 상태를 유지하려는 경향인 항상성은 생명을 위해서 필수적이다. 수천 개의 변수들로 구성된 부울 회로망을 취해서, 그것이 상태 고리 끌개로 안착하도록 하자. 일시적으로 임의의 모형 유전자 하나의 활동을 〈뒤집자〉. 거의 대부분의 그런 교란에 대하여, 계는 교란된 것으로부터 원래의 상태 고리로 돌아온다. 이것이 정확히 항상성이며, 그것은 질서 영역에서는 저절로 생긴다.

그러나 항상성이 완전할 수는 없다. 만약 접합자가 분기 경로를 거쳐서, 그 자신이 다시 신생아 혹은 성인의 최종적인 세포 유형으로 갈라지는 중간 세포 유형으로 분화한다면, 교란은 때때로 새로운 끌개로 흐르는 새로운 흡인 유역 속으로, 즉 새로운 세포 유형으로 흐르는 새로운 발생 경로로 세포를 밀게 될 것이다. 예를 들어, 초기의 태아에서 피부 세포를 형성하는 경로에 있는 외배엽의 배층 germ layer 세포들은 분자적인 자극에 의해서 새로운 경로로 유도되어서 신경세포를 형성하는 것으로 알려져 있다. 동시에 우리는 근 1세기에 걸친 연구로부터 각 세포 유형이 자극을 통해 단지 몇 개의 인접하는 경로들로만 변화할 수 있다는 것을 알고 있다. 어린 태아에서 외배엽 세포들은 피부로부터 신경으로 전환될 수 있지만, 위장의 내층을 형성해서 염산을 분비하는 세포들로 전환되지는 않는다.

　세포 유형의 궁극적인 다양성을 만들기 위해서, 각 분기점에서 2개 혹은 3개의 취사 선택이 있는 분기 경로를 따라 딸세포들을 계속하여 분열시키는 접합자의 그림에 떠올리자. 우리가 알고 있는 한 모든 다세포 생물들은 항상 이와 같이 분기하는 분화의 경로를 거쳐서 발달되었다. 질서 영역에 있는 우리의 모형 게놈계들도 이 성질들을 자연스럽게 나타낼까? 그렇다.

　대부분의 교란에 대하여, 임의의 끌개 위에 있는 게놈계는 동일한 끌개로 되돌아오는 항상성을 나타낼 것이다. 세포 유형들은 근본적으로 안정적이다. 그러나 어떤 교란들에 대해서 계는 다른 끌개로 흐른다. 그래서 분화가 자연스럽게 발생한다. 그리고 더 중요한 성질은, 임의의 한 끌개로부터는 단지 몇 개의 인접한 끌개들로 전이하는 것이 가능하고, 또다른 교란이 그 새로운 끌개로부터 또다른 끌개들로 계를 이끈다는 것이다. 각 호수는 단지 몇 개의 다른 호수들과만 인접해 있다. 외배엽 세포는 망막세포를 형성하게 될 끌개와는 쉽게 마주칠 수 있지만, 장 세포를 형성하게 되는 유역과는 쉽게 마주칠 수 없다.

　더 이상의 자연선택이 없어도, 질서 영역에 놓인 게놈 회로망은 어쩌면 수십억 년 동안 개체 발생을 특징지워왔을 근본적인 성질(세포가 접합자로부터 분기 경로를 따라서 분화해서 성체의 많은 세포 유형들을 낳는다는)을 저절로 갖는다. 자연선택은 수십억 년 동안 개체 발생의 이런 핵심적인 특징을 유지하기 위해서 노력했는가? 같은 혈통이라는 것 덕분에 모든 다세포 생물체들 사이에서 이 특징이 공유되는가? 혹은, 개체 발생의 이 심오한 면이 자연선택이 무엇을 더 걸러내든 간에 저절로 생기는 질서의 발현으로서 두드러져 보일 정도로, 분화의 분기 경로가 유도 게놈 회로망 안에 깊이 각인되어 있는가? 만약에 그렇다면, 자연선택은 개체 발생에서 질서의 유일한 근원이 아니다.

더 많은 증거들이 있다. 질서 영역에서 복잡한 양상으로 깜박거리는 유전자들로 구성된 기능적으로 고립된 〈녹색〉 섬들을 배경으로, 활성 상태거나 비활성 상태로 얼어붙은 유전자들로 구성된 〈적색〉 성분이 게놈 회로망을 가로질러 펼쳐지는 거대한 덩어리를 형성한다는 것을 상기하라. 만약 게놈계가 실제로 질서 영역에 있다면 그런 얼어붙은 성분과 얼어붙지 않은 고립된 섬들이 나타나야 한다. 만약 그렇다면, 몸 안의 모든 세포 유형들에서 많은 비율의 유전자들이 동일한 활성 상태에 있어야 할 것이다. 이들은 회로망을 가로질러 펼쳐지는 〈얼어붙은 성분〉에 대응되어야 할 것이다. 실제로 포유동물의 모든 세포 유형들에서 대략 70퍼센트의 유전자들이 동시에 활성되는 공통의 핵인 것으로 생각되고 있다. 비슷한 숫자가 식물에서도 나타난다. 이것들은 얼어붙은 성분의 부분들일 것이다.

이것이 갖는 그 이상의 의미는, 불과 일부분의 유전자들이 세포들 사이의 차이를 결정한다는 것이다. 20,000개쯤의 유전자들이 있는 식물에서, 다른 세포 유형들 사이의 유전자 발현에 있어서 전형적인 차이는 1,000개 규모의 유전자들, 다시 말해서 5퍼센트 정도의 유전자들에 의한 것으로 알려져 있다. 이것은 얼어붙지 않은 깜박거리는 섬에서 기대되는 유전자들의 수로부터 예측된 비율과 매우 근접하다.

최종적으로, 질서 영역에서 유전자 하나의 활동을 교란시키는 것이 회로망 전체에서 극히 적은 비율의 유전자들로만 전파한다는 것을 상기하자. 게다가 사실상 그 어떤 유전자도 수만 개의 다른 유전자들로 연쇄적으로 전파되는 변화의 사태(沙汰)를 시작해서도 안 될 것이다. 이것도 역시 사실이다.

마지막 이론의 꿈

1964년 의과대학에 입학했을 때, 나는 나 자신도 그 근원을 알 수 없는 꿈을 갖고 있었다. 그 당시 나는 생물학에는 풋내기였기 때문에, 당신들 대다수와 마찬가지로 역사적인 우발성, 설계, 방임, 우연, 그리고 순전한 기적이 뒤섞여 있는 그 놀라운 것들에 익숙하지 않았다. 나는 젊은 과학자로서, 지난 30년 동안 그 미묘함이 내게 더욱 인상적으로 커져왔던 자연선택의 힘을 간파하는 것을 그 당시에는 시작할 수 없었다고 생각한다. 그러나 무엇인지 알 수 없는 근원으로부터 솟아올랐던 꿈을 나는 아직까지도 간직하고 있다. 만약 생물학자들이 자기조직화를 무시했다면, 그것은 자기질서화 self-ordering가 어렵고 난해하기 때문은 아니다. 그것은 우리 생물학자들이 질서의 두 가지 근원에 의해 동시에 지배되는 계들에 대하여 생각하는 방법을 아직 이해하지 못하고 있기 때문이다. 그러나 눈송이를 보는 사람, 세포처럼 속이 빈 소포체 vesicle를 형성해서 물위를 떠다니는 단순한 지질 분자들을 보는 사람, 반응하는 분자들의 무리 속에서 생명이 결정화될 잠재력을 보는 사람, 수많은 변수들을 연결한 회로망에서 저절로 생기는 놀라운 질서를 보는 사람, 이들도 중심적인 생각을 받아들이는 데 실패할 수 있다. 즉 우리들이 생물학에서 정말로 마지막 이론을 얻으려고 한다면, 정말로 정말로 우리는 자기조직화와 자연선택의 뒤섞임을 이해해야만 한다는 것이다. 우리는 우리가 더 깊은 질서의 자연스런 표현이라는 것을 보아야만 할 것이다. 궁극적으로 우리는 우리의 창조 신회에서, 우리가 결국 기대된 존재라는 것을 발견할 것이다.

1) 2장의 〈생명에 관한 이론들〉 참조.
2) 팔을 뒤로 비틀어 꺾는 레슬링 기술.
3) 단백질의 제조를 제어하는 유전자의 한 단위.
4) 억제자 위의 두번째 결합 부위로 알로락토오스가 여기에 결합하면 작동자에 대한 억제자의 친화력이 낮아진다. 본 장의 〈자콥, 모노, 그리고 유전 회로들〉을 참조.

6... 노아의 그릇

늙은 노아는 홍수가 올 것이라는 경고를 받고, 큐빗cubit[1]으로 측정해서 좋은 재목을 잘라 모든 종들을 위한 방주를 만들었다. 모든 종들은 암놈과 수놈, 둘씩 짝을 지어 튼튼한 배다리[2]를 지나 방주로 엄숙하게 줄지어 들어가 홍수가 오기를 기다렸다. 신의 후한 창조물로 가득찬 방주는 아라랏Ararat 산의 기슭에 닿을 때까지 표류한 후 땅 위에 그 경이로운 신의 작품들을 다시 풀어놓았다고 우리는 듣는다.

정말로 노아 같은 사람이 있어서 초기의 생물권에 대한 조사를 했다면, 그리고 우리가 어떤 식으로든 그가 발견했던 것을 알 수가 있다면, 아마 우리는 분자들의 다양성과 생물체들의 다양성이 40억 년 전 우리 행성이 실제 탄생한 이래로 엄청나게 증가해왔다는 것을 발견하게 될 것이다. 유기 분자들의 다양성은 원시 행성이 형성되었을 때는 매우 낮은 상태였을 것으로 추정된다. 생명의 발단이 있은 직후에 종의 다양성은 매우 낮았을 것으로 추정된다.

지금 셀 수 없이 많은 종류의 유기 분자들이 사람들이 거주하는 대부분의 장소에서 1평방마일의 면적 안에 놓인 수백만 종의 세포들 안에 빽빽이 차 있다. 어느 누구도 무기 분자와 유기 분자의 다양성이 얼마나 큰지를 아주 정확히 알지는 못하지만, 우리는 다음에 대해서는 분명하게 확신할 수 있다. 즉 생물권 안에서 유기 분자의 다양성은 최초의 작은 분자들이 원시의 대기와 바다에서 그들 자신을 조립했을 때인 40억 년 전보다 훨씬 더 크다. 어떤 식으로든, 여전히 불가사의한 어떤 과정으로, 자전하는 이 지구의 다양한 유기 분자들은 에너지(날다가 붙들린 햇빛 조각들, 열수 작용에 의한 에너지원들, 혹은 번개 등의 형태인)를 취해서 단순한 원자들과 분자들로부터 오늘날의 복잡한 유기 분자들로 스스로를 조작했다.

생물권의 질서가 자연선택 이상의 더 깊은 법칙들로 형성된다는 암시를 찾기 위한 우리의 탐구에서, 지금 우리는 이 놀라운 분자적 다양성의 근원을 이해하려고 노력한다. 놀라운 가능성은 생물권 안에서 분자들의 다양성, 바로 그것이 그들 자신의 폭발을 야기한다는 것이다! 다양성은 자신을 먹이로 하며, 스스로를 구동한다. 다른 세포들 및 환경과 상호작용하는 세포들은 새로운 종류의 분자들을 창조하고, 그것들은 쇄도하는 창조력으로 또다른 종류의 새로운 분자들을 낳는다. 내가 상임계(上臨界)[3]적 거동 supracritical behavior이라고 부를 이 쇄도는 우리가 앞서 논의한 것과 같은 종류의 상전이 안에 그 근원을 갖고 있다. 즉 태초에 분자들을 살아 있는 조직체로 내몰았을 것이라고 우리가 발견한, 촉매 반응들로 연결된 분자들의 회로망에서의 상전이를 상기하라.

핵 연쇄 반응에서, 우라늄 핵의 붕괴는 몇 개의 중성자들을 창조한다. 각 중성자는 다른 우라늄 핵들과 충돌하여 훨씬 더 많은 중성자들을 쏟아내고, 이것들은 다시 훨씬 더 많은 핵들과 부딪친다. 그 연쇄 반응은 자신을 먹이로 하여, 불길한 버섯구름이 하늘로 퍼져오를 때까지, 더 많은 중성자들을 발생시키는 더 많은 중성자들을 연쇄적으로 발생시킨다. 상임계적 화학계들에서는 그 놀라운 구름이 삼엽충에서 홍학(紅鶴)에 이르는 모든 것으로 합체(合體)할 때까지, 분자종들이 분자종들을 낳고, 그것들이 또 분자종들을 낳고, 다시 그것들이 또 분자종들을 낳는다.

우리는 큰 사냥감을 추적하고 있다. 은하들, 복잡한 분자들, 그리고 생명을 형성하기 위해서 저장된 풍부한 에너지를 가진 이 비평형의 팽창하는 우주 안에서 그 창조 과정들을 관장하는 법칙들인, 복잡성의 법칙들을 찾고 있다. 우리는 이미 실마리들을 보았다. 3장에서 우리는 서로 반응하는 화학 물질들의 충분히 다양한 혼합물이 〈불이 붙고〉 촉매반응고리를 이루어, 살아 있고 자기재생산하며 진화하는 대사 작용으로 갑자기 창발할 수 있는 가능성을 조사했다. 자기촉매 집합들은 저절로 생기는 이 질서의 부분으로서 결정화할 수 있다. 4장과 5장에서 우리는 전구 회로망의 놀랍고도 일관된 동역학적 질서에서, 분자들의 자기촉매 회로망에서, 그리고 오늘날의 세포들과 그들의 개체 발생에서 저절로 생기는 질서의 더 많은 흔적들을 보았다. 조그만 끌개들의 질서는 그런 분자계들이 그들 자신의 일관성을 갖도록 조정한다. 그렇지만 원시 세포든 오늘날의 세포든 단독으로는 살지 않는다. 세포들은 각각의 세포들이 창조하는 분자들을 항상 교환해왔고 앞으로도 그렇게 할 복잡한 사회들에서 살고 있다. 우리 창문 밖의 생태계, 우리에게 익숙한 종들로 형성된 그 생태계는, 동시에 자신의 것들을 창조하고 교환하는 대사 작용들의 망이다. 이 지구의 생태계는 우주의 이 변두리에 존재하는 가장 복잡한 화학 물질 제조 공장일지 모르는 것에 연결이 된다. 그것은, 그것에 의해서 우리가 사는 이 한 움큼의 우주에서 비평형 과정들이 분자적인 형태들의 다양성을 부풀리고 복잡성과 창조력이 어디에나 있다는 것을 확실하게 해주는 기계이다.

만약 오늘날 우리가 땅 위의 모든 짐승과 물 속의 모든 물고기들을 모아서 정리한다면, 얼마나 많은 종의 생물체들과 작은 유기 분자들과 더 큰 중합체들이 발견될 것인가? 아무도 알지 못한다. 어떤 사람들은 생물권 안에 있는 종들의 수가 1억 종 가량이라고 추측한다. 우리의 분류학적 위치에서 얘기하자면, 곤충들의 종의 수는 모든 척추동물들의 종의 수를 합친 것보다도 많다. 얼마나 많은 종류의 작은 분자들이 있는가? 역시 아무도 알지 못하지만, 우리는 약간의 실마리를 가지고 있다. 지금까지 알려진 유기 분자들의 색인이 대규모로 편집되었다. 컴퓨터로 유기 분자들의 구조에 대한 매우 복잡한 해석을 수행하는 데이라이트 케미컬Daylight Chemicals의 창설자인 내 친구 데이비드 바이닝거David Weininger는 전세계적으로 천만 개 정도 규모의 다른 유기 분자 구조들이 색인에 올라 있다고 말한다. 이 화합물들 중 다수는 제약 회사들과 화학 회사들에 의해 합성되었다. 그러나 광대하게 다양한 생물체들의 매우 많은 작은 분자들이 전부 다 분리되어서 특정지워진 적은 없기 때문에, 탄소 원자가 백 개보다 많지 않은 작은 분자들로 제한했을 때 생물권 안에서 자연적으로 일어나는 유기 분자들의 다양성은 대략 천만 이상일 것이라고 얘기해도 합리적일 것이다.

얼마나 많은 종류의 큰 중합체들이 존재할 수 있을까? 만약 단백질로 제한한다면, 우리는 대략적인, 매우 대략적인 추정을 할 수 있다. 우리 몸의 각 세포에 들어 있는 유전자들의 집합체인 인간의 게놈은 대략 10만 가지의 단백질들을 암호화한다. 만약 지구상에 존재하는 것으로 추정되는 1억 가지의 종들 각각이 서로 전혀 다른 단백질들을 만든다는 지나칠 정도로 단순한 가성을 한다면, 생물권에서 단백질의 다양성은 10만×1억 정도, 다시 말해서 대략 10조쯤 될 것이다. 물론 관련된 종들에 있어서 단백질들은 많이 비슷할 것이므로, 이 추정은 대략적이고 아마도 과대평가된 것일 것이다. 그래도 생물권이 대략 1조 가지의 다른 단백질들을 품고 있다고 추정한다해도, 지나치게 빗나간 것은 아닐 것이다.

천만 가지의 작은 유기 분자들과 1조 가지의 단백질? 40억 년 전에는 주위에 그런 것은 없었다. 이 모든 다양성은 어디로부터 온 것인가?

우리는 새로운 법칙들을 필요로 한다. 논쟁의 여지가 있는 후보 법칙들조차도 도움이 될 것이다. 이 장에서 나는 정확하고 완전히 비신비주의적인 관념에서, 전체로서의 생물권이 집단적으로 자기촉매적이고(핵 연쇄 반응과 얼마간 비슷한) 집단적으로 상임계적이며, 우리가 보는 유기 분자들의 폭발적인 다양성을 집단적으로 촉매한다는 것을 여러분에게 납득시키려고 노력할 것이다.

그렇지만 전체로서의 생물권이 마치 핵분열을 하는 질량처럼 상임계적인 반면에, 생물권을 구성하는 개별적인 세포들은 하임계[4]적이어야만 한다. 그렇지 않으면 세포 내부의 폭발적인 다양성은 치명적일 것이다. 이것이 내가 당신에게 납득시키려고 노력힐, 항상 증가하는 생물권의 다양성을 야기하는 창조적인 긴장의 근원이다. 그 긴장 속에서 새로운 법칙을 발견할 것이다. 나는 이 긴장이 하임계 영역과 상임계 영역 사이의 상전이 점에서 균형을 이루도록 세포들의 집단들을 몰아가고, 그 다음에 생물권 안의 새로운 분자 고안물의 창조를 구동할 가능성을 조사하고 싶다.

생물학적 폭발들

만약 생명이 집단적 자기촉매 집합으로서 결정화되었다면, 또 화학 반응 그래프에서의 상전이가 생명의 촉매 반응 고리에 불을 당기고 거대한 촉매 반응망이 갑작스럽게 잉태되어 존재로 뛰어들었던 것이라면, 최초의 생명은 이미 상임계적이었고 이미 폭발하고 있었다. 만약 그렇다면 생명은 이미 그동안 이 폭발을 조절하기 위해 부단한 노력을 해온 것이다.

우리가 3장에서 다룬 장난감 모형을 상기해보자. 마룻바닥 위에 만 개의 단추들이 있다. 무작위로 한 쌍의 단추들을 선택하여 그것들을 실로 잇는다. 그리고 임의의 단추 하나를 들어보고, 얼마나 많은 단추들이 하나로 연결되어 덩어리로 끌어올려지는지를 조사한다. 이를 끊임없이 반복한다. 그리고 실 대 단추의 비율이 0.5의 임계값을 지날 때 상전이가 갑자기 일어난다는 것을 상기하자. 상전이에서 거대하게 연결된 덩어리, 즉 무작위적인 그래프의 거대한 성분이 갑자기 형성된다. 당신이 한 개의 단추를 들어올릴 때, 아마 대략 8,000개의 단추들이 들어올려질 것이다.

이것은 아직 상임계적 거동은 아니다. 실들은 단추들을 단지 연결할 뿐이다. 단추들을 연결하는 행동은 그 자체로 더 많은 단추와 더 많은 실을 만들어내지 않는다. 그러나 만든다면 어떻게 될까? 단추들과 실들은 당신의 온 마룻바닥에 번성해서 창문으로 넘쳐흘러, 미친듯이 엉망진창의 증식을 하면서 당신의 이웃들을 숨막히게 할지도 모른다.

단추와 실은 그런 이상한 일을 할 수 없다. 그러나 화학 물질과 화학 반응은 할 수 있다. 화학 물질들은 더욱더 많은 생성물들을 만들어내도록 다른 화학적 기질에 작용하는 촉매가 될 수 있다. 그 새로운 화학적 생성물들은 그들 자신과 원래 있었던 모든 분자들을 포함하는 또다른 반응들을 촉매하여 더욱더 많은 분자들을 만들어낼 수 있다. 이들 새 분자들은 더욱더 새로운 반응들을 제공한다. 이 반응들에서는 그들 자신과 원래 있었던 모든 분자들이 기질이 되고, 주위의 모든 분자들은 촉매의 역할을 할 수 있다. 단추와 실은 할 수 없다. 그러나 화학 물질들과 그들의 반응은 창문을 넘쳐흘러, 이웃에 범람하여, 생명을 창조하고, 생물권을 채울 수 있다.

내가 상임계적 거동이란 말로 의미하고자 하는 것이 바로 이런 분자 종들의 폭발이다. 상임계성은 집단적 자기촉매 집합들로서 생명의 창발에 관한 우리의 모형에 이미 존재한다. 우리가 일단의 중합체들(아마도 작은 단백질들, 어쩌면 RNA 분자들)을 고려함으로써 이 문제를 연구했다는 것을 상기하자. 우리는 이 분자들이 반응들에 대한 기질로서, 그리고 동시에 같은 종류의 반응들에 대한 촉매로도 사용될 수 있기 때문에 이 분자들을 선택했다. 이것은 중요한 점이다. 분자들은 기질과 촉매 둘 다가 될 수 있다.

어떤 반응에 대하여 어떤 중합체가 촉매로 작용하는지에 대한 매우 간단한 모형을 사용했던 것을 상기하자. 임의의 중합체가 임의의 주어진 반응에 대해 촉매가 될 수 있는 확률은, 예를 들어 아주 작은 고정된 값인 백만분의 1이다. 우리의 수프 냄비 안에서 분자 종들의 다양성이 임계 수준에 도달되었을 때, 그 분자들이 충분히 많은 반응들을 촉매해서 거대한 촉매 반응망이 창발되었다. 그 거대한 망 안에는 스스로를 유지할 수 있는 화학 회로망인 분자들의 집단적 자기촉매 집합이 있었다.

그러나 이것이 이야기의 전부는 아니다. 그 진실의 다음 부분은, 먹이 분자들의 공급, 분자들의 농도, 에너지 공급 등의 다른 요인들에 의해서 제한될 때까지 그런 계는 계속해서 다양성을 확장하고, 계속해서 더욱더 많은 종류의 분자들을 창조할 수 있다는 것이다. 그런 계는(적어도 반도체 세계에서 벌어지는 컴퓨터 모의실험에서는) 상임계적이다.

또한 집단적 자기촉매 집합의 결정화라는 생명의 기원에 대한 우리의 모형에서, 하임계적 거동도 이미 보여졌다. 임의의 중합체가 임의의 반응을 촉매하는 확률이, 말하자면 위의 예와 같이 백만분의 1이더라도, 계에서 중합체들의 다양성이 너무 작으면 아무런 반응도, 혹은 거의 어떤 반응도 촉매되지 않고, 어떤 새로운 분자들도 거의 형성되지 않으며, 그리고 새롭게 생겨났던 분자 고안물의 소란은 급속히 사라진다.

이 과정을 연구할 수 있는 한 가지 쉬운 방법은 그 가상의 화학적인 수프에 대해 간단한 먹이 분자들을 일정하게 공급하며 〈부양〉하는 것을 상상하는 것이다. 자기촉매 집합을 구축하는 데 단량체 A와 B, 그리고 4개의 가능한 이량체 AA, AB, BA, BB를 사용했던 것을 상기하자(그림 3-7). 이 분자들은 서로 결합하여 더 복잡한 분자들을 형성하였고, 그 복잡성이 문턱치에 도달했을 때 자기촉매 집합이 그 혼돈 상태로부터 결정화되었다. 그런 계가 언제 상임계적이 되어서 새로운 분자들을 폭발적으로 창조하는가를 보기 위해, 〈먹이

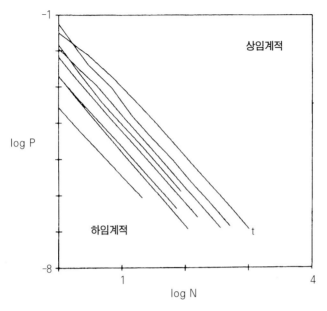

그림 6-1 상전이. 자기촉매 회로망에서 임의의 분자가 임의의 반응을 촉매하는 확률(P)에 대한 분자들의 종류의 수(N)가 로그 눈금을 사용해서 도표화되어 있다. 촉매 확률은 y축의 위쪽으로 갈수록 크다. t로 표시된 선은 임계 상전이 곡선을 예측하며, 이 곡선은 분자들의 다양성이 크거나 촉매 확률이 높은 경우의 상임계적 거동과, 분자 다양성이 작거나 촉매 확률이 낮은 경우의 하임계적 거동을 구분한다. t 곡선과 나란한 다른 선들은 2가지에서 20가지의 단량체들을 사용했을 때의 수치 모의실험 결과들이다. 단량체의 종류가 증가할 때, 그 곡선들은 t 곡선으로부터 멀어진다. 하지만 항상 나란하다.

집합)의 다양성을 조절하여 가능한 모든 삼량체들 AAA, AAB, ABB, ……, 또는 모든 사량체들 등등을 포함하도록 할 수 있다. 추가로, 중합체 기질들 사이에서 가능한 결합과 분리 등 모든 반응들에 대해서 임의의 중합체가 촉매로 작용할 수 있는 확률을 조절할 수도 있다. 〈그림 6-1〉은 r축에 가장 긴 먹이 분자의 길이를 나타내고 y축에 임의의 중합체가 반응을 촉매할 수 있는 확률을 도표로 그려서, 무엇이 일어나는지를 보여준다.

무엇이 일어날 것인가는 당신이 이제 짐작할 바로 그것이다. 〈그림 6-1〉에는 두 영역을 구분하는 상전이 선이 있다. 촉매 작용의 확률이 낮을 때, 혹은 먹이 분자들의 다양성이 낮을 때, 혹은 둘 모두인 경우, 새로운 종류의 분자들의 발생은 이내 줄어들어 없어진다. 대조적으로, 촉매 작용의 확률이 높거나 먹이 분자들의 다양성이 충분하게 높거나, 혹은 둘 다 높은 경우, 계는 상임계적이다. 새로운 종류의 분자들이 발생하고, 이것들이 다시 더욱더 새로운 종류의 분자들의 형성을 촉매하고, 이같이 계속되는 촉매는 분자들의 종류가 폭발적으로 증가하게 한다. 우리의 화학적인 단추와 실은 여기에서는 더 많은 단추와 실의 창조를 무한히 반복한다.

상임계의 수프

화학적 창조의 공간을 향하여 폭발하는 상임계적 반응계들은 컴퓨터 모형으로 제한하여 이야기할 수 있는 것들이다. 그러나 실제의 화학계에서 무엇이 일어날지를 추정하려 한다면 이것은 상당히 다른 이야기가 된다. 캠벨Campbell[5]이 감히 시도했던 그 어떤 것보다도 더 많은 다양성으로 채워진 상임계적 수프를 만드는 이야기로 돌아가 보자. 만약 우리가 수프 용기 안에서 할 수 있다면, 자연도 그 일을 할 수 있다는 것에는 내기를 걸어도 된다. 기억하라. 우리는 생물권에서 분자 다양성과 복잡성의 폭발을 관장하는 법칙들을 찾고 있다.

계속 진행하기 위해서, 우리는 용기 안의 분자들의 종류들과 그들이 수행할 수 있는 모든 반응들에 대해서 생각해야 한다. 그리고 우리는 그 반응들을 촉매하기 위한 일단의 효소들이 필요하고, 각 효소마다 임의의 주어진 반응을 실제로 촉매할 수 있는 확률을 할당해야 한다. 그 다음에 진짜 분자들의 수프가 실제로 상임계적이 될지 하임계적이 될지를 따져볼 수 있다.

첫 단계는 우리의 요리법에서 얼마나 많은 종류의 분자들과 반응들이 창조될 수 있는지를 고려하는 것이다. 이것은 사실 매우 어려운 문제이다. 유기 분자들은 원자들을 단순하게 직선 사슬로 연결한 것이 아니다. 그들은 종종 가지들과 이어진 고리들을 갖는 복잡한 구조들이다. 분자에 관한 화학식은 각 유형의 원자들의 수를 나열하는 것으로 주어진다. 예를 들어 $C_5H_{12}O_4S$는 5개의 탄소, 12개의 수소, 4개의 산소, 그리고 한 개의 황 원자를 갖는다. 이 화학식을 가지고 만들어질 수 있는 가능한 분자들의 수를 정확하게 세는 것은 엄청나게 어렵다. 그러나 이것만큼은 명백하다. 분자당 원자들의 수가 증가함에 따라서, 가능한 분자들의 종류의 수는 매우 급격하게 증가한다는 것이다. 만약 내가, 이를테면 탄소, 질소, 산소, 수소, 그리고 황 등을 사용해서 100개의 원자들을 가지고 만들 수 있는 가능한 모든 분자 종류들의 수를 계산하라고 당신에게 요구한다면, 당신은 가능한 것들을 나열하느라고 미쳐버릴 것이다. 그것은 또다른 천문학적 수이다.

양자역학과 화학 법칙들에 의하면, 발생할 수 있는 화학 반응의 유형들의 수를 세는 것도 역시 어렵다. 우리는 일반적으로 한 기질이 한 생성물로 전환되는 반응, 두 기질이 결합해서 한 생성물을 형성하는 반응, 한 기질이 분리되어서 두 생성물을 형성하는 반응, 그리고 두 기질이 원자들을 교환해서 두 개의 새로운 생성물을 형성하는 반응 등에 대하여 생각할 수 있다. 2-기질, 2-생성물 반응은 매우 흔한 것인데, 전형적으로 한 분자를 한 개 이상의 원자들로 분리하고 그것들을 두번째 분자와 결합시키는 과정들이다.

복잡한 분자들의 집합에서 얼마나 많은 반응들이 실제로 가능한지는 알 수 없는 것이지만, 나는 우리의 목적을 지원할 대략적인 추정을 하고 싶다. 나는 적당히 복잡한 임의의 두 유기 분자들에 대해서, 그 두 분자가 수행할 수 있는 적어도 한 개의 2-기질, 2-생성물 반응이 있다는 것을 추정하려고 한다.

이것은 거의 확실히 과소평가일 것이다. 2장에서 논의되었던 종류인 올리고뉴클레오티드라고 불리는 작은 중합뉴클레오티드들을 생각해보자. 예를 들어 각각 7개의 뉴클레오티드를 가지는 CCCCCCC와 GGGGGGG를 보자. 둘 중 어느 분자에서나, 임의의 어떤 내부 결합도 깨질 수 있고, 〈오른쪽 말단〉들이 두 개의 새로운 분자들을 만들기 위해 교환될 수 있다. 한 예가 CCCGGGG와 GGGCCCC를 낳을 것이다. 각각의 분자들이 6개의 결합을 갖기 때문에, 이 두 기질 사이에서 가능한 2-기질, 2-생성물 반응은 36가지이다.

만약 적당히 복잡한 유기 분자들의 임의의 쌍이 적어도 하나의 2-기질, 2-생성물 반응을 수행할 수 있다면, 복잡하게 혼합된 분자 종들이 주는 반응들의 수는 적어도 최소한 유기 분자들이 이루는 쌍의 종류의 수와 같다. 그래서 만약 100가지 종류의 유기 분자 종들이 있다면, 쌍들의 수는 바로 100×100, 다시 말해서 10,000이다.

중요한 점은 이것이다. 즉 분자들의 종류의 수가 N이라면 반응들의 종류의 수는 N^2이다. N^2은 N이 증가함에 따라서 급속히 증가한다. 만약 10,000가지 종류의 분자들이 있다면, 그들 사이에 대략 1억 가지 종류의 2-기질, 2-생성물 반응이 있을 것이다!

최종적으로 우리가 후보 효소들로서 단백질들을 사용하기를 원한다고 가정하자. 그렇다면 우리는 각 단백질이 가능한 반응들 중에 임의의 하나를 촉매하는 효소로서 작용할 수 있는 확률을 생각해야 한다. 우리가 실제의 상임계적인 수프를 만들기를 원한다면, 후보 효소로서 항체 분자를 고려하는 것이 현명하다는 것을 보일 수 있다. 하지만 이 선택이 필수적인 것은 아니다. 내가 설명하려는 모든 것은 다른 단백질들을 효소로 사용하더라도 사실이어야 한다. 그렇지만 이 점에서, 상임계적 용액을 사용하는 이후의 실험들은 침입자를 물리치도록 진화된 항체 분자들이 반응들을 촉매할 수 있다는 놀라운 사실을 이용할 수 있다. 이런 일을 하는 항체 분자를 촉매 항체 catalytic antibody(또는 abzyme)라고 부른다. 그런 촉매 항체를 만들어내기 위한 실험 절차는 반응의 전이 상태에서 결합할 수 있는 항체 분자들을 찾는 것과 관련된다. 10개의 그런 항체들 중 거의 1개가 실제로 그 반응을 촉매할 수 있다. 촉매 항체에 관한 자료로부터, 무작위로 선택된 항체 분자가 무작위로 선택된 반응을 촉진할 확률이 백만분의 1 정도라는 것이 이제는 꽤 분명해졌다. 하지만 안전하게 하기 위해서 그 확률이 백만분의 1과 십억분의 1 사이에 있다고 가정해도 별 문제는 없을 것이다.

이제 우리는 상임계적 수프가 들어 있는 냄비를 요리할 준비가 되어 있다. 어떤 적당한 용기 안의 화학 반응계를 상상해보자. 한 손으로는 유기 분자들의 종류의 수를 변화시키고, 다른 한 손으로는 항체 분자들의 종류의 수를 변화시키자. x축에 항체 다양성을, y축에 유기 분자 다양성을 나타내자(그림 6-2). 이제 이 좌표계의 〈원점〉 근처에서 어떤 일이 일어날지를 생각해보자. 예를 들어, 반응계 안에 두 개의 유기 분자와 하나의 항체 분자가 있다. 항체가 4개의 가능한 2-기질, 2-생성물 반응들 중에 하나를 촉매하게 되는 기회는 10억 번에 겨우 한 번 정도이다. 즉 4개의 반응 중에 어떤 것이라도

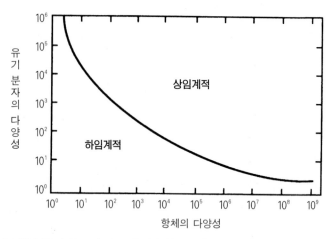

그림 6-2 상임계적 수프 요리. 후보 촉매인 항체의 다양성이 기질과 생성물인 유기 분자의 다양성에 대해서 로그 눈금으로 도표화되어 있다. 곡선은 그 밑의 하임계 거동과 그 위의 상임계 거동 사이에 있는 상전이 곡선을 근사적으로 나타낸다.

촉매되는 기회는 거의 0이다. 그러므로 거의 틀림없이 새로운 분자 종들의 형성은 촉매되지 않을 것이다. 우리 수프의 거동은 하임계적이다. 그 수프는 생명이 없는 닭고기 수프이다.

이제 대신에 계 안에 10,000가지 종류의 유기 분자들과 백만 가지 종류의 항체 분자들이 있다고 상상하자. 그러면 반응의 수는 10000×10000, 다시 말해서 100,000,000이다. 그 계에는 백만 개의 항체들이 있고, 각각은 가능한 1억 가지의 반응 중 어떤 것이라도 촉매할 수 있는 후보자이다. 임의의 항체가 임의의 반응을 촉매할 확률을 십억분의 1이라고 하자. 그래서 〈촉매 항체가 계 안에 존재하는 반응들의 기대치〉는 〈반응의 수〉 곱하기 〈후보 촉매의 종류의 수〉 곱하기 〈임의의 주어진 촉매가 임의의 주어진 반응을 촉매하는 확률〉이다. 결과는 촉매되는 반응들의 기대치가 100,000이라는 것이다.

만약 계가 100,000가지의 반응들에 대한 촉매들을 가진다면 처음의 10,000가지 유형의 유기 분자들은 대략 100,000가지의 반응을 급속히 수행할 것이다. 상식적으로 이 반응들의 생성물의 대부분은 전혀 새로운 것일 것이다. 그래서 계 안에서 유기 분자 다양성은 10,000으로부터 100,000 정도로 급격하게 폭증할 것이다.

일단 계가 발화되면, 계의 다양성은 계속해서 폭발적으로 팽창할 것이다. 촉매 반응 1회전에서는 약 100,000개의 분자 종들이 나타난다. 하지만 이 새로운 분자들 때문에 가능한 반응의 수가 이제는 십만의 제곱인 백억으로 폭증한다! 동일한 백만 개의 항체 분자들이 이 새로운 반응들을 촉매할 후보들이고, 대략 천만 가지의 반응들이 촉매 항체를 발견할 것이다. 그래서 촉매 반응 2회전에서는 대략 천만 가지의 새로운 분자 종들이 창조될 것이다. 최초의 10,000가지 종들이 1,000배로 팽창했고, 그 과정은 계속되며, 분자 종들의 다양성은 급속히 증가한다. 이 다양성의 폭발이 바로 상임계적 거동이다.

잠깐만 생각해 보면, 우리의 xy 직교 좌표계에서 어떤 곡선이 상임계적 거동으로부터 하임계적 거동을 분리한다는 것이 명백해진다 (그림 6-2). 만약 유기 분자와 항체 분자가 거의 없다면 계는 하임계적이다. 그러나 만약 항체 분자들의 종류의 수가 어떤 낮은 수로, 이를테면 1,000으로 고정되고 유기 분자들의 종류가 증가된다면, 결국 유기 분자들 사이에 충분히 많은 가능한 반응들이 생기게 되어서, 1,000개의 항체 분자들이 이 반응들을 촉매하여 유기 분자의 다양성을 상임계적 폭발로 이끌 것이다. 마찬가지로, 만약 유기 분자들의 종류가 이를테면 500가지로 고정되고 항체 분자의 다양성이 증가된다면, 결국 그 다양성은 항체들이 상임계적 폭발로 이끄는 반응들을 촉매하는 그런 값에 도달할 것이다. xy 좌표계 안에서 임계 곡선은 개략적으로 〈그림 6-2〉에서 보여진 것 같은 모양을 따른다. 임계 곡선 아래에 있는 유기 분자들과 항체들의 다양성에 대하여 계는 하임계적이다. 이 곡선 위에 있는 유기 분자와 항체 분자들의 다양성에 대하여 계는 상임계적이다.

상임계적 수프는 진한 미네스트로니 minestrone[6]이다.

실제의 화학 반응계가 상임계적이 될 수 있다고 생각할 수 있는 근거들이 점차 증가하고 있으며 이는 생물권 자체가 상임계적일 가능성을 제안한다. 이제 이 점을 조사할 차례이다. 왜냐하면 내가 믿고 있듯이 상임계성이 생물권에서 분자 다양성의 궁극적인 원천이기 때문이다. 그러나 바로 그 창조성이 그것을 창조하고, 그것 내부에 보금자리를 짓고, 그것에 의해 유지되고, 또한 그것을 극복하고 생존해야 하는 세포들을 가장 심오한 위험에 빠지게 한다. 만약 생물권이 상임계적이라면 세포들은 상임계성이 암시하는 분자적 혼돈으로부터 어떻게 스스로를 방어하는가? 내가 생각하기에 세포들은 지금 하임계적이며, 항상 하임계적이었다는 것이 답이다. 그러나 만약 그렇다면 우리는 상임계적인 생물권이 어떻게 하임계적인 세포들로 만들어질 수 있는지를 설명해야 할 것이다. 큰 사냥감을 탐색하면서 우리는 새로운 생물학적 법칙에 도달하는 길을 가고 있는지도 모른다.

노아 실험

지난날 언젠가 당신은 저녁 식사를 했다. 나이프와 포크, 젓가락, 배고픈 손…… 우리가 음식을 집어들어 입으로 가져가 씹고 삼키는 것은 완전히 일상적이다. 우리가 먹은 음식은 소화작용에 의해 간단한 작은 분자들로 쪼개진 다음 흡수되어, 우리 자신의 복잡한 분자들을 구축하는 데 사용된다. 왜 성가시게 이런 식으로 물질과 에너지를 섭취할까? 왜 바로 시저 장식 Caeser-garnished[7]용 상추잎에게 〈내 것이 되어라!〉라고 외치고 그것과 융합하지 않을까? 왜 우리는 간단하게 우리의 세포들을 시금치 수플레 souffle[8]의 세포들과 융합시켜 그들의 대사 산물을 우리 자신의 대사 산물과 섞지 않을까? 간단히 말해서, 왜 단지 분자들을 재구축하기 위해서 분자들을 쪼개는 소화의 서투른 불확실성으로 성가셔야 하는가?

우리가 음식과 융합하기보다는 음식을 먹는다는 것은 심오한 사실을 드러내고 있다고 나는 믿는다. 생물권 자체는 상임계적이다. 우리의 세포들은 정말로 하임계적이다. 우리가 샐러드와 융합한다면, 이 융합으로 우리의 세포들 내부에 생긴 분자 다양성이 격변하는 상임계적 폭발을 점화할 것이다. 새로운 분자 고안물의 폭발은 곧 그 폭발을 안고 있는 불행한 세포들에게 치명적이 될 것이다. 우리가 음식을 먹는다는 사실은, 우리의 대사망 속으로 새로운 분자들을 흡수하기 위해서, 진화가 상상할 수 있는 많은 방법들 중에 마주친 하나의 우연은 아니다. 나는 먹는 것과 소화가 생물권의 상임계적 분자 다양성으로부터 스스로를 방어하려는 우리 자신의 필요를 반영한다고 생각한다.

이제 이른바 노아의 그릇 실험이라는 사고 실험 thought experiment을 해볼 시간이다. 우선 파리, 벼룩, 완두콩, 이끼, 쥐가오리 등등 각 종들에서 두 개체씩을 선택한다. 크고 작은 것들을 표준화하려는 약간의 노력도 기울이면서, 1억 종의 생물들을 둘씩 차례대로 그릇에 넣는다. 그리고는 잘 훈련된 생화학자의 정교한 자세로, 그들 모두를 갈자. 절굿공이를 쓰면 잘 될 것이다. 그것들을 갈아서 세포막들을 흩뜨리고 또 세포 기관의 막들도 흩뜨려서, 각 생명체의 생명으로 포화된 액즙이 터져서 모든 다른 생명들의 풍만한 액즙과 섞이도록 한다.

어떤 일이 일어날 것인가? 천만 개의 작은 유기 분자들이 진한 수프 안에서 서로 바짝 붙어 있는 1조 개쯤 되는 모든 단백질들과 섞일 것이다. 천만 개의 유기 분자들은 약 백조 개 정도의 가능한 반응들을 만든다. 1조 개의 단백질들 각각은 어떤 세포에서 자신만의 기능을 갖도록 진화에 의해 잘 다듬어져 있지만, 그럼에도 불구하고 의도하지 않은 우연에 의해 구석과 갈라진 틈도 역시 많이 가지고 있다. 이 우연한 것들은 항체 목록의 많은 분자 자물쇠처럼, 가능한 백조 개 중에 한 개 정도의 반응에서 전이 상태들에 결합할 수 있다. 임의의 단백질이 무작위로 선택된 임의의 반응에 대한 촉매로 자신을 작용하게 하는 결합 부위를 가질 확률이 10억분의 1보다도 훨씬 작다고(말하자면, 1조분의 1) 가정해보자. 얼마나 많은 반응들이 촉매되겠는가? 〈100조 개의 반응들〉 곱하기 〈10조 개의 단백질들〉 나누기 〈1조〉는 10^{15}, 다시 말해서 1,000조는 족히 될 것이다. 이것은 계의 가능한 반응 종류들의 총수보다도 더 많다. 사실상 100조 개의 반응들 각각은 10개의 단백질 촉매들을 발견할 것이다! 시작할 때의 천만 종류의 유기 분자들로부터 100조 개의 생성물들이 형성될 것이다. 다양성의 거대한 폭발은 노아의 신음하는 그릇의 당황한 벽에 세게 부딪칠 것이다.

우리의 추정치들이 그 크기의 자릿수(10의 지수)만큼 틀릴 수도 있지만, 생물권이 상임계적이라는 명제는 우리의 폭넓은 결론으로서 여전히 성립할 것이다. 그리고 그 상임계성이, 최초의 생명 형태가 지구를 아름답게 만든 이래로 막대한 시간에 걸쳐 분자 다양성과 복잡성의 증가를 야기한 바로 그 근원이라고 나는 믿는다. 만약 지구가 상임계적이라면, 그 상임계성은 복잡성의 법칙——비평형의 우주를 창조한, 그리고 궁극적으로 우리를 창조했던 방식의 법칙——을 나타내는 것이 되어야만 한다.

그렇지만 만약 전체로서의 생물권이 상임계적이라면 세포들은 어떻게 되는가? 그들은 어떻게 생존할 것이며, 어떻게 살아남아서 그런 변덕스러운 세계 안에서 진화할 것인가?

인간의 세포, 이를테면 간(肝)세포를 생각해보자. 대략 십만 가지의 단백질들이 인간의 게놈 안에 암호화되어 있다. 그 어떤 세포도 동시에 이 단백질 모두를 발현시키지 않지만, 당신의 간장세포가 그렇게 했다고 가정하자. 만약 대사 도표를 본다면(예를 들어, 그림 6-3), 당신은 도표에 나열된 대략 700-1,000개의 작은 유기 분자들을 볼 것이다. 이들은 세포의 대사 작용을 구성하는 교통망인 다양한 반응들을 수행한다. 이제 당신의 간세포 안에 있는 단백질들이 원하는 반응들은 촉매하고 원하지 않는 부가적인 반응들은 촉매하지 않도록 진화되었다는 것이 중요하다. 그럼에도 불구하고, 앞서 지적했듯이, 간세포 안에 있는 십만 개의 단백질들 각각은 또다른 새로운 전이 상태들과 결합하고 새로운 반응들을 촉매할 수 있는 많은 우연히 생긴 구석들과 갈라진 틈들을 갖는다.

또다른 새로운 실험을 상상하도록 하자. 새로운 유기 분자를 얻어서 그것을 Q라고 부르자. Q를 기다리고 있는 간세포 속으로 주입한다. 어떤 일이 일어날 것인가? 자, 1,000개의 유기 분자들 각각이 Q와 함께 2-기질 반응을 형성한다고 해보자. 그래서 Q의 주입이 대략 1,000개 정도의 새로운 반응들을 만든다고 추측해보자. 넉넉하게 어림잡아서 100,000개 단백질들 중에 임의의 하나가 이 새로운 반응들

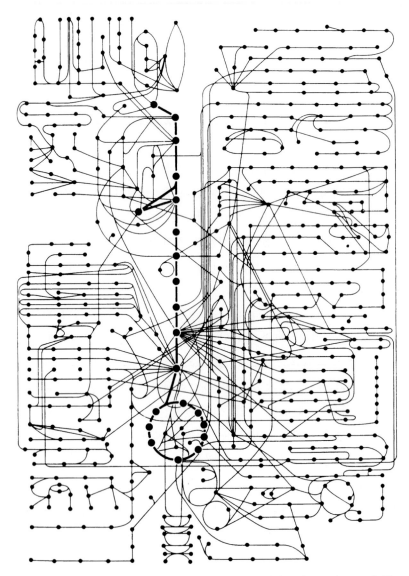

그림 6-3 세포 내의 교통망. 인간의 중간 단계 대사를 나타내는 이 도표에는 700개 정도의 작은 분자들이 상호작용한다. 점은 대사산물, 선은 화학적 변환들에 해당된다.

중의 임의의 반응을 촉매시킬 확률이 10억분의 1이라고 추정해본다. 얼마나 많은 반응들이 촉매를 발견할까? 대답은 앞에서처럼, 후보 효소의 수와 반응들의 수를 곱해서 촉매 작용의 확률을 곱한 것으로 주어진다. 그러므로 $1000 \times 100000/1000000000 = 0.1$이다. 간단히 말하자면, Q를 포함하는 1,000개 반응들 중에 하나라도 어떤 단백질에 의해 촉매될 확률이 10분의 1 정도라는 것이다. 이것은 당신의 간세포가 실제로 하임계적이라는 것을 의미한다. 세포에 주입한 Q가 새로운 분자들을 형성하는 어떤 반응 사태(沙汰)도 시작하게 하지 않을 것이라는 것이 직관적으로 명백해 보인다. Q가 새로운 생성물을 형성할 것 같지는 않다. 심지어 그것이 한 생성물, 이를테면 R을 형성한다고 하더라도, 마찬가지로 R도 한층 더 새로운 분자 S를 형성하기 위해 촉매되는 반응을 만들 것 같지는 않다. Q에 의한 어떠한 효과도 신속히 사라진다.

실제로 그 직관은 옳다. 분기 과정 branching process이라고 불리는 수학 이론은, 〈부모〉에 대한 〈자손〉의 기대되는 수가 1.0보다 크면, 그 계통은 분기해서 그의 다양성이 무한정으로 증가할 것으로 기대된다는 것을 보여준다. 만약 자손의 기대수가 1.0보다 작다면, 그 계통은 소멸할 것으로 기대된다. (핵폭발에서 연쇄 반응은 바로, 한 개의 중성자가 한 개의 우라늄 핵에 한 번 부딪칠 때 생성되는 딸중성자들의 수가 1.0보다 큰 경우이다.) 부모분자 Q로부터 유도된 자손의 기대치가 1.0보다 훨씬 작은 겨우 0.1이라는 것으로부터, 우리의 대략적인 계산은 우리의 간세포가 하임계적이라는 것을 보여준다.

봉투 뒷면에 대충 끄적거린 이런 계산으로 세세한 부분들까지 믿을 수 있을까? 전혀 그렇지 않다. 너무 많은 대강의 추측들이 단순한 공식 속으로 들어갔다. 나는 정말로 얼마나 많은 새로운 반응들이 Q

의 주입에 의해서 만들어지는지 알지 못하고, 우리의 세포들 중에 어느 하나가 실제로 제공할 수 있는 단백질과 다른 후보 효소의 실제적인 수도 알지 못한다. 더 중요한 것은, 그 누구도 간세포에서 무작위로 선택된 단백질이 무작위로 선택된 반응을 촉매할 실제 확률을 알지 못한다. 그 확률은 이를테면 십만분의 1 정도로 높을 수도 있고, 아니면 1조분의 1 정도로 낮을 수도 있다. 그렇지만 우리의 대략적인 계산은 이것을 보여주기에 충분하다. 만약 전체로서의 생물권이 상임계적이라면, 세포들은 아마도 하임계와 상임계의 경계선 아래 어딘가에 있을 것이다.

만약 세포들이 하임계적이라면, 이것은 대단히 중요한 사실이어야만 한다. 그것은 우리가 찾는 생물학적 법칙들의 한 후보가 되어야만 한다. 세포들이 실제로는 상임계적이라고 가정하자. 그렇다면 새로운 분자 Q의 주입은 Q, R, S로 이어지는 새로운 분자들의 연쇄적인 폭포의 물꼬를 틀 것이다. 각각의 새로운 분자가 다시 한층 더 새로운 분자들을 창조하는 반응들을 만들기 때문에, 그 연쇄적인 폭포는 퍼져나갈 것이다. 거의 확실하게, 대다수의 이 새로운 분자들은 세포 내부의 항상성을 유지하는 분자적 조정 체계를 붕괴시켜서, 세포를 죽음으로 이끌 것이다. 간략히 말하자면, 세포들에 있어서 상임계성은 곧 치명적이 될 것이다. 세포들은 대관절 어떤 방어 수단을 진화시켰을까? 세포들은 모든 〈외부〉 분자들이 들어오지 못하도록 주의 깊게 다듬은 막membrane을 사용할지도 모른다. 혹은 면역계를 발달시켰을 수도 있다. 그러나 가장 간단한 방어는, 당연히, 하임계적으로 남아 있는 것이다.

우리는 생물학에서 보편적인 것, 즉 새로운 법칙을 발견하고 있는 것인지도 모른다. 만약 우리의 세포들이 하임계적이라면, 아마도 박테리아, 고사리, 양치류, 새 같은 다른 모든 생물의 세포들도 역시 그럴 것이다. 생물권의 상임계적 폭발을 통하여, 고생대 이래의 세포들, 태초 이래의 세포들, 34억 5천만 년 전 이래의 세포들은 하임계적으로 남아 왔음에 틀림없다. 만약 그렇다면, 이 하임계와 상임계의 경계는 항상 한 개의 세포 안에 수용될 수 있는 분자 다양성의 상한(上限)이었음에 틀림없다. 그렇다면 이것은 세포의 분자적 복잡성에 한계가 존재한다는 이야기가 된다.

그리고 세포들 각각이 자신 안에서는 하임계적인 반면, 상호작용을 통해 상임계적인 집단을 만든다. 따라서 이 지구는 전체로서 상임계적이고 항상 더 높은 다양성을 향해 서서히 움직이며 창문 밖으로 분자 다양성을 창조하는 그런 집단들을 형성한다. 이 미묘한 균형이 어떻게 일어났을까? 우리는 이제 세포들이 하임계적이라면 어떤 이유로 세포들에 의해 구동된 생물권이 상임계적이 되는지를 따져보려고 한다. 그 답은 세포들의 집단들이 하임계와 상임계의 경계로 진화했다는 것이 될 것이다.

새로운 것들의 사태

우리는 홀로 살고 있지 않다. 이 말은 점점 더 붐벼가는 이 행성 위에서 우리가 서로 법석대면서 연관되어 살고 있다는 것을 의미하는 것은 아니다. 나는 우리의 창자를 말하고 있다. 당신이 양분을 섭취할 때 한 무리의 단세포 생물체들이 번성한다. 가장 행복한 것은 박테리아들. 그 대사 활동이 우리의 건강에 중요하기 때문에 이들은 하찮지 않은 존재들이다. 이들 박테리아는 다른 창조물들과 함께 작은 생태계를 형성한다. 바다 밑바닥의 뜨거운 열수(熱水) 배출구 주위에 무리지어 있는 군락(群落)들에서부터, 아이슬란드의 먼 들판에 있는 온천들의 가장자리를 따라 모여 있는 군락들과, 고대의 스트로마톨라이트stromatolith[9]를 형성했던 군락들을 흉내내는 박테리아와 조류의 복잡한 군락들에 이르기까지, 상대적으로 고립된 그런 생태계들이 많이 있다.

창자 안이나 혹은 다른 어느 곳에서 한 생태계의 지역적인 조각이 상임계적이 될 수 있는가? 만약 그렇다면, 그 생태계는 스스로 폭발적인 분자 다양성을 발생시킬 능력이 있을 것이다. x축은 항체 분자 다양성을, y축은 작은 유기 분자 다양성을 나타내는 〈그림 6-2〉를 재해석해보자. 대신에, 우리는 x축에 박테리아 종의 다양성을 나타내고, 그 집단에 부과된 새로운 분자들의 다양성을 y축에 나타낸다(그림 6-4). 박테리아 종들의 다양성이 증가함에 따라 생태계 안에서 존재하는 중합체들의 전체 다양성이 증가한다. 마찬가지로 y축에서 생태계에 넣어주는 새로운 분자들의 다양성을 증가시키는 것을 고려할 수도 있다.

무엇이 일어날 것인가? 우리의 오랜 친구인 Q를 생각하자. 만약 Q가 어떤 세포 안으로 스스로 스며든다면, 그 세포 안에서 따로 격리되든지 아니면 달리 변화되지 않은 상태로 그 세포로부터 재분비되든지 할 것이다. 혹은 Q는 새로운 분자 R을 형성하는 반응을 수행할 수도 있다. 이제 R은 그 세포 안에 고립되어 있거나, 그 세포로부터 분비 혹은 방출될 수 있다. 그렇지만 R은 무슨 일을 할 것인가? 만약 분비된다면 R은 어떤 다른 세포(아마도 다른 박테리아 종의) 속으로 들어가는 방법을 찾을 것이다. 그리하여 R이 다시 S를 형성할 수 있기 때문에 이야기는 계속 반복된다.

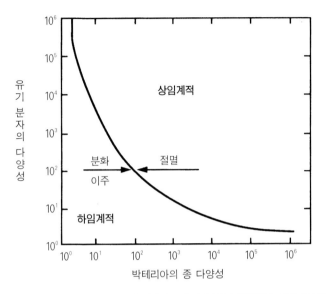

그림 6-4 상임계적 폭발. 외부로부터 인가되는 유기 분자의 다양성에 대한 가상적인 박테리아 생태계에서의 종의 다양성이 로그 눈금으로 도표화되어 있다. 또다시 곡선이 하임계적 거동을 상임계적 거동으로부터 구분한다. 임계상전이 곡선을 향하는 화살표들은 그 경계로 가는 가상적인 생태계의 진화를 보여준다.

〈그림 6-4〉를 살펴보자. 종의 다양성이 증가하는 일련의 박테리아 생태계에 외부로부터 공급되는 새로운 분자들이 고정된 수준을 유지하도록 하자. 어떤 임계 다양성 이상에서 그 생태계가 전체로서 상임계적이 될 것이라고 예측할 것이다. 새로운 분자들이 세포들의 덩어리진 집단에 의해 증폭될 것이다. 또는 그 대신에, 박테리아 종의 다양성을 낮게 하고, 외부 요인으로부터 공급되는 분자들의 다양성을 증가시키자. 분자들의 어떤 임계 다양성 이상에서 생태계는 다시 상임계적이 될 것이다. 그래서 다시 한번 어떤 종류의 곡선이 하임계 영역과 상임계 영역을 구분한다.

　간단히 말하자면, 다양한 세포들을 함께 묶어 노아의 그릇 실험에 접근해 볼 수 있다. 단, 세포막들에 의해 이야기가 다소 지연되는 감이 있다. 세포에서 세포로, 분자들은 여행하고 만나고 변환한다. 세포에서 세포로, 분자들은 생성에 대한 자신들의 이야기를 만들고, 이야기를 서두르기 위해 세포의 기관을 사용한다. 효소들은 유기화학 반응을 단지 재가(裁可)할 뿐이다. 생물권의 상임계적 폭발은 화학 자체의 조합적인 특성에 내재하며, 상임계성의 가장 훌륭한 업적인 생명 자신에 의해 추진된다.

　그러나 한편 명백한 것은 각 생태계가 어떻게 해서든지 이 폭발적인 추세를 억제해야만 한다는 것이다. 폭발하는 분자 다양성은 그 생태계의 구성원들에게 해로울 것이다. 우리는 무엇이 일어나길 기대하는가? 하임계성과 상임계성 사이에 어떤 새로운 균형이나 어떤 타협이 이뤄질 것인가?

　그 작은 생태계가 우연히 상임계적이었다고 가정하자. 박테리아 종들 중에서 어떤 운 나쁜 종들은 자신에게 침입하는 새로운 분자 유형들을 내부 독소로 변환시키는 유감스러운 능력을 가질 수도 있을 것이다. 그 독소는 그 세포를 죽일 것이다. 그러면 그 생태계에 있는 같은 유형의 모든 박테리아들도 모두 소멸해서 박테리아의 천당으로 갈 것이라고밖에는 달리 상상할 수 없다. 작은 생태계로부터 한 종의 박테리아 사멸이라는, 비참한 방식의 이 손실은 단순한 결과를 가져올 것이다. 사멸은 생태계 안에 존재하는 종들의 다양성을 더 낮출 것이다. 그 집단은 상임계적이기 때문에 다양한 새로운 분자들이 끊임없이 형성되겠지만, 이 분자들은 또다시 그런 사멸 사건들이 연속적으로 일어나게 할 것이다. 그리고 그 사멸 사건들은 생태계의 종 다양성을 더욱더 낮추어서 계를 상임계 영역으로부터 하임계 영역 쪽으로 옮겨가는 경향이 있을 것이다(그림 6-4).

이제 반대로, 생태계가 하임계적이라고 가정하자. 그들의 대사적인 거래와 공생, 사소한 경쟁들의 조화로움 속에서, 아주 적은 박테리아의 유형들이 새로운 많은 분자들을 창조하기 위해 신진대사의 무대 위를 헤맨다. 그러나 무대 밖 왼쪽으로부터 길을 가로질러 온 신출내기들인 이주(移住) 종들이 연속적으로 무대로 올라온다. 더 나쁜 것은, 유전적으로 항상 동일하게 남아 있는 것에 너무 싫증이 난 채, 여러 가지 무작위적인 돌연변이와 유전적 표류를 겪으며 무대 위에 오래 머무르는 것들은 새로운 커다란 중합체들(DNA, RNA, 그리고 새로운 반응들을 촉매할 수 있는 단백질들)을 진화시킨다는 것이다. 이 끊임없는 이주와 종 분화는 생태계를 하임계 영역으로부터 상임계 영역으로 구동하면서 생태계에서 박테리아 종들의 다양성을 증가시킨다(그림 6-4).

그래서 우리는 생물학적 법칙의 후보를 갖게 된다. 상임계 영역으로부터 하임계 영역으로, 또 하임계 영역으로부터 상임계 영역으로 향하는 한 쌍의 압력이, 하임계적 거동과 상임계적 거동 사이의 경계가 되는 중간 지점에서 만날 것이다. 이 생각이 유혹하는 바는 명확하다. 지역적인 생태계가 하임계와 상임계의 경계로 진화해서, 하임계적일 때는 기회의 압력으로, 상임계적일 때는 치명성의 압력으로 지탱하며, 일단 그 경계로 진화한 후에는 언제까지나 거기에 균형을 이룬 채 남아 있을 것이라고 생각할 수밖에 없다. 생태계들은 하임계와 상임계의 경계로 진화할 것이다!

그 이상의 **결론**: 각 생태계가 스스로 하임계성과 상임계성 사이의 경계에 있는 반면, 자기들이 갖고 있는 것들을 교환함으로써 그들은 집단적으로 어쩔 수 없이 더 복잡해지는 상임계적 생물권을 만들어

낸다.

만약 이 가설들이 옳다면, 생물권의 거동은 핵폭발이 아니라 핵반응의 거동과 비슷하다. 핵폭발에서는 연쇄 반응이 자기촉매적으로 〈가속된다〉. 그렇지만 원자로 안에서는 탄소 막대가 과잉 중성자를 흡수하여 연쇄 반응의 분기 확률이 임계값인 1.0 이하로 머물도록 한다. 따라서 대규모의 폭발이 아니라 쓸모 있는 에너지가 얻어진다. 만약 지역적인 생태계가 하임계와 상임계의 경계로 진화한다면, 새로 만들어지는 분자들의 분기 확률은 1.0에 근접하여, 새로운 분자들이 작거나 큰 무리로 돌출을 하거나 분자들의 사태(沙汰)를 일으키게 될 것이다. 임계 분기 과정은 예전에 퍼 백, 차오 탕, 그리고 쿠르트 비젠펠트가 제안했던 모래더미 모형에서처럼, 그 사태들의 분포가 멱함수 분포를 따른다. 그렇지만 제어 원자로 안에서처럼, 이 새로움의 사태들은 궁극적으로 소멸한다. 작건 크건 다음 사태는, 어떤 새로운 분자 Q를 초래하는 다음 동요에 의해 시작될 것이다. 모래 한 알이 작거나 큰 사태를 일으킬 수 있는 모래더미의 모래들처럼, 균형잡힌 생태계는 작거나 큰 새로운 분자들이 돌출하게 할 것이다.

만약 이 관점이 옳다면, 균형잡힌 생물권은 제어되지 않는 광대한 폭발에 의해서가 아니라 분자 다양성의 제어된 발생을 통해 보다 높은 다양성으로 뻗어 올라간다. 만약 생물권이 모든 세포막들이 파열되어 뒤섞인 노아의 그릇 실험이었다면 과격한 폭발이 일어났을 것이다. 원자로 안에서 탄소 막대가 중성자들을 흡수함으로써, 상임계적 연쇄 반응을 초래할 핵과 중성자들의 충돌을 차단하는 것처럼, 세포막들은 많은 분자 상호작용들을 차단하여 상임계적 폭발을 차단한다.

그러면 이제 우리는 지역적인 생태계들이 하임계와 상임계의 경계로 진화한다고 말할 수 있는가? 전혀 그렇지 않다. 그렇다면 그것은 개연성이 있는가? 나는 그렇다고 생각한다. 그러나 몇 가지 경고가 필요하다. 우리는, 예를 들어 상임계적인 계에서 분자 다양성이 폭발할 때, 생성물들의 농도가 감소하고 이것이 이후에 일어나는 반응들의 속도를 느리게 할 수 있다는 사실을 명시적으로 고려하지 않았다. 농도 효과는 당연히 중요하지만, 근본적인 결론을 바꿀 것처럼 보이지는 않는다. 우리가 새로 만들어지는 분자들의 발생을 구별하기 위해 질량 분광기와 같은 현대적인 도구들을 사용해서 가설을 시험할 수 있을까? 나는 그렇다고 믿는다.

그리고 만약 그렇다면? 지역적인 생태계가 하임계와 상임계의 경계에서 대사적으로 균형이 잡혀 있고, 반면에 전체로서의 생물권은 상임계적이라면? 그렇다면 언제나 새로운 종류의 분자들을 낳도록 협동하는 생명과, 지역적인 생태계가 그 경계에서 균형 잡혀 있지만 지구 전체의 상임계적 특성에 의해서 그 전체 다양성이 집단적으로 위로 천천히 뻗어 올라왔던 생물권에 대해서, 우리는 얼마나 새로운 설화를 말하고 있는가! 전체 생물권은 널리 집단적으로 자기촉매적인 계로서, 그 자신의 관리와 그 안에서 진행되는 분자적 탐구를 스스로 촉매한다. 우리는 증가된 분자 다양성과 복잡성을 향하는 한결같은 움직임을 집단적으로 촉매하는 생물권의 생물체에 관한 설화를 말한다. 우리는 또한, 변환이나 사멸, 혹은 둘 다를 하도록 언제나 강요받으며, 그들 자신의 촉매 활동들에 의한 기쁘거나 슬픈 결과들에 대치하는 세포들에 관한 설화를 말한다. 모래더미에서처럼, 무대 위의 배우들은 그들의 다음 발걸음이, 그들의 최근의 실험이 아주 작은 분자의 변화를 가져올지 혹은 모든 것을 쓸어버리는 사태를 야기할지 전혀 알 수가 없다. 그리고 사태는 한 예의 창조나 한 예의 사멸이 될 것이다.

우리는, 항상 바지를 끌어올리며, 항상 덧신을 신고 있고, 항상 그들의 지역과 수준에서 최선을 다하는 세포들과 생명 형태들에 관한 설화를 말한다. 각 창조물이 자기의 최선을 다하며 진화하는 것이 필연적으로 그 자신이 궁극적으로 사멸되는 조건들을 창조하기 때문에, 우리는 겸손한 지혜에 관한 설화를 이야기한다.

우리는 겸손하고 편안히 우리에게 주어진 시간 동안만 부산떨고 고민하는 가장 행렬의 일부이고, 역사의 한 짧은 순간에 노아가 계산한 생명 개체 조사의 일부 대상일 뿐이다.

---

1) 팔꿈치에서 가운데 손가락 끝까지의 길이(46-56cm).
2) 배와 선창을 연결하는 널판.
3) 임계 문턱 위.
4) 임계 문턱 아래.
5) 수프 통조림으로 유명한 회사 이름.
6) 여러 가지 채소들이 들어가는 진한 이탈리아식 수프.
7) 고급 샐러드인 시저 샐러드의 장식을 의미함.
8) 달걀의 흰자에 우유를 섞어 거품을 내어 구운 요리.
9) 박테리아와 조류가 쌓인 언덕이 화석화된 지층. 1장 〈생명의 발생〉 참조.

7. 약속의 땅

우리 인간들은 스스로를 여러 가지 이름으로 정의한다. 지혜의 인간인 호모 사피엔스(*Homo sapiens*), 능력의 인간, 도구의 인간인 호모 하빌리스(*Homo habilis*), 그리고 아마도 가장 적절한 정의일지도 모를 유희의 인간, 호모 루덴스(*Homo ludens*)라고 말이다. 이런 인간의 각각의 측면은 모두 과학에 기여하고 있다. 우리의 과학적 탐구는 위의 세 가지 측면에 모두 의존하고 있기 때문에, 단 한 가지가 유일한 방법이 되지는 않는다. 즉 밝혀지지 않은 길을 선택하는 지혜의 측면, 해답을 찾아내는 기술적 측면, 하지만 무엇보다도 언제나 늘 이면에 숨겨진 유희적 측면……. 〈이론이란 인간 정신의 자유로운 발명품이다〉라고 아인슈타인은 말했는데, 물론 그가 가졌던 지혜와 기술은 거의 우리 일반인들의 수준을 넘어서는 것이었지만 근본적으로 그는 최대한도로 자유롭게 유희를 즐길 수 있던 사람이었다.

바로 이것, 즉 호모 루덴스의 과학이 인류의 가장 귀중한 창조적 본질을 잘 표현해주고 있는 것이다. 여기서 과학은 예술이 된다. 법칙들을 찾아내는 것은 얼마나 영광스럽고 기쁜 것인가. 아인슈타인은 신의 비밀들을 찾았다. 우리는 비록 그만큼은 못하더라도 그가 찾았던 것에 못지않은 비밀들을 찾을 것을 기대하고 있다. 그리고 이따금씩, 기대한 것보다도 더 자주, 과학 활동의 유희적 기쁨은 의외로 예상치 않았던 시나이 반도 넘어 약속의 땅에 대한 소식을 가져다준다. 즉 우리 삶의 방식을 변화시킬 기술들을 말이다.

잘못 계획된 것이든 아니든, 또 우연이건 아니건 간에 우리는 지금 인류 역사의 또 하나의 새로운 출발점을 지나고 있다. 아니 지난다는 표현은 이 경우에는 너무 축소적인 것이다. 차라리 우리는 아직까지 말해지지 않은 약속과 또 아마도 아직까지 말해지지 않은 위험이 기다리고 있는 광활한 여로의 출발점을 질주하며 통과하고 있다. 인류 역사상 최초로 우리는 생물권 내에 축적된 분자적 다양성에 도전할 수 있게 되었다. 우리는 방대한 범위의 새로운 분자들을 창조할 수 있다. 이것들 중에서 우리는 어쩌면 놀랄 만한 새로운 의약품을 발견해낼지도 모른다. 또 어쩌면 위험한 새로운 독소들을 발견할지도 모른다. 파우스트는 악마와 거래를 했고, 아담과 이브도 선악과를 먹었다. (위험에도 불구하고) 우리는 전진을 멈출 수 없다. 우리도 우리의 상상으로부터 움츠릴 수는 없는 것이다. 하지만 우리는 그 결과들을 예상할 수 없다. 도구의 인간인 호모 하빌리스가 마음속에 정복심을 꽃피우면서 처음으로 손잡이가 달린 돌을 들어올렸을 때도 이와 마찬가지였다. 옛날의 그도, 또 지금의 우리도, 우리가 현재 만들어내고 있는 물결들의 결과를 예상할 수는 없는 것이다. 우리는 모래더미 위에 살고 있다. 우리 자신이 모래더미를 만들고, 우리 자신이 그 위를 걸으면서 걸음걸음마다 모래사태를 만들어 낸다. 1비트 bit[1]보다 더 많은 것을 우리가 예측할 수 있다는 가정은 사라져버린다.

이런 새로운 파우스트적 거래란 무엇인가? 우리는 6장에서 우리의 생물권에 약 천만 개의 작은 유기 분자들과 아마도 십조 개 가량의 단백질과 다른 중합체들이 존재하고 있음을 보았다. 우리는 생물권이 분자 창조의 크고 작은 폭발을 야기하면서 하임계와 상임계의 경계선 위에서 균형 잡고 있을 것이라는 가능성에 대한 증거도 살펴보았다. 또 우리는 지구 전역에 걸쳐 일어나는 생물체들의 연결된 대사 작용들이 이 거대한 우주 공간에서 가장 복잡한 화학공장은 아닐 것이라고 생각하게 되었다.

유전자 자체의 복제라는 신비와 그것의 정복을 이룬 생물공학의 혁명은, 우리가 이제는 지난 150억 년 동안 진화해온 우주의 그 어느 곳에서도 단 한 번도 조립된 적이 없는 다양한 분자적 형태들을 폭발적으로 생산할 수 있음을 말해준다. 새로운 의약품과 새로운 독극물의 등장이 이를 대변한다. 우리는 그저 모래더미처럼 자랑스럽게 높이 쌓아 놓은 분자들을 가지고, 우리가 지금 막 무엇을 하려고 하는지도 모르고 있다.

응용분자진화학

이제 우리는 소위 응용분자진화학 Applied Molecular Evolution이라는 새로운 모래상자를 가지고 지난 34억 5천만 년에 걸쳐 이루어진 분자적 진화의 지혜를 감히 능가할 수 있다고 추정하고 있다. 분자 생물학, 화학, 생물학, 생물공학 회사들, 제약 산업에서 지금 많은 사람들이 양적, 질적으로 이제까지 성취된 적이 없는 수준의 새로운 분자들을 생산하려 하고 있다.

어떤 이들이 벌써 생물공학의 제2의 탄생이라고 부르고 있는 생물 공학의 최첨단 분야로 우리의 여행을 시작하기로 한다. 하지만 그 전에, 이제는 친근해졌지만 여전히 깜짝 놀랄 만한 마법과도 같은 현재의 유전자 접합 및 복제술을, 그것들이 주는 놀라운 의학적 전 망과 함께 다시 살펴볼 가치가 있다. 우리가 이미 보아온 것처럼 우 리 몸 안의 개개 세포에는 약 10만 가지 정도의 단백질들을 암호화하 는 DNA가 있다. 이 단백질들은 세포의 생명 과정에서 구조적이고 기능적인 역할들을 한다. 1970년대 이후로, 인간 유전자의 배열을 잘 라내고 잘라낸 조각들을 바이러스나 다른 매개체의 DNA에 끼워 넣 어, 이와 같이 조작된 DNA가 박테리아나 다른 세포를 감염시키도록 하는 일련의 방법들이 명확히 알려지게 되었다. 이런 방식으로 이 숙주 세포들은 인간 유전자가 암호화하고 있는 단백질을 만들어내는 데 이용된다. 이와 같은 전체 과정을 총괄적으로 〈유전자 복제술 gene clonning〉이라 부른다.

유전자 복제술이 갖는 의학적 잠재력은 얼마 지나지 않아 곧 과학 계와 기업들에 알려지게 되었다. 많은 질병들은 어떤 중요한 단백질 을 암호화하는 DNA 배열이 무작위적인 돌연변이에 의해 변질됨으로 써 야기된다. 따라서 정상적인 인간 유전자를 복제해냄으로써 우리 는 정상적인 단백질을 만들 수 있고, 그것을 질병 치료에 이용할 수 있다. 그 예로서 가장 상업적으로 성공한 제품은 아마도 적혈구 세 포의 생성을 촉진해서 빈혈증을 퇴치해주는 EPO, 즉 에리트로포이

에틴erythropoetin 호르몬일 것이다. 에리트로포이에틴은 펩티드라고
불리는 작은 단백질이다. 이것을 놓고 암겐Amgen 사는 다른 회사와
벌인 중요한 법정 공방에서 승리했으며, 34억 5천만 년에 걸친 진화
의 연구 산물인 이 제품을 현재 아주 잘 판매하고 있다. 복제된 인간
유전자의 의학적 사용 가치에 대한 평가는 순수하게 금전적인 면만
따져봐도 극히 엄청난 것이다. 미국과 선진국, 또 개발도상국, 그
어디에서건 간에 국민총생산GNP 중 국민 보건에 관련된 부분이 차
지하는 비율과, 보편적으로 노령화하는 인구에 대한 의료적 도움의
필요성을 고려해본다면, 월스트리트Wall Street 사람들이 그토록 열
광적으로 이 기술에 투자하려고 몰려드는 것은 너무도 당연한 일이
다. 아직까지 시장에 나온 제품이 극히 소수이고, 투자자들의 열광
이 뜨겁게 달아오르다 식었다가를 반복하는 상황에서도, 이런 약속
의 땅에 대한 특별한 전망에 대해 수십억 달러의 돈이 모아지고 투
자되어왔다.

게다가, 현재 인간 게놈 프로젝트가 순조롭게 진행되고 있다. 게
놈은 우리 몸 안에 존재하는 모든 단백질들을 암호화하고 있는 것인
만큼, 인간의 모든 정상적인 단백질들과 인간 개체군 내에서의 변이
양상들이 밝혀질 날도 멀지 않은 것이다. 이 사실은 곧 엄청나게 풍
요로운 지식을 약속해주는 것인데, 이는 위에 언급한 단백질들 하나
하나가 제 기능을 못하게 될 수도 있기 때문이다. 모든 단백질들을
이해하게 되면, 우리는 보다 더 신기한 약품에서부터 잘못된 유전자
를 교체하는 유전자 치료법에까지 이르는 적절한 치료법들을 개발해
낼 수 있을 것이다.

신기한 약품이란 무엇을 의미하는가? 우리는 이미 앞에서 배(胚)
가 전개되는 개체 발생에서 유전자의 활동을 조정하는 각 세포 내의

유전자 조정 회로망에 대해서 이야기했다. 우리의 전구 회로망 모형은 한 전구에서의 약간의 교란이 회로망에 연쇄적인 변화를 야기하는 것을 보여주었다. 우리가 약을 복용하면 그 약은 세포 내의 분자와 결합함으로써 우리 몸의 조직에 침범하게 된다. 그리고 그 결합은 연쇄적인 변화를 일어나게 한다. 이 변화들 중에는 이로운 것들도 있지만, 그나마 알려졌다면 약병에 아주 작게 표시되곤 하는 우리가 원치 않는 부작용에 해당하는 것들도 있다. 신기한 약이란 치료 효과만 얻고 부작용은 잘라 내버리는 정교한 분자칼 같은 약을 의미한다. 그런 신기한 약을 우리는 필요로 한다. 어디서 이런 약을 얻을 것인가? 그것은 바로 엄청나게 다양한 새로운 종류의 분자, DNA, RNA, 단백질, 그리고 이제는 우리가 창조할 수도 있는 작은 분자들에서이다.

전통적 생물공학은 인간의 유전자와 단백질들을 복제하는 것을 추구해왔다. 하지만 우리는 왜 이용 가치가 있는 단백질들을 우리 몸안에 이미 있는 것들에서만 찾아야 한다고 믿고 있는 것일까? 여기서 잠시 얼마나 많은 단백질들이 존재할 수 있는지를, 단 100개의 아미노산으로만 구성된 단백질들의 경우에 한정해서 살펴보자. (대부분의 생물학적 단백질들은 수백 개의 아미노산들을 함유하고 있다.) 생물체 내의 단백질들은 글리신glycine, 알라닌alanine, 리신lysine, 아르기닌arginine 등 20종의 아미노산으로 구성되어 있다. 즉 단백질은 이 아미노산들의 선형 배열인 것이다. 이제 20가지 색깔의 구슬들을 상상해보자. 100개의 아미노산을 가진 단백질은 마치 100개의 색구슬을 꿰어 놓은 줄과 같다. 이 경우 만들 수 있는 서로 다른 구슬줄의 수는 색깔이 다른 구슬의 숫자인 20을 100번 곱하는 20^{100}이 된다. 20^{100}은 대략 10^{120}, 즉 1 뒤에 0이 120개 붙는 숫자이다. 요즘처럼 미합중국의 재정 적자가 막대한 수치를 기록하는 시점에서 보더라도 10^{120}은 정말로 엄청난 숫자이다. 우주 전체에 존재하는 수소 분자수의 추정값은 10^{60}개이다. 따라서 길이가 100이고 생산 가능한 단백질들의 수는 우주 내에 존재하고 있는 수소 분자 수의 제곱값과 같은 셈이다.

어쩌면 자연이 자연선택을 통해서 이 놀라운 수의 조합들을 다 시험을 해보았고, 이 지구상에서 존속할 수 있는 방법을 찾아낸 소수 부분 집합들을 제외한 다른 모든 단백질들을 버렸으며, 따라서 우리는 인간 자신의 게놈들 이외의 것들을 더 살펴볼 필요가 없다고 생각할 수도 있겠다. 하지만 잘 생각해보면 그것은 합리적인 생각이 아니다. 우리가 2장에서 해 보았던, 단백질들의 어떤 조합으로 하나의 세포가 우연히 조립되어 튀어나오는 경우의 확률에 대한 계산을 상기해보자. 샤피로는 콜럼버스가 꿈꾸었던 모든 대양들에서 발생될 수 있는 단백질 조립의 시도 횟수를 추정했는데, 나는 그의 주장 중 다음 부분은 옳다고 생각한다. 즉 하나의 시도가 1세제곱미크론(미크론: 백만분의 1미터) 크기의 부피 내에서 발생하고 거기에 1마이크로세컨드(백만분의 1초)가 소요된다고 가정할 때, 샤피로는 지구가 탄생된 이래 10^{51}개 내지 그보다 적은 수의 시도들이 행해질 수 있는 충분한 시간이 경과되었다고 추정했다. 만약 매번 한 개의 새로운 단백질이 시험이 된다면, 길이가 100인 가능한 10^{120}개의 단백질 중 단지 10^{51}개만이 지구의 나이 동안 시험된 것이다. 즉 그토록 다양한 단백질 전체 중에서 아주 적은 부분만이 이제까지 지구상에 존재한 적이 있다는 것이다! 생명은 조합 가능한 단백질들 중 단지 극히 작은 부분만을 탐사해온 것이다.

만일 길이가 100인 수많은 잠재적 단백질들 중 그토록 적은 부분만이 태양의 온기를 받아봤다면, 인간이 탐사해볼 여지는 많은 셈이다. 조합 가능한 단백질들의 집합인 〈단백질 공간〉에서 진화는 아마 가장 좁은 영역들만을 섭렵했을 것이다. 그리고 진화는 그것이 찾아낸 쓸모 있는 형태들에 집착하는 경향이 있는 만큼, 그 탐사는 아마 훨씬 더 제한적이었을 것이다.

응용분자진화학은 단백질 공간, DNA 공간, 또는 RNA 공간의 근접 영역이나 외부 영역에 막대한 실용적 가치가 있는 새로운 분자들이 충분히 숨어 있을 수 있다는 기본 인식에 그 바탕을 두고 있다. 그 핵심적인 생각은 단순하다. 즉 무작위적인 DNA, RNA, 혹은 단백질 배열들을 수십억, 수조, 아니 수십억조 개를 만드는 것이다. 그리고 그 엄청나고도 경이롭게 다양한 분자 형태들 중에서 우리가 필요로 하는 쓸모 있는 분자들을 찾아내는 탐색법을 배우는 것이다. 원하건 아니건, 우리는 놀랄 만한 새로운 약품들을 발견하게 될 것이다. 원하건 아니건, 우리는 무시무시한 새로운 독소들도 발견하게 될 것이다. 원하건 아니건, 늘 그래왔듯이.

나는 의약품 개발 분야에서의 이런 새로운 접근 방식을 응용분자진화학이라고 부르고 싶다. 삼중 유전암호의 발견자이자 분자생물학계의 거성 중 하나로서 약간 물의를 일으키는 평을 많이 하는 시드니 브레너Sidney Brenner는 이 같은 의약품 개발의 신시대를 〈분별 없는 의약품 개발〉이라는 단순한 말로 표현한다.

충분한 수의 분자들을 만들고 그중 쓸모 있는 것을 선택하라. 또 필요하다면 그것을 개량하라. 안 될 이유가 무엇인가? 이것이 바로 우리의 어머니인 자연의 방식인 것이다. 점점 그 수가 늘어나고 있는 뛰어난 분자생물학자와 화학자들 덕택에 이런 새로운 아이디어들이 정립되어 가고 있다. 아니 실제로 그것은 이미 번성하고 있다. 현재 몇몇 작은 규모의 생물공학 회사들은 쓸모 있는 분자들을 찾아내기 위해서 몇 조에 달하는 다양성을 갖고 있는 펩티드, DNA, 또는 RNA의 〈도서관〉을 조사하고 있다.

1조 개의 서로 다른 DNA, RNA, 또는 단백질 분자들 중에서라고? 어렵게 들리겠지만 사실 이것은 상대적으로 쉬운 일이다. 어쩌면 내가 만든 람다lambda라는 특이한 바이러스의 복사본 10억 개 각각의 게놈에 끼워 넣은 약 10억 개의 서로 다른 무작위적인 DNA 배열들이 위에서 언급한 최초의 도서관이었을지도 모른다. 만약 지금 당신도 달려들어 그러한 도서관을 만들어보고 싶다면 여기 한 가지 방법이 있다. DNA 합성 기계를 가진 친구에게 100개의 뉴클레오티드가 연결된 DNA 배열들을 만들어 달라고 요청하는 것이다. 사람들은 보통 정확히 같은 몇 조 개의 복사 DNA 배열을 만들기를 원한다. 하지만 서로 다른 몇 조 개의 무작위적인 100-뉴클레오티드 DNA 배열을 동시에 만드는 것도 어려운 기교는 아니다. 이제 당신이 그 배열의 시작과 끝에 적절한 소수의 뉴클레오티드들을 첨가하여 구체적인 결합 부위를 만들면, 그 결과로 만들어지는 DNA 분자 도서관은 바이러스나 다른 숙주 안으로 자리잡아 끼워질 준비가 된 것이다. 그렇게 하기 위해서는 효소를 사용하여 두 가닥으로 된 숙주 자신의 DNA를 끊어서 양쪽에 끝이 있는 한 가닥의 DNA를 만들어야 한다. 또 이 한 가닥의 DNA는 당신이 만든 DNA 도서관의 DNA 배열의 끝에 첨가된 특별한 뉴클레오티드와 양끝에서 왓슨-크릭 염기짝을 이루는 뉴클레오티드를 가져야 한다. 이제 몇 조 개의 무작위적인 도서관 DNA 분자와 양끝이 노출된 바이러스 DNA의 복사본 몇 조 개를 작은 시험관에서 섞고, 도서관 DNA 배열을 바이러스 DNA에 붙이기 위해 잘 알려진 몇 가지의 효소를 첨가한 후, 몇 시간을 기다리고, 그리고⋯⋯.

그리고 운이 좋다면, 당신은 어떤 운 좋은 바이러스의 몇 조 개의 다른 복사본에 복제된 몇 조 개의 서로 다른 무작위적인 DNA 분자 도서관을 얻게 된다. 이제 당신이 해야 할 일은, 이 몇 조 개의 무작위적인 유전자를 조사해서 당신이 원하는 것을 발견할 수 있는지를 보는 것이다. 즉 어떤 생화학적 과제를 수행할 수 있는 배열을 찾는 일이다.

이것으로 어떤 식의 이용을 기대할 수 있을까? 새로운 약, 새로운 예방약, 새로운 효소, 새로운 생물학적 감지기. 아마도 그것은 궁극적으로 집단적인 자기촉매 집합, 즉 새로운 생명을 실험적으로 창조하는 것일 것이다. 이 가능성에 대해서는 나중에 이야기하겠다.

하지만 어떻게 다소 무작위적인 수십억 개의 분자들 중에서 쓸모 있는 것들을 찾아낼 수 있을까? 이것은 검불더미 안에서 바늘을 찾는 것일지도 모른다. 아니 처음에는 그렇게 보이리라.

바늘을 찾는 한 가지 방법은 다음과 같은 단순한 발상에 근거한다. 만일 당신에게 열쇠가 하나 있고 그것을 복사하기를 원한다면, 우선 그 열쇠를 진흙 같은 것 위에 찍어 본을 떠보라. 그럼으로써 열쇠의 〈음각〉, 즉 그 열쇠의 〈보(補) 형상〉을 만들게 될 것이다. 이제 그 진흙본에 쇳물을 부어 넣어 열쇠를 만들거나, 쇳물이 없으면 그 진흙본을 방대한 열쇠 도서관의 다른 열쇠들과 맞춰보아 진흙본에 맞는 열쇠를 찾는 것이다. 어떤 방법을 사용하건 간에 만약 새로 얻은 두번째 열쇠가 진흙본에 맞으면, 그것은 첫번째 열쇠와 비슷해 보일 것이다. 그리고 아마도 똑같은 자물쇠를 열 수 있을 것이다.

항체 분자는 마치 자물쇠가 열쇠에 맞춰지듯이 그것에 상응하는 항원과 결합한다는 사실을 상기해보자. 예를 들어 우리가 인슐린

insulin 같은 어떤 호르몬과 유사한 형태를 가진 펩티드를 찾고자 한다고 해보자. 우리는 우선 인간의 인슐린에 대해 토끼를 면역시키는 작업부터 시작한다. 토끼의 면역 체계는 이 침입자에 대해 항체 분자들을 생성하면서 반응한다. 이때 인슐린을 위에서 언급한 첫번째 열쇠로, 또 항체 분자를 항원 열쇠와 맞는 자물쇠라고 생각해보자. 우리는 이런 항체 분자들 중 어느 하나를 취해서 그것을 복제하여 많은 동일한 사본들을 얻어낼 수 있다. 이제 인슐린은 버리고 다음과 같은 조작을 시도해보자. 약 1억 개 가량의 다소 무작위적인 DNA, 혹은 RNA 배열들을 만들어서 그것들을 바이러스 숙주 내에 복제한 다음, 이 유전자 도서관이 암호화하는 다소 무작위적인 펩티드들이나 폴리펩티드들을 발현시킨다. (사실 수십억 개의 무작위적인 펩티드들을 만드는 방법은 다양하다.) 이 1억 개의 펩티드들의 도서관을 얻은 다음에는 그것들을 모두 토끼의 항체 분자 자물쇠의 복사본들에 동시에 노출시키자. 이때 항체 분자와 결합하는 펩티드들은 인슐린의 모양과 유사한 모양을 갖고 있게 된다. 따라서 항체 분자와 결합하는 펩티드들이 위에서 언급한 두번째 열쇠들이고, 인슐린 호르몬의 작용들을 흉내낼 수 있는 후보들이 되는 것이다.

반드시 항체를 사용해야 할 필요는 없다. 만약 우리가 인슐린이나 다른 어떤 호르몬에 대한 수용체 receptor(호르몬이 그 역할을 수행하기 위해 결합해야만 하는 분자)를 알고 있다면, 우리는 그 수용체를 〈자물쇠〉로 사용하여 그 자물쇠와 일치하는 두번째의 분자 열쇠, 즉 처음의 호르몬을 모방하는 것을 찾아낼 수 있다. 어떤 경우든 두번째 분자 열쇠는 앞으로 여러 난관들을 극복하고 성숙된 후에 언젠가는 당신의 호르몬 기능 장애 치료에 사용될 수 있는 약품이나 치료법의 후보자가 된다.

또 우리는 어떤 호르몬의 작용을 모방하는 분자들을 발견하는 데 만 우리 연구를 한정시킬 필요도 없다. 응용분자진화학은 머지않아 인체 내의 거의 모든 펩티드나 단백질과 결합하고, 그것들의 활동을 모방하고, 촉진하거나 억제하는 새로운 분자들을 발견할 수 있게 될 것이기 때문이다. 이것은 단백질 기능 장애와 관련된 많은 질병들에 대한 새로운 치료법들을 개발할 수 있다는 것을 의미한다. 예를 들 어 이 기술은 인체 내의 수백 수천 가지의 특정한 수용체들 중의 그 어느 것과도 결합하는 수백 수천 가지의 신호 분자들을 모방하는 펩 티드들을 찾아내는 데 사용될 수 있다. 신경계의 경우가 바로 하나 의 예가 된다. 인간의 뇌 내부에만도 서로 다른 수백 가지의 수용체 들이 존재하는 것이 이미 알려졌고, 그 수용체들의 목록은 빠른 속 도로 늘어나고 있다. 이런 수용체들은 세로토닌serotonin, 아세틸콜 린acetylcholine, 아드레날린adrenalin 등 수백 가지에 달하는 신경전 달물질들과 반응한다. 어떤 특정한 수용체들과 선택적으로 결합하는 분자들, 혹은 신경전달물질에 작용하는 효소들과 결합하는 새로운 분자들을 찾아 낼 수 있다는 것은 신경 장애와 정서 장애에 대한 매 우 효과적이고도 유용한 새로운 치료법들을 약속해준다. 일례로 아 주 유용한 항우울제인 프로작prozac은 세로토닌을 파괴하는 효소를 억제함으로써 작용한다. 프로작은 지평선 너머로 다가오는 새로운 치료법들 중에서 우리가 얻게 될 여러 종류의 분자적 정밀도를 가진 도구들에 대한 하나의 암시인 것이다.

열쇠-자물쇠-열쇠. 만약 이 단순한 발상이 가까운 미래에 우리에 게 넘치도록 풍요로운 약품들을 가져다준다면, 새로운 백신들의 세 대에 대한 잠재력은 새로운 약속의 땅이 갖는 가장 유망한 기대치들 중의 하나가 될 것이다.

백신들의 생산에는 두 가지 주요한 공인된 방법들이 있다. 예를 들어 소아마비 바이러스polio virus 같은 어떤 바이러스가 질병을 야기한다고 가정해보자. 여기서 백신을 생성하는 한 가지 고전적인 방법은 죽은 바이러스를 얻어내 그것을 사용하는 것이다. 또 한 가지 방법은 그 바이러스를 약화시키는, 그래서 질병을 야기하지 않고서도 면역성을 줄 수 있는 돌연변이들을 찾거나 만드는 것이다. 어느 경우나, 바이러스 물질이 투입되고, 당신의 면역 체계가 똑같은 바이러스에 의한 미래의 공격들을 막을 준비를 하는 것이다. 하지만 이런 방법들이 갖는 위험성은 명백하다. 만약 죽인 바이러스들 중 몇 개가 완전히 죽지 않았다면 무슨 일이 일어나겠는가? 또 만약 약화시킨 바이러스들이 〈복귀적〉 돌연변이를 거듭하여 원래의 활동력을 완전히 회복한다면 어떤 일이 벌어지겠는가? 이보다 좀더 새로워진 백신 개발 방법은, 면역 체계가 인식하는 바이러스의 표면에 있는 단백질들을 암호화하는 유전자들을 복제하는 유전공학기술을 사용함으로써 그런 문제를 우회한다. 그리고 이 단백질들을 백신으로서 주사한다. 환자들은 결코 바이러스 자체를 주입받지 않는다.

이런 새로운 방식은 훌륭하게 사용될 수 있다. 하지만 그것조차도 여러 문제들을 갖고 있다. 즉 첫째 우리는 해당 질병의 원인인 바이러스나 병원체에 대해 알고 있어야 한다. 둘째 그 병원체는 자신을 봉쇄하는 면역 반응을 촉발시킬 수 있는 단백질들을 갖고 있어야 한다. 셋째 통상적으로 실험실에서 그 병원체를 배양시킴으로써 그 단백질을 얻어내야만 한다. 넷째 사용자는 그 병원체의 단백질을 암호화하는 유전자를 복제하여 실제로 그 백신을 만들어내야 한다. 이 네번째 단계는 이전의 세 가지 작업들이 완수되어야만 통상 실행될 수 있는 것이다.

열쇠—자물쇠—열쇠 방식과 응용분자진화학은 백신 개발에 있어서 강력한 적용성이 입증될 수 있는 완전히 다른 접근 방식을 제시해주고 있다. 예를 들어, 앞서 살펴본 인슐린과 토끼의 예에서 내가 인슐린이 아닌 간염 바이러스hepatitis virus를 가지고 토끼를 면역시켰다고 가정해보자. 그러면 나는 그 간염 바이러스의 특이한 분자 구조적 특성에 대항하여 형성된 항원결정기epitope라 불리는 항체 분자들을 얻게 될 것이다. 그런 항체 분자 자물쇠를 손에 넣고 나면, 이제는 그 항체와 결합하면서 간염 바이러스의 항원결정기처럼 보일 두번째 열쇠들을 만들어내는 펩티드들을 찾기 위해 다소 무작위적인 펩티드들의 도서관을 탐색하게 될 것이다. 하지만 그렇게 찾아낸 간염 바이러스의 모조품인 펩티드를 면역에 사용하면 면역계는 그 펩티드는 물론이고 간염 바이러스에도 면역 반응을 촉발할 것이기 때문에, 결국 나는 그 펩티드를 사용하여 간염 바이러스에 대항하는 백신을 개발할 수 있게 된다.

결국 새로운 백신들이 손닿는 곳에 널려 있는 것이다. 그리고 이런 접근 방식이 갖는 장점들은 매우 중요하다는 것이 증명될 수 있다. 즉 첫째로 사람들은 문제의 병원균을 전혀 알 필요가 없다. 예를 들어 걸프전 동안 사담 후세인Saddam Hussein이 생화학무기 사용금지 조약을 무시하고 적진으로 어떤 유독성 박테리아 종을 던져 넘겼다고 가정해보자. 그것에 감염된 군인들로부터 추출한 혈청에는 그 미지의 병원균에 대한 항체들이 고도로 농축되어 있을 것이다. 이 혈청들을 사용하여 그 항체들과 결합하는 새로운 펩티드들을 분리해내고, 그 다음에는 그 펩티드들이 감염되지 않은 건강한 사람들의 혈청과는 결합하지 않음을 보여준다. 이렇게 해서 그 새로운 펩티드들은 유독하지만 정체가 알려지지 않은 그 박테리아 종의 항원결정기를 모방하게 된다. 이제 우리는 미지의 병원균에 대항하는 백신의 개발 단계로 접어든 것이다. 어쩌면 언젠가는 이런 작업이 생물학 전쟁의 개념조차 사라지게 할지도 모른다.

열쇠-자물쇠-열쇠의 접근 방식은 그 이상의 장점들도 갖고 있다. 현재의 복제를 통한 백신 개발 방식에서는 면역 반응을 유도해내는 항원결정기가 반드시 단백질이어야만 한다. 그래야만 그 단백질을 암호화하는 유전자가 복제되고 또 그 단백질의 제조에 사용될 수 있기 때문이다. 하지만 많은 병원균의 경우에 있어서 면역 반응을 촉발시키는 항원결정기들은 단백질이 아니라, 복잡한 고분자당(糖)인 탄수화물과 같은 다른 종류의 분자들이다. 예를 들어 많은 박테리아는 탄수화물 항원결정기들을 가지고 있다. 면역학 분야의 과거 연구들은 열쇠-자물쇠-열쇠 개념이 설사 첫번째 열쇠인 병원성 항원결정기가 탄수화물 분자여도 효과를 거둘 수 있음을 보여준다. 그런 경우에도 두번째 열쇠는 펩티드일 수 있는 것이다! 요컨대 펩티드들은 다른 종류의 분자들도 모방할 수 있다. 사실 당신은 이점을 의심해 왔을지도 모른다. 예를 들어 설탕 대체물인 이퀄Equal은 단 맛이 난다. 하지만 그것도 실제로는 두 개의 아미노산들로 구성된 미소한 펩티드다. 다이펩티드dipeptide가 당을 모방하는 것이다. 사실 펩티드는 거의 모든 형태들을 모방할 수 있는 것으로 보인다.

이처럼 쉽게 백신을 개발할 수 있는 잠재력은 그것이 고아병orphan disease에 대한 우리의 싸움을 도와줄 수 있다는 점에서 전세계적으로 중요한 의학적 의미를 갖는다. 고아병이란 극소수의 혹은 아주 많은 사람들을 괴롭힐 수 있으나, 흔히 2억 달러 정도에 달하는 통상적인 의약품 개발 비용이 투입되기에는 그 수요가 너무 적은 질병들이다. 이 같은 비용은 백신들을 포함한 많은 의약품들의 개발에 있어 명백한 장애물이다. 나는 응용분자진화학이 의약품과 백신의 개발 비용을 낮춤으로써 많은 고아질병들에 대한 치료법들을 가져다주는 데 도움이 되기를 희망한다.

이 모든 것들이 잘 되어갈 수 있을까? 현재는 시작 단계에 불과하지만 앞으로는 점점 더 가속될 수 있을 것이다. 1990년 여름에 동일한 발상을 이용한 3편의 논문들이 거의 동시에 발표되었다. 이 논문들을 쓴 연구자들은 임의의 단백질들을 발현시키는 다소 무작위적인 유전자들의 도서관들을 만드는 것보다, 차라리 각각의 바이러스가 자신의 외피에다 서로 다른 무작위적인 펩티드를 발현시킨 그런 바이러스들의 도서관을 만드는 것이 더 가치가 있다는 것을 인식하고 있었다. 이런 방법을 사용하면 각각의 바이러스는 자기 특유의 펩티드인 하나의 분자 꼬리표를 달게 된다. 그리고 그 꼬리표는 바이러스의 〈바깥〉에 있으므로, 이 방법은 꼬리표를 달고 있는 바이러스를 분리하기 위해 꼬리표와 결합하는 분자들을 사용하는 것을 쉽게 해준다.

그러면 이제 그 발상은 바로 검불더미 안의 바늘을 찾는 과정에서 열쇠-자물쇠-열쇠 접근 방식을 실행하는 것이다. 우선 첫번째 열쇠로, 이 경우에는 6개 아미노산들의 특정 배열인 6량체 펩티드 hexamer peptide를 가지고 시작해본다. 다음에는 이 6량체에 대한 항체를 만든다. 이 항체가 자물쇠가 된다. 그리고는 이 항체 자물쇠와 무작위적 6량체 펩티드 꼬리표들의 방대한 도서관을 사용하여 그 항체 자물쇠에 맞는 두번째 열쇠인 6량체들을 찾아낸다. 이 두번째 열쇠들이 첫번째 6량체 열쇠를 모방할 후보들이 된다. 여기서 나는 이러한 첫번째 실험들이 열쇠-자물쇠-열쇠 개념의 실제성을 보여주기 위한 것이지, 의학적으로 쓸모 있는 분자들을 찾아내기 위한 것이 아니라는 점을 강조한다.

초창기의 연구에서 과학자들은 6개 아미노산들로 된 끈들을 암호화하는 무작위적인 DNA 배열들에서 시작하여, 이것들을 특정 종류의 바이러스의 외피 단백질을 암호화하고 있는 유전자에게로 복제시켰다. 그렇게 함으로써 바이러스들은 어느 것이나 자기 고유의 6-아미노산 배열을 외피에 〈표시한〉 꼬리표를 갖게 되었다. 20가지 종류의 아미노산들을 가지고 6-아미노산 배열들을 만들 수 있는 경우의 수는 20^6, 즉 약 6,400만 정도다. 이런 방법으로 가능한 6,400만 개 중 2,100만 개의 서로 다른 펩티드들의 도서관이 만들어졌다.

이처럼 도서관을 준비한 다음, 과학자들은 하나의 특정 6-펩티드를 첫번째 열쇠로 선택한 뒤 이 열쇠에 들어맞는 항체 자물쇠들을 얻어냈다. 그리고는 이 항체-자물쇠 분자들을 사용하여 두번째 열쇠인 6량체 꼬리표들을 달고 있는 바이러스들을 〈몽땅 낚아내자〉는 생각이었다. 이를 위해 배양용 접시 바닥에 그 항체 분자들을 화학적으로 부착하였다. 그리고 2,100만 개의 서로 다른 바이러스 도서관이 이 접시 속에서 함께 배양되었다. 항체-자물쇠 분자들과 결합하는 두번째 열쇠들이 될 6량체 꼬리표들을 몇 개의 바이러스들이 갖고 있기를 기대하면서 말이다. 그런 다음에는 항체 분자와 결합하지 않는 바이러스들은 씻어내 버리고, 다시 실험 조건을 변화시켜 꼬리표가 접시 바닥의 항체 자물쇠와 결합하고 있던 남은 바이러스들을 분리해낼 수 있었다. 이런 절차들을 통해서 이 실험들은 두번째 열쇠들을 찾아내는 데 성공을 거두었다.

그 결과들은 깜짝 놀랄 만한 것이었고, 많은 중요한 사항들에 대한 증거를 제시했다. 대략 2,100만 개의 6-펩티드 도서관이 탐색되어, 19개의 두번째 열쇠 펩티드들이 발견된 것이다. 따라서 2개의 6-

펩티드들이 똑같은 항체 분자에 결합할 정도로 비슷해 보일 확률은 대략 백만분의 1 정도이다. 비슷한 분자들을 찾는 것이 아예 불가능할 정도로 어려운 것이 아니다. 검불더미 속에 있는 바늘들의 비율은 대략 백만 개의 지푸라기들 속에 바늘 한 개가 있는 정도인 것이다. 평균적으로 19개의 6-펩티드들은 6-아미노산 위치들 중 3군데에서 원래의 6-펩티드와 달랐다. 더구나 그중 한 개의 6-펩티드는 6군데의 모든 위치에서 달랐다! 따라서 이 사실은 유사한 모양의 분자들이 단백질 공간 내에서는 서로 멀리 떨어져 흩어질 수 있다는 것을 의미한다. 이것은 대부분의 생물학자들에게 매우 놀라운 사실이었다. 왜냐하면 거의 동일한 분자들은 대개 거의 동일한 모양을 갖고 있다는 것이 기존의 익숙한 개념이었기 때문이다. 하지만 위의 결과들은 서로 아주 다른 분자들도 아주 유사한 모양을 가질 수 있을 것이라는 점점 자라고 있는 의견을 뒷받침해주는 것이다! 여기에 대해서 뒤에 다시 이야기하겠지만, 이것은 매우 중요한 사실이다.

지금 경주는 진행되고 있다. 미국, 유럽, 일본, 그리고 여러 다른 곳의 생물공학 회사들과 제약 회사들은 이 같은 의약품 개발의 새로운 접근 방식에 돈을 투자하기 시작하고 있다. 당신에게 필요한 분자를 고안해내려고 애쓰지 말라. 멍청한 것이 똑똑한 것이다. 막대한 분자들의 도서관들을 만들어서 당신이 원하는 것을 〈골라내는〉 법을 배워라.

이 분야에 대한 열정이 이처럼 커져가는 데는 정당한 근거가 있다. 쓸모 있는 분자들이란 단백질들과 펩티드들에만 한정된 것은 아니다. RNA나 DNA 분자들 또한 응용분자진화학을 통해서 발견되고 개량될 수 있기 때문이다. 길레아드Gilead라는 이름의 한 작은 회사는 자신이 개발해왔던 응혈 작용을 하는 분자인 트롬빈thrombin과 결합하는 한 DNA 분자에 대한 실험을 하고 있다. 이 DNA 분자가 인체에 해로운 혈액 응고 현상을 막는 데 도움을 줄 수 있기를 기대 하면서 말이다.

안정적인 유전 정보 전달자인 DNA가 트롬빈과 결합하여 임상학 적으로 유용하게 쓰일 수 있다는 것을 입증할 수 있는 분자를 만드 는 데 사용되리라는 것을 어느 누가 생각해 보았겠는가? 게다가 트 롬빈과 같은 염기들과 결합할 수 있는 DNA 분자들만이 우리가 찾아 내야 하는 유용한 DNA들은 아닌 것이다. 당신 몸 안의 각 세포 속 에 있는 100,000개의 유전자들이 인접한 구조적 유전자들의 활동을 제어하는 특별한 DNA 부위들에 결합하는 단백질을 만듦으로써 서로 활성을 켰다 껐다 한다는 것을 기억하라. 우리가 극히 무작위적인 DNA 배열들의 도서관들을 만들어내고, 그것들을 전혀 새로운 배열 들로 진화시켜서, 그것들을 게놈들 속에 삽입시킴으로써 연쇄적인 유전자 활동들을 조절하려 할 때도 아무런 제한이 없다. 또한 세포 자신의 조정 유전자들과 결합하여 유전자의 활동 양상들을 변화시킬 수 있는 새로운 단백질들을 암호화하는 새로운 유전자들을 우리가 개발하지 못할 이유도 없다. 예를 들어 암은 많은 경우에 있어 발암 억제유전자 suppressor oncogene라고 부르는 세포 유전자들이 돌연변 이를 일으킴으로써 발생한다. 발암억제유전자들은 세포 내의 발암유 전자 oncogene들의 활성을 꺼버림으로써 작용을 한다. 이 경우 세포 내의 암유전자들을 꺼버릴 수 있는 단백질 생성물을 갖는 완전히 새 로운 발암억제유전자들을 우리가 개발하지 못할 이유도 없다. 우리 의 상상을 훨씬 뛰어넘는 약품들이 우리를 기다리고 있는 것이다

이와 관련하여 하버드 의대의 잭 소스택 Jack Szostak과 앤디 엘링 턴 Andy Ellington은 몇 년 전에 가슴이 벅찰 정도로 놀라운 논문들

중의 하나를 발표했다. 이들은 자신들이 10조 개의 무작위적 RNA 분자들을 동시에 검색하여 하나의 작은 유기 분자와 결합하는 RNA 분자들을 모두 낚아낼 수 있다는 것을 발견했다. 10조 개의 분자들을 동시에?

우리는 이미 RNA 분자들이 반응들을 촉매할 수 있다는 것을 알고 있다. 소스택과 엘링턴은 자신들이 임의의 작은 분자들과 결합하는 RNA 분자들을 찾을 수 있지 않을까 하고 생각했던 것이다. 만약 그럴 수 있다면, 그런 RNA 분자들은 약품으로 사용될 수 있거나 혹은 그로부터 완전히 새로운 리보자임들을 생성해내도록 변형시킬 수 있기 때문이었다. 그들은 생화학자들이 친화열affinity column이라 부르는 특정한 작은 유기 분자, 즉 어떤 염료를 갖고 있는 열을 만들어 냈다. 전형적으로 이런 열들은 염료 분자들이 달라붙은 일종의 구슬들로 형성된다. 이들의 착상은 한 용액을 그 열을 따라 부어 넣어서 그 구슬들 위로 흐르게 하는 것이었다. 그러면 구슬들 위의 염료와 결합하는 용액 내의 분자들이 걸러지게 될 것이다. 또 구슬 위의 염료와 결합하지 않는 분자들은 재빨리 그 열을 통과하여 바닥으로 흘러나오게 될 것이다. 그들은 우선 약 10조 개의 무작위적인 RNA 분자들의 도서관들을 만들어냈다. 그리고 각 열 위로 이 10조 개의 RNA 배열들의 도서관을 부었다. 그러자 몇몇 RNA 배열들은 열 위의 염료와 결합했다. 그 나머지는 열을 통해 빠르게 흘러가 버렸다. 그 결합된 RNA 분자들은 화학적 상황, 환경, 조건들을 변화시키고 또 그것들을 씻어냄으로써 제거되었다. 그리고 몇 개의 단계들을 더 거친 다음에, 그 논문의 저자들은 자신들이 그 염료와 선택적으로 결합할 수 있는 약 10,000개의 배열들을 〈몽땅 낚아냈음〉을 증명할 수 있었다. 이 연구자들이 10조 개의 배열들로 시작했고 그것들 중

10,000개가 염료와 결합하는 것이므로, 무작위적으로 선택된 하나의 RNA 배열이 이 염료들 중 하나와 결합할 수 있는 확률은 대략 10,000 나누기 10조, 즉 10억 분의 1이다.

이것은 굉장한 사실이다. 이 결과들은 다음의 사실을 제시한다. 즉 임의의 분자 모양, 염료, 바이러스 위의 항원결정기, 그리고 수용체 분자의 패인 홈의 모양을 고른다. 또 10조 개의 무작위적인 RNA 배열들을 가진 도서관을 만든다. 그러면 10억 개 중 하나는 당신이 고른 결합 부위에 결합할 것이다. 10억 개 중의 하나란 바로 거대한 검불더미 속의 한 개의 작은 바늘이다. 하지만 여기서 깨달아야 하는 한 가지 어마어마한 사실은 바로 우리가 이제는 수십조 종류의 분자들을 생성하고 그것들을 병렬적으로 검색하여 우리가 원하는 분자들, 즉 우리가 찾는 후보 의약품들을 한꺼번에 모두 낚아낼 수 있다는 것이다.

우리는 이미 6장에서 전 지구에 존재하는 다양한 단백질들의 추정 개수는 대략 10조 개 정도라는 것을 살펴보았다. 소스택과 엘링턴, 그리고 현재 다른 많은 학자들이 작은 시험관 속에서 이처럼 다양한 DNA 배열들을 거의 일상적으로 만들어내면서, 동시에 우리가 원하는 기능을 가진 매우 작은 부분을 찾기 위해서 그것들 모두를 검색하고 있다. 이제 우리는 작은 시험관 속에서 지구의 다양성과 경쟁하고 있는 것이다. 그리고 진화가 자신의 선택물들을 낚아내기 위해서 무한히 많은 시간을 보냈을지도 모르는 그 시험관에서 우리는 이미 몇 시간 안에 우리의 선택물들을 모두 낚아낼 수 있는 것이다.

프로메테우스Prometheus[2]여, 당신은 무엇을 시작해 놓은 것인가?

보편적 분자 도구상자들

우리는 이제 펩티드들이 다른 분자들을 모방할 수 있음을 보았다. 또 우리는 한 펩티드가 한 항체 분자와 결합할 확률은 백만분의 1이며, 하나의 RNA 분자가 하나의 작은 유기 염료와 결합할 확률이 십억분의 1이라는 것을 살펴보았다. 이것만으로도 이미 충분히 놀라운 것이지만, 우리가 논의해온 여러 사실들은 분자의 기능과 관련하여 우리가 생각하는 방식에 있어서 훨씬 더 큰 변화가 있을 것을 예고하고 있다. 중합체들, 단백질들, DNA, RNA, 또는 다른 분자들을 포함하는 유한한 수의 집단들이 본질적으로 우리가 원하는 어떤 기능도 수행해낼 수 있는 〈보편적 도구상자들〉이라는 가정은 타당한 것이 되었다. 하나의 완전한 도구상자를 갖기 위해 요구되는 다양한 중합체들의 수는 1억에서 천억 개 정도이다.

여기서 내가 미리 경고하건대, 보편적 분자 도구상자들이란 발상은 이단적인 것이다. 하지만 만약 이것이 정확한 것이라면, 거기에는 우리가 원하는 거의 모든 분자 기능들을 창출해내는 데 그런 도구상자들을 사용할 수 있다는 사실이 암시되고 있는 것이다.

그 중심적인 개념은 단순하다. 즉 형태들의 수보다 배열들의 수가 훨씬 더 크다는 것이다! 우리가 이미 살펴본 것처럼 100개의 아미노산들로 구성된 단백질들 중에서는 대략 10^{120}개의 배열들이 존재하고 있다. 하지만 이 아미노산들이 형성해낼 수 있는 실제로 다른 형태들은 몇 개나 될까? 아무도 모른다. 하지만 분자들이 상호작용할 수 있는 원자 크기의 규모에서는 대략 1억 개 정도의 실제로 서로 다른 분자 형태들만이 존재한다는 주장이 설득력 있게 제안되고 있다.

내 친구들인 로스앨러모스의 앨런 퍼렐슨 Alan Perelson과 버클리의 조지 오스터 George Oster가 내가 아는 한 이 문제를 명확히 진술한 최초의 연구자들이다. 퍼렐슨과 오스터는 왜 인간의 면역 체계가 약 1억 개의 다양한 항체 분자들을 갖고 있는 것처럼 보이는지에 대해 의심을 품고 있었다. 몇 조 개를 갖고 있을 수도 있지 않은가? 또 『은하계로 가는 히치하이커를 위한 안내서 *The Hitchhiker's Guide to the Galaxy*』라는 책에서 모든 것에 대한 보편적인 답으로 제시됐던 42개가 될 수도 있지 않은가? 퍼렐슨과 오스터는 3차원 공간에 해당되는 3개의 차원, 그리고 총 전하와 돌출부의 수용성 정도 등 분자들의 특성들을 나타내는 몇 가지 다른 차원들을 가진 하나의 추상적 〈형태 공간〉을 정의한다. 이 형태 공간이란 것이 일종의 N-차원 상자나 방이라고 가정해보자. 그 어떤 형태도 이 방 안에서는 하나의 점이다. 이제 여기에 첫번째 중요한 사실이 등장한다. 하나의 항체 분자가 한 항원과 결합할 때, 그 맞춤 정도는 완벽한 것이 아니라 근사적인 것이다. 이는 마치 여러 자물쇠에 맞는 곁쇠가 자물쇠가 열릴 정도로는 들어맞지만 정확히 맞는 것은 아닌 경우와 같다. 따라서 우리는 하나의 항체 분자가 형태 공간 내에서 유사하게 생긴 항원들의 집합인 〈공 ball〉과 결합하는 것으로 생각할 수 있다.

형태 공간이라는 개념 안에는 명백히 드러나는 하나의 발상과 두 개의 훨씬 더 깊은 개념들이 있다. 명백한 발상이란 바로, 서로 비슷한 분자들은 비슷한 형태를 가질 수 있고 그러므로 형태 공간 내의 같은 공 안에 놓여 있다는 것이다. 또 첫번째 깊은 개념이란 다음과 같다. 즉 각각의 항체는 형태 공간 내에서 하나의 공을 담당하고 있으므로, 어떤 유한한 개수의 공들이 형태 공간 전부를 덮을 수 있다! 이것은 매우 중요한 사실이다. 분자적인 인식은 정확하지 않고 엉성한 것이어서, 어떤 유한한 수의 항체 분자들이 모든 가능한 형태들에 들어맞을 수 있는 것이다! 어떤 유한한 수의 항체 분자들이 바로 모든 가능한 형태들을 인식하는 보편적인 도구상자인 것이다. 그리고 어떤 유한한 수의 분자 곁쇠들이면 모든 분자 자물쇠들에 충분히 들어맞을 수 있다.

그러면 열쇠들이 몇 개면 충분하겠는가? 형태 공간을 덮는 데 공이 몇 개가 필요하겠는가? 이것에 대답하려면 우리는 우선 공 한 개가 어느 정도의 크기인가를 알 필요가 있다.

형태 공간 내에서 하나의 항체 분자에 의해 덮이는 공 한 개의 크기를 알아보기 위해, 퍼렐슨과 오스터는 영원(蠑蚖, newt)[3]들의 면역 체계처럼 가장 단순한 면역 체계가 대략 1만 개 정도의 다양한 항체 분자들을 갖고 있다는 사실을 활용했다. 이제 그 다양한 항체들의 목록이 진화에서 능력을 발휘하기 위해서는 형태 공간의 상당한 부분을 담당할 수 있어야 한다. 그렇지 않으면 그것들이 자연선택에서 유리하지 않게 될 것이다. 형태 공간의 상당한 부분과 결합할 수 있어야만 면역 체계가 상당한 종류의 침입자와 결합할 수 있을 것이다. 퍼렐슨과 오스터는 유용성이 있는 결합 부분의 크기가 최소한 형태 공간의 $1/e$, 또는 37퍼센트라고 추측한다. 그러면 그들은 1만 개의 항체 분자들 각각이 형태 공간의 37퍼센트의 만 분의 1을 덮고 있다고 생각할 수 있다. 이렇게 해서 그들은 형태 공간 내의 한 공의 크기에 대한 추정값을 얻는다. 그런데 인간들은 1억 개의 서로 다른 항체 분자들의 목록을 갖고 있다. 항체 분자들이란 형태 공간 내에서 다소 무작위적으로 자리잡은 공들을 덮어주는 다소 무작위적인 결합 부위들을 갖고 있기 때문에, 퍼렐슨과 오스터는 만약 이런 크기의 1억 개의 공들이 무작위적으로 형태 공간으로 던져진다면 어떤 일이 일어날지에 대해서 질문한다. 예를 들어 아무렇게나 당신의 방

안에 던져진, 서로 통과할 수 있는 탁구공들을 상상해보자. 애처로이 보이는 베고니아 화분을 제외한 거실 전체를 거의 꽉 채우는 데는 몇 개의 공들이 필요하겠는가? 퍼렐슨과 오스터는 무작위한 탁구공들의 위치에 관한 수학적인 논리들을 사용하여, 1억 개의 공은 거의 모든 형태 공간을 덮거나 그 이상으로 포화시킨다는 것을 보여주고 있다.

따라서 1억 개의 곁쇠들이 필요한 전부인 것이다. 즉, 설사 그런 형태들을 가진 가능한 중합체들과 다른 분자들의 수가 천문학적인 숫자 이상으로 크다고 해도, 단지 약 1억 개 정도만의 실제로 서로 다른 형태들이 있는 것이다.

형태 공간에 관한 두번째 깊은 개념은 이것이다. 비슷한 분자들만이 비슷한 형태를 갖는 것이 아니라, 상당히 다른 분자들도 각각 원자 수십 개 정도의 작은 부분들에서 〈동일한〉 국부적 형태를 가질 수 있다는 것이다. 펩티드나 탄수화물 항원결정기들, 혹은 엔도르핀과 아편과 같은 화학적으로 서로 매우 다른 분자들은 국부적으로는 똑같아 보이는 분자 특성들을 가질 수 있고, 따라서 비록 포함된 원자들이 똑같지 않더라도 형태 공간 내에서 같은 공 안에 있게 된다.

그러므로 우리는 다음의 중요한 결론에 도달하게 된다. 당신의 면역 체계는 대략 1억 개의 항체 분자들을 만들어냄으로써 아마도 거의 모든 생성 가능한 항원들을 인지해낼 수 있을 것이다! 다른 말로 하면, 당신 자신의 개인적인 면역 체계는 이미 그 어떤 분자적인 항원결정기도 인지할 수 있는 보편적 도구상자인 것이다.

이런 능력을 가진 것은 항체 분자들뿐만이 아니다. 보편적 도구상자들은 충분히 다양한 많은 종류들의 분자들로 거의 확실하게 만들어질 수 있다. 사람들은 무작위적인 단백질들이나 무작위적인 RNA

분자들을 사용해서 그 어떤 항원결정기와 결합하는 보편적 도구상자들을 만들어낼 수 있게 될 것이다. 또 약 1억 개에서 1천억 개의 분자들을 가진 하나의 보편적 도구상자는 본질적으로 그 어떤 분자와도 충분히 결합할 수 있게 될 것이다.

결합 작용과 촉매 작용은 서로 다른 것이다. 그럼에도 불구하고 우리는 더욱더 놀라운 하나의 가능성에 이끌려가고 있다. 즉 유한한 중합체들의 집합이 보편적 효소 도구상자의 기능을 할 수도 있다. 만약 그렇다면, 1억 개 혹은 100조 개의 분자들을 가진 하나의 도서관은 그 어떤 촉매 작업이건 충분히 수행할 수 있게 된다.

퍼렐슨과 오스터는 우리들에게 형태 공간의 개념을 가르쳐 주었다. 이번에는 우리가 촉매 작업 공간이라 부를 것을 향하여 나아가보자. 어떤 촉매적 작업을 수행하고 있는, 즉 한 반응의 전이 상태와 결합하여 그렇지 않다면 일어나기 어려울 어떤 반응을 촉진하는 한 효소를 상상해보자. 전이 상태에 결합되면서 그 효소는 반응을 촉매한다. 형태 공간 내에서 서로 비슷한 분자들은 비슷한 형태를 가질 수 있지만, 또한 서로 매우 다른 분자들도 똑같은 형태를 가질 수 있다. 이와 마찬가지로 촉매 작업 공간에서도 서로 유사한 반응들은 서로 유사한 작업을 하고, 또한 아주 다른 반응들도 동일한 작업을 구성할 수 있다. 예를 들어 두 개의 서로 다른 화학적 반응들은 제각기 상대편과 매우 유사한 전이 상태들을 거칠 수 있다. 따라서 한 전이 상태와 결합하는 효소는 다른 전이 상태와도 마찬가지로 결합할 수 있을 것이고, 그래서 그 효소는 양쪽 반응 모두를 촉매할 수 있을 것이다. 이때 이 두 가지 반응들은 촉매 작업 공간 내에서 같은 〈공〉 안에 놓여 있게 된다. 하나의 항체는 형태 공간에서 하나의 공을 덮고, 따라서 유한한 수의 항체 분자들이 형태 공간의 전체를 덮는다. 마찬가지로, 하나의 효소는 유사한 반응들을 일으키는 한 공을 덮는다. 그러므로 유한한 수의 효소들이 촉매 작업 공간 전체를 덮을 수 있고 하나의 보편적 효소 도구상자가 될 수 있는 것이다.

사실 우리는 이와 유사한 그 어떤 것이 옳은 것일 가능성이 매우 높다는 것을 이미 알고 있다. 단지 그것을 스스로에게 말한 적이 없었을 뿐이다. 당신의 개인적인 면역 항체 목록은 아마도 이미 하나의 보편적 효소 도구상자일 것이다.

촉매 항체들——즉 하나의 반응을 촉매할 수 있는 항체 분자들——을 생성하는 것이 가능하다는 점을 상기하자. 그것을 하려면 사람들은 우선 어떤 반응의 전이 상태에 대해 면역을 시켜서 그 전이 상태와 결합할 수 있는 항체 분자를 얻어낸 다음, 그 항체 분자가 그 반응을 촉매하도록 할 것이다. 하지만 불행히도 그런 전이 상태는 매우 불안정하여 십억분의 몇 초 정도의 짧은 시간 동안만 지속되기 때문에 전이 상태 그 자체에 대해 면역시키는 것은 불가능하다. 그 대신 그것의 안정된 형태가 그 반응의 전이 상태처럼 보이는 다른 어떤 분자를 사용하는 것은 가능하다. 따라서 이 안정된 유사품은 전이 상태가 나타내는 것과 동일한 촉매 작업을 나타내는 두번째 형태가 되는 것이다. 우리는 전이 상태의 안정된 유사품에 대해 면역시키면 되는 것이다. 그리고 전이 상태의 안정된 유사품에 대해서 만들어진 10개의 항체 중 한 개가 실제로 그 원래의 반응을 촉매한다.

우리는 약 1억 개의 항체 분자들을 포함한 인간의 면역체 목록은 형태 보편적이고, 하나 이상의 항체 분자들이 임의의 항원과 결합하고 그것을 인지할 수 있다고 생각할 수 있다는 것에 주목했다. 하지

반 이런 사실은 또한 인간의 면역체 목록이 이미 하나의 보편적 효소 도구상자일 수도 있음을 암시하는 것이다. 만약 그렇다면, 당신 자신의 면역 체계는 실질적으로 그 어떤 반응도 촉매할 수 있는 항체 분자들을 품고 있는 것이다.

응용분자진화학은 엄청난 실용적 이익들을 약속해주고 있다. DNA, RNA, 단백질 도서관들을 사용함으로써, 신약품들, 백신들, 효소들, 또 게놈 조정 회로망에서 연쇄적인 유전자 활동들을 조절하는 DNA 조정부위들, 그리고 다른 쓸모 있는 생분자들 등등이 발견되기를 기다리고 있다. 하지만 시나이 반도 바로 너머 우리의 미래에는 더 많은 것들이 놓여 있다.

무작위적 화학

우리는 6장에서 생물권이 가진 근본적인 상임계적 특성과 생명의 근원과 관련된 그 특성의 개연적 역할을 논의했다. 또 충분히 다양한 분자의 반응계에 불이 당겨져서 집단적인 자기촉매 집합들이 생성될 수 있다는 것을 보았다. 그리고 이런 계들은 하임계적, 또는 상임계적 거동을 드러낼 수 있다는 것도 보았다. 상임계적인 경우 다양한 유기 분자들과 후보 효소들이 문턱치를 넘어 증가함에 따라 화학 반응계는 다양한 분자들을 폭발적으로 만들어낸다. 이와 같은 원칙들은 쓸모 있는 새로운 분자들을 발견하려는 우리의 노력을 도와줄지도 모른다. 이런 노력을 나는 무작위적 화학이라 부른다.

펩티드와 단백질은 현재 약품으로는 다소 제한된 가치를 지니고 있다. 그 이유는 간단하다. 단백질은 고기처럼 창자 내에서 소화되기 때문에 단백질 약품은 입을 통해 투입될 수는 없다. 따라서 제약 회사들은 입을 통해 투입될 수 있는 작은 유기 분자들을 더 선호한다.

큰 제약회사들은 유용한 약효가 있는 수십만 개의 작은 유기 분자들의 도서관들을 축적하기 위해 수십 년에 걸친 노력을 투자해왔다. 이런 도서관들은 합성되거나 박테리아나 열대식물 등으로부터 추출된다. (당신이 알고 있는 것처럼, 유전자적 다양성을 보존해야 한다는 주장의 일부분은 이 유전자적 다양성이 갖는 잠재적인 의학적 가치에 근거하고 있다. 나 개인적으로는 이런 주장이 섬뜩한 것으로 느껴진다. 40억 년 간의 진화의 결실에 대한 순수한 경외심이 우리 모두를 설득하기에 충분해야만 할 것이다. 우리는 겸손과 경외의 모든 감각을 잃어버렸단 말인가?)

화학계의 하임계적 및 상임계적 거동에 대한 조사는 우리가 〈겨우〉 십만 개 정도밖에 되지 않는 도서관의 다양성들을 쉽게 능가할 수 있다는 것을 보여준다. 오히려 우리는 수십억, 혹은 수조 개의 새로운 유기 분자들을 만들어내고 이 폭발적으로 생성된 분자들에서 하나의 약전(藥典)을 얻어내는 것을 목표로 할 수 있다.

어떻게? 우선 상임계적 폭발 과정을 만든다. 우리가 유기 분자들과 후보 효소들로 항체 분자들을 사용했던 실험을 상기해보자(그림 6-3). 대략 1,000개의 서로 다른 유기 분자들을 택해서 그것들을 용액속에 넣는다. 다음에는 우리의 후보 효소들인 약 1억 개 종류의 항체 분자들을 속에 섞어 놓는다. 만약 이 혼합물이 상임계적인 것이라면 시간이 흘러감에 따라 수천, 수백, 더 나아가 수십억 개의 여러 새로운 종류의 유기 분자들이 만들어질 것이다. 어떤 반응들은 빨리 일어날 것이고, 또 어떤 것들은 아주 느리게 일어날 것이다. 하지만 여기서 몇 가지 분명한 사실들이 있다. 만약 우리가 1,000분의 1몰

mole 농도의 1,000가지의 분자들로 작업을 시작하고, 그 분자들의 다양성이 백만 배 가까이 폭발적으로 증가하여 십억 가지의 다양한 유기 분자들이 생성되면, 평형 상태에서의 분자의 평균 농도는 약 백만 배 감소할 것이다. 이 사실은 고도의 다양성을 가진 도서관의 농도가 어림잡아 십억분의 1몰 범위에 있다는 것을 의미한다. 실제로 이것은 상당히 높은 수치이다. 많은 세포 수용체들은 호르몬의 농도가 이 정도거나 또는 더 낮은 범위에 있을 때 자신의 호르몬 리간드와 결합한다. 바로 이런 정도의 반응이 우리에게 흥미로운 분자들을 낚아내기 위해 필요로 하는 반응이다.

이제는 우리의 용액에 십억분의 1몰 범위 내에서 반응하는 어떤 세포 수용체를 첨가시켜 보자. 단순하게 생각해서, 에스트로겐과 결합하는 복제 수용체를 넣어보자. 추가로 그 용액에 방사능으로 추적되는 매우 〈뜨거운〉 에스트로겐을 작은 농도로 첨가해보자. 방사성 에스트로겐은 자신의 수용체와 아주 단단히 결합할 것이다. 이제 만약 상임계적 반응을 일으키는 혼합 상태에서 에스트로겐과 거의 같은 친화력을 가지고 에스트로겐 수용체와 결합하는 새로운 분자들이 존재한다면, 그런 새로운 분자들은 이 강력히 결합된 뜨거운 에스트로겐과 수용체로부터 에스트로겐을 대체할 것이다. 이런 치환 현상은 떼어진 방사성 에스트로겐 분자들을 측정함으로써 탐지될 수 있다. 따라서 우리는 우리의 상임계적 반응 혼합물 내에서 몇 가지 알려지지 않은 종류의 분자들이 형성되었고, 또 이것들이 에스트로겐 수용체들과 결합할 만큼 에스트로겐을 잘 모방하고 있음을 알 수 있다. 이런 미지의 분자들이 바로 에스트로겐 자체를 모방하거나 변조하게 될 후보자 약품들인 것이다.

이제 우리가 해야 할 일은 바로 그 미지의 분자를 분리해서 그것이 무엇인지를 알아내는 것이다. 그 분자는 아마도 우리가 처음에 갖고 시작한 1,000개의 유기 분자 구성 요소들의 초기 집합으로부터 그것을 만들어내는 일련의 반응들에 의해 합성되었을 것이다. 좀더 구체적으로 하기 위해, 초기 집합으로부터 4가지 반응들이 촉매되어 일어나, 그 미지의 에스트로겐 유사물을 생성할 7개의 분자들을 만들어낸다고 가정해보자.

그러고 나서 다음과 같이 진행해보자. 우선 32개의 용기들을 만든다. 그리고 각각의 용기 안에 1,000개의 모든 분자 구성 요소들을 넣는다. 또 그 각각에 1억 가지의 항체 효소 분자들 중에 50퍼센트를 무작위적으로 선택하여 넣는다. 이제 그 용기들 중 어느 하나가 위의 중요한 4개의 반응들을 촉매해 주는 4개의 중요한 항체 분자들을 가지게 될 확률은 $1/2 \times 1/2 \times 1/2 \times 1/2$, 즉 $1/16$이다. 따라서 확률적으로 이 32개의 용기들 중 2개는 4종류의 항체 분자들을 갖고 있게 된다. 이제 이 32개의 용기들에 그 반응들이 일어나도록 해보자. 그러면 32개의 용기들 중 2개에서는 그 미지의 에스트로겐 유사물이 만들어져야 하고 이것은 앞서 말한 것처럼 방사성 에스트로겐을 이용하여 확인할 수 있다. 이제 그 2개의 용기들 중 하나를 선택하는데, 어느 것이 되든 용기에는 처음의 항체들에서 무작위적으로 골라진 50퍼센트의 항체 효소 분자들이 남게 된다. 즉 초창기 항체의 다양성을 50퍼센트 비율로 축소시킨 것이다. 이런 〈반감〉 과정을 대략 26회 반복하면 당신은 그 미지의 에스트로겐 유사물을 만드는 데 중요한 4개의 항체 분자들의 집합에 도달한다. 요컨대 당신은 1,000개의 구성 요소들로부터 유사물을 합성해내는 데 필요한 4개의 촉매 항체들의 집합을 뽑아낸 것이고, 게다가 아직까지도 그 유사물이 무엇인지도 모르는 채 그렇게 해낸 것이다. 당신이 다른 항체 분자들을 버리는 동안 부수적으로 촉매되는 반응들의 수는 감소할 것이다. 왜? 그건 바로 부수적 반응들이 이런 항체 분자들 중 몇몇에 의해 촉매될 것이기 때문이다. 당신이 항체 분자들을 제거해감에 따라 부수적인 반응들도 더 이상은 촉매되지 않는다. 따라서 그 미지의 유사물의 농도는 증가할 것이다. 마침내 당신은 당신이 원하는 어떤 방법으로든 특성 분석을 하고 합성을 하기에 충분히 높은 농도로 미지의 에스트로겐 유사물을 얻은 것이다. 또다른 한편으로는, 당신은 에스트로겐 유사물을 합성할 수 있는 촉매 항체들의 집합을 골라낸 것이기도 하다. 이 과정은 그 유사물의 구조가 어떤 것인지를 사전에 알 필요도 없이 이루어진다. 이렇게 해서 당신은 무작위적 화학이라 부를 수 있는 과정을 수행해낸 것이다.

상상할 수 없을 정도로 엄청난 수의 약품들이 우리의 손이 닿는 범위 안에 있는 것이다.

실험실에서의 생명 창조

호모 루덴스, 유희의 인간. 나는 이미 고도의 잠재적 의학적 중요성을 지닌 두 가지 분야에 관해 서술했다. 응용분자진화학과 무작위적 화학에 대해 말이다. 과학적 발견이란 어떤 경우에나 하나의 신비이고, 또한 동시성의 신비도 갖고 있다. 많은 사람들이 여러 방향에서 접근하면서 위와 같은 개념들에 수렴하고 있다. 나 자신의 경우에는 응용분자진화학과 무작위적 화학 양쪽에 대한 생각들이 유희 과정으로부터 나왔다. 사실 나는 어떻게 하면 생명체가 자연스럽게 나타날 수 있는지, 즉 복잡한 화학 과정의 거의 필연적인 창발일 수 있는지에 관해 공상하며 꿈꾸며 즐기고 있었다. 나는 자기촉매 집합들에서 나의 길을 찾아냈는데, 이에 대해서는 이제 당신도 알고 있으리라. 그 당시의 이론은 무작위적으로 선택된 어떤 단백질이, 역시 무작위적으로 선택된 어떤 반응을 촉매한다는 개연성의 모델들에 근거하고 있다. 그러던 어느날, 새로운 반응들을 촉매하는 효소들의 실험적 진화에 관한 세미나를 듣다가 나는 문득 한 가지 생각을 떠올렸다. 무작위적인 단백질들을 만들어서, 그중 무작위적으로 선택된 한 단백질이 무작위적으로 선택된 한 반응을 촉매할 확률을 실제로 밝혀내면 어떨까?

정말 그렇게 해본다면 어떨까? 여기서 응용분자진화학이 나온다.

그리고 만약 화학 반응 그래프들이 하임계적, 그리고 상임계적 거동을 나타낸다면, 항체 분자들과 유기 분자들을 섞어서 하나의 상임계적 폭발을 촉매해보는 것은 어떨까?

정말로 그렇게 해보면 어떨까? 여기서 무작위적 화학이 나온다.

하지만 만약 응용분자진화학이 현재 새로운 분자들의 수확을 약속해 준다면, 그것은 또한 무작위적으로 선택된 반응들을 촉매할 수 있는 중합체들의 수확도 가져다준다. 또 만약 무작위적 화학이 미래의 의약품들을 위해 키질하듯 골라내야 할 유기적 다양성의 도서관들을 약속해주는 것이라면, 그것은 또한 화학적 다양성의 폭발들을 약속해주고 있다.

그렇다면 집단적으로 자기촉매적인 집합을 생성할 수 있는지를 질문해보는 것은 어떨까?

정말 그렇게 해본다면 어떨까? 만약 앞으로 수십 년 이내에 어떤 실험 그룹이, 어떤 실제의 화학 용기에서 갑자기 존재로 튀어나와 하임계-상임계의 경계를 향하여 서로 공진화하는 원시 세포들을 창조하는 생명을 다시 새롭게 창조해낸다 해도, 나는 굉장히 놀라지는 않을 것이다. 그 대신 몸이 떨릴 정도의 감동을 느끼리라.

호모 루덴스는 호모 하빌리스와 호모 사피엔스를 필요로 한다. 추측건대 우리는 바야흐로 지구 역사상, 어쩌면 우주의 역사상 그 어느 때보다도 더 광범위하게 다양한 분자 형태들을 하나의 시공간에서 생성해내는 단계에 직면해 있다. 쓸모 있는 새로운 분자들의 방대한 풍요로움. 또 무서운 새로운 분자들이 가져올지도 모르는 미지의 위험. 그래도 우린 이 일을 할 것인가? 그렇다. 당연히 우리는 할 것이다. 우리는 항상 기술적으로 실행할 수 있는, 가능한 것을 추구한다. 왜냐면 우리는 결국 호모 루덴스와 호모 하빌리스 모두이기 때문이다. 하지만 호모 사피엔스이기도 한 우리가 그 일의 결과들을 계산할 수도 있을 것인가? 아니다. 결코 그럴 수 없을 것이다. 자기 조직화된 모래더미의 모래알들처럼, 우리도 싫든 좋든 어쩔 수 없이 우리 자신의 발명들에 의해 흘러가고 있다. 우리 모두는 우리 자신이 풀어놓는 변화의 크고 작은 급류들에 휩쓸려 버릴 위험 속에 서 있는 것이다.

---

1) 두 가지의 값만을 취하는 변수의 개수로, 여기서는 정보의 최소 단위의 의미로 쓰임.
2) 그리스 신(神). 하늘의 불을 훔쳐 인류에게 준 벌로 바위에 묶여 독수리한테 간을 먹혔다고 함.
3) 도롱뇽 종류의 동물.

8... 고산지대의 모험

〈자연 경제에서의 끼어들기〉라고 일기에 적음으로써 다윈은 자연선택에 대한 자신의 첫인상의 일면을 우리에게 보여주고 있다. 적응을 잘하건 못하건 모든 생물은 서로 뒤얽혀진 생명들로 가득 찬 제방의 구석구석과 갈라진 틈 속으로 자신을 끼워 넣곤 한다. 그리고는 끼어든 것들로 가득 찬 가능성의 땅에서 살아남기 위해 모든 다른 생물들과 투쟁을 한다. 붉게 물든 이빨과 발톱의 자연이 바로 자연선택의 19세기적 모습이었던 것이다. 그리고 오랜 세월을 적응한 형상들이 유용한 변화를 축적하면서 번식하게 되도록, 자연선택은 끊임없이 선별을 하면서 덜 적응하는 것으로부터 잘 적응하는 것들을 걸러내곤 했다. 20세기의 처음 40년까지도 다윈 이후의 생물학자들은, 그 정상이 가장 잘 적응된 형상들을 나타내는 자연에 대한 적응적인 지형도의 관념을 만들어내곤 했다. 그리고 진화를 돌연변이, 재결합, 자연선택 등을 동력으로 하여 각자의 높은 정상들을 향해 기어오르는 생물 개체군들의 투쟁으로 보곤 했다.

생명은 고산지대에서의 모험인 것이다.

확실히 다윈 이래로 생물과학의 핵심적인 모습은, 생물체에 어떤 효과를 줄지 전혀 알 수 없는 무작위적인 돌연변이들 중에서 유용한 변화를 일으키는 돌연변이들을 가려내는 자연선택의 모습이었다. 이 모습은 생명에 대한 현재의 우리의 시각을 완전히 지배하고 있다. 그것이 야기했던 가장 중요한 결과는 선택이 생물에서 질서를 창출하게 하는 단 하나의 근원이라는 우리의 확신이다. 자연선택이 없다면 질서도 있을 수 없고 단지 혼돈만 있을 것이라고 우리는 추론한다. 우리 인간은 기대되지 않았던 존재, 즉 매우 운이 좋은 존재라는 것이다.

그러나 이 책에서 우리는 자발적인 질서를 창조하는 심오한 근원을 보아왔다. 자연선택 없이는 질서가 있을 수 없다는 것이 그렇게도 자명한 사실인가? 나는 그렇게 생각할 수 없다. 지금 우리는 새로운 시대에 접어들고 있다고 나는 믿는다. 새로운 시대에서는 생명을 평형 상태와는 거리가 먼 우주에서 그 어떤 질서를 향해 나아가는 하나의 자연스런 표현으로 본다. 생명의 기원으로부터 개체발생의 질서, 또 우리가 10장에서 언급하게 될 생태계의 균형 잡힌 질서에 이르는 그 현상들이 모두 저절로 생기는 질서의 부분들이라고 믿는 것이다. 하지만 이런 믿음에도 불구하고 나는 또한 자연선택의 효력을 인정하는 다윈론자이기도 하다. 자기조직화와 선택과 역사적 우연이 서로 모순되지 않고 자연스럽게 어울리는 진화 과정을 이해하게 해줄 새로운 개념적 틀이 우리에게 절실히 필요한 것이다. 아직까지 우리는 그러한 개념의 틀을 갖고 있지는 않다. 이 장의 목표는 자연선택이 고산지대의 모험에서 어떻게 진행될 수 있는지를 보여주는 것뿐만 아니라 그 한계도 보여줌으로써, 자기조직화와 선택과 우연한 사건의 새로운 결합의 부분적인 개요를 시도하는 것이다.

나로서는 생물학자가 아닌 당신에게 자기조직화가 생명의 역사에 있어서 하나의 역할을 한다고 쉽게 말할 수 있다. 그것은 당연하다고 당신은 말할 것이다. 이것이 명백한 사실로 보인다는 점에는 나도 동의한다. 결국 물 속의 지질은 자연선택의 도움이 없이도 세포막같이 속이 빈 이중지질막 구(球)를 만들고 있으니까. 즉 선택이 모든 것을 다 이룰 필요는 없다는 것이다. 하지만 〈선택이 질서 창조의 유일한 근원이다〉라는 견해가 다윈 이후의 생물학자들에게 갖는 막강한 위력을 생물학자가 아닌 사람들은 일반적으로 이해하지 못한다. 다윈 이전의 합리적 형태론자 the Rational Morphologist들은 자신들이 변화하지 않는 종(種)들이라 믿었던 것들을 서로 비교함으로써 그들이 수집해 놓았던 형태들로부터 여러 형태 법칙들을 찾아낼 수 있었다. 파충류로부터 조류와 포유류에 이르는 척추동물의 팔다리의 유사성들이 이것의 잘 알려진 예이다. 하지만 이런 모든 시도에도 불구하고, 18세기와 19세기 초기의 생물학자들은 생물들에 의해 드러난 질서에 대해 그 어떤 준비된 설명도 찾아낼 수 없었다. 하지만 다윈과 함께 새 상표를 단 완전히 새로운 개념이 탄생했다. 다윈과 마찬가지로 영국의 학자였던 윌리엄 페일리 William Paley 주교는 시계의 질서에는 그 시계를 만든 시계공의 존재가 전제되는 것이고, 따라서 생물들의 질서에도 그 어떤 신성한 시계공과 같은 존재가 필요하다고 주장할 수 있었다. 이에 반해 다윈의 이론에서는 생물들의 질서는 신의 존재가 아니라 끊임없이 선별하는 자연선택이라는 새로운 장치를 입증하는 것이었다. 따라서 현재의 생물학자들은 자연선택이 정교한 형태들을 만들어내는 보이지 않는 손이라고 굳게 믿는 경향이 있다. 생물학자들이 선택을 생물의 질서를 창출하는 유일한 근원이라고 생각한다고 주장하는 것은 어쩌면 다소 지나친 말일지도 모르지만, 크게 지나친 것은 아니다. 만약 현재의 생물학에 하나의 핵심 규범이 있다면, 이것이 바로 그것이다.

유일하고 가장 주된 질서의 근원으로서 선택의 규범은 인간이 우연한 존재라는 것을 극명하게 표현한다. 거의 모든 면에서 현재의 모습과 다를 수 있었고, 혹은 아예 존재하지 않았을 수도 있었을 그런 우리의 존재를 말이다.

다시 한번 확실히 말하자면, 이것이 바로 현대의 거의 모든 생물학자들이 갖고 있는 정립된 중심 견해다. 왜 이런 생각이 심히 부적절한 것인지에 대한 이유들을 찾느라고 내가 과학자로서의 인생의 상당 부분을 보내고 있긴 하지만, 표준적 관점에서 그 견해가 추천될 만한 많은 이유가 있음을 인정하는 것도 중요하다. 생물학자들은 생물체들이 모두 서툴게 땜질되어 만들어진 기묘한 고안물들이라고, 또 진화 과정은 그런 땜장이의 역할이라고 보고 있다. 생물들은 루브 골드버그 기계들인 것이다. 예를 들면 초기 어류의 턱뼈는 포유동물의 내이(內耳)가 되었다. 정말 생물들은 설계 문제에 대한 기상천외한 해결책들로 가득 차 있다. 생물학자들은 이런 것들을 발견해내고 서로에게, 특히 생물학 〈이론〉에 기울어 있는 우리들에게, 〈당신들은 한 번도 그것을 예측해보지 못했지!〉라고 지적하면서 기뻐한다. 불가피하게도 그런 주장은 옳다. 생물들은 정말 무언가를 하는 데 있어 기상천외한 방법들을 찾아낸다. 이와 같은 생물학자로서의 순혈종적인 인식은 항상 마음속에 간직하고 있어야 한다. 그리고 지금 당신은 변절한 한 생물학자의 관점에 대해서 읽고 있으므로 미리 경고를 받아야만 한다. 변절자의 관점들은 단지 그것들이 변절한 것이고, 어떤 한 책에만 씌어 있으며, 또 더 흥미롭다는 이유만으로도 옳지 않는 것이다. 하지만 나는 그것들이 사실임이 증명될 수 있다고 믿을 만한 어쩔 수 없는 이유들이 있기에 당신을 설득하고 싶어 하는 것이다.

특별하게 보이긴 하지만 이에 대한 증거를 찾기란 쉬운 일이다. 솔방울 하나를 집어 그 비늘 같은 껍질 위의 나선 열들을 세어보라. 아마도 당신은 왼쪽으로 감겨 올라가는 8개의 나선들과 오른쪽으로 감겨 올라가는 13개의 나선들, 또는 왼쪽에 13개와 오른쪽에 21개, 또는 다른 숫자들의 쌍들을 발견하게 될 것이다. 여기서 놀라운 사실은 이런 쌍을 이루는 숫자들이 그 유명한 피보나치 Fibonacci 수열에서 인접한 숫자들이라는 점이다. 피보나치 수열은 1, 1, 2, 3, 5, 8, 13, 21, ……과 같은 수열이다(여기서 각 항은 그 이전 두 항들의 합으로 주어진다). 이 현상은 잘 알려져 있으며 잎차례 phyllotaxis라고 불린다. 이는 왜 솔방울과 해바라기, 그리고 많은 다른 식물들이 이같은 놀라운 패턴을 나타내는지 이해하고자 했던 생물학자들의 노력에 따른 성과였다. 이처럼 생물들은 기상천외한 일들을 하지만, 이런 이상한 일들 모두가 꼭 선택이나 역사적 우연을 반영하는 것은 아니다. 잎차례 현상을 이해하려는 가장 우수한 노력들 중의 몇 경우는 일종의 자기조직화를 이용하고 있다. 스탠퍼드 대학의 폴 그린 Paul Green은 해바라기나 솔방울 등을 형성하는 조직의 성장점에서 특이한 성장 과정에 의해 생성될 수 있는 가장 단순한 자기반복적 패턴으로 우리가 기대할 수 있는 것이 바로 피보나치 수열이라고 설득력 있게 주장했다. 마치 눈송이와 그것이 갖는 육각형 대칭성처럼, 솔방울과 그것의 잎차례는 저절로 생기는 질서의 일부일 수 있는 것이다.

다윈 식의 표준적 규범 내에는 생물체들이 특별한 고안물임을 결론짓게 하는 몇 가지 중요한 전제들이 있다. 그리고 다윈의 이론 전체에서 정말 가장 중요한 전제 사항이기도 하지만, 그중 특히 가장 중요한 전제 사항은 바로 점진주의 gradualism이다. 여기서 점진주의란 게놈이나 유전자형의 돌연변이가 그 생물체의 특성들, 즉 표현형에 작은 변화들을 야기시킬 수 있다는 것을 의미한다. 게다가 이 골동품 같은 관점이 주장하는 것은 이런 작지만 쓸모 있는 변화들이 긴 세월에 걸쳐 점차로 조금씩 축적되어 결국 우리가 지금 관찰하는 생물들의 복잡한 질서를 창출해냈다는 것이다.

하지만 이런 주장들이 사실인가? 〈점진주의〉 이론이 항상 잘 작용한다는 것이 명백한가? 그리고 설사 점진주의의 주장들이 현재의 생물체들에는 맞는 것일지라도, 그것들이 꼭 보편적인 사실일 필요가 있는가? 다시 말해 모든 복잡한 계들이 〈개량되고〉 또 일련의 계속적인 작은 변화들을 축적함으로써 결국에는 조립될 수 있을까? 그리고 만약 그것이 모들 복잡한 계들에 대해서는 사실이 아니지만 생물들의 경우에는 사실이라면, 몇몇 복잡한 계들이 어떤 진화 과정에 의해 조립될 수 있게 하는 성질들이란 어떤 것이란 말인가? 더 나아가 그런 성질, 즉 이런 진화 능력의 원천은 무엇인가? 돌연변이와 재결합과 선택에 의해 적응할 수 있는 생물들을 구축할 수 있을 만큼 진화는 위력 있는 것인가? 혹은 질서의 또 하나의 근원으로서 자발적인 자기조직화는 필요한 것인가?

공정하게 말하자면, 다윈은 단순히 점진적 개량 과정이 일반적으로 가능하다고 가정했던 것이다. 그는 가축이나 비둘기, 개, 그리고 다른 가정용 식물들이나 동물들의 사육자들에 의해 행해진 선택 과정에 자기 주장의 근거를 두었다. 하지만 손으로 행하여 귀 모양의 변형을 꾀하는 선택과, 복잡한 생물체들의 모든 특징들이 쓸모 있는 변화 과정들의 점진적인 축적에 의해 진화한다는 결론 사이에는 멀고도 먼 거리가 있는 것이다.

뒤에 밝히겠지만, 다윈의 가정은 거의 확실히 틀렸다. 점진주의는 항상 유효하지는 않은 것으로 보인다. 어떤 복잡한 계에서는 어떤 작은 변화가 그 체계의 거동에 있어서 대이변적인 결과들을 야기한다. 우리가 곧 토론하게 될 것처럼 이런 경우의 선택은 복잡한 계들을 조립할 수 없다. 여기에 선택의 한 가지 근본적인 한계가 있다. 또한 두번째 근본적인 한계도 있다. 설사 작은 돌연변이들이 표현형에 작은 변화들을 야기한다는 의미에서 점진주의가 유효하다고 할 경우조차도, 선택이 성공적으로 작은 개량들을 축적할 수 있다는 주장은 여전히 당연할 수 없기 때문이다. 대신 하나의 〈오류적 대이변〉이 발생할 수 있다. 그렇게 되면 하나의 적응하는 무리들은 연속적인 작은 개량들보다 오히려 연속적인 작은 대이변들을 축적하게 된다. 설사 선택이 선별을 하더라도 생물의 질서는 소리 없이 사라져 버린다. 우리는 이 장에서 나중에 오류적 이변에 대해 논할 것이다.

요컨대 선택은 위력적이기는 하나 전능한 것은 아니다. 만약 다윈이 현재의 컴퓨터에 익숙했더라면 이 점을 인식했을 것이다.

삼체문제[1]나 임의의 실수의 7승근을 구하는 문제 같은 적당히 복잡한 문제를 계산하는 컴퓨터 프로그램을 진화시키려 한다고 상상해보자. 항상 그렇게 표현할 수 있는 것이지만 0과 1의 열(列)로 이루어진 어떤 무작위적으로 선택된 프로그램으로 시작해보자. 그리고 1을 0으로, 혹은 그 반대로 비트들을 무작위로 뒤집어보자. 그런 다음에 일단의 입력 자료를 가지고 돌연변이된 각각의 프로그램을 시험해서, 그 프로그램이 바라는 대로 계산을 수행하는지, 그리고 보다 더 적합한 변이들을 선택하는지를 보라. 이렇게 해보면 이것이 그렇게 쉬운 일이 아니라는 것을 당신은 발견하게 될 것이다. 왜 쉽지 않을까? 그리고 그런 프로그램을 진화시키는 것 이상으로 좀더 야심을 가지고 같은 작업을 수행할 수 있는 가장 짧은 프로그램으로 진화시키려 한다면, 과연 무슨 일이 벌어질까? 그런 〈최단 프로그램〉은 최대한 압축된 프로그램이다. 즉 모든 쓸모 없는 중복이 제거된 프로그램인 것이다.

직렬 연산을 수행하는 컴퓨터 프로그램을 진화시킨다는 것은 그런 프로그램이 대단히 취약하다는 점에서 매우 어렵거나 근본적으로 불가능한 일이다. 직렬 연산 컴퓨터 프로그램은 〈두 개의 수를 비교하고 그 결과로 어떤 것이 큰가에 따라서 이런 저런 일을 수행하라〉든지 혹은 〈다음의 작업을 천 번 반복하라〉는 식의 명령들을 포함한다. 실행되는 계산은 작업들이 수행되는 순서, 논리의 정확한 세부 사항, 반복 횟수 등에 지극히 민감하다. 그 결과로 한 컴퓨터 프로그램 내에 야기된 대부분의 어떤 무작위적인 변화는 〈쓰레기〉를 만들어낼 뿐이다. 우리와 친숙한 컴퓨터 프로그램들은 바로 그 구조 내에서의 작은 변화들이 거동에서의 작은 변화들을 초래하는 속성을 갖지 않는 종류의 복잡한 계들이다. 구조 내에서의 거의 모든 작은 변화들은 결과적으로 그 거동에 재난적인 변화들을 야기한다. 더구나 알고리듬을 수행하는 하나의 최소한의 프로그램을 완성하기 위해 중복 부분이 프로그램에서 제거되면 이 같은 문제는 더 악화된다. 즉 한마디로 말해서 프로그램이 압축되면 될수록, 그것은 명령어에 어떤 작은 변화만 생겨도 더욱더 끔찍한 변화를 일으키게 된다. 즉 프로그램이 압축되면 될수록, 어떤 진화적인 탐색 과정을 사용해도 그 프로그램을 얻어내는 것이 더욱더 어렵게 된다.

그럼에도 불구하고 이 세상에는 생물계, 경제계, 우리의 법체계 등 성공적으로 발전해온 복잡한 계들이 많이 있다. 따라서 우리는 다음과 같은 질문을 해야 한다. 〈하나의 진화 과정에 의해서 어떤 종류의 복잡한 계들이 만들어질 수 있는가?〉 이에 대해 그 어떤 일반적인 대답도 아직 알려져 있지 않지만, 거의 확실하게 어떤 종류의 중복 부분을 가진 계들은 중복 부분이 없는 것들보다 훨씬 더 쉽사리 진화할 수 있다는 점을 나는 강조해야만 한다. 그런데 불행히도 우리는 〈중복 부분〉이 진화하는 계 내에서 실제로 무엇을 의미하는지를 그저 대충 이해하고 있을 뿐이다.

컴퓨터 과학자들은 알고리듬적 복잡도algorithmic complexity라고 부르는 한 개념을 정의했다. 하나의 컴퓨터 프로그램은 명령어들의 한정된 집합으로, 정해진 순서에 따라 실행되면 원하는 결과를 계산해낸다. 직관적 의미에서 말하자면, 〈어려운〉 문제들은 〈단순한〉 문제들보다 더 많은 명령어들을 요구하는 것들이라고 정의될 수 있는 것이다. 한 프로그램의 알고리듬적 복잡도는 그 알고리듬을 수행할 최단 프로그램의 길이로서 정의된다. 실제로 우리는 일반적으로 어떤 한 프로그램이 최단의 것이라고 증명할 수 없다. 항상 더 짧은 것이 존재할 수도 있으니까. 하지만 이 측도(알고리듬적 복잡도)는 꽤 현명하게 사용되어왔다. 특히 최단 프로그램이란 그 기호의 열이 아무런 내부적 중복 부분을 갖고 있지 않은 프로그램이라는 것을 예시해 보일 수가 있다. 예를 들어, 정확한 최소 프로그램이 〈1010001……〉인 경우에 누군가가 그 프로그램의 각 비트가 2배로 된 하나의 프로그램 〈11001100000011……〉을 갖고 있다고 가정해보자. 이 경우 중복 부분은 각각의 2중 비트를 하나의 비트로 대체함으로써 분명히 제거될 수 있을 것이다. 또는 압축될 수 있는 더 치밀한 양상들이 있을 수도 있다. 예를 들어, 그 중복된 비트들이 제거된 후에도 1과 0의 어떤 동일한 양상이 매 226번째 비트마다 나타나고 있는 것을 볼 수 있었다고 하자. 조금 기록을 해보면, 이런 반복 양상은 각 226개 비트마다 XYZ를 삽입하도록 하는 한 루틴routine에 의해 대체될 수 있다. 그러면 프로그램은 한층 더 짧아지게 된다. 만약 우리가 모든 중복 부분들을 탐지하여 없애버릴 수 있다면, 그 결과는 최대한으로 압축된 최단 프로그램일 것이다. 그것은 더 이상 어떤 양상도 찾을 수 없는 프로그램이 될 것이다. 왜냐하면 거기에서 제거될 수 있는 중복 부분은 더 이상 없기 때문이다. 결과적으로 이와 같은 최단 프로그램은 1과 0으로 만들어진 무작위적인 배열과 구분할 수 없어야 한다. 만약 우리가 무작위적이지 않은 어떤 양상을 발견할 수 있다면 거기에는 없앨 수 있는 중복 부분이 있는 것이기 때문이다.

최대한으로 압축된 프로그램을 진화시키는 데 있어서, 모든 가능한 프로그램들을 다 발생시켜서 원하는 작업을 실행하는지를 하나하나 시험해 보는 것보다 더 짧은 시간에 그 프로그램을 성취할 수 있는 방법은 아마도 없는 듯이 보인다. 하나의 프로그램에서 모든 중복 부분이 제거되고 나면, 실질적으로 프로그램의 기호에서의 그 어떤 변화도 알고리듬의 거동에 재난적인 변화를 야기할 것으로 예상되기 때문이다. 이처럼 원래와 근사한 변이 프로그램들이더라도 매우 다른 알고리듬들을 계산하게 된다.

보통 적응 과정은 적합도 지형 위에서 사소한 변이들을 거치면서 고도의 적합도를 나타내는 〈정점(頂點)〉들을 향해 〈고지 오르기〉를 하는 과정으로 생각할 수 있다. 그리고 자연선택이란 적응하는 개체군을 그런 정점들 쪽으로 〈끌어가는 것〉으로 생각할 수 있다. 우리는 생물 개체군들이 (혹은 이 경우에는 컴퓨터 프로그램들이) 산맥을 헤매며 정상을 향하여 자신들의 길을 더듬어가는 것을 상상해볼 수 있다. 게놈(컴퓨터 코드) 안에서의 한 무작위적인 변화는 그것이 유익한 것인지의 여부에 따라 그 지형 위에서 더 높거나 더 낮은 곳에 돌연변이를 놓는다. 만약 그 산의 지형이 산세가 울퉁불퉁하더라도 우리와 친숙한 산들처럼 보인다면, 그 지형은 어떤 방향을 취할 것인지에 대해 즉각적인 주변의 정보를 충분히 제공할 정도로 여전히 평탄한 것이다. 멀리 떨어진 정점들로 올라가는 경로들은 분명히 어딘가에 있는 것이고, 자연선택은 더 적합한 변이들을 걸러내면서 정점들을 향하여 그 개체군을 끌어간다.

이런 탐색의 문제는 그 진화하는 개체군이 실제로 지형의 전체적 윤곽을 볼 수 없다는 사실 때문에 더 복잡해진다. 위로 높이 솟아올라서 신의 눈 같은 관점을 취할 방법은 없다. 우리는 그 개체군이 다양한 돌연변이들을 마구잡이로 생성해내서 그것들을 〈척후병〉들로 내보낸다고 생각할 수 있다. 만약 하나의 돌연변이가 그 지형상의 더 높은 위치를 점령하면, 그것이 더 적합한 변이인 것이 되고, 그 개체군은 이 새로운 위치로 끌어올려지게 된다. 그리고 나서 그 위치로부터 다시 무작위적인 돌연변이들이 사방을 더듬게 된다. 선택은 다시 그 개체군을 위쪽으로 한 걸음 더 끌어올린다. 여기에 바로 다윈적 의미의 점진주의가 작용하고 있다. 물론 생물체들이 이런 점진적 상승 과정에 의해 진화한다는 것은 의심의 여지가 없는 사실이다. 또한 사람들이 종종 연속적인 시행착오를 통한 탐색 과정에 의해 좋은 고안들을 쌓아감으로써 복잡한 설계 문제들을 하나씩 해결해간다는 것도 의심의 여지가 없는 사실이다. 생물체와 인조물(人造物)의 진화 과정은 아주 깊은 유사점들을 갖고 있으며, 이 문제는 내가 9장에서 주로 다룰 주제가 될 것이다.

하지만 생물이든 인조물이든 계의 거동에 있어 모든 작은 변이들이 대이변적인 변이들을 초래하는 경우, 적합도 지형은 근본적으로 무작위적인 것이다. 그러므로 멀리 떨어진 정점들로 향하는 오르막길의 방향을 암시해주는 그 어떤 지역적인 단서들도 존재하지 않는다. 이것에 대해 나중에 상세히 살펴보겠지만, 지금은 우선 당신이 완전히 들쑥날쑥한 달 표면 위에서, 어떤 방향들로는 낭떠러지요 다른 방향들로는 다양한 높이들로 치솟은 절벽들이 있는 어떤 암붕(岩棚)에 걸터앉아 있다고 상상해보자. 그리고 당신은 멀리 떨어진 곳들은 볼 수가 없다. 설사 바로 근처에 높은 뾰족탑 같은 정점들이 있을지라도 당신은 그 사실을 알 수 없다. 당신이 어느 길로 가야할지를 말해주는 아무런 지역적 단서들도 없는 것이다. 이 경우 탐색은 그저 무작위적인 탐색이 된다.

하지만 일단 탐색이 오르막 방향에 대한 아무 단서들도 없는 그저 무작위적인 경우에는, 가장 높은 정점을 찾아내는 유일한 방법은 바로 그 전체 공간을 탐색하는 것이다. 즉 몽블랑 Mont Blanc 산의 정상을 찾아내기 위해, 샤모니 Chamonix 지방으로부터 몽블랑을 바라보면서 당신의 짐꾸러미 속에 포도주나 치즈, 파테 pate, 빵을 넣고 (혹은 더 나은 경우에는 실제 등산장비들을 넣고) 그곳을 향해 나아가는 것이 아니라, 알프스 산맥 전체를 각 평방미터마다 엄밀히 살피면서 조직적으로 탐색해야 한다.

최대로 압축된 컴퓨터 프로그램은 거의 확실히, 가능한 프로그램들의 전체 공간을 탐색하는 데 걸리는 시간보다 더 짧은 시간 내에는 진화될 수 없다. 그런 프로그램은 우주의 시간 동안 자연선택에 의해 진화될 수 있는 그런 복잡계가 아니기 때문이다. 예를 들어 우리가 찾고 있는 최단 프로그램이 N비트를 필요로 한다고 가정해보자. 그렇다면 그런 길이를 가진 모든 가능한 프로그램들의 공간의 크기는 2^N이다. 1,000비트 정도의 상대적으로 작은 하나의 프로그램에 있어서 $N=1000$이므로, 우리는 이제는 친숙한 종류의 초천문학적 숫자인 2^{1000} 또는 10^{300}을 얻게 된다. 이제 다음과 같은 첫번째 결론이 나온다. 프로그램이 최대한으로 압축되었으므로, 그 어떤 변화도 수행되는 계산 과정을 통해 재난적인 변화들을 야기하게 될 것이다. 따라서 적합도 지형은 전적으로 무작위적이다. 또 두번째 사실은 다음과 같다. 그 지형은 원하는 알고리듬을 실제로 수행하는 소수의 정점들만을 갖고 있다는 것이다. 사실 대부분의 문제들에 있어서 그런 최단 프로그램들은 하나 또는 기껏해야 몇 개 정도만 있다는 것이 수학자인 그레고리 채틴 Gregory Chaitin에 의해 최근에 밝혀졌다. 따라서 만일 지형이 무작위적이어서 탐색 과정이 취할 좋은 방향에 관한 아무런 단서도 제공하지 않는다면, 탐색 과정은 잘해야 건초더미 속의 바늘과 같은 어쩌면 유일한 최단 프로그램을 찾기 위해 10^{300}개의 모든 가능한 프로그램들을 무작위적이거나 혹은 체계적으로 탐색하는 것이 될 것이다. 이것은 바로 알프스 산맥의 매 평방미터들을 탐색하여 몽블랑을 찾아내는 것과 같은 일이다. 따라서 이 경우 탐색 시간은 잘해보아도 그 프로그램 공간의 크기에 비례하게 된다.

따라서 우리는 우리의 결론에 도달한다. 만약 탐색해야 할 10^{300}개의 가능한 프로그램들이 있고, 누군가가 가장 좋은 것을 발견할 수 있다는 확신을 갖고 그것들 모두를 시험해야 한다면, 그리고 매 십억분의 1초당 하나의 다른 프로그램을 〈시험〉할 수 있다면, 그 가장 좋은 프로그램을 찾아내는 데는 10^{291}초가 걸릴 것이다. 여기서 우리는 또다시 우주의 역사보다도 엄청나게 긴 불가능한 시간 규모에 걸처 있는 숫사를을 헤아리려고 애쓰고 있는 것이다.

이에 대해 당신은 한 반론을 생각할 수 있을지도 모르겠다. 당신은 이처럼 말할지도 모른다. 〈좋아, 진화는 그것이 무엇이건 간에 최대로 압축된 프로그램 또는 최대로 압축된 생물체를 당장 만들어낼 수는 없어. 하지만 아마도 진화는 우선 중복 부분이 있는 프로그램이나 생명체를 진화시키고 난 다음 그것을 최대 압축 상태로 축소시킴으로써, 결국에는 최대로 압축된 프로그램이나 생명체를 만들어낼지도 몰라〉라고 말이다. 요컨대 만약 진화가 처음부터 단지 최단 프로그램들의 공간을 탐색해서 우주의 역사보다 짧은 시간에 그것을 찾아내도록 제한된다면, 진화는 길이가 1,000인 최단 프로그램을 찾을 수 없다는 사실을 당신이 인정할 것이다. 하지만 만약 탐색 과정이 고도로 중복된 한 프로그램으로부터 시작하여 점차적으로 그것을 최소 길이인 $N=1000$까지 압축시켜 나간다면 어떻겠는가? 이런 절차로 최단 프로그램을 찾는 데 성공할 수 있을까? 아무도 모르는 것이지만 나는 아니라고 단언한다. 여기에 이에 대한 직관이 있다. 하나의 고도로 중복된 프로그램을 발전시키기는 분명 쉬운 일이다. 만일 우리가 프로그램의 길이에 상관하지 않는다면, 같은 작업을 수행할 정말로 많은 프로그램들을 찾을 수 있다. 그리고 이처럼 고도로 중복된 프로그램들은 압축된 프로그램들만큼 그리 쉽게 대재난을 겪지 않는다. 체계 내의 작은 변화들은 프로그램의 거동에 있어서 작은 변화들만을 야기할 수 있으니까. 예를 들어, 하나의 서브루틴이 한 작업을 완수한다고 가정해보자. 그 루틴의 이중 복사본을 삽입하는 것은 거동을 변화시킬 필요나 이유가 없다. 그에 따라서 한 복사본의 돌연변이적 변화는 기능을 파괴할 이유도 없는데, 왜냐하면 또다른 복사본이 그것 대신에 여전히 작동할 수 있기 때문이다. 그러는 동안에 그 돌연변이 복사본은 새로운 가능성들을 〈탐색〉할 수 있다. 따라서 중복된 알고리듬들은 원활하게 진화할 수 있는 것이다. 최소한의 길이 N의 두 배, 즉 $2N$의 길이를 가진 하나의 좋은 프로그램이 발견되었다고 가정해보자. 그 다음 더 짧은 프로그램들을 진화시킴으로써 그 중복 부분을 천천히 제거해 나가는 시도를 고찰해보자. 위의 길이 $2N$ 프로그램을 가지고 시작하여, 무작위로 선택한 하나의 비트를 삭제하고 무작위로 몇 개의 비트들을 뒤집어서, 한 비트 더 짧은, 길이가 $2N-1$인 좋은 프로그램 하나를 진화시킨다. 그리고는 그 짧아진 프로그램을 다시 돌연변이시켜 더 짧아진, 길이가 $2N-2$인 프로그램을 찾아내고, 길이가 N인 하나의 최단 프로그램에 도달하게 될 때까지 이 과정을 계속한다.

바로 여기에 이 반론의 근본적인 결함이 있다고 나는 생각한다. 이 과정(최소 길이 프로그램을 향해 더듬어 내려가는 과정)이 실제로 작동되는 것이 되려면, 각 단계에서 발견된 프로그램은 그 길이가 1씩 감소하는 다음 단계에서의 좋은 프로그램을 찾는 데 도움을 주는 경우여야만 한다. 하지만 우리가 프로그램들을 점점 더 짧게 진화시키면서 그 단계들을 따라 내려가다 보면, 각각의 프로그램은 그 하나 이전의 것보다 덜 중복적——즉 더 무작위적——이 된다. 따라서 그것은 더 파국적이기 쉽고, 또 무작위적인 돌연변이에 의한 진화에 덜 순종적인 것이 될 것이다. 만약 그렇다면, 각각의 단계에서 발견된 프로그램은 그 다음 단계의 더 짧은 프로그램을 어디서 찾아낼지에 대한 점점 더 적은 단서들을 제공하게 된다. 그리고 최소 길이 프로그램에 도달했을 때, 길이가 $N+1$인 그 이전의 프로그램은 길이가 N인 모든 가능한 프로그램들의 공간에서 어디를 탐색해야 할지에 대해 전혀 아무런 단서도 제공하지 못할 것이라고 나는 장담한다.

나로서는 이런 발상이 정확한 것인지 모르겠고, 아마도 그것은 훌륭한 수학자들이 증명해야 할 종류의 문제일 것이다. 따라서 나는 이 발상을 수학자들이 추론conjecture이라 부르는 것으로 제안하고 있는지도 모른다. 최단 프로그램에 점점 더 접근함에 따라, 그것을 찾는 과정은 한 단계 이전의 더 중복적인 프로그램으로부터 나오는 단서들이 아무런 도움도 되지 않는, 완전히 무작위적인 지형판 위에서의 탐색이 되어버릴 것이다. 만약 그렇다면, 최단 프로그램이란 하나의 진화적 과정에 의해 만들어질 수 있는 그런 종류의 복잡한 것이 아닌 것이다.

이 예로부터 취할 직관이란 바로 모든 복잡한 계들이 적절한 시간 내에 적응적인 탐색에 의해 성취될 수 있는 것은 아니라는 사실이다. 진화적인 탐색 과정에 의해 만들어질 수 있는 복잡계의 종류들을 특성화하기 위해서는, 대체로 알려지지는 않았지만 중복을 포함하는 어떤 조건들이 존재해야만 한다. 예를 들어 스탠퍼드 대학의 존 코자John Koza는 적당히 복잡한 다양한 작업들을 수행할 컴퓨터 프로그램들을 실제로 진화시키고 있는 중이다. 존은 자신의 프로그램들이 바로 생물학자들이 생물들에서 흔히 보는 일종의 더덕더덕 기워진 임시변통의 조립품들——즉 명백히 고도로 압축되어 있는 것이 아니라, 여전히 잘 이해되고 있지 않은 다양한 방식들로 고도로 중복되어 있는 것들——임을 발견한다. 적합도 지형의 구조와 적응적 탐색에서 그것이 의미하는 바를 논의한 후에, 우리는 이 문제로 다시 돌아올 것이다.

어떤 종류의 복잡계들이 진화적인 탐색 과정에 의해 만들어질 수 있는가에 대한 문제는 단지 생물학을 이해하는 데 있어서 중요할 뿐만 아니라, 기술적, 문화적 진화들을 이해하는 데 있어서도 마찬가지로 실용적인 중요성을 가질 것이다. 예를 들어 챌린저Challenger 호의 참사와 화성 관측용 옵서버 Mars Observer의 실패 경우들에서처럼, 미소한 원인들로부터 파국적인 실패를 야기했던 우리가 만든 가장 복잡한 인조물들의 민감성은, 생명이 엄청나게 오랜 시간 동안 내밀어 왔던 문제에 우리가 지금 머리를 맞부딪치고 있다는 것을 암시해준다. 즉 금방 붕괴될 것처럼 흔들거리지 않는 복잡계들을 어떻게 만들 수 있는가의 문제에 대해서 말이다. 어쩌면 광대한 가능성들의 공간 내에서의 탐색을 지배하는 일반적인 원리들이 있어서, 그것들이 이런 모든 다양한 진화 과정들에도 적용이 되고 또 우리가 더 군건한 체계들을 만들어내거나 혹은 더 나아가 진화시키는 것을 도와줄 것이다.

지형판 위의 생명

영겁(永劫)의 시작인 태초로 되돌아가보자. 거의 30억 년 동안을 생명은 조용히 고요하게 박동하면서 기다리고 있었다. 30억 년 동안 박테리아들은 그들의 분자적 지혜를 완성시켜 수많은 웅덩이들과 갈라진 틈새들, 뜨거운 분출구들 속에서 번성하고, (내 생각이지만) 분자 형태들의 상임계적인 폭발을 통해서 지구 전역에 걸쳐 번영을 해왔다. 이런 초창기 생명체들은 서로의 대사 작용을 연결하기도 하고, 그들의 분지적 생산물인 독소와 영양물, 그리고 단순한 찌꺼기들을 교환하며, 널리 퍼지는 분자적 다양성의 상임계적 물결을 창조해냈다. 이 30억 년의 세월에 걸쳐서 작고도 웅장한 무대를 바꾸는 변화들이 생겨났다. 진핵 세포들이 등장했는데, 현재의 한 이론에 의하면 박테리아들이 포획되어 진핵 세포의 세포 기관들이 되었다(광합성과 에너지 대사를 일으키는 엽록체와 미토콘드리아가 그 예가 된다). UCLA(캘리포니아 대학 로스앤젤레스 분교)의 부르스 러니거 Bruce Runnegar에 따르면, 세포 기관을 갖춘 진핵 세포의 최초의 증거는 21억 5천만 년 된 바위들 속에서 발견된다. 복잡한 띠 모양의 무늬를 가진 이 나선형 생물체들은 길이가 50센티미터에까지 이른다 (그림 8-1). 러니거는 이 생물체들이 현대의 삿갓말(*Acetabularium*)과 다소 비슷한 큰 단세포 생물체들이었을 것이라고 제안한다(그림 8-2). 발생학자이자 이론 생물학자인 루이스 울퍼트Lewis Wolpert는 긴 자루 위에 절묘한 모양의 우산 모자를 가진 삿갓말의 복잡한 형태와, 세밀한 형태와 복잡한 생명 주기를 가진 다른 단세포 생물체들에 대해 언급하면서 다음과 같이 말했다. 〈현대의 진핵 세포는 알아야 할 모든 것을 이미 알고 있다. 진핵 세포 단계 이후로는 그저 (진화의) 내리막길이다.〉루이스의 말은 바로 다세포 생물체를 형성하는 데 필요한 거의 모든 것이 이미 진핵 세포 내에 포함되어 있다는 것이다.

이렇듯 세포들은 다세포 생물들을 형성하는 것을 배워야만 했다. 게다가 세포들은 개체들을 형성하는 것도 배워야 했다. 개체들로의 이런 진화가 그리 쉬운 것이 아니다. 왜냐하면 몸체 내의 대부분의 세포들은 그 생물체가 죽으면 따라서 죽게 되고, 박테리아처럼 영원히 분할되면서 영생할 수 있는 기회를 포기하게 되기 때문이다. 죽는 세포들은 체세포, 혹은 몸체를 형성한다. 오직 배(胚)세포들만이 정자나 난자를 만들어내어 영원히 지속될 가능성을 갖는다. 다세포 생물들, 즉 개체들의 기원에 관한 수수께끼는 바로, 왜 유전학적으

그림 8-1 고대의 선조. 알려진 최초 진핵 세포의 화석인 21억 5천만 년 전의 그라파니아 스피랄리스(*Grapania spiralis*). 광합성을 하는 조류였다.

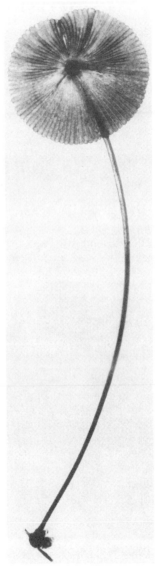

그림 8-2 삿갓말. 초기의 진핵 세포 생명체를 닮았을 것으로 추측되는, 고도로 복잡한 형태와 생활 주기를 갖는 단세포 생물. 성체의 키는 약 1밀리미터이다.

로 동일한 세포들의 군체가 하나의 다세포 생물을 형성하는 것을 배우는가 하는 점이다. 이것이 〈개체의 이점들〉 대 〈집단의 이점들〉이라는 일반적이고 어려운 문제에 대면하는 우리의 첫번째 사례다. 예일 대학의 레오 버스Leo Buss는 오랫동안 이 문제를 집중적으로 연구해왔는데, 개체의 기원 문제는 여전히 의심스러운 것이었기 때문이다. 자연선택은 더 적합한 개체들을 선호한다. 만약 이 세상이 분열되는 단세포 진핵 생물들로 되어 있고 나 역시 그들 중의 하나라면, 결국 나는 소멸하게 될 것인데 왜 다세포 생물을 형성하는 부분이 되는 것이 나에게 이로운 것인가? 또 다세포 생물에서 배세포들만이 영겁의 시간을 따라 자손을 갖고 나머지 세포들은 먼지가 될 운명이라면, 왜 그런 불운한 세포들은 그런 자신들의 운명에 만족해야만 하는가? 개개의 다세포 생물의 진화의 경우에 그 해답은 비교적 분명하다. 생물체 내의 모든 세포들은 똑같은 유전자들을 갖고 있으므로, 모든 세포들은 유전학적으로 동일한 것이다. 따라서 설사 생물체 내의 대부분의 세포들이 죽고 배세포만이 자손을 갖게 된다고 하더라도, 다세포 생물이 유전적인 유산을 퍼뜨리는 데 있어 단세포들보다 더 성공적이기 때문에, 개체의 세포들이 죽는 손실을 겪는 것이 오히려 이로울 것이다. 아마 다세포 생물이 갖는 집단성이 새로운 틈새들에 침입해서 많은 자손들을 남길 가능성이 더 높을 것이다.

다세포 동물들은 5억 5천만 년 전의 그 유명한 캄브리아기 대폭발 이전 시대의 것들부터 실제로 알려져 있다. 지금으로부터 약 7억 년에서 5억 6천만 년 전인 선캄브리아기의 말기에는 호주의 한 지역 이름을 따라 명명된 벤디언과 에디아크리언 동물군the Vendian and the Ediacrian fauna이 있었다. 여기에서 러니거와 그의 동료들은 고대의

그림 8-3 벌레 같은 형체를 갖고 있는 약 7억 년 전의 초기 다세포 생물인 디킨소니아 *Dickinsonia*. 길이는 대략 1미터이다.

암석들에 똘똘 감긴 채 화석으로 남아 있는 유연한 몸체에 길이가 1미터까지 이르는 벌레 같은 형태들을 찾고 있다(그림 8-3). 그 다음으로 캄브리아기의 다양한 형태들의 폭발이 있었고, 그 다음 나머지 기간은 40억 년 전체의 관점에서 보자면 겨우 최근의 역사인 것이다.

생명이 지속되어 왔던 34억 5천만 년의 시간 동안, 단순하거나 복잡한 생물들은 계속 스스로를 적응시키고, 쓸모 있는 변화들을 축적하면서, 고도로 적합한 봉우리들을 향해서 적합도 지형들을 기어올라 왔다. 하지만, 그런 적합도 지형들이 어떻게 생겼는지, 혹은 지형 구조의 함수로서 진화적 탐색 과정이 얼마나 성공적일 것인지에 대해 우리는 거의 알고 있지 못하다. 그 지형들은 평탄하고 봉우리가 하나만 있거나, 울퉁불퉁하고 여러 개의 봉우리들이 있거나, 또는 완전히 무작위적인 형태일 수도 있다. 진화는 그런 지형들을 돌연변이와 재결합, 그리고 선택을 사용하여 탐색한다. 하지만 우리가 이미 최고로 압축된 프로그램들에서 살펴본 것처럼, 이런 탐색 과정들은 높은 봉우리들을 찾는 것에 실패할 수도 있다. 또는 평탄한 지형들 위에서는, 설사 높은 봉우리들을 찾아낸다고 해도, 적응하는 개체들 내에 축적되는 돌연변이들이 앞서 언급되었던 파국적인 실수를 야기할 수도 있다. 그 개체군은 축적해 놓은 모든 쓸모 있는 변이들을 잃어버리면서 봉우리들로부터 서서히 녹아 지형판 위로 흘러내릴 수 있다. 분명하게, 자연선택을 거쳐서 예외 없이 더 적합해지기만 하는 생물체들이란 개념은 겉으로 보이는 것만큼 그리 단순하지는 않다. 이 개념이 가진 문제들과 그것들이 연루된 바들을 더 잘 평가하기 위해서는 개체생물학population biology이라고 알려진 분야의 역사를 부분적으로 다시 살펴보는 것이 도움이 된다.

다윈은 유전되는 변이들에 작용하는 자연선택에 의해 생물체들이 진화한다고 우리에게 가르쳐주었다. 하지만 다윈은 돌연변이들의 근원은 알지 못했다. 실제로 변화하고 있는 것이 무엇인지는 그 다음 반세기 동안에도 불명확한 상태였다. 다윈과 몇몇 사람들은 〈혼합유전 blending inheritance〉이라는 개념을 바탕으로 생각을 했다. 아이들은 부모 양쪽을 닮는다. 유전이 어떤 식으로 작동되건 간에, 이렇게 부모 양쪽을 닮는 것은 황색과 청색을 섞을 때 녹색이 되는 것처럼, 일종의 혼합과 평균을 거치기 때문일 것이라고 추측했다. 하지만 혼합의 개념은 다음의 문제를 제기했다. 즉 많은 세대를 거치고 나면 한 교배 집단 내의 유전적 변이들은 점점 감소해야 한다는 것이다. 예를 들어, 만약 눈동자 색이 황색과 청색이었다면 많은 세대들의 유전질 혼합을 거치고 난 후에는 모두 녹색 눈을 갖고 있어야 한다. 결국 자연선택이 작용할 수 있는 더 이상의 유전적 변이는 없게 될 것이다.

멘델의 유전학 연구들이 마침내 혼합 유전의 문제점으로부터 벗어나는 방법을 제공해주었다. 하지만 그의 연구가 유명한 수학자인 조지 하디 George H. Hardy와 생물학자인 와인버그 W. Weinberg에 의해 최초로, 그 다음으로는 케임브리지 대학의 한 젊은 수학자였던 로널드 피셔 Ronald A. Fisher에 의해 이용되기까지는 거의 1세기라는 시간적 간격이 있었다. 멘델의 완두콩과 기본적 개념인 유전인자들을 상기해보자. 멘델은 예를 들어 표면이 거친 것과 매끄러운 것과 같은 7쌍의 잘 선택된 형질들에 대해 연구했다. 그가 발견한 것은, 거칠고 매끄러운 부모들의 첫 자손 세대는 모두 부모의 어느 한쪽만 닮지만, 손자 세대에서는 양쪽 형태, 즉 양쪽 표현형들이 다시 다 나타난다는 것이었다. 다시 말해 지금은 유전자라고 불리는 것들인 〈거칠거나〉, 〈매끈한〉 유전인자들은 변형되거나 혼합되지 않은 채 자식 세대를 거쳐서 손자 세대로 전해진 것이었다.

금세기 초반의 몇 십 년이 흐르자 세포핵 내부의 염색체들이 유전적 정보의 전달자들이라는 사실이 명백해졌다. 더 나아가 많은 다른 형질들에 영향을 주는 많은 다른 유전자들이 각 염색체 위의 하나의 줄 안에 자리잡고 있다는 것이 명백해졌다. 또한 많은 유전자들이, 〈거칠거나〉〈매끄러운〉 것과 같이 우리가 이제는 대립형질 allele이라고 부르는 양자택일의 양식으로 나타난다는 사실도 명백해졌다. 이 사실들에 근거하여 하디와 와인버그는 교배 집단 내에서 서로 다른 대립형질들의 혼합이 발생하지 않음을 보여주었다. 그 대신에 서로 다른 대립형질들은 선택이 작용하여 유전적 변이가 만들어지도록 교배 집단 내에 지속하게 될 것이다.

멘델의 법칙은 다윈의 이론이 정확한 것인지를 확인할 수 있는 하나의 질문을 던질 수 있는 발판을 피셔에게 제공하였다. 예를 들어 한 개체군 내의 한 유전자가, 이를테면 푸른 눈과 갈색 눈과 같은 A 와 a라는 두 개의 대립형질을 갖고 있고, A형질이 그 보유자에게 약간의 선택적인 우위를 부여하고 있다고 가정해보자. 한 개체군에 대해 작용하는 자연선택은 실제로 그 개체군 내에서 A형질의 발생 빈도를 증가시킬 수 있을까?

피셔와 홀데인 J. B. S. Haldane, 그리고 슈얼 라이트 Sewall Wright 에 의해 입증된 답은 그럴 수 있다는 것이다. 즉 다윈주의가 작동할 수 있다는 것이다. 그리고 이런 답이 사실일 수 있는 조건들을 바탕으로 현대 개체유전학의 기초가 만들어졌다. 하지만 실제로는 위의 질문들에 대한 대답이 적응하는 개체군에 의해 탐색되는 적합도 지형의 구조에 따라 달라진다는 사실이 드러나고 있다. 즉 그 지형이 평탄하고 한 봉우리만을 가지고 있는지, 또는 울퉁불퉁하고 여러 개의 봉우리들을 가지고 있는지, 아니면 완전히 무작위적인지의 여부에 따라 그 답은 달라진다는 것이다. 우리는 아직도 이런 지형들의 구조와 그 지형들 위에서 적응적인 탐색의 효율성에 대해 거의 아는 것이 없다. 언제쯤에야 돌연변이와 재조합과 선택이 실제로 높은 봉우리들에 오를 수 있는 것인가? 요컨대 다윈의 저서가 나온 지 거의 140년이 흐른 지금에도 우리는 자연선택의 위력과 한계를 모르고 있다. 우리는 어떤 종류의 복잡계들이 하나의 진화 과정에 의해 만들어질 수 있는 것인지 알지 못한다. 하물며 어떻게 선택과 자기조직화가 함께 작용하여, 우리의 세계를 만드는 꽃들, 곤충들, 벌레들, 흙, 다른 여러 동물들, 그리고 인간들이 있는 알프스 초원의 어느 빛나는 여름 오후를 창조하는지를 이해하는 것을 시작조차 하지 않고 있다.

유전자형 공간과 적합도 지형

이제는 적합도 지형의 간단한 모델들을 상세히 살펴볼 때가 되었다. 이 모델들은 단순히 시작에 지나지 않지만, 그것들은 벌써 자연선택의 위력과 한계에 대한 단서를 준다.

거의 모든 고등식물과 고등동물에서처럼, 인간도 배수(倍數) 염색체를 갖고 있다. 우리는 하나는 어머니로부터, 또 하나는 아버지로부터, 각 염색체에 대해 두 개의 복사본을 받는다. 박테리아는 염색체가 단 하나의 복사본만이 있는 반수 염색체 생물이다. 전형적으로 박테리아는 단순히 분열한다. 그들은 부모나 성을 갖고 있지 않다. (이것은 완전히 옳지는 않다. 때로는 박테리아도 짝짓기를 하고 유전적 재료들을 교환하기도 한다. 하지만 이하의 논의에서는 이런 박테리아의 성 문제는 무시해도 무방하다.) 대부분의 개체유전학 연구들이 배수 염색체 교미 개체군들과 관련되어 발전해온 것에 반해, 우리는 박테리아와 같은 반수 염색체 개체군에 초점을 맞추고 짝짓기 문제는 무시할 것이다. 이와 같은 제한은 우리가 적합도 지형이 어떻게 생겼는지에 대한 영상을 얻는 데 도움이 된다. 우리는 나중에 배수 염색체 성질과 짝짓기의 복잡한 문제들을 첨가할 수 있다.

좀더 구체적으로, 우리가 지금 N개의 서로 다른 유전자들을 가진 반수 염색체 생물 하나를 살펴보고 있고, 그 각각의 유전자들은 1과 0이라는 두 개의 대립형질들로 나타난다고 가정해보자. N개의 유전자들이 있고 그 각각이 두 개씩의 대립형질들을 가지고 있다면, 가능한 유전자형의 개수는 이제는 꽤 익숙한 2^N개이다. 장(腸) 안에서 즐겁게 살아가는 대장균 박테리아는 대략 3,000개의 유전자들을 가지고 있다. 따라서 그것의 유전자형 공간은 2^{3000} 또는 10^{900}개의 가능한 유전자형들을 갖고 있게 된다. 단지 500에서 800개 정도의 유전자들만을 가진 가장 단순한 자유 생물인 플루로모나조차도 10^{150}개에서 10^{240}개 사이의 잠재적인 유전자형들을 갖고 있다. 이제는 각 염색체의 두 개의 복사본을 가진 배수 염색체 생물들을 살펴보자. 식물들은 대략 2만 개 징도의 유전자들을 기질 수 있다. 만약 그 각각의 유전자가 두 개씩의 대립형질을 가지고 있다면, 배수 염색체 유전자형들의 개수는 모계 염색체를 반영한 2^{20000} 곱하기 부계 염색체를 반영한 2^{20000}개, 즉 대략 10^{12000}개인 것이다. 분명히 유전자형 공간들은 방대한 것이다. 보통의 길이를 가진 게놈조차도 그것이 취할 수 있는 상태들의 수는 천문학적으로 크다. 어떤 종의 임의의 개체군은 항상 그 종이 가질 수 있는 가능한 유전자형 공간에서 아주 극히 작은 일부만을 나타내고 있는 것이다.

자연선택은 좀더 적합한 변이들을 골라내기 위해 작용한다. 실제로 이 과정은 어떻게 일어나는가? 같은 종에 속하는 박테리아들의 집단을 살펴보자. 그 집단의 일부분은 그 박테리아를 파랗게 만드는 유전자 B를 갖고 있는 반면에, 나머지 부분은 동일한 유전자의 또다른 대립형질로서 박테리아를 빨갛게 만드는 R을 갖고 있다고 하자. 그리고 어떤 특정한 환경에서 청색보다 적색인 상태가 유리하다고 가정해보자. 생물학자들이 적색 대립형질이 청색 대립형질보다 더 적합하다고 말할 때, 이것은 개략적으로 적색 박테리아가 청색 박테리아보다 더 분열하기 쉬우며 또 후손들을 남기기도 쉽다는 것을 의미하는 것이다. 가장 단순한 의미로 적색 박테리아가 더 빨리 분열하고 번식할 것이라는 것이다. 이제는 청색 박테리아의 분열 시간이 20분인데 반해, 적색 박테리아의 분열 시간은 10분이라고 가정해보자. 그렇다면 한 시간 동안에 어떤 시초가 되는 적색 박테리아는 6회의 배가 과정을 겪고 2^6, 즉 64개의 적색 자손들을 생성해내는 데 반해, 청색 박테리아는 3회의 배가 과정을 거쳐서 2^3, 즉 8개의 자손을 만들어낼 것이다. 적색 집단과 청색 집단 양쪽 모두 시간이 증가함에 따라 그 개체수들이 지수함수적으로 증가하겠지만, 그 증가율은 청색 박테리아보다는 적색 박테리아의 경우에 더 크다. 따라서 그 집단 내에서의 적색과 청색 박테리아들 간의 초기 비율과 상관없이 적어도 한 개의 적색 박테리아가 있기만 하면, 조만간 집단 전체는 그 비율이 영원히 점점 더 작아지는 청색 박테리아의 부분을 제외하고는 거의 완전히 적색 박테리아로 될 것이다. 더 적합한 적색 대립형질을 선호하는 선택이 그 박테리아 집단에서 B 유전자에 비해 R 유전자의 빈도를 증가시켜 놓을 것이다. 이것이 바로 덜 적합한 대립형질을 더 적합한 대립형질로 대체하는 자연선택의 핵심이다.

여기서 나는 중요한 세부 사항 하나를 간과했다. 만약 초기 집단 안에 단 하나의 적색 박테리아와 많은 청색 박테리아들이 있다고 가정해보자. 그렇다면 그 외로운 박테리아는 불운하게도 분열할 기회도 갖기 전에 소멸하는 상황이 발생할 수 있다. 여기서 요점은 그런 요동과 우연적인 교란들이 진화 과정에 영향을 줄 수 있고, 또 실제로 영향을 미친다는 사실이다. 대략 말하자면, 적색 박테리아가 일단 어떤 한계치 이상으로 있기만 하면, 폭발적인 증가를 하기 전에 그 적색 박테리아 모두가 우연히 열반에 들게 될 확률은 극히 작다는 것이다. 즉 일단 한계 숫자를 넘어서면, 요동들은 하나의 적색 박테리아 집단으로 향하는 불굴의 행진을 거의 멈출 수 없게 되는 것이다.

나는 자연선택의 추진력으로 유전자형 공간을 가로지르며 움직이거나 흐르는 적응하는 생물 개체군에 대해서는 나중에 이야기할 것이다. 당신은 위에서 설명한 박테리아의 관념을 마음속에 간직하고 있어야만 한다. 만약 그 박테리아 집단이 완전히 청색으로 시작하고, 또 내내 청색으로 남아 있으면, 아무 일도 일어나지 않을 것이다. 하지만 한 박테리아 내의 한 B유전자가 우연히 R이라는 대립형질로 돌연변이를 일으킨다고 가정해보자. 그러면 그 행복한 적색 균과 그 자손은 더 빨리 분열할 것이고 결국에는 청색 박테리아들을 대치하고 자리잡을 것이다. 그 집단은 B대립형질을 가진 유전자형으로부터 R대립형질을 지닌 유전자형으로 〈이동〉할 것이다. (물론 그 수는 적겠지만 점점 사라져가면서도 청색 박테리아의 일부분이 계속 남을 수 있을 것이다. 하지만 우리는 실험을 수정하여, 양분을 인가하고 박테리아 일부와 사용되지 않은 양분, 그리고 분비물들을 제거하면서, 박테리아의 수를 그 안에서 일정하게 유지하는 화학 용기를 사용하는 실험을 수행할 수 있다. 이렇게 하면 결국 모든 청색 박테리아들은 적색 박테리아들만을 남겨둔 채 이런 제한된 집단 체계로부터 희석되어 없어질 것이다.)

적합도 지형과 유전자형 공간의 개념들을 이미 소개했기 때문에, 우리는 이제 자연선택이 생물권의 생물체들을 만드는 데 실제로 얼마나 효과적일 수 있는지를 검토할 도구들로 그 개념들을 사용하고자 한다. 그러면 이런 적합도 지형들은 실제로 무엇처럼 보이는가? 그리고 그런 지형의 특성은 진화의 조립 과정의 성공이나 실패를 어떻게 관장하는가?

각각의 유전자형의 〈적합도〉를 측정하는 것이 가능하다고 가정하자. 그리고 이 적합도를 〈높이〉로 간주하자. 더 적합한 유전자형들이 덜 적합한 유전자형들보다 더 높다고 말이다. 여기서 우리는 또 하나의 중요한 개념, 즉 〈인접한〉 유전자형이라는 개념이 필요하다.

단지 4개의 유전자들만을 갖고 있고, 그 각각의 유전자가 1과 0이라
는 두 개의 대립형질을 가진 한 유전자형의 경우를 생각해보자. 그
러면 〈0000〉, 〈0001〉, 〈0010〉 등으로부터 〈1111〉에 이르는 16가지의
유전자형들이 존재하게 된다. 이 각각의 유전자형은 4개의 유전자들
중의 어느 하나를 또다른 하나의 대립형질로 바꿈으로써 달라지는
것들과 〈인접〉하고 있다. 즉 〈0000〉은 〈0001〉, 〈0010〉, 〈0100〉, 그리
고 〈1000〉과 인접하고 있다. 〈그림 8-4a〉는 그런 가능한 16가지의 유
전자형들을 보여주고 있는데, 각각은 수학자들이 4차원적 부울 초입
방체Boolean hypercube라고 부르는 도형의 각 꼭지점에 해당한다.
이 부울 초입방체의 차원은 바로 각 유전자형의 이웃들의 수와 같
다. 즉 약 N개의 유전자가 있다면, 각각의 유전자형에 인접한 유전
자형들의 수는 바로 N개이고, 총 2^N개의 가능한 유전자형들이 각기
그 초입방체의 서로 다른 하나의 꼭지점으로서 존재한다.

　다음의 특이한 경우를 생각해보자. 16개의 유전자형들 각각에 완
전히 무작위적으로 적합도를 〈할당하자〉. 말하자면, 0.0과 1.0 사이의
소수들을 무작위로 선택해서 각 유전자형들에 할당하자. 그리고 그
유전자형들을 가장 덜 적합한 것을 나타내는 1부터 가장 적합한 16까
지로 등위를 매긴다. 즉 이런 특이하고 변덕스런 게임을 하기 위해
서는, 1, 2, 3에서 16까지의 숫자들을 부울 초입방체의 각 꼭지점에
하나씩 할당해주는 것이면 충분하다(그림 8-4b).

　우리는 방금 하나의 무작위적인 적합도 지형을 만든 것이다. 무작
위로 적합도를 할당한다는 우리의 결정은 우리의 무작위적인 지형판
이 최대한으로 압축된 컴퓨터 프로그램들의 적합도 지형들과 매우
유사하다는 것을 의미한다. 양쪽 모두의 경우에 있어서 단 한 개의
〈비트〉를 바꿔서 조금이라도 어떤 돌연변이를 발생시키는 것은 〈적

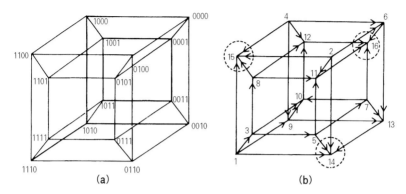

그림 8-4 부울 초입방체. (a)4개의 유전자들을 갖고 있고, 각 유전자가 두 개의 상태들 또는 대립형질들이 될 수 있는 어떤 게놈에 대한 모든 가능한 유전자형들은, 4차원 부울 초입방체 상의 꼭지점으로 나타낼 수 있다. 각 유전자형은 4개의 이웃들과 연결되어 있는데, 이웃하는 게놈들은 단 하나의 유전자 변이에 의해 다르다. 따라서 0010은 0000, 0011, 1010, 그리고 0110과 〈인접한다〉. (b)각각의 유전자형에는 무작위적으로 가장 나쁜 1부터 가장 좋은 16까지의 등급순위를 매긴 적합도가 할당되었다. 동그라미가 그려진 꼭지점들은 지역적 최적점——인접한 이웃들보다 더 적합한 유전자형——들을 나타내고 있다. 각 유전자형으로부터의 화살표들은 더 적합한 이웃들을 가리킨다.

합도〉를 완전히 무작위로 만들게 된다.

일단 우리가 이런 무작위적인 지형들과 그것들 위에서의 진화의 본질을 이해하고 나면, 우리는 생물체에 대해서는 무엇이 다른지, 생물체들의 지형판들은 어떻게 무작위적이 아닌지, 또 그처럼 무작위적이지 않다는 것이 어떻게 복잡한 생물들의 진화적 조립 과정에 중요한지를 더 잘 인식할 수 있게 될 것이다. 우리는 생물권의 모습을 다듬는 것이 자연선택만은 아니라는 사실을 믿을 이유들을 발견할 것이다. 진화는 무작위적이지 않은 지형들을 필요로 한다. 이런 지형들의 가장 깊은 원천은 바로 우리가 찾고 있는 종류의 자기조직화의 원리일지도 모른다. 이것이 바로 자기조직화와 선택이 만나는 결합의 한 부분인 것이다.

어떤 적합도 지형 위에서의 가장 단순한 형태의 적응적 탐색을 고려해보자. 단순화시킨 우리 게임의 규칙은 다음과 같다. 우선 한 꼭지점, 또는 한 유전자형에서 출발한다. 그 다음 한 돌연변이 이웃을 고려한다. 돌연변이 이웃은 무작위로 선택한 한 유전자의 대립형질을 바꿈으로써 결정된다. 만약 그 변이가 더 적합하면 그리로 간다. 하지만 만약 그것이 더 적합하지 않으면 그리로 가지 않는다. 대신 또다시 무작위로 다른 하나의 돌연변이 이웃을 선택해서, 더 적합하다면 이 새로운 유전자형으로 이동한다.

이런 규칙에 의하면 우리는 각 유전자형으로부터 그것보다 더 적합한 돌연변이 이웃들을 가리키는, 즉 〈오르막길〉을 향하는 화살들을 사용할 수 있다(그림 8-4b). 한 개체군이 한 꼭지점에 〈놓여지면〉, 모두가 똑같은 유전자형을 갖고 거기에 머무를 것이다. 하지만 만약 그 4개의 유전자들 중 하나에서 돌연변이가 발생하고 그 새로운 돌연변이 유전자형이 더 적합하게 되면, 더 적합한 그 집단은 덜 적합한 집단보다 더 성장하게 될 것이다. 따라서 그 개체군은 초입방체의 원래의 모서리로부터 더 적합한 것에 해당되는 인접한 모서리로 〈이동〉, 또는 흘러가게 될 것이다.

따라서 만약 우리가 유전자형의 적합도를 높이로 간주한다면, 적응적 걸음은 어떤 한 유전자형에서 시작하여 위로 올라가게 된다. 이제 우리는 무작위적인 지형판 위에서의 이런 걸음이 무엇처럼 보이는지, 그리고 왜 진화가 어려울 수 있는지에 대해 질문해볼 수 있다.

적응적 탐색의 첫번째 본질적 특성은 바로 그것이 지역 내의 어떤 정점에 도달할 때까지 계속해서 위쪽으로 나아간다는 것이다. 어떤 산악지역 내에 있는 한 작은 산꼭대기와 같은 어떤 지역적 봉우리는 그것과 바로 인접한 지역 안에서는 다른 어떤 지점보다도 더 높지만, 대역적 최적점인 최고 정상보다는 훨씬 낮을 수도 있다. 바로 인접한 범위 안에서는 더 높은 지점이 없으므로 이것들은 멀리에 있는 높은 정상에 도달하지 못하고 가둬지는 것이다. 〈그림 8-4b〉의 지형판 안에는 3개의 지역적 봉우리들이 있다. 여기서 우리는 단지 4개의 유전자들과 16개의 유전자형만을 가진 아주 작은 지형판을 살펴보고 있는 것이다. 아주 넓은 유전자형 공간에서는 어떤 일이 벌어지는가? 거기에는 얼마나 많은 지역적 봉우리들이 존재하는 것인가?

무작위적인 지형들은 지역적인 봉우리들로 빽빽이 채워져 있다. 지역적 봉우리들의 숫자는 망연자실할 정도로 큰 숫자인 $(2^N)/(N+1)$이다. (이 숫자가 왜 옳은지 따져보는 것은 어렵지 않다. 어느 유전자형이 N개의 이웃들을 가지고 있다고 해보자. 자신과 N개의 이웃들 중에서 자기 자신이 가장 적합한 것, 즉 한 지역적 봉우리일 확률은 바로 $1/[N+1]$이다. 그런데 2^N개의 유전자형들이 있으므로, 이것들 중 지역적 봉우리들의 개수란 전체 유전자형의 개수에 한 유전자형이 지역적 봉우리일 확률을 곱한 값이 된다. 즉, 위의 식이 유도된다.) 이 짧은 공식은 무작위적인 지형들이 초천문학적 개수의 지역적 봉우리들을 갖고 있음을 암시하고 있다. 즉 $N=100$인 경우에는 약 10^{28}개의 지역적 봉우리들이 있는 것이다.

이제 무작위적인 지형판 위에서의 적응적 탐색이 왜 정말로 매우 어려운 것인지가 명백해지고 있다. 예를 들어 우리가 가장 높은 봉우리를 찾으려 한다고 가정해보자. 우리는 위쪽으로 올라가면서 탐색하려 애쓴다. 그러나 그런 적응적 걸음은 곧 한 지역적 봉우리 위에서 가둬지게 된다. 그 지역적 봉우리가 최고의 봉우리, 즉 대역적 최정상일 확률은 지역적 봉우리들의 총 개수와 역비례한다. 따라서 인간이 갖고 있는 것처럼 10만 개가 아니라 단지 100개의 유전자만을 가진 우리의 수수한, 적은 수의 유전자형의 경우에서조차도, 그 탐색 과정으로 최고봉에 오르게 될 확률은 대략 10^{28}분의 1정도이다. 무작위적인 지형판 위에서 위쪽으로 탐색하면서 최정상의 봉우리를 찾는다는 것은 전적으로 쓸모없는 일이다. 그것은 우리가 가능한 전체 공간을 탐색해야만 하기 때문이다. 그리고 유전자형, 또는 프로그램의 복잡도가 적당한 경우에서조차도 그런 작업은 우주의 역사보다도 더 오랜 시간이 걸릴 것이기 때문이다.

한 지형판 위의 어느 시작 지점에서 출발하건 간에, 적응적 탐색은 몇 번의 발걸음 후에는 지역적 봉우리에 도달하게 된다(그림 8-4b). 따라서 우리는 봉우리로 가는 걸음의 예상 길이가 얼마나 될 것인지를 질문해볼 수 있다. 무작위적인 지형 위에는 너무도 많은 봉우리들이 있기 때문에 예상 길이가 매우 짧다(겨우 $\ln N$으로 주어진다. 여기서 $\ln$은 e를 밑수로 하는 자연로그 함수를 의미한다). 그러므로 N이 10부터 10,000까지 증가해감에 따라 유전자형의 수는 엄청나게(실제로는 지수적으로) 증가하지만, 최적 조건(봉우리)으로 가는 걸음의 예상 길이는 단지 조금만 증가한다(10의 자연로그인 약 2.3으로부터 10,000의 자연로그인 약 9.2까지). 달 표면의 영상에서처럼 어느 지점이나 지역적 봉우리들이 가까이 있어서, 적응하는 집단은 멀리 떨어져 있는 높은 봉우리로 가는 더 이상의 탐색을 포기하고 그 지역적 봉우리에 가둬지게 된다.

하지만 실제 상황은 그보다도 훨씬 더 나쁘다. 왜냐하면 봉우리를 향해 오르는 것이 더 높이 올라가면 갈수록 급속히 아주 많이 어려워지기 때문이다. 〈그림 8-4b〉는 적응적 걸음의 이런 중요한 특징을 보여준다. 만일 낮은 적합도를 갖는 한 지점에서 출발한다면, 오르막의 방향이 여러 개가 있을 것이다. 그러나 위쪽으로 걸음을 옮길 때마다 더 위쪽으로 올라가는 방향의 예상 숫자는 점점 더 작아지고, 결국 하나의 지역적인 최적점에 이르게 되면 올라갈 수 있는 방향은 더 이상 존재하지 않게 된다. 그렇다면 걸음을 계속해감에 따라 오르막 방향의 비율이 점점 감소하는 것에 관한 어떤 축척 법칙 scaling law이라도 있는가? 무작위적인 지형판 위에서 이에 대한 답은 놀랍고도 간단하다. 각각의 향상적인 걸음 후에 오르막 방향의 예상 숫자는 이전의 반으로 준다. 만약 $N=10000$이고 우리가 가장 덜 적절한 것에서부터 시작한다면, 오르막 방향들의 숫자는 잇따라 10,000, 5,000, 2,500, 1,250, ……이 되는 것이다. 따라서 높아지면 높아질수록, 위쪽으로 계속되는 길을 찾아내기는 더욱더 어려워진다. 위로 향한 걸음마다 매번 두 배로 많은 길들을 시도해봐야 할 것이다. 물론 당연히 위쪽으로 걸음을 옮기는 예상 대기 시간 역시 위쪽으로의 걸음마다 매번 두 배가 된다. 첫번째 걸음이 1번의 시도를 필요로 한다면, 두번째에는 2번의 시도를, 다음에는 4번, 8번, 16번 등으로 말이다. 위쪽으로 10번째 걸음에 이르게 되면 1,024번의 시도가 필요하게 되는 것이다. 위쪽으로의 30번째 걸음에 이르면, 하나의 오르막길을 찾기 위해 2^{30}개의 방향들을 시도해야만 하는 것이다! 적합도가 증가함에 따라 나타나는 이런 종류의 지체는 적당히 울퉁불퉁한 지형 위에서 진행될 때조차도 포함하여 모든 적응적 과정이 보이는 근본적인 특성이다. 이런 지체 현상은, 내가 9장에서 암시하겠지만, 생물학적 또 기술적 진보의 중요한 특성들의 기반을 이룬다.

이같이 척박한 땅에서 진화하려고 애쓰는 생물들의 집단이 처하는 곤경의 더 심각한 면을 고찰해보자. 무작위적인 지형들은 매우 많은 지역적 최적점들을 갖고 있는데, 대역적 최적점도 그중 하나다. 만일 그 집단이 한 지점에서 출발하여 위쪽으로 가는 모든 가능한 길들을 선택해서 오를 수 있다면, 그 출발 지점으로부터 몇 개의 지역적 봉우리들을 오를 수 있는 것인가? 무작위적인 지형판 위에서는, 적응적 걸음이 시작되는 곳이 어디건 간에 만일 그 집단이 단지 위쪽으로만 오르는 것이 허용된다면, 그 집단은 무한히 적은 개수의 지역적 봉우리들에만 도달할 수 있다. 무작위적인 지형들은 뉴잉글랜드 New England 지방에서 자동차에 편승하려는 것과 조금 비슷하다. 당신은 여기서부터는 목적지에 도달할 수가 없다. 가능한 가장 높은 봉우리를 찾으면서 무작위적인 지형판 위에서 진화하려고 시도한다면, 그 집단은 전체 가능성 공간의 극히 작은 영역에 갇힌 채 머물러 있을 것이다.

하늘 높이 솟거나 심연으로 떨어지는 절벽들이 사방으로 놓여 있는 이런 무작위적인 달 표면 지형에서는 어디로 가야할지에 대한 아무런 단서도 없으며, 단지 가능성들의 방대한 공간 내에 흩어져 있는 초천문학적 숫자의 지역적 봉우리들과 뾰족탑들의 혼란만이 존재할 뿐이다. 오르막길은 어떤 경로든 몇 걸음에 다 끝나버리고, 놀라고 어리둥절한 여행자는 하늘의 별들도 적은 수로 간주될 정도로 많은 작은 봉우리 중의 어떤 하나에 오르게 될 뿐이다. 어디서 위로 오르기를 시작하건 간에 여행자는 전체 공간의 그런 미소한 영역에 얼어붙은 채로 영원히 남아 있게 될 것이다.

상관성이 있는 적합도 지형들

그 어떤 복잡계도 무작위적인 적합도 지형에서 진화해왔던 것은 아니다. 창 밖에 보이는 생물체들, 그 각각의 생물을 형성하는 세포들, 그런 세포들 내의 DNA, RNA, 그리고 단백질 분자들, 숲, 알프스의 목장, 또는 남미 초원들의 생태계, 심지어 우리가 그 안에서 생계를 유지하고 있는 여러 기술들의 생태계들——예를 들어 USS Forrestal[2]의 함상 표준 작업 절차들, GM(제너럴 모터스) 공장의 생산공정들, 영국의 관습법, 원격 통신 회로망 등……. 이 모든 것들은 사소한 〈돌연변이〉들이 작거나 큰 변이들 중 그 어느 것도 야기할 수 있는 지형판 위에서 진화한다.

진화가 가능한 것들——분자들의 신진대사망들, 단세포들, 다세포 생물들, 생태계들, 경제 체계들, 사람들——은 모두 하나의 특별한 성질을 가지고 있는 각자의 지형판 위에서 살면서 진화한다. 지형판은 진화가 〈작동하도록〉 해준다. 이런 실제의 적합도 지형들, 즉 다윈의 점진주의의 기반을 이루는 유형들은 〈상관성 correlation〉을 갖고 있다. 서로 근접한 지점들은 비슷한 높이를 가지는 경향이 있다. 가장 높은 지점들은 찾기가 더 쉬운데, 왜냐하면 그 지형이 앞으로 나아갈 가장 좋은 방향에 대한 단서들을 제공해주기 때문이다. 이런 지형들은 깊이 떨어지는 낭떠러지와 높이 솟아오르는 절벽들을 가진 들쑥날쑥한 달 표면 지형과는 다르게, 네브래스카 Nebraska 지역처럼 평탄하고 평평하거나, 노르망디 Normandy 지방의 완만한 언덕들처럼 평탄하고 둥근 모양이거나, 또는 심지어 알프스 산맥처럼 울퉁불퉁할 수도 있다. 진화는 그런 지형들 위에서 성공할 수 있다. 알프스의 경우는 망설이게 할 수도 있겠지만 무작위적인 달 표면 지형과 비교하면 기어오르기 쉬운 것이다. 나침반, 배낭, 간단한 도시락, 그리고 좋은 등산 장비만 있으면, 당신은 몽블랑으로 가는 길을 찾을 수 있고 또 하루 만에 돌아올 수도 있다. 고된 하루이지만 멋진 하루인 것이다. 이것은 바로 하나의 고산지대 모험인 것이다.

그러나 정말 실제의 지형판이 상관성을 갖고 있다면 우리는 그것에 대한 연구를 어떻게 해나갈 것인가? 지금 우리는 유용한 이론들을 설립하는 데 있어서 하나의 문제에 직면하고 있다. 무작위적인 지형은 거의 유일하게 정의된다. 우리는 단지 유전자형 공간의 유전자형들에 어떤 분포를 갖는 무작위적인 적합도 수치들을 할당하기만 하면 된다. 하지만 상관성이 있는 지형들의 경우는 어떠한가? 우리 모두가 알고 있듯이 상관성이 있는 지형들을 만드는 데는 정할 수 없는 많은 방법들이 있을 수 있다. 우리가 유용한 방법을 발견해낼 수 있을까?

나는 몇 년 전에 산타페 연구소의 새 친구들이며 고체물리학자들인 애리조나 대학의 댄 스타인Dan Stein, 듀크 대학의 리처드 파머 Richard Palmer, 그리고 프린스턴 대학의 필 앤더슨Phil Anderson이 스핀 유리 spin glass에 대해 말하기 시작할 때까지 어떻게 위의 문제들을 연구해야 할지 모르고 있었다. 스핀 유리란 일종의 무질서화된 자성 물질인데, 앤더슨은 이것들의 거동을 연구하기 위한 모형을 도입한 최초의 물리학자들 중의 하나였다. 내가 도입할 *NK* 모형은 물리학자의 스핀 유리 모형에 대한 일종의 유전학적 변형판이다. 이 *NK* 모형의 장점은 유전자형의 다른 특성들이 어떻게 다른 정도의 울퉁불퉁한 지형판들을 초래하는지를 구체적으로 보여주고, 또 우리로 하여금 일군(一群)의 지형판들을 체계적인 방식으로 연구할 수 있게 해준다는 것이다.

다시 한번 우리는 여기서 이론 생물학자의 추상적인 렌즈를 통해서 생물들을 살펴볼 것이다. 나는 우선 당신에게 *N*가지의 형질들을 가지고 있고, 각각의 형질은 다시 0과 1이라는 두 개의 양자택일적 상태에 있을 수 있는 한 생물을 고찰해보기를 요구한다. 0과 1이라는 이 부호들은 한 가지 형질에 있어서는 〈짧은 코〉와 〈긴 코〉를, 혹은 다른 특성에 대해서는 〈휜 다리〉와 〈곧은 다리〉를 나타낼 수 있다. 그러면 주어진 하나의 생물은 N가지 형질들 각각이 1 또는 0 상태인 유일한 조합에 해당된다. 지금쯤이면 벌써, 이 경우에는 2^N개의 형질들의 조합이 있고, 각 조합은 이 가상적인 생물에게 가능한 하나의 총체적인 표현형이라는 사실이 명백해진다. 예를 들어 짧은 코에 휜 다리, 긴 코에 휜 다리, 짧은 코에 곧은 다리, 또는 긴 코에 곧은 다리의 생물들이 있을 수 있다. 우리는 이것들을 00, 01, 10, 그리고 11이라 나타낼 수 있다.

한 생물의 적합도는 그것이 어떤 형질들을 갖고 있느냐에 달려 있다. 그래서 우리가 이 가능한 생물들의 적합도를 그것들이 갖고 있는 형질들의 특정한 조합을 통해 이해하려고 한다고 해보자. 그런데 여기에는 문제가 있다. 하나의 고정된 환경에서 생물의 적합도에 대한 하나의 형질, 예를 들어 짧은 코에 대한 긴 코의 기여도는 다른 형질들, 예를 들어 곧은 다리에 대한 휜 다리에 의존할 수 있다는 것이다. 어쩌면 짧은 코를 가진 것은 그 사람이 휜 다리일 때는 매우 쓸모가 있지만, 만일 그 사람이 곧은 다리를 갖고 있다면 해로울 수 있다. (더 그럴듯하게 말하자면, 굵은 뼈를 가진 것은 무거운 생물에게는 쓸모가 있겠지만, 날씬하고 민첩한 생물에게는 해로울 수도 있다.)

요컨대 그 생물의 전체적인 적합도에 대한 한 형질의 상태의 기여도는 매우 복잡한 방식으로 다른 많은 형질들의 상태들에 의존할 수 있다. N개의 유전자들을 갖고 있고 그 각각이 두 개의 대립형질들을 갖는 반수 염색체 유전자형에 대해서도 이와 유사한 문제들이 발생한다. 한 유전자의 한 대립형질이 그 생물 전체의 적합도에 기여하는 정도는 다른 유전자들의 대립형질들에 복잡한 방식으로 의존할

수 있다. 유전학자들은 염색체 위에서 주어진 위치의 어떤 한 유전
자의 적합도 기여에 다른 위치에 있는 유전자들이 영향을 준다는 의
미로 이런 결합을 유전자 상위성(上位性, epistasis),[3] 또는 상위적 결
합이라고 부른다. 예를 들어 두 개의 유전자 L과 N이 있고, 각각은
두 개의 대립형질인 L과 l, 그리고 N과 n을 가질 수 있다. L 유전자
는 다리 모양을 제어한다고 하자(L은 곧은 다리를, l은 휜 다리를 갖
게 한다). N 유전자는 코의 크기를 제어한다(N은 큰 코를, n은 작은
코를 갖게 한다). 이 두 유전자의 대립형질들이 이런 형질들을 제어하
고 있고, 큰 코의 유용성은 다리 모양에 의존할 수 있으므로, 생물의
전체적 적합도에 각 유전자의 각 대립형질이 기여하는 정도는 다른
유전자들의 대립형질들에 의존할 수 있다.

우리는 유전자들이 다른 유전자들의 적합도 기여에 영향을 주는
이런 현상을 상위적 상호작용을 하는 회로망으로 생각할 수 있다.
유전자들이 서로를 켜지게 하거나 꺼지게 할 수 있었던 4장의 게놈
회로망을 기억하는가? 여기서 우리는 약간 다른 발상을 쫓고 있다.
만약 각 유전자를 하나의 점으로 그린다면, 우리는 각 유전자를 그
것의 적합도에 영향을 끼치는 모든 다른 유전자들에 연결할 수 있다.

NK 모형은 이런 상위적 결합을 하는 회로망을 포착하여, 그 결합
의 영향이 반영하는 복잡성을 모형화한다. 그것은 각 형질(유전자)에
K개의 다른 형질(유전자)들로부터의 상위적 〈입력들〉을 할당함으
로써 상위성 그 자체를 모형화한다. 그래서 각 유전자의 적합도 기
여는 그 유전자 자신의 대립형질 상태와, 더불어 그 유전자에 영향
을 미치는 K개의 다른 유전자들의 대립형질 상태들에 의존하게 된다.

유전자들 간의 실제의 상위적 영향들은 매우 복잡하다. 주어진 유
전자의 한 대립형질은 두번째 유전자의 주어진 한 대립형질의 적합

도 기여를 급격히 강화시킬 수 있는 반면, 그 첫번째 유전자의 또다른 대립형질은 두번째 유전자의 똑같은 대립형질이 해로운 것이 되도록 할 수도 있다. 유전학자들은 이러한 상위적 영향들이 있다는 사실을 알고 있다. 하지만 한 생물체 내의 단 두 개의 유전자 사이에서도 그런 결합들에 대한 세부적 사실들을 입증하기 위해서는 어려운 실험들이 요구된다. 현재로서는 수천 개의 유전자들 간의 모든 상위적 영향들을 입증하려고 하는 것은, 많은 종들의 경우는 말할 것도 없고 단 한 가지 종에서조차도 실행하기 어려운 일이다.

우리가 어떤 방식을 통해 무작위적으로 영향들을 할당함으로써 복잡한 상위적 상호작용들을 효과적으로 모형화할 수 있다는 사실이 몇 가지 측면에서 암시되고 있다. 첫째, 우리는 현재의 생물학적 경우들에 대한 우리의 무지함을 인정하는 편이 더 낫다. 둘째, 우리는 그런 지형들이 무엇처럼 보이는지, 또 생물의 특성들이 지형의 울퉁불퉁한 정도에 어떤 영향을 주는 것인지 이해하기 위해서 울퉁불퉁하지만 상관성이 있는 지형판들의 일반적인 모형들을 구축하려고 시도하고 있다. 만일 우리가 〈무작위적인〉 상위적 결합들이 적합도에 미치는 영향들을 모형화할 수 있다면, 우리는 우리가 찾는 그런 종류의 일반적인 지형판 모형들을 얻게 될 것이다. 셋째, 만일 운이 좋다면 우리는 몇몇 경우에서 실제 지형판들이 우리의 모형 지형판들과 매우 비슷하게 보인다는 것을 발견하게 될 것이다. 우리는 상관성이 있는 모형 지형판들을 가지고 실제 지형판들의 정확한 통계적 특성들을 포착하게 될 것이다. 그래서 어느 한 생물에서의 상위적 결합들에 관한 세부적 사항들을 모두 입증하기 위한 모든 실험들을 거치지 않고도, 실제 생물들에서 일어나는 그런 종류의 상위성과, 지형판과 진화에 대한 그것의 영향을 이해할 수 있게 될 것이다. 요컨내 우리는 모형을 구축함으로써 적합도 지형의 구조와 심지어 그것의 진화와도 관련된 일반적인 생물학 법칙들을 탐구할 수 있다.

NK 적합도 지형의 한 예를 만들기는 쉽다. N개의 유전자들 각각에 K개의 다른 유전자들을 할당한다. K개의 유전자들은 무작위적으로, 또는 다른 어떤 방법으로도 선택될 수 있다. 전체 유전자형에 대한 각 유전자의 적합도 기여는 그 자신의 대립형질인 1 또는 0과 더불어, 그 유전자의 입력들인 K개의 다른 유전자들의 1 또는 0이라는 대립형질들에 의존한다. 그러므로 그것의 적합성 기여도는 $K+1$ 개 유전자들의 대립형질들에 의존한다. 각 유전자는 1과 0이라는 두 대립형질들 중의 한 상태에 있을 수 있으므로, 가능한 대립형질 조합들의 총수는 $2^{(K+1)}$이다. 우리는 이런 대립형질의 조합들 각각에, 그 유전자가 생물에 기여하는 적합도를 나타내는 0.0과 1.0사이의 소수를 하나씩 무작위로 할당해준다. 예를 들어 어떤 한 조합의 경우, 그 적합도 기여는 0.76일 수 있다. 또다른 것은 0.21일 수 있다. 이제 우리는 N개의 유전자들 각각에, 또 그것에 영향을 미치는 $K+1$개의 유전자들에, 위와 똑같은 방식으로 무작위로 하나씩 적합성 기여도를 할당해주기만 하면 된다(그림 8-5). 그 다음에는 전체 유전자형의 적합도를 고려하는 일이 남는데, 나는 그것을 N개 유전자들 각각의 평균적 적합성 기여도로 정의할 것이다. 즉 그 생물 전체가 얼마나 적합한지를 알려면, 바로 N개의 유전자들 각각의 적합성 기여도들을 모두 더한 다음 그것을 N으로 나누면 된다.

이상이 NK 모형에 관한 전부이다. 〈그림 8-5〉는 $N=3$이고 $K=2$인 예를 보여준다. 즉, 게놈은 3개의 유전자들을 갖고, 그 각 유전자는 다른 두 개에 의해 영향을 받는다. 따라서 이 경우 각 유전자의 적합

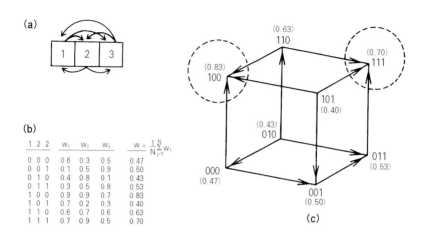

그림 8-5 적합도 지형 만들기. 각각 두 가지의 상태(1 혹은 0)를 가질 수 있는 3개의 유전자들(N=3)로 구성된 게놈 회로망의 NK 모형. 각 유전자들은 두 개의 다른 유전자들로부터 입력을 받는다(K=2). (a)각 유전자에 두 개의 입력들이 임의적으로 할당된다. (b)2^3=8개의 가능한 게놈 상태 각각에서 각 유전자에 무작위적으로 0.0에서 1.0사이의 적합성 기여도가 하나씩 할당된다. 그 다음에 각 게놈의 적합도는 그것의 3개 유전자들의 적합성 기여도들의 평균치로 주어진다. (c)하나의 적합도 지형이 구축된다. 동그라미가 그려진 꼭지점들은 지역적 최적점들을 나타낸다.

성 기여도는, 그 유전자 자신과 나머지 K개인, 그 게놈 안의 모든 유전자들에 의존한다. 즉, K는 그것의 최대치인 N-1의 값을 갖는 경우이다.

〈그림 8-5〉의 NK 모형은 2^3 또는 8개의 가능한 유전자형들에 대한 적합도 지형을 낳는다. 각 유전자형들은 〈000〉, 〈001〉, …… 〈111〉 등과 같은 3차원 부울 입방체의 꼭지점들에 놓여 있다. 여기에서 이런 적합도 지형에 대한 우리의 개념이 가시적이라는 것에 주목하자. 즉 다양한 걸음들을 통해 도달할 수 있는 두 개의 지역적 최적점들이 있다. 또 그런 걸음들을 따라가면 오르막 방향들의 수는 점점 작아진다.

나는 다음의 본질적인 점 때문에 *NK* 모형이 매혹적이라고 생각한
다. 유전자당 상위적 입력들의 수, 즉 *K*를 변화시키는 것은 그 지형
의 울퉁불퉁한 정도와 봉우리들의 수를 변화시킨다. *K*를 변화시키는
것은 조절 단추를 돌리는 것과 같다. 그렇다면 왜 이런 일이 일어나
는 것인가? 그 이유는 유전자들의 상위적 상호작용들의 회로망인 우
리의 모형 생물이 상충(相衝)적 제약conflicting constraint들의 거미줄
망에 놓여 있는 것과 같기 때문이다. *K*가 커질수록 즉, 유전자들의
연결이 많을수록 더 많은 상충적 제약이 존재하고, 따라서 그 지형
은 이전보다 더 많은 지역적 봉우리들과 함께 한층 더 울퉁불퉁하게
된다.

*K*를 증가시키는 것이 왜 상충적 제약을 증가시키는 것인지를 살펴
보기는 쉽다. 어떤 두 개의 유전자가 *K*개의 입력들 중 많은 것들을
공유하고 있다고 가정하자. 대립형질 상태들의 각 조합의 적합성 기
여도는 무작위적으로 할당되어 있다. 그렇다면 거의 확실하게, 유전
자 1에 있어서 공유된 상위적 입력들의 대립형질들에 대한 최선의
선택은 유전자 2의 것과는 다를 것이다. 상충적 제약이 있는 것이다.
유전자 1과 유전자 2의 상위적 입력들 간에 교차 결합이 없는 경우만
큼 그들을 동시에 〈행복하게〉 만들어줄 방법은 없다. 따라서 *K*가 증
가함에 따라서, 교차 결합은 증가하고 상충적 제약들도 한층 더 악
화된다.

지형판을 울퉁불퉁하고 봉우리가 많게 만드는 것은 바로 이런 상
충적 제약들이다. 왜냐면 너무도 많은 제한들이 상충하기 때문에 뚜
렷한 최고의 해결책 하나보다는 오히려 다소 적당히 타협적인 해결
책들이 많이 있는 것이다. 달리 말해서 매우 낮은 고도의 지역적 봉
우리들이 많이 존재하게 된다. 지형들이 더 울퉁불퉁하기 때문에 적

응은 더욱더 어려워진다. 우리의 압축된 컴퓨터 프로그램을 상기한다면, K를 증가시키는 것은 프로그램의 압축률을 증가시키는 것과 같다. 이렇게 되면 양쪽 모두에서, 계의 작은 부분은 그 계 전체의 다른 부분들에 영향을 미친다. 상호 연결의 밀도가 증가함에 따라, 단 하나의 유전자(또는 프로그램의 한 비트)를 변화시키는 것은 그 계 전체를 통해서 파장을 일으키는 결과를 야기할 것이다. 즉 게놈에서의 약간의 변화들이 적합도에서 약간의 상응하는 변화들을 만들면서 계가 부드럽게 진화하기는 참으로 어려울 것이다. 그래서 그 효과들을 모으자면, K가 증가함에 따라, 봉우리들의 높이는 낮아지고, 그것들의 수는 증가하며, 지형판 위에서 진화하기는 더 어렵게 된다.

지형판들의 구조와 그것이 진화에 미치는 영향들에 대한 우리의 직관을 더 분명하게 하기 위해서, 우리의 조절 단추를 $K=0$으로 맞추어서 각 유전자가 다른 모든 유전자로부터 독립적인 상태가 되도록 만든 다음 시작해보자. 이 경우에는 아무런 상충적 제약들도 없게 되는데, 왜냐하면 아무런 상위적인 입력들과 교차 연결들이 없기 때문이다. 그 지형은 점차적으로 완만한 경사로 오를 수 있는 단 하나의 봉우리만을 가진 〈후지 산〉적 지형이다. 이것은 이해하기가 쉽다. 예를 들어, 일반성을 잃지 않으면서, 1이라는 수치가 모든 유전자에 대해 더 적합한 대립형질을 나타낸다고 가정하자. 그러면 명백히 대역적 최적점인 유일한 유전자형 〈1111111111〉이 존재한다. 하지만 어떤 다른 유전자형, 예를 들어 〈0001111111〉도 각각의 대립형질 0을 1로 연속해서 〈뒤집어버림으로써〉 그 대역적 최적점에 기어오를 수 있을 것이다. 따라서 다른 어떤 유전자형들도 그 대역적 최고봉에 오를 수 있기 때문에 그 지형 위에는 다른 봉우리들이 없게 된다. 그리고 더 나아가, 1에서 0으로 한 유전자의 대립형질을 바꾸는 것은 기껏해야 1/N 정도의 유전자형 적합도를 바꿀 수 있기 때문에 근접한 이웃들의 적합도는 크게 다를 수가 없다. 그러므로 그 봉우리는 어느 방향으로나 매끈한 비탈을 갖는다. 그 하나의 봉우리는 전형적인 출발점으로부터 멀리 떨어져 있다. 만약 무작위적인 유전자형을 가지고 시작한다면, 그 유전자들의 절반은 0이고, 그 나머지는 1일 것으로 예상할 수 있다. 따라서 봉우리까지 걸음의 예상 길이, 또는 예상 거리는 N/2개의 돌연변이 걸음들, 즉 그 공간 크기의 반이다. 그리고 위로 한 걸음씩 갈 때마다 오르막 방향들의 수는 단지 1개씩만 감소한다. 만일 가장 나쁜 조건의 유전자형에서 시작한다면, 위쪽으로 N개의 방향들이 있을 것이고, 그 다음엔 N-1개, 또 그 다음엔 N-2개, ……가 있을 것이고, 그 적응적 걸음은 필연적으로 대역적 최적점에 도달할 것이다. 오르막 방향들의 수가 이같이 점차적으로 감소하는 것은 매번 위쪽으로 한 걸음씩 갈 때마다 그 수가 반씩 줄어드는 무작위적인 지형들에서의 경우와는 극명한 대조를 이룬다. 이처럼 매끈하고 봉우리가 하나뿐인 지형 위에서는, 무작위적으로 유전자들을 변화시키면서 가장 적합한 유전자형을 선택하는 적응하는 생물들의 집단이 후지 산의 정상으로 가는 길을 빨리 찾아내게 될 것이다. 이것이 바로 다윈의 이상적인 점진주의이다.

이제, K 조절 단추를 반대쪽으로 돌려서 최대치인 N-1로, 즉 모든 유전자들이 다른 모든 유전자들에 의해 영향을 받는 경우를 가정해보자. K가 그 최대치인 N-1로 증가하게 되면, 그 적합도 지형은 전적으로 무작위적인 것이 된다(그림 8-5). 이것은 쉽게 살펴볼 수 있다. 어떤 한 유전자를 그것의 또다른 대립형질 상태로 바꾸는 것은 그 유전자와 다른 모든 유전자들에 영향을 준다. 그리고 영향을 받은 각 유전자의 적합성 기여도는 0.0에서 1.0 사이의 어떤 새로운 무작위적 수치로 변경된다. 이것이 모든 N개의 유전자들에 대해서 적용되므로, 단 하나의 유전자에서 돌연변이된 새로운 유전자형의 적합도는 원래의 유전자형에 대해서 전적으로 무작위적인 것이 된다.

$K=N-1$개인 지형들은 완전히 무작위적인 것들이므로, 우리가 이미 주목했던 모든 속성들이 나타난다. 즉 지형이 $2^N/(N+1)$개의 최적점들을 갖고 있으므로, 유전자들의 수가 많은 경우에는 지역적 봉우리들의 수가 초천문학적으로 커지게 된다. 또 최적점들을 향한 걸음들은 매우 짧은 것들이 된다. 어디에서 시작하건, 적응하는 계는 많은 지역적 최적점들 중의 극히 적은 일부에만 기어 올라갈 수가 있는데, 이것은 그 적응하는 계가 상태 공간의 아주 미소한 영역에 얼어붙게 된다는 것을 의미한다. 위쪽으로 걸음을 옮길 때마다 매번 오르막 방향의 수는 절반씩 감소하고, 따라서 그 계가 점점 더 높은 적합도를 얻음에 따라 그 개선 속도는 급격히 느려진다. 이런 모든 이유들 때문에 최고 봉우리로의 적응적 진화는 실질적으로 불가능하게 된다.

K가 그것의 최소치인 0으로부터 그 최대치인 $N-1$로 조절됨에 따라, 상관성이 있지만 점점 더 울퉁불퉁해지는 일군의 지형들이 생성된다. 지형들은 점점 더 울퉁불퉁하게 되고, 또 봉우리들이 많아지는 반면, 그 봉우리들의 높이는 더 낮아지게 된다. 이것은 〈그림 8-6〉에서 볼 수 있다. 그림은 K가 증가할 때 한 지역적 봉우리 바로 근처에서의 지형을 보여준다.[4] K가 증가함에 따라 그 봉우리들은 더 낮아지는 반면, 그 봉우리의 주변은 더 울퉁불퉁하게 된다. NK 모형을 발명해낼 때의 나의 목표는 바로 이와 같이 울퉁불퉁하지만 상관되어 있는 풍경들을 연구할 수 있도록 하는 것이었다.

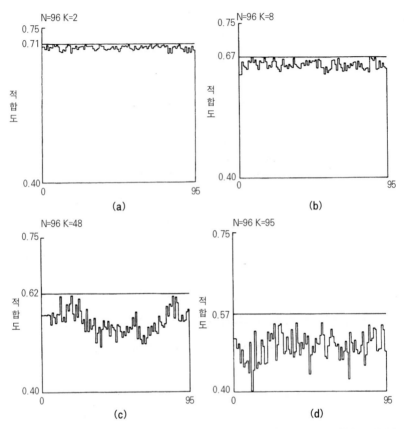

그림 8-6 울퉁불퉁한 정도의 조절. 적합도 지형의 울퉁불퉁한 정도는 한 유전자당 입력의 수인 K를 조절함으로써 조절될 수 있다. 여기서는 한 지역적 최적점 바로 근처에서의 지형이 K의 증가에 따라 그려져 있다. (a)부터 (d)까지, K는 점점 더 높아진다. 봉우리들의 적합도는 감소하는 반면, 봉우리 주변은 더 울퉁불퉁하게 된다.

울퉁불퉁한 지형에서의 진화

실제의 지형들은 후지 산의 지형처럼 그리 단순하지도 않고, 또 완전히 무작위적이지도 않다. 모든 생물, 또한 모든 종류의 복잡한 계들은 $K=0$인 후지 산 지형과 $K=N-1$인 달 표면 사이의 어딘가로 조절되어, 상관성이 있는 지형들, 즉 울퉁불퉁하긴 하지만 무작위적이지는 않은 지형들 위에서 진화하고 있다. 그래서 이제 우리는 어떻게 진화가 작용하는지에 대한 우리의 통찰력을 심화시켜줄 수 있는 울퉁불퉁한 지형들의 일반적인 특성들이 과연 존재하고 있는지를 질문해보아야만 한다.

우리는 컴퓨터 모의실험을 통하여, NK 모형에 대한 신의 관점을 갖고 아래에서 펼쳐지는 놀라운 대역적인 특성들을 살펴볼 수 있다. 〈그림 8-7〉은 K가 작으면 봉우리들이 마치 알프스 산맥의 높은 봉우리들처럼 서로 모여 있음을 보여준다. 상충적 제약이 거의 없으면, 지형은 비등방(非等方)적이다. 즉 높은 봉우리들이 밀집해 있는 하나의 특정 지역이 존재하는 것이다. 따라서 이 같은 상황은 가능성의 공간에서 이런 특정 지역을 찾으려는 적응 과정에 도움이 된다. 하지만 K가 증가하고 지형들이 훨씬 더 울퉁불퉁해짐에 따라 높은 봉우리들은 지형판 위에서 서로 멀리 흩어져 퍼지게 된다. 따라서 매우 울퉁불퉁한 지형에서는 높은 봉우리들이 지형판 전역에 걸쳐 무작위적으로 뿌려진 점들처럼 분포하게 된다. 이렇게 되면 그 지형은 등방적이 된다. 즉 어떤 영역도 다른 영역들과 거의 동등한 것이다. 따라서 이 사실은 등방적인 지형에서는 높은 봉우리들의 영역을 찾기 위해 멀리까지 탐색을 하는 것이 별 의미가 없음을 의미한다. 단순히 그런 지역들은 존재하지 않기 때문이다.

우리의 주의를 〈그림 8-8〉로 돌려보면, 우리는 적당히 울퉁불퉁한 지형들이 하나의 놀라운 특성을 공유하고 있는 것을 보게 된다. 가장 많은 시작 지점들에서 오를 수 있는 것이 바로 가장 높은 봉우리

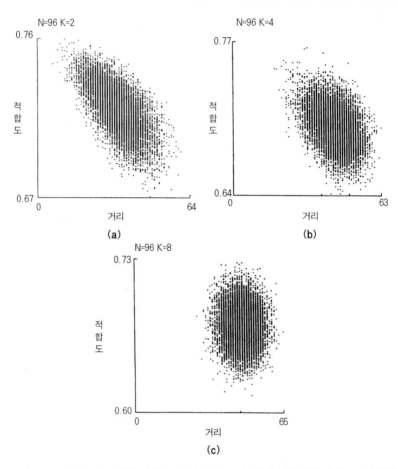

그림 8-7 거리에 따른 조절. 가장 높은 봉우리로부터의 〈거리〉에 대한 각 봉우리의 적합도가 점들로 도시되어 있다. (a)만일 K=2처럼 상위적 입력의 수가 적으면, 높은 봉우리들은 서로 가까이 밀집하게 되며 왼쪽 위로부터 오른쪽 밑 방향으로 기울어진 타원 모양의 분포를 만든다. (b)K가 4로 증가함에 따라 높은 봉우리들은 서로 흩어져 퍼지기 시작하고 타원은 좀더 수직에 가깝게 된다. (c)K가 8에 이르게 되면 높은 봉우리들은 서로 근접하는 경향이 없어지게 되고 타원은 수직으로 된다.

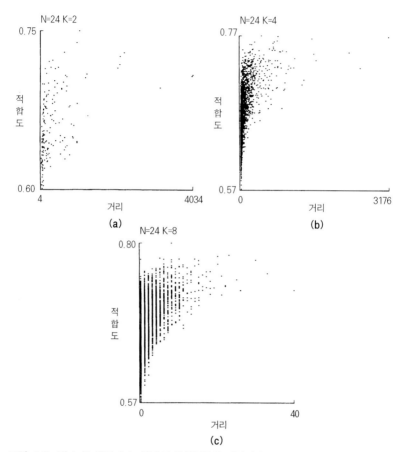

그림 8-8 더 높이 올라가기. 적당히 울퉁불퉁한 지형판에서 가장 높은 봉우리들은 바로 가장 많은 수의 시작 지점들로부터 기어오를 수 있는 것들이다. 이것이 다음 3개의 다른 값에서 제시되어 있다: (a)K=2, (b)K=4, (c)K=8.

라는 것이다! 이는 매우 고무적인 사실이다. 왜냐하면 이런 종류의 지형 위에서 진화적 탐색이 그토록 성공적인 이유를 설명하는 데 이것이 도움을 줄 수 있기 때문이다. 울퉁불퉁한(그러나 무작위적이지는 않은) 지형에서는, 적응적 걸음은 낮은 봉우리보다는 높은 봉우리에 더 자주 오르는 경향이 있다. 만일 적응하는 한 개체군이 무작위적으로 그런 지형판으로 여러 번 〈뛰어들어서〉 매번 어떤 한 봉우리를 향해 위쪽으로 올라가도록 하면, 우리는 그 봉우리의 높이와 그 개체군이 거기에 오르는 횟수 사이에 어떤 관계가 있음을 발견하게 될 것이다. 만일 우리가 우리의 지형들을 거꾸로 놓고서 역으로 가장 낮은 계곡들을 탐색한다면, 우리는 가장 깊은 계곡이 가장 넓은 유역의 물을 배수한다는 것을 발견하게 될 것이다.

가장 많은 유전자형들이 오를 수 있는 봉우리가 바로 가장 높은 봉우리들이라는 성질은 필연적인 것은 아니다. 폭이 적당히 넓은 언덕 위의 낮은 산들이 있는 낮은 지형을 내려다보는 그 최고봉은, 폭은 아주 좁지만 높이는 아주 높은 정점일 수도 있기 때문이다. 만일 한 적응 집단이 임의의 어떤 장소에서 출발하여 오르막길로 적응 걸음을 하게 되면, 결국 그 집단은 자기 자신이 그저 한 지역적 정상에 불과한 언덕 꼭대기에 갇혀 있음을 알게 될 것이다. 우리가 방금 발견해낸 굉장한 사실은, 거대한 집단의 울퉁불퉁한 지형판들인 NK 집단의 경우에, 가장 높은 봉우리들이 가장 넓은 유역의 물을 〈배수한다〉는 점이다. 이것은 상충적 제약의 복잡한 회로망을 반영하는 대부분의 울퉁불퉁한 지형들이 갖는 매우 일반적인 성질이라고 해도 될 것이다. 따라서 이것은 생물학적(그리고 기술적) 진화를 뒷받침해주고 있는 여러 종류의 지형들이 갖는 아주 일반적인 성질일 것이다.

무작위적 지형들의 또다른 두드러진 특성을 상기해보자. 오르막길로 걸음을 옮길 때마다 매번 그보다 더 위쪽으로 나아갈 수 있는 방향들의 수는 1/2씩 고정 비율로 줄어들게 되고, 따라서 계속해서 개선을 하기가 더욱더 어렵게 된다. 입증될 수 있지만, 이와 똑같은 성질이 거의 모든 적당히 울퉁불퉁하거나 아주 울퉁불퉁한 지형판들

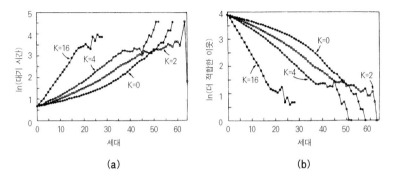

그림 8-9 수익(收益)의 감소. 울퉁불퉁한 지형판들에서는, 오르막으로(즉 더 높은 적합성을 향해) 나아가는 매번의 걸음에 대해서, 더 위쪽으로 오르는 경로들의 수가 일정한 비율로 작아지고, 더 적합한 이웃들의 수도 감소한다. (a)매번의 적응적 걸음(세대)마다 더 적합한 이웃 하나를 찾는 동안의 대기 시간, 혹은 그것을 찾기까지 시도한 횟수의 자연로그 값이 여러 가지 K값의 경우에 대해서 보여지고 있다. (b)매번의 걸음마다 더 적합한 이웃들의 비율의 자연로그 값이 역시 여러 가지 K에 대해서 보여지고 있다.

에서 나타난다. 〈그림 8-9〉는 다른 K값들에서 적응적 걸음들을 따라서 존재하는 더 적합한 이웃들의 수가 점점 감소하는 것과(그림 8-9a), 더 적합한 변이들을 찾아내는 데 걸리는 대기 시간이 증가하는 것을 보여주고 있다(그림 8-9b). 일단 K가 적당히 큰 값, 즉 대략 K=8 또는 그 이상인 경우, 위쪽으로 걸음을 옮길 때마다 매번, 더 위쪽으로 가는 방향들의 수는 한 고정비율로 적어지고, 위쪽으로의 길을 찾는 동안의 대기시간 또는 그런 길을 찾는 시도들의 횟수는 한 고정비율로 증가한다. 이것은, 더 높이 올라가면 올라갈수록 더 위쪽으로의 방향들을 찾아내기가 더 어렵게 되고, 또한 이것이 지수적으로 더 어려워진다는 것을 의미한다. 따라서 만일 단위시간당 한 번의 시도를 할 수 있다면, 개선속도는 지수적으로 느려진다.

만일 무작위적인 지형판에서 개선될 수 있는 길들을 찾으려고 오르막길을 오르고 있다면, 처음엔 한 번의 시도를, 그 다음엔 두

번, 그 다음엔 네 번, 또 그 다음엔 여덟 번 등등의 시도들을 해야 할 것이다. 걸음마다 매번 오르막 방향으로의 수는 절반씩 줄고, 위쪽으로 오르기 위해 시도하는 걸음들의 수는 매번 배가 될 것이다. 따라서 개선 속도는 지수적으로 느려진다. K가 적당히 커서 약간 더 매끈한 지형판에서는, 오르막 방향들의 수가 매번 절반보다 적게 감소한다. 그러나 감소되는 개선 속도는 여전히 지수적이다. 상위적 교차 결합인 K가 증가함에 따라, 지형들은 더 울퉁불퉁하게 되고 적응은 더욱더 급격히 느려진다.

방금 우리는 아주 많은 울퉁불퉁한 적합도 지형들이 갖는 지극히 근본적인 한 성질을 보았다. 즉 개선의 속도가 위로 올라감에 따라 지수적으로 느려진다는 것이다. 이것은 단지 추상적인 것만은 아니다. 우리는 그런 지수적인 지체가 생물학적뿐만 아니라 기술적인 진화의 특성이라는 것을 알게 될 것이다.

왜? 그것은 생물학적 진화와 마찬가지로 기술적 진화도 상충적 제약 투성인 계들을 최적화하려고 하는 과정들이기 때문이다. 생물들, 인조물들, 그리고 조직체들은 상관성이 있으면서도 울퉁불퉁한 지형판들 위에서 진화한다. 예를 들어, 우리가 지금 초음속 수송기 한 대를 설계하고 있어서, 어딘가에 연료 탱크 자리를 잡아야할 뿐만 아니라, 적재물을 나를 수 있게 튼튼하면서도 탄력적인 날개도 설계해야 하고, 또 기체 표면에 제어 장치들도 설치해야 하며, 좌석 설비, 수압 장치들, 기타 등등을 설치해야 한다고 가정해보자. 전체 설계 문제 중의 일부에 대한 최적의 해결책들은 전체 설계 중의 다른 부분들에 대한 최적의 해결책들과 상충한다. 이 경우 우리는 서로 다른 부분적 문제들 간의 상충적 제약을 갖는 연합 문제에 대처하는 타협적인 해결책들을 찾아내야만 한다. 또 이와 마찬가지로 꼴[5]

을 찾아먹는 생물은 자신의 시간과 자원들을 꿀을 찾는 활동들에 적절히 배분해야만 한다. 풀밭을 너무 빨리 지나쳐버리는 것은 식량을 찾기 위해 모든 지점을 주의 깊게 살피는 것과 상충한다. 그렇다면 이런 상충되는 필요 조건들은 어떻게 연대적으로 최적화되어야 하는가? 나무는 자기의 신진대사 자원들을 햇빛을 포착하기 위한 잎들을 만드는 데 사용하기보다, 차라리 곤충들을 퇴치시킬 화학적 독소들을 생성하는 데 사용할 수도 있다. 그렇다면 그 나무는 자신의 자원 예산을 배당하는 데 존재하는 상충적 제약들을 어떻게 해결해야 하는가?

생물들과 인조물들은 이런 상충되는 제한들의 산물인 울퉁불퉁한 지형판에서 진화하고 있다. 따라서 그런 상충적 제약들은, 적응적 탐색들이 봉우리들을 향해 더 높이 올라감에 따라 그 개선 속도가 지수적으로 낮아진다는 것을 암시한다.

신의 눈의 관점

위에서 살펴본 이런 모형들의 창조자인 우리가 봉우리들과 계곡들을 위에서 내려다보고 큰 규모에서 그것들의 특성들을 예지하는 것은 쉬운 일이다. 하지만 생물들의 경우는 어떠한가? 우리가 지금까지 논했던 모든 예들에서, 진화하는 개체군이 적합도 지형 위에서 더 높이 이동할 방법에 관해 얻을 수 있는 유일한 단서들이란 바로 자신들의 코앞에 있는 것들뿐이다. 우리의 모형에서 개체군의 진화를 제약하는 것이 바로 이 점이다. 한편 돌연변이와 자연선택에만 의존하는 진화는 가능성의 공간에서 지역적인 지형에 의해서만 이끌리는 지역적인 탐색만이 가능하도록 제한된다.

만약 적응하는 개체군이 신의 눈으로 내려다보는 것 같은 관점을 가지고 대역적인 지형 특성들을 바라볼 수만 있다면……. 자신의 현 위치에서 그저 맹목적으로 위쪽으로 기어오르다가 결국에는 낮은 지역적 봉우리들에 갇히게 되는 것보다, 차라리 어디로 진화할 것인지를 미리 볼 수만 있다면……. 적응하는 개체군이 자신의 코앞보다 더 멀리 있는 것들을 볼 수만 있다면…….

기쁘게도 그것은 가능하다. 성(性)이 아마도 그 대답일 수 있다. 즉 우리가 아직 고찰해보지 않은 일종의 유전자적 변이가 말이다.

왜 성이 진화되었는가의 문제는 생물학의 가장 큰 신비들 중의 하나다. 당신도 알다시피, 만약 당신이 분열되어 사라져버리는 하나의 행복한 박테리아라면, 당신의 적합도란 바로 당신 자신의 분열 속도이다. 하지만 성별이 생기면서 한 자손을 생성하는 데 두 가지, 즉 어머니와 아버지를 필요로 하게 되었다. 적합도에 있어서 즉각적으로 두 배의 손실이 생긴다! 그게 다인가? 그렇지 않다면 단 하나의 자손을 생산하기 위해 두 명의 부모가 필요하다는 것에 왜 더 이상 문제를 삼아야 하는가? 왜냐하면 생물학자들이 생각하기에 성은 유전적인 재조합이 가능하기 위해서 진화해온 것이기 때문이다. 그리고 재조합이 적합도 지형들의 바로 이 같은 대역적인 특성들에 대한 일종의 신의 눈에 가까운 관점을 제공해주기 때문이다.

성을 가진 생물들은 배수 염색체 생물이지 반수 염색체 생물들이 아니다. 난자는 어머니의 배수 염색체들의 절반을 포함할 것이고, 정자는 아버지의 배수 염색체들의 절반을 포함할 것이라는 사실을 상기해보자. 이 절반들은 접합자(接合子)로 전달되어 전체적인 배수 염색체들의 수를 다시 만들어낸다. 난자 세포나 정자 세포의 성숙기 동안에 감수분열 과정이 일어난다. 어머니 쪽의 어버이 염색체들 중에서 무작위적으로 선택된 절반이 난자세포로 전달될 것이다. 또 아버지의 어버이 염색체들의 무작위적인 절반은 정자세포로 전달될 것이다. 그러나 어버이 염색체들의 무작위적인 절반이 선택되기 전에 난자를 낳는 세포나 정자를 낳는 세포에서 모계 염색체와 부계 염색체 간에 재조합이 일어날 수 있다. 난자를 낳는 세포를 생각해보자. 그 세포는 많은 수의 다른 염색체들의 모계와 부계 복사본들을 가지고 있다. 각각의 모계와 부계의 쌍은 서로 인접하여 나란히 줄서 있다. 재조합이 일어나면, 양쪽 염색체들은 같은 위치에서 절단이 되어, 부계 염색체의 왼쪽 끝은 모계 염색체의 오른쪽 끝에 결합되어 하나의 새로운 재조합된 염색체를 생성하고, 부계 염색체의 오른쪽 끝은 모계 염색체의 왼쪽 끝에 결합되어 두번째의 재조합된 염색체를 생성하게 된다. 만일 그 두 염색체들의 대립형질들이 〈000000〉과 〈111111〉이고 또 절단이 두번째와 세번째 유전자 사이에서 일어난다면, 이 경우 두 개의 재조합형들은 〈001111〉과 〈110000〉이 될 것이다.

어떻게 성이 지형에 대한 신의 눈의 관점에 가까운 것인가? 예를 들어 한 적응 집단이 어떤 적합도 지형 위의 어딘가의 지역에 걸쳐 퍼져 있다고 가정해보자. 그 지형 위의 서로 다른 장소들에 있는 생물들 간의 재조합은 그 적응 집단이 부모 유전자형들 사이의 지역들을 〈쳐다볼 수 있게〉 해준다. 그 예로 모계 염색체와 부계 염색체가 각각 〈111100〉과 〈111111〉이라고 가정해보자. 그러면 재조합은 처음 네 개의 유전자들에서는 새로운 양상들을 만들어내지 못하지만, 각 염색체의 마지막 두 유전자들 간의 새로운 두 개의 조합들인 〈111101〉과 〈111110〉은 만들어낼 수 있다. 여기서 재조합은 그 두 어버이 유전자형들 간의 견본 추출이다. 두 어버이 유전자들이 완전히 다른 〈111111〉과 〈000000〉인 경우를 가정해보자. 재조합은 첫번째와 두번째 유전자 사이에서, 두번째와 세번째 유전자 사이에서 등등 어느 지점에서나 일어날 수 있다. 따라서 재조합은 〈111110〉, 〈111100〉, ……〈0000001〉 등 많은 수의 다른 유전자형들을 만들어낼 수 있는데, 이모두는 유전자형 공간에서 그 두 개의 어버이 유전자형들 사이에 놓여 있는 것들이다.

재조합은 적응 집단이 높은 봉우리들을 찾아내기 위해서 그 지형의 대역적인 특성들을 이용할 수 있게 해준다. 이와 똑같은 대역적인 특징들은 단지 지역적 단서들에 이끌려 위쪽으로 오르는 반수 염색체 집단에게는 상대적으로, 또는 완전히 보이지 않을 것이다.

만일 지형이 알프스 산맥과 같다면, 높은 봉우리들은 서로 모여 있게 된다. 따라서 높은 봉우리들의 위치는 한층 더 높은 봉우리들의 위치에 관한 상호 정보mutual information를 갖고 있다. 만일 당신이 어떤 높은 봉우리의 위나 근처에 있고 내가 또다른 봉우리의 위나 근처에 있다면, 우리 사이의 지역이 바로 더 높은 봉우리들을 찾기 위한 좋은 장소이다. 만일 당신이 제네바에 있고 내가 밀라노에 있다면, 분명히 우리 사이의 지역이 스키 타기 좋은 곳을 살펴볼 수 있는 좋은 지점이다.

만일 가장 높은 봉우리들이 가장 넓은 유역들을 〈배수〉한다면, 재조합 역시 이런 대역적인 특성을 이용할 수 있다. 만일 당신과 내가 높은 봉우리들의 비탈 위에서 정상과 가까운 위치들에 있고, 둘이 결혼하여, 재조합 덕으로 우리 둘 사이의 여러 지점에 무작위적으로 자손을 떨어뜨리게 된다면, 그 아이들은 이미 높은 적합도를 가진 지점들, 더 나아가 그로부터 더 높은 봉우리들에 오를 수 있는 지점들에 내려앉게 될 가능성이 매우 높다는 것이다!

위의 비유를 풀어서 말하자면, 만일 한 집단이 근처의 봉우리들을 향해 올라가기 위해서 단순한 돌연변이와 선택을 사용하고, 또 그 집단의 구성원들 사이의 유전자형 공간을 탐색하기 위해서 재조합을 사용한다면, 그것은 적응할 지형의 지역적이고 대역적인 특징들 모두를 사용할 수 있는 것이다. 적합도는 훨씬 더 빨리 증가할 수 있게 된다. 바로 이와 같은 것이 우리의 NK 지형판에서 일어난다. 즉 돌연변이와 선택뿐만 아니라 재조합까지 모두를 사용해서 적응하는 집단들은 단지 돌연변이와 선택만을 사용하는 집단들보다 훨씬 더 빨리 진화한다.

대부분의 종들에게 성의 구별이 있다는 사실은 놀라운 것이 아니다. 하지만 우리의 수수께끼는 겨우 절반만이 말해진 것이다. 재조합은 몇몇 적합도 지형에서는 눈부시게 훌륭한 탐색술이지만, 다른 지형들에서는 재난과 같은 것이기도 하다. 예를 들어, 재조합은 무작위적인 지형에서는 쓸모가 없다. 아니 쓸모없는 것 이상이다. 만일 당신과 내가 지역적 봉우리들에 올랐다면, 우리는 적어도 지역적 정상들에 있는 것이다. 하지만 만일 우리가 재조합을 건드려 만지작거린다면, 우리의 자손은 어떤 무인지대에 떨어지게 되고 평균적으로 우리의 적합성보다 훨씬 더 낮은 적합성을 갖게 될 것이다. 재조합은 〈나쁜〉 종류의 적합도 지형에서는 실제로 해가 되는 것이다.

따라서 대부분의 종들이 귀찮은 일을 수반하며 이중 적합도를 갖게 하는 성구별이 있다면, 그것은 틀림없이 재조합이 일반적으로 쓸모 있는 경우이다. 그러므로 생물들에서 나타나는 여러 가지 상충적 제약들이 재조합이 쓸모 있는 지형들을 우연히 만들었거나, 아니면 자연선택 스스로가 재조합이 쓸모가 있는 특성을 갖는 생물들을 선택했거나 만든 두 가지 경우 중의 하나이다.

이 양자 중 어느 것이 옳은 것인가? 나는 모른다. 나로서는 두 가

318

지의 혼합 쪽에 내기를 걸어보고 싶다. 또다시 진화의 신비가 언뜻 언뜻 보이기 시작하고 있다. 선택은 또한 여러 종류의 생물들을 정교하게 다듬으면서, 돌연변이뿐만 아니라 재조합에 의해서 진화를 가장 잘 지원할 수 있는 지형들을 골라내면서, 생물들이 진화할 여러 종류의 지형들을 다듬는 것을 도와줄 수도 있다. 진화하는 능력, 그 자체가 하나의 승리인 것이다. 돌연변이, 재조합, 그리고 자연선택의 혜택을 받기 위해서 생물체 집단은 울퉁불퉁하지만 〈좋은 상관성이 있는〉 지형들 위에서 진화해야 한다. NK 지형판의 체계에서는 〈K 조절단추〉가 잘 조절되어야 한다. 우리의 경우는 아주 운이 좋아서 우리를 진화하게 해주는 상위적 연결들의 적절한 밀도를 우연히 갖고 있는 것이거나, 아니면 조절단추를 조절하는 무엇인가가 있었던 것이다. 자연선택이 생물학적 질서의 유일한 근원이라고 믿는 사람들은 선택 스스로가 적절한 수준의 상위성, 즉 옳은 K값을 갖는 생물들을 성취해냈다고 가정해야만 한다. 그러나 선택이 적합도 지형들의 구조를 다듬을 만큼 충분한 위력이 있는가? 아니면 선택의 능력에는 어떤 한계들이 있는가? 만일 선택이 미력하여 진화 능력을 보장할 수 없다면, 그런 진화 능력은 어떻게 성취되고 유지되는 것인가? 자기조직화가 어떤 역할을 할 수 있는 것일까? 우리의 생각을 다시 정리해야만 하는 심오한 문제가 여기에 있는 것이다.

자연선택의 한계들

만일 선택이 원칙적으로 〈어떤 것이나〉 성취할 수 있다면, 생물들 내의 모든 질서는 선택만을 반영할 것이다. 그러나 사실 선택에는 여러 한계들이 있다. 그리고 그런 한계들이 생물과학과 그 이상에 대한 우리 생각에 있어서 하나의 변화를 요구하기 시작한다.

우리는 이미 선택에 관한 첫번째 강력한 한계에 부딪친 바 있다. 우리가 살펴본 것처럼, 쓸모 있는 변화들의 점진적 축적이라는 다윈의 관점은 점진주의를 필요로 했다. 돌연변이는 표현형에 있어서 약간의 변화만을 야기해야 한다. 하지만 우리는 이제 그러한 점진주의가 작용하지 못할 두 개의 대체적인 모형 〈세계〉를 보았다. 그 첫째는 최대로 압축된 프로그램들과 관련되어 있다. 이것들은 무작위적이기 때문에, 어떤 변화도 프로그램의 실행을 거의 확실히 무작위적으로 만들어 버린다. 소수의 쓸모 있는 최단 프로그램들 중의 하나를 발견하는 것은 전체 공간을 모두 탐색하는 것을 필요로 하는데, 적당히 큰 프로그램들의 경우조차도 우주의 역사와 비교해볼 때 상상할 수 없을 정도의 긴 시간을 필요로 한다. 선택은 그런 최대로 압축된 프로그램들을 성취할 수 없다. 우리의 두번째 예들은 바로 NK 지형판들이다. 만일 상위적 결합들의 풍성한 정도인 K가 매우 커서 그 최대한도인 $K=N-1$에 가까워지면, 지형들은 점점 더 그리고 완전히 무작위적으로 된다. 또다시, 최고봉이나 소수의 가장 높은 봉우리들의 위치를 알아내는 것은 그 가능성들의 전체 공간을 탐색하는 것을 필요로 한다. 적당히 큰 게놈들의 경우에도 이것은 그저 불가능할 뿐이다.

하지만 그런 무작위적인 지형들에서 상황은 한층 더 나쁘다. 만일 한 적응 집단이 오직 돌연변이와 선택에 의해서만 진화한다면, 그 집단은 자신이 출발한 어떠한 지역 안에 영원히 갇힌 채 전체 공간 중의 다만 미미한 한 지역 안에 얼어붙은 채로 남아 있을 것이다. 따라서 높은 봉우리들을 찾으려 공간을 가로질러 먼 거리를 탐색하는 것은 불가능할 것이다. 그럼에도 불구하고 만일 그 집단이 재조합을 감히 시도한다고 해도, 평균적으로 기껏해야 피해를 입을 뿐 도움을 받지는 못할 것이다.

선택의 두번째 한계는 이것이다. 선택은 무작위적인 지형들 위에서만 실패하는 것이 아니다. 평탄한 지형들, 즉 다윈의 가정들이 유효한 바로 그곳인 점진주의의 심장부에서조차도 선택은 역시 실패할 수 있고, 또 완전히 실패한다. 선택은 모든 축적된 쓸모 있는 특성들이 녹아서 사라져버리는 〈오류 파국〉으로 곤두박질치는 것이다.

우리가 이미 살펴보았지만, 한 울퉁불퉁한 적합도 지형에서 진화하는 박테리아 개체군의 그림으로 돌아가보자. 이 집단의 거동은 그것의 크기, 돌연변이 속도, 그리고 그 지형의 구조에 의존한다. 우리가 어떤 화학적 장치를 사용하여 개체수와 지형의 구조를 일정하게 유지하고, 어떤 실험 기술에 의해 돌연변이 속도를 낮은 값에서 높은 값으로 조절하는 것을 고려한다고 가정하자. 무슨 일이 벌어지겠는가? 그 개체군이 처음에는 유전적으로 동일하다고 가정해보자. 즉 모든 박테리아들이 유전자형 공간에서 같은 지점에 위치하고 있다. 만일 돌연변이 속도가 매우 낮다면, 긴 시간 간격으로 더 적합한 한 변이가 나타나서 그 개체군 전체를 재빨리 휩쓸어버릴 것이다. 따라서 그 집단은 전체로서 더 적합한 인접한 유전자형으로 〈껑충 뛰어오르곤 한다〉. 시간이 흘러감에 따라 그 집단은 우리가 살펴보았던 바로 그런 종류의 적응적 걸음을 수행하여, 어떤 지역적 최적점을 향해 위쪽으로 꾸준히 올라가 거기에 머무른다.

그러나 만일 돌연변이 속도가 매우 높아서 더 적절한 또는 덜 적절한 많은 변이들이 매우 짧은 시간 간격으로 생긴다면 어떤 일이 벌어지겠는가? 이 경우 그 개체군은 유전자형 공간 내의 최초의 지점으로부터 퍼져나가 많은 방향들로 올라가게 될 것이다. 더 놀라운 특징은 바로 이것이다. 설령 그 집단이 한 지역적 봉우리에 놓인다 해도, 그것은 거기에 머무르지 않을 수 있다! 간단히 말해서 돌연변이가 너무 빨리 일어나기 때문에, 덜 적합한 돌연변이들과 더 적합한 것들 간의 선택적 차이들이 그 집단을 봉우리로 복귀시킬 수 있는 속도보다 더 빨리 집단을 봉우리로부터 멀리 〈확산되게〉 한다. 노벨상 수상자인 맨프레드 아이겐Manfred Eigen과 이론화학자인 피터 슈스터Peter Schuster에 의해 처음으로 발견된 〈오류 파국〉이 일어난 것이다. 왜냐하면 집단이 봉우리로부터 멀리 퍼짐에 따라 집단 내에 쌓여진 쓸모 있는 유전적 정보가 손실되기 때문이다.

다시 요약하자면, 돌연변이 속도가 증가하면 먼저 그 집단은 한 지역적 봉우리로 오르고 그 근방을 배회한다. 돌연변이 속도가 더 높아지게 되면 집단은 봉우리로부터 내려와 표류하고, 적합도 지형 위에서 거의 동등한 적합도를 가진 산등성이들을 따라 퍼지기 시작한다. 하지만 만일 돌연변이 비율이 더욱더 증가하면, 집단은 산등성이들로부터 한층 더 낮은 빈약한 적합성을 가진 저지대들로 내려와 표류하게 된다.

아이겐과 슈스터는 이런 오류 파국의 중요성을 처음으로 강조한 사람들인데, 그것은 자연선택의 능력의 한계를 함축하고 있는 것이기 때문에 중요하다. 충분히 높은 돌연변이 속도에서는 적응 집단은 쓸모 있는 유전적 변이들을 하나의 작동하는 전체로 조립할 수 없다. 대신 돌연변이에 의해 유도된 공간으로의 〈확산〉이 선택을 압도하여, 그 집단을 적응적인 여러 봉우리들로 끌어당긴다.

이런 한계는 또다른 관점에서 살펴보면 더욱더 두드러진다. 아이겐과 슈스터는 유전자당 돌연변이의 속도가 일정할 때 유전자형의 유전자들의 수가 어떤 임계값 이상을 넘어 증가하게 되면 오류 파국이 발생하게 될 것이라고 강조했다. 그러므로 돌연변이와 선택에 의해 만들어질 수 있는 게놈의 〈복잡성에 어떤 한계〉가 있는 것으로 보인다.

선택은 따라서 한 쌍의 제한들에 직면한다. 선택은 매우 울퉁불퉁한 지형에서는 작은 지역들에 갇혀버리거나 얼어붙고, 또 평탄한 지형들에서는 오류 파국을 겪고 봉우리들로부터 녹아 흘러내려서, 결국 그 유전자형은 덜 적합한 것이 되어버린다. 이 같은 제한들에도 불구하고 선택은 아주 무능력한 것이 아닐 것이다. 왜냐하면 생물들이 진화하는 지형들을 울퉁불퉁하게 만드는 데 있어서 선택이 한 역할을 할 수 있기 때문이다. 우리는 이미 그런 방법들 중 몇 가지를 보았다. NK 모형 자체가 유전자들 사이의 상위적 상호작용들이 울퉁불퉁한 정도를 변경한다는 것을 보여준다. 그러나 선택의 능력이 제한되어 있는 만큼 선택이 단독으로 쓸모 있는 지형들을 보장해줄 수 있다는 주장은 의심스러워 보인다. 아마 질서의 또다른 근원이 필요할 것이다. 이미 내부적인 질서들을 드러내는 계들과, 자연선택이 발판을 얻고 자기 임무를 할 수 있도록 이미 자연스럽게 조절되어 있는 적합도 지형들, 이것들과 함께 작용하는 특권이 없이 진화는 불가능한 것이다.

내 생각으로는 바로 여기에 자기조직화와 선택 간의 본질적인 결합이 있을 수 있다. 자기조직화는 아마 진화력 자체의 전제 조건일 것이다. 자발적으로 자신들을 조직화할 수 있는 그런 계들만이 한층 더 진화할 수 있을 것이다. 단지 더 적합한 변이들을 걸러내는 단순한 모습의 선택으로부터 우리는 얼마나 멀리 온 것인지. 진화는 훨씬 더 미묘하고도 놀라운 것이다.

자기조직화, 선택, 그리고 진화력

창 밖의 저 질서는 어디에서 온 것인가? 자기조직화와 선택에서라
고 나는 생각한다. 우리 인간은 기대되었던 존재인 동시에 또 우연
한 존재이다. 우리는 궁극적인 법칙의 소산인 동시에 역사적인 우연
이 다듬어 낸 산물이다.

무엇이 그 직조술(織造術)인가? 아직은 아무도 모른다. 그러나 생
명이라는 태피스트리 tapestry[6]는 우리가 상상해온 것보다 더 화려하
다. 그것은 몇 개의 뉴클레오티드들에 작용하는 무작위적이고 변덕
스러운 양자(量子)적 사건들에 의해, 돈키호테식으로 파헤쳐지고 선
택의 걸러냄에 의해 정교하게 다듬어진 우연적 금사(錦絲)들로 짜여
진 태피스트리이다. 하지만 그 태피스트리는 하나의 전체적인 디자
인과 구조, 그리고 자기조직화의 원리들이라는 이면의 법칙을 반영
하는 하나의 짜여진 운율과 리듬을 갖고 있는 것이다.

어떻게 우리는 이런 새로운 결합을 이해하기 시작할 것인가? 〈이
해하기 시작하는 것〉이 현재 우리가 바랄 수 있는 전부이다. 우리는
새로운 영역으로 들어가는 것이다. 따라서 우리가 어떤 신대륙의 가
장 가까운 해안에 내려섰을 때, 그 대륙 전체를 다 이해할 것이라고
가정하는 것은 주제넘는 일이다. 우리는 아직까지 존재하지 않는 하
나의 새로운 개념적 틀을 찾고 있는 것이다. 우리는 과학의 어떤 분
야에서도 자기조직화와 선택, 우연, 그리고 설계들 간의 얽혀진 연
관성에 대해 말하고 연구할 만한 어떤 적절한 방법을 갖고 있지 못
하다. 우리는 역사적 과학에서의 법칙의 자리에 관한, 또한 법칙적
인 과학에서의 역사의 자리에 관한 그 어떤 적절한 틀도 갖고 있지
않다.[7]

324

그러나 우리는 이제 여러 주제들, 즉 그 태피스트리에서 여러 개의 실가닥들을 골라내기 시작하고 있다. 그 첫번째 주제는 바로 자기조직화이다. 우리가 이중지질막 소포를 자발적으로 형성하는 지질들, 낮은 에너지 상태로 스스로 조립되는 바이러스, 솔방울의 잎차례를 이루는 피보나치 수열, 질서 영역에 있는 병렬처리 유전자 회로망에서 발현하는 질서, 화학 반응계들의 상전이인 생명의 근원, 생물권의 상임계적 거동, 혹은 더 높은 차원들——생태계들, 경제체계들, 더 나아가 문화적 체계들——에서의 공진화의 양태들, 그 어느 것에 직면하건 간에, 우리는 법칙의 징후를 발견했다. 이런 모든 현상들은 신비주의적은 아니지만 창발하는 질서의 표적들을 보이고 있다. 우리는 이제 이 새로운 실가닥을 믿기 시작하고, 또 그것의 위력을 감지하기 시작하는 것이다. 여기에는 두 가지의 문제들이 있다. 첫째, 우리는 아직 그런 자발적인 질서의 풍요로운 원천들을 이해하지 못하고 있다. 둘째, 우리는 어떻게 자기조직화가 선택과 상호작용하는지를 이해하는 것에 심각한 어려움을 겪고 있다.

선택이 그 두번째 주제이다. 이제 선택은 자기조직화보다 더 신비로운 것은 아니다. 나는 선택이 위력적이기는 하지만 제한적이라는 사실을 당신이 믿을 수 있기를 바란다. 모든 복잡한 계들이 하나의 진화적 과정에 의해 만들어질 수 있다는 것은 사실이 아니다. 우리는 어떤 종류의 복잡한 계들이 이런 방식으로 발생할 수 있는지를 이해하려고 노력해야만 한다.

세번째 주제는 역사적 우연의 불가피성이다. 우리는, 결정 내의 원자들이 차지할 수 있는 공간 집단인 격자들의 종류가 다소 제한되어 있기 때문에, 결정들의 합리적인 형태를 추론해볼 수 있다. 또 우리는 아원자입자 성분들의 안정된 배열들의 수가 상대적으로 제한되어 있기 때문에, 원소들의 주기율표를 만들 수 있다. 그러나 일단 화학의 차원에 이르면, 가능한 분자들의 공간은 우주 안의 원자들의 수보다 훨씬 더 막대하다. 또 일단 이것이 사실이라면, 생물권 내에 실제로 존재하는 분자들은 가능한 것들의 전체 공간의 아주 미소한 부분을 차지한다는 것이 명백해진다. 그렇다면 거의 확실히, 우리가 현재 보고 있는 분자들은 이 생명의 역사 속에서 어느 정도는 역사적 우연들의 결과들인 것이다. 가능성의 영역이 너무 넓어서 실제가 그 가능성을 다 소진할 수 없을 때 역사가 일어난다.

이처럼 주제들을 말하는 것은 쉬운 일이다. 너무도 불확실한 것은 바로 그것들 간의 상호 연관성이다.

여기 확고한 발판이 하나 있다. 하나의 진화적 과정은 그것이 성공적이기 위해서 그것이 탐색하는 지형들이 다소의 상관성을 갖는 것을 필요로 한다. 어떤 종류의 실제적 물리화학계들이 상관성을 갖는 지형들을 보이고 다윈이 가정하는 점진주의를 드러내는가? 비록 이에 대한 완전한 대답을 갖고 있지는 못하지만, 우리는 이미 몇 가지 단서들을 가지고 있다. 우리의 지질 소포는 다윈이 요구하는 그런 의미에서 안정적이다. 즉 지질들의 분자 구조와 지질들의 혼합, 또 지질과 비지질 분자들, 매개체, 그 어느 것에 많은 작은 변형들이 있건 간에 지질 소포는 근본적으로 변하지 않는다. 그런 소포는 안정적인 낮은 에너지 평형 상태에 있는 것이다. (1장에서 우리는 둥근 그릇의 바닥으로 굴러가는 공의 영상을 인용했다.) 즉 사소한 변화들에 대해서 안정된 형태는 적어도 근사적으로 유지될 수 있다. 이 사실은 하나의 자기조립적인 바이러스나, DNA 또는 RNA의 이중나선 구조, 또는 그런 유전자들에 의해 암호화되는 접혀진 단백질들의 경우들에도 똑같이 유효하다. 세포들과 생물들은 이 같은 안정된 낮은 에너지 구조들을 충분히 이용하고 있다. 만일 우리가 그런 계들이 형성하는 안정된 구조들을 〈강건한〉 것이라고 생각한다면 옳을 것이다.

비평형계들 또한 강건할 수 있다. 소용돌이 확산계는 폭넓게 다양한 종류의 용기의 모양과 유체의 속도, 유체의 종류, 그리고 유체의 초기 상태들이 오랜 시간 동안 지속될 수 있는 소용돌이들을 초래한다는 의미에서 강건하다. 따라서 그 계의 구성 매개변수들과 초기 상태의 작은 변화들은 거동에서의 작은 변화를 야기할 뿐이다.

소용돌이들은 동역학계의 끌개들이다. 하지만 끌개들은 안정적인 동시에 불안정적일 수 있다. 불안정성은 두 가지 의미에서 생긴다. 첫째, 계를 구성할 때의 작은 변화가 그 계의 거동을 극적으로 변화시킬 수 있다. 이런 계들은 구조적으로 불안정하다고 불린다. 그리고 초기 상태의 작은 변화는 결과적인 거동을 급격히 변화시킬 수 있다. 소위 나비효과가 일어날 수 있다. 역으로 안정된 동역학계들도 두 가지 의미에서 안정적일 수 있다. 구조상의 작은 변화들은 전형적으로 거동에 작은 변화들을 초래한다. 그 계는 구조적으로 안정적이다. 그리고 초기 상태의 작은 변화는 거동에서 작은 변화를 야기할 뿐이다. 그 나비는 잠자고 있다.

우리는 불안정적이고 안정적인 범주 양쪽에 드는 동역학계를 조사했다. 우리의 게놈 조정계 모형인 거대한 부울 회로망들은 혼돈 영역이나 질서 영역, 혹은 혼돈의 가장자리에 있는 복잡한 영역인 상전이 영역 가까이에 놓일 수 있다.

우리는 동역학계의 안정성과 그 동역학계가 적응하는 지형의 울퉁불퉁함 사이에 명백한 관련이 있다는 것을 알고 있다. 혼돈 부울 회로망과 다른 많은 종류의 혼돈 동역학계들은 구조적으로 불안정하다. 작은 변화들이 동역학계의 거동에 큰 위력을 터뜨린다. 그런 계들은 매우 울퉁불퉁한 지형 위에서 적응한다. 반면에 질서 영역의 부울 회로망들은 그것들의 구조에 돌연변이가 있을 때 약간의 변화를 겪을 뿐이다. 이 회로망들은 상대적으로 평탄한 적합도 지형에서 적응하는 것이다.

우리는 하나의 계에서 상충적 제약이 풍요로운 정도와 그 계가 진화해야 하는 지형의 울퉁불퉁함 사이에 어떤 관계가 있다는 것을 앞서 논의한 *NK* 지형 모형들을 통해서 알고 있다. 또 우리는 선택이 생물들이 진화하는 적합도 지형들의 구조를 변경시킬 정도로 생물들과 그 구성 요소들을 변화시킬 수 있다고 거의 믿고 있다. 혼돈 영역으로부터 질서 영역으로까지의 게놈 회로망들을 취하면서, 선택은 회로망의 거동이 확실할 수 있도록 조절한다. 또한 유전자들 간의 상위적 결합을 조절함으로써, 선택은 지형 구조를 울퉁불퉁한 상태로부터 평탄한 상태로까지 조절하기도 한다. 한 생물의 구성 과정에서의 상충적 제약들의 정도를 낮은 데서 높은 데로 변화시키는 것은 그런 생물들이 탐색하는 지형이 얼마나 울퉁불퉁할 것인가를 조절한다.

우리는 생물들이 진화한다는 것뿐만 아니라, 생물들이 탐색하는 지형들의 구조 역시 진화하고 있다고 가정해야만 한다. 선택은 매우 평탄한 지형들에서는 오류 파국이라는 대재난에 직면하기도 하고, 매우 울퉁불퉁한 지형들에서는 가능성들의 공간 내의 작은 지역들에 과도하게 갇혀 있을 수도 있는 만큼, 우리는 또한 선택이 〈좋은〉 지형들을 찾는지를 의심하기 시작해야만 한다. 〈좋은〉 지형들은 고도의 상관성을 갖기는 하지만 무작위적이지는 않다고 결론을 내리는 것이 안전해 보이기는 하지만, 아직까지 우리는 어떤 종류의 지형들이 〈좋은〉 것인지 상세히 알고 있지 못하다.

그러나 우리가 논했던 선택의 바로 그 한계들이, 선택이 잘 작용하는 종류의 지형들에서 적응하는 생물들의 종류들을 선택 자신이 완성하고 유지할 수 있는 것인지에 관한 질문들을 분명 던져주고 있는 것이다. 선택이 자발적으로 진화력을 완성하고 유지할 수 있다는 것은 결코 확실하지 않다. 만일 세포들과 생물들이 본래부터 선택이 작용할 수 있는 종류의 실체들이 아니라면, 어떻게 선택이 발붙일 곳을 얻을 수 있겠는가? 결국 어떻게 진화 그 자체가 자신의 힘만으로 진화력을 실재할 수 있게 하겠는가?

따라서 결국 우리는 다음과 같은 하나의 감질나는 가능성으로 돌아오게 된다. 자기조직화는 진화력을 갖기 위한 하나의 필수 전제조건이며, 그것이 자연선택의 혜택을 입을 수 있는 종류의 구조들을 생성해낸다. 자기조직화는 점진적으로 진화하는 강건한 구조들을 생성해낸다. 왜냐하면 자발적 질서와 강건함, 중복성, 점진주의, 그리고 상관적 지형들 간에는 어떤 불가피한 관계가 있기 때문이다. 중복성을 가진 계들은 많은 돌연변이들이 그 거동에 아무런, 또는 약간의 변화들만을 야기한다는 특성을 갖고 있다. 즉 중복성이 점진주의를 낳는 것이다. 하지만 중복성의 또다른 이름은 바로 강건함이다. 강건한 특성들이란 수많은 세세한 변화들의 영향을 받지 않는 것들을 말한다. 지질 소포, 또는 질서 영역 내에 있는 유전자 회로망의 세포 유형 끌개들의 강건함이 바로 중복성의 또다른 표현인 것이다. 강건함이 바로 그런 계들이 여러 가지 변이들의 점진적 축적에 의해 형성되는 것이 가능하도록 해주는 것이다. 따라서 중복성의 또다른 이름은 구조적 안정성이다(접힌 단백질, 조립된 바이러스, 질서 영역 내의 부울 회로망 등과 같은). 안정된 구조들과 거동들은 형성될 수 있는 것들이다.

만약 이 관점이 대략 옳은 것이라면, 그 경우 자기조직화되고 강건한 것이란 바로 우리가 선택에 의해 분명하게 활용되는 것을 보게 될 그런 것이다. 따라서 자기조직화와 선택 간에 그 어떤 필연적이고 근본적인 갈등이란 없다. 질서의 이 두 가시 원천은 사인스러운 협력자들인 것이다. 세포막은 그것이 강건하고, 또 그런 강건한 형태들이 자연선택에 의해 쉽사리 다뤄질 수 있다는 두 가지 이유 때문에 거의 40억 년 동안 안정적일 수 있었던 이중지질막인 것이다. 또 내가 생각하기에 유전자 회로망은 아마도 혼돈의 가장자리 근처의 질서 영역에 위치하고 있다. 왜냐하면 그런 회로망들은 저절로 생기는 질서의 일부로서 쉽사리 형성될 뿐만 아니라, 또한 그런 계들은 구조적, 동역학적으로 안정적이어서 상관성이 있는 지형들에서 적응하고 또다른 과제들을 위해 쉽게 변조될 수 있기 때문이다.

하지만 정말로 선택이 자기조직화되고 강건한 성질들을 활용해서 생물들을 만들어왔다면——그런 특성들이 진화 과정에서 손닿는 곳에 놓여 있고, 또 그런 자기조직화된 특성들이 바로 선택에 의해 쉽게 다듬어지는 것들이라는 이유에서——그렇다면 우리는 그저 더덕더덕 땜질한 희한한 고안물도, 또한 임시변통적인 분자 기계도 아니다. 분자로부터 세포, 조직, 생물체에 이르는 다양한 수준들에서 생명의 구성 요소들은 정확히 바로 세계가 작동하는 방식이 갖고 있는 성질들인 강건하고 자기조직적이고 창발하는 성질들이다. 만일 선택이 단지 생명의 구성 요소들의 안정적인 특성들만을 한층 더 다듬는 것이라면, 그런 계들이 드러내는 창발하는 질서는 생물들에 오랫동안 지속될 것이다. 선택이 계속해서 골라내는 것들이 무엇이건 간에, 그 자발적인 질서는 계속 빛나고 있을 것이다.

선택이 그 구성 요소들의 자발적인 질서를 넘어서 무언가 역할을 할 수 있었을까? 어쩌면 그랬을 수도 있다. 하지만 우리는 그것이 얼마나 멀리까지였는지는 알지 못한다. 선택이 찾는 형태들이 더욱더 드물고 있음직하지 않은 것들일수록, 그 형태들은 한층 덜 전형적이고 덜 강건하며, 또한 전형적이고 강건한 것으로 복귀시키려는 돌연변이들의 압력은 한층 더 강해질 것이다. 짐작컨대 그 자연적인 질서는 정말로 계속 빛나고 있을 것이다.

그리고 그래서 우리는 법칙을 따르는 궤적 위에 있다. 진화는 확실히 〈날다가 날개 끝에 붙들린 우연〉이지만, 또한 그것은 이면에 숨어 있는 질서의 표현이기도 하다.

우리는 기대되었던 존재이다. 우리는 우주에서 편안함을 느낀다.

---

1) 세 개의 질량 사이에 중력이 작용할 때 일어나는 역학 문제로 간단한 게이면서도 그 해는 매우 복잡한 예가 된다.

2) 1955년부터 취역을 시작한 미국 최초의 항공모함으로 1993년에 퇴역하였다.

3) 한 유전자가 발현될 때 다른 유전자의 은폐 효과나 두 유전자의 연합 효과 때문에 새로운 표현형이 나타나게 되는데, 이와 같이 대립유전자가 아닌 유전자의 발현에서 나타나는 상호작용을 의미한다.

4) 즉, 지역적 봉우리에 해당되는 한 유전자형 근처의 다른 유전자형에서 각 유전자에 할당된 적합도를 도표로 나타낸 것이다.

5) 말이나 소의 먹이가 되는 풀.

6) 벽걸이용 융단.

7) 역사적 과학은 생물학과 같은 기술(記述)적 과학을, 법칙적 과학은 물리학처럼 몇 개의 근본적인 법칙들을 기반으로 하는 과학을 의미한다.

9... 생물과 인조물

생물들은 자연스런 질서와 자연선택의 손으로 다듬어지고, 인조물들은 호모 사피엔스의 손으로 다듬어진다. 생물들과 인조물들은 크기, 복잡성, 웅장함에서 서로 너무나 다르고, 또 그것들이 진화해온 시간 규모에서도 서로 너무 다르지만, 그럼에도 불구하고 그 유사점들을 간과하기는 어렵다.

생명은 가지치는 방사를 통해 시간과 공간으로 퍼져나간다. 캄브리아기의 대폭발이 가장 유명한 예다. 다세포 형상들이 만들어진 후 곧 새롭게 진화한 것들이 폭발적으로 쏟아져나왔다. 우리는 다세포 생명들이 일종의 조심성 없는 탐색의 거친 춤을 추면서 모든 가능한 가지치기를 즐겁게 시도하는 것을 거의 느낄 수 있다. 마치 린네 분류 목록을 처음부터 끝까지 일반적인 것부터 특정한 것까지 채우려는 것처럼, 서로 다른 주된 몸통을 만들려는 계획을 품고 있는 종들은 폭발적인 실험을 통해 존재 속으로 뛰어들고, 그 다음에는 한층 더 다양화된다. 주된 변이들이 신속하게 일어나서 문(門)들을 설립하고, 이어서 소위 하급의 분류종들을 형성하기 위한 더 세밀한 수선이 일어나서 강(綱), 목(目), 과(科), 그리고 속(屬)들이 형성된다. 광란의 잔치와도 같던 초기의 폭발 이후, 많은 초기 형상들은 멸종하고 많은 새로운 문들이 실패를 하고 난 뒤, 생명은 주도적인 고안들인 척추동물, 절지동물 등과 같이 현재 남아 있는 30여 가지 정도의 문들로 정착되었다. 이것들이 생물권을 점령하고 주도하였다.

이 같은 양상은 기술 진화와 많이 다른 것인가? 기술 진화에서는 인간 기술자들이 근본적인 발명들을 만들어낸다. 여기서도 역시 기본적인 기술 혁신이 가져다준 새로운 가능성들이 인간 수선공들에 의해 과다할 정도로 많이 시도되면서, 인조물 형상들의 폭발적인 다양성이 초기에 목격된다. 여기서도 역시 가능성들에 대한 거의 광기 어린 기쁨에 찬 탐색이 있다. 그리고 그 잔치 후에 우리는 몇 가지 주도적인 고안들 사이에서 점점 더 세부적인 치장에 열중한다. 그 주도적인 고안들은 기술들의 지역적 계통 발생 전체가 멸종할 때까지 얼마간 기술 지형판을 지배한다. 이제는 아무도 로마시대 식의 공격용 병기들을 만들지 않는다. 곡사포와 단거리 로켓이 그 병기를 멸종시켜버린 것이다.

똑같은 일반적 법칙들이 생물 진화와 기술 진화의 주된 측면들을 관장할 수 있을까? 생물들과 인조물들 양쪽 모두 상충적인 설계 제약들에 직면해 있다. 이미 보았듯이, 울퉁불퉁한 적합도 지형들을 만들어내는 것이 바로 이런 제약들이다. 진화는 의지의 혜택 없이 자신의 지형판들을 탐색한다. 우리는 시장 기능의 선택적 압력하에서 의도를 가지고 기술적 기회의 지형판들을 탐색한다. 그러나 만일 근원적인 설계 문제들이 상충적 제약들을 가진 서로 유사한 울퉁불퉁한 지형들을 야기한다면, 똑같은 법칙들이 생물 진화와 기술 진화 양쪽 모두를 다 관장한다고 해도 놀랍지 않을 것이다. 세포 조직과 테라코타 terra-cotta[1]는 매우 유사한 법칙들에 의해 진화할 수도 있다.

　이번 장에서 나는 생물과 인조물 간의 유사성들을 탐구하기 시작할 것이다. 그러나 이 주제들은 이 책의 나머지 부분에서도 계속될 것이다. 나는 울퉁불퉁하되 상관성이 있는 지형판들의 두 가지 특성들을 탐구할 것이다. 내가 생각하기에 첫번째 특성은, 기본적인 기술 혁신들 다음에는 서로 매우 다른 다양한 방향의 신속하고도 과격한 개선들이 이어지고, 이것들 다음에는 다시 점점 덜 과격한 개선들이 계속하여 뒤따른다는 일반적인 사실을 설명한다. 이것을 다양화의 〈캄브리아〉 양상이라고 부르자. 내가 탐구하기 원하는 두번째 현상은 바로 매번의 개선 후에는 그 이상의 개선을 위한 방향들의 숫자가 어떤 일정한 비율로 감소한다는 것이다. 우리가 8장에서 살펴본 것처럼, 이것은 개선율의 지수함수적인 둔화를 낳는다. 내 생각에 이 특성은 생물학 자체에서뿐만 아니라 많은 기술적 〈학습 곡선〉에서 발견된 개선의 특징적인 둔화 현상을 설명한다. 이것을 〈학습 곡선〉 양상이라고 부르자. 양쪽 모두, 내 생각으로는, 울퉁불퉁하되 상관성이 있는 지형판들의 통계적 특성들이 야기하는 단순한 결과들이다.

지형판 위의 멀리뛰기

　우리의 현재 연구에서 나는 8장에서 도입한 상관적 적합도 지형들의 *NK* 모형들을 계속해서 사용할 것이다. 그것은 조절 가능한 울퉁불퉁한 적합도 지형에 대한 최초의 수학적 모형들 중의 하나다. 우리가 여기서 탐구할 특성들이 울퉁불퉁하되 상관적인 지형판들의 거의 모든 집단에 대하여 사실이라고 밝혀질지는 모르겠지만, 나는 그렇다고 믿고 있다. 우리가 이미 살펴본 것처럼, *NK* 모형은 〈유전자〉당 〈상위적〉 입력들의 수인 *K*가 증가함에 따라 더욱더 울퉁불퉁해지는 지형판들의 집단을 생성해낸다. *K*를 증가시키는 것은 상충적 제약들을 증가시킨다는 사실을 상기하자. 그 결과로 상충적 제약들이 증가하면 그 지형판이 더욱더 울퉁불퉁하고 봉우리가 많아진다. *K*가 최대 수치에 이르게 되면(*K=N*-1, 즉 모든 유전자들이 그 나머지 전부에 의존하게 되는 경우), 그 지형판은 완전히 무작위적인 것이 된다.

나는 상관적이되 울퉁불퉁한 지형판 위에서 행해지는 일종의 단순하고 이상화된 적응적 걸음인 멀리뛰기 적응에 대해 설명하는 것부터 시작하겠다. 이미 우리는 더 적합한 변이들을 낳는 개개의 돌연변이들을 발생시키고 선택하면서 나아가는 적응적 걸음들을 살펴보았다. 이 경우 적응적 걸음은 가능성의 공간에서 한 걸음씩 나아가면서 지역적 정점을 향한 오르막길로 꾸준히 행진을 한다. 이제는 대신에, 우리가 많은 종류의 돌연변이들을 동시에 일으켜서 한꺼번에 많은 특성들을 변화시키고, 그 결과로 생물이 자신의 적합도 지형을 가로질러 〈멀리뛰기〉를 하게 되는 경우를 가정해보자. 예를 들어 우리가 지금 알프스에 있고, 정상적인 한 걸음을 내딛는다고 가정해보자. 보통 우리가 옮겨가는 지점의 높이는 우리가 시작한 지점의 높이와 상관이 있기 마련이다. 물론 낭떠러지들이 여기저기에 나타나는 파국적인 예외들도 있다. 하지만 우리가 50킬로미터를 멀리 뛴다고 가정해보자. 우리가 이동하게 될 지점의 고도는 우리가 출발한 지점의 고도와 본질적으로 상관성이 없다. 왜냐하면 우리는 소위 지형판의 〈상관 거리correlation length〉를 넘는 거리를 멀리뛰었기 때문이다.

이제는 K가 적당한 수치인 경우, 예를 들어 $N=1000$이고 $K=5$, 즉 1,000개의 유전자들 각각의 적합 기여도가 다른 5개의 유전자들에 의존하는 경우를 살펴보자. 지형판은 울퉁불퉁하지만, 그래도 여전히 상관성은 높다. 또 이웃 지점들은 서로 꽤 유사한 적합도를 갖는다. 여기서 만일 우리가 그 1,000개의 유전자들 중 한 개, 다섯 개, 또는 열 개를 뒤집더라도, 우리는 우리가 처음 시작했던 지점과 적합도에 있어 근본적으로 다르지 않은 어떤 유전자 조합을 갖게 될 뿐이다. 우리는 상관 거리를 넘어가지 않은 것이다.

NK 지형판은 잘 정의된 상관 거리를 갖는다. 기본적으로 그 거리는 우리가 한 지점의 적합도를 알 때 다른 지점의 적합도에 대해 무언가 예측할 수 있게 하는 정도의 두 지점 간의 거리에 해당한다. NK 지형판 위에서 이 상관성은 거리에 따라 지수함수적으로 감소한다. 따라서 만일 어떤 하나가 긴 거리를, 예를 들어 1,000개의 대립형질 상태들 중의 500개를 바꾸면서 그 공간의 반이 되는 거리를 멀리뛴다면, 그것은 그 지형판의 상관 거리를 넘어서 너무 멀리 뛰어 버린 것이어서, 다른 쪽 지점에서 발견되는 적합도는 시작 지점의 적합도에 대해서 전혀 무작위적인 것이 될 것이다.

하나의 아주 단순한 법칙이 그런 멀리뛰기 적응을 관장한다. 무작위적 지형판에서 더 적합한 단일인자 돌연변이들을 통한 적응적 걸음의 경우와 거의 비슷하게도, 그 결과는 바로 이것이다. 매번 더 적합한 멀리뛰기 변이를 한 다음에 이보다 〈더 적합한〉 멀리뛰기 변이를 또 한 번 하기 위해서는 두 배의 시도를 해야 한다는 것이다!

이런 단순한 결과가 〈그림 9-1〉에 나타나 있다. 〈그림 9-1a〉는 $K=2$ 인 NK 지형판들 위에서의 멀리뛰기 적응의 결과들을 다른 N값들에 대해 보여준다. 각 곡선은 시도 횟수에 대한 성취된 적합도를 y값으로 하여 도표로 나타낸 것이다. 각 곡선은 처음에는 급속하게 증가하고 다음에는 훨씬 더 천천히 증가하면서 어떤 지수함수적인 둔화 현상을 강하게 제시하고 있다. (만일 이 둔화가 실제로 지수함수적이어서 매번의 개선마다 그 다음의 개선을 실현해 줄 시도 횟수가 실제로 두 배가 된다는 사실을 반영하고, 또 〈그림 9-1a〉의 자료를 시도 횟수의 대수값을 사용해서 재구성한다면, 우리는 선형 관계를 얻어내야 한다. 〈그림 9-1b〉는 이것이 사실임을 보여주고 있다. 개선 단계들의 기대치는 $S=\ln G$이다.)

그 결과는 단순하고도 중요하며 거의 보편적인 것으로 보인다. 지형판들의 상관 거리를 뛰어넘는 멀리뛰기에 의한 적응에서는 더 적합한 변이들을 찾아내는 데 필요한 멀리뛰기 횟수가 매 개선된 단계마다 두 배가 되어, 결과적으로 개선 속도는 지수함수적으로 둔화된다. 최초 10개의 더 적합한 변이들을 찾아내는 데는 천 번의 시도가 필요하고, 그 다음의 10개를 찾아내는 데는 백만 번의 시도가, 또 다음의 10개를 찾아내는 데는 십억 번의 시도가 필요하다.

(〈그림 9-1a〉는 또 하나의 중요한 특징을 보여주고 있다. 즉 똑같은 횟수의 시도를 했을 때, N이 증가하여 가능성의 공간이 확장될수록 멀리뛰기 적응은 한층 더 나쁜 결과를 얻는다는 것이다. 다른 결과들로부터 우리는 NK 지형판들 위의 정점들의 실제 높이가 N이 증가해도 변하지 않는다는 것을 이미 알고 있다. 따라서 이 적합도의 감소는 내가 『질서의 기원』이라는 책에서 복잡성의 파국이라고 불렀던, 자연선택에 대한 한층 더한 제한이다. 유전자들의 수가 증가함에 따라, 멀리뛰기 적응

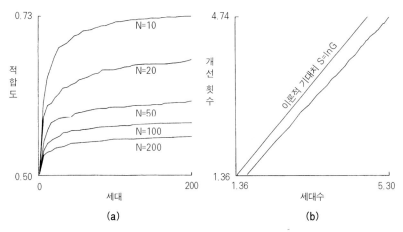

그림 9-1 멀리뛰기. 멀리뛰기를 함으로써, 즉 한 번에 한 개 이상의 유전자를 변화시킴으로써 NK 지형판들을 멀리 횡단할 수 있다. 그러나 상관적인 지형판 위에서는 어떤 더 적합한 멀리뛰기 변이가 발견될 때마다, 그보다 더 적합한 변이를 발견하기 위한 시도들의 기대치가 두 배가 된다. 처음에는 적합도가 빠르게 증가하지만, 나중에는 느려지면서 같은 수준을 유지하게 된다. (a)K=2인 다양한 지형판들이 이 둔화 현상을 보여주고 있다. 여기서 〈세대Generation〉는 멀리뛰기 시도들의 누적 횟수이다. 각 곡선은 100걸음의 평균 치이다. (b)세대수에 대한 개선 횟수를 로그 눈금을 이용해 나타냈다.

들은 점점 덜 이익이 된다. 즉 한 생물이 복잡하면 할수록, 자연선택을 통해서 쓸모 있고 과감한 변화들을 만들고 축적하기는 점점 더 어려워지는 것이다.)

　이와 밀접한 관계가 있는 다음과 같은 논점이 있다. 캄브리아기의 대폭발과도 관련이 있는 관찰이지만, 멀리뛰기 적응을 관장하는 〈보편적 법칙〉은 상관적인 지형판 위에서의 적응이 세 가지의 시간 규모를 보여야 함을 제안한다는 것이다. 예를 들어 우리가 상관적이지만 울퉁불퉁한 어떤 *NK* 지형판 위에서 적응하고 있고, 어떤 평균적인 적합도에서부터 진화하기 시작한다고 가정해보자. 최초의 위치는 평균 수준으로 적합한 것이므로, 그와 인접한 모든 변이들 중의 절반은 더 좋은 것들일 것이다. 그러나 지형판의 상관 구조 또는 모양 때문에, 그런 인접해 있는 변이들은 단지 〈조금만〉 더 나은 것들이다. 이와 대조적으로, 멀리 떨어진 변이들을 고려해보자. 최초의 지점이 평균 수준으로 적합한 것인 만큼, 멀리 떨어진 변이들의 절반도 역시 더 적합한 것들이다. 그러나 이 멀리 떨어진 변이들은 그 지형판의 상관 거리보다 훨씬 먼 거리에 있으므로, 그런 것들 중 몇몇은 최초 지점보다 〈훨씬 더 적합〉할 수 있다. (마찬가지 이유로, 몇몇 멀리 떨어진 변이들은 훨씬 더 나쁜 것들일 수도 있다.) 이제 어떤 돌연변이종들은 단지 소수의 유전자들만을 변화시켜 아주 가까운 근방을 탐색하고, 다른 변이종들은 많은 유전자들을 변화시켜 멀리 떨어진 곳을 탐색하는 한 적응 과정을 고려해보자. 변이들 중 가장 적합한 것이 그 개체군을 가장 신속하게 휩쓸어버릴 것이라고 가정하자. 우리는 이런 적응 과정의 초기에는, 인접한 변이들보다 훨씬 더 적합한 멀리 떨어진 변이들이 그 과정을 주도하는 것을 기대할 수 있다. 만일 적응하는 개체군이 한 개 이상의 방향으로 가지를 뻗을 수 있다면, 이것은 최초의 유전자형으로부터 멀리 떨어진 곳에서 많은 부분에서 서로 다른 변이들이 급속하게 발현하는 가지치기 과정을 일어나게 한다. 따라서 초기에 최초의 줄기로부터 금방 극적으로 서로 다른 형상들이 발생하게 될 것이다. 캄브리아기 대폭발에서의 경우와 꼭 마찬가지로, 다른 본체 계획들major body plans,[2] 즉 문들을 나타내는 종들이 맨 처음에 나타난다.

　이제 두번째 시간 규모를 고려하자. 멀리 떨어진 더 적합한 변이들을 찾을 때 멀리뛰기 적응의 보편적인 법칙이 적용되어야 한다. 매번 멀리 떨어진 더 적합한 변이가 발견될 때마다, 또다른 멀리 떨어진 변이를 찾기 위한 돌연변이 시도 횟수, 또는 대기 시간은 두 배가 된다. 처음의 열 단계의 개선들에 천 번의 시도를 필요로 한다면, 다음의 열 단계는 백만 번을, 그 다음의 열 단계는 십억 번의 시도를 필요로 할 것이다. 멀리 떨어진 더 적합한 변형들을 찾는 용이성과 속도에 있어 이런 지수함수적 둔화가 있기 때문에, 인근의 지역적 언덕들에서 더 적합한 변이들을 찾는 것이 더 쉬운 일이 된다. 왜? 그것은 더 적합한 인근 변이들의 비율이 멀리뛰기의 경우와 비교해서 훨씬 더 느리게 감소하기 때문이다. 요컨대 진화 과정의 중기에서는 가지를 치며 적응해가는 개체군들이 지역적 언덕들을 오르기 시작한다. 이것 역시 캄브리아기 대폭발 과정에서도 일어난 일이다. 다른 본체 계획들을 가진 많은 종들이 존재하게 된 다음엔, 이런 과격한 창의성은 둔화되고 조금씩 수선하는 작업이 진행되었다. 진화는 자신의 발명품들에 조각들을 덧붙이고 손질을 하면서 자기 시야를 집으로 더 가까이 집중시켰던 것이다.

장기적인 세번째 시간 규모에서는 개체군들이 지역적 정점들에 도달하여 움직이기를 멈추거나, 또는 8장에서 본 것처럼 돌연변이율이 충분히 높은 경우에는 그것들이 고도의 적합도를 갖는 산등성이를 따라 이동을 할 수도 있고, 혹은 지형판 그 자체가 변형되어 정점들의 위치가 이동하고 생물들은 그 이동하는 정점들을 따라가는 경우들이 있을 것이다.

최근에 빌 맥레디와 나는 *NK* 지형판들을 사용하여 〈세 가지 시간 규모〉라는 논점을 더 상세히 탐구해보기로 결정했다. 빌은 언덕으로 걸음들이 진행될 때 다른 거리로 지형판을 가로질러 탐색하는 것에 대한 수치적 연구를 했다. 〈그림 9-2〉는 그 결과들을 보여주고 있다.

우리가 알고 싶어한 것은 이것이었다. 적합도가 변할 때 개선율을 최대화하기 위해 탐색해야 하는 〈최상〉의 거리는 얼마인가? 내가 앞

(a)

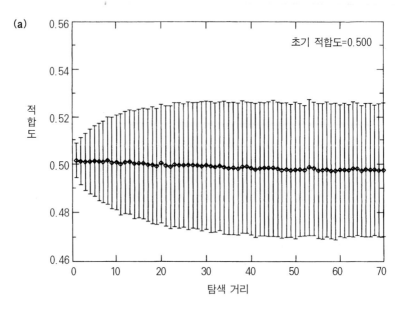

그림 9-2 적합성이 증가됨에 따라 집으로 더 가까워지는 탐색. 상관된 지형판 위에서 인접한 지점들은 서로 비슷한 적합도를 갖지만 멀리 떨어진 지점들은 아주 더 높거나 아주 더 낮은 적합도를 가질 수 있다. 따라서 최적 탐색 거리는 적합도가 낮을 때는 크고 적합도가 증가함에 따라 감소한다. (a)에서 (c)까지는 다른 세 가지의 초기 적합도를 가진 1,000개의 탐색자들을 각 가능한 탐색 거리로 지형판에 내보낸 결과들이다. 각 1,000개의 탐색자들에 의해 발견된 적합성들의 분포는 종 모양의 가우스 곡선이다. 각 막대기표의 양단은 1,000개의 탐색자 집합의 표준편차를 나타내고, 따라서 그것들이 발견하는 여섯 가지의 적합도 중에서 최상, 또는 최악의 것과 일치한다.

서 주장했던 것처럼 적합도가 평균 수준일 때 우리는 상관 거리 바깥에 있는 멀리 떨어진 지점을 살펴보아야 하는 것인가? 그리고 적합도가 개선될수록 우리는 멀리 떨어진 곳보다는 인근을 살펴보아야 하는가? 〈그림 9-2〉의 결과들을 요약하는 〈그림 9-3〉은 이 두 가지 질문에 대한 답들이 모두 〈예〉라는 것을 보여준다. 여기서 적합도는 x축에, 또 적합도를 개선하기 위해 탐색할 최상의 거리는 y축에 나

(b)

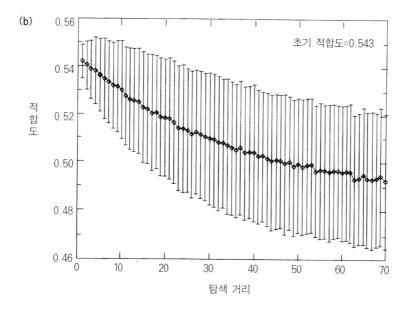

초기 적합도=0.543

적합도

탐색 거리

(c)

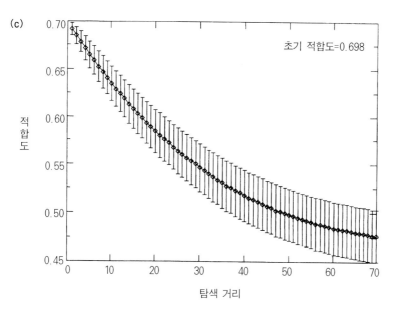

초기 적합도=0.698

적합도

탐색 거리

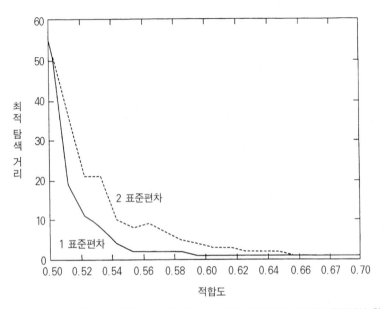

그림 9-3 최적 탐색 거리. 적합도가 변할 때, 개선율을 최대화하기 위하여 탐색해야 할 최상의 거리는 얼마인가? 이 도표에서는 적합도가 증가할수록 최적 탐색 거리가 공간의 반 크기에서 바로 주변 거리로 줄어든다. 적합도가 평균값일 때는 먼 거리를 살펴보는 것이 최상이고, 적합도가 개선되면 주위를 탐색하는 것이 더 낫다.

타나 있다. 이것이 암시하는 바는 바로 다음과 같다. 적합도가 평균 수준일 때 가장 적합한 변이들은 멀리 떨어진 곳에서 발견될 것이다. 적합도가 개선될수록 가장 적합한 변이들은 현재의 위치에 점점 더 가까운 곳에서 발견될 것이다. 그러므로 한 적응 과정의 초기 단계에서 우리는 극적으로 다른 변이들의 발현을 보게 될 것을 기대할 것이다. 나중으로 갈수록, 발현하는 더 적합한 변이들은 적응적 걸음에서 현재 지점의 것과 점점 더 비슷한 것들일 것이다.

여기서 한 가지를 더 상기할 필요가 있다. 적합도가 낮을 때는 올라갈 수 있는 길이 많이 있다. 하지만 적합도가 좋아질수록 오르막길의 숫자는 감소한다. 따라서 분기 과정은 처음에는 가지칠 수 있는 방향이 많아서 바닥 상태에서는 멀리까지도 가지치다가, 적합도가 증가하면 가지들이 점점 더 빈약해지는 과정이 될 것이다.

울퉁불퉁하되 상관성이 있는 적합도 지형의 두 가지 특성을 통합하면, 처음에는 여러 가지 방법으로 다양한 변이들을 보이다가 나중에 적합도가 좋아질수록 분기가 인색할 정도로 누그러지는 방사를 보게 될 것이다.

나는 이런 것들이 바로 우리가 생물과 기술의 진화에서 보는 특성들이라고 믿는다.

캄브리아기 대폭발

이 책의 첫 장에서 나는 당신이 캄브리아기의 대폭발과 페름 멸종기 이후를 비교했을 때 그것이 보여주는 폭발적인 생물학적 창조성의 심오한 불균형의 모습을 즐겨보도록 했다. 이 분야의 대부분의 학자들에 따르면 캄브리아기 중 비교적 짧은 시간 동안에 근본적으로 다른 형태학적 형상들이 매우 다양하게 생겨났다. 린네 분류법이 생긴 이래로 우리는 생물을 계층적으로 분류한다. 가장 상위 분류인 〈계〉와 〈문〉은 매우 큰 생물군에 대해 가장 일반적인 특성들을 찾아낸다. 어류, 조류, 인간과 같은 척추동물문은 모두 내부 골격을 형성하는 척추를 갖고 있다. 캄브리아기 바로 다음의 오르도비스기 이후로 현재까지 32개의 문이 존재한다. 하지만 캄브리아기를 가장 잘 설명하는 학설에 따르면, 캄브리아기까지 100개나 되는 문이 있었지만 그중 대부분은 급격히 멸종했을 것이라고 한다. 그래서 현재 우리가 보듯이 상위의 분류학적 군들이 캄브리아기 동안에 위에서부터 아래로 채워졌다는 의견이 받아들여지고 있다. 즉 문을 창시하는 〈종〉들이 처음에 생겨났다. 서로 매우 다른 이 생물들은 다음 세대를 가지쳤는데, 이 세대는 서로 약간은 비슷했지만 오늘날 〈강〉이라고 부르는 생물군의 창시자가 되기에 충분할 정도로 다른 종이었다. 다시 이 세대가 가지를 쳐서 역시 약간은 비슷하지만 상당히 다른 〈목〉이라는 생물군의 창시가 되는 다음 세대를 만들었다. 이 세대가 다시 가지를 쳐서 〈과〉의 창시가 되는 다음 세대를 만들고, 또 이 세대는 〈속〉의 창시 세대를 만들었다. 따라서 캄브리아기 초기의 분기 과정은 상위에 있는 생물군 사이에서 매우 큰 변이를 만들지만 하위로 갈수록 단계적으로 변이도가 감소하는 양상을 보인다.

하지만 캄브리아기 이후 약 3억 년 뒤, 현재로부터는 약 2억 4,500만 년 전인 페름 멸종기에는 매우 다른 과정이 진행되었다. 비록 모든 문의 개체와 많은 하위 분류군은 살아났지만 약 96퍼센트에 달하는 생물종들이 멸종했다. 그 이후에 재도약하는 다양한 군들에서 매우 많은 새로운 속들이 생겨나고 또 많은 새로운 과들이 생겨났으며, 이것들은 새로운 한 개의 목이 되었다. 하지만 강과 문은 전혀 생겨나지 않았다. 상위 분류군들이 밑에서부터 위로 채워진 것이다. 캄브리아기의 폭발적인 다양성과 캄브리아기와 페름기 사이의 깊은 불균형을 어떻게 설명할 것인가는 수수께끼이다.

이와 관련된 일반적인 현상은 이것이다. 즉 멸종 후의 재도약 동안에 대부분의 주된 다양화는 종 분화 분기 과정의 초기에 일어나는 것으로 보인다는 것이다. 고생물학자들은 그런 분기 계통을 클레이드clade라고 부른다. 그들은 바닥에서, 즉 초창기에 가지가 많은 밑이 무거운 클레이드를 얘기한다. 그리고 속이 전형적으로 과 역사의 초기에 번성하고, 과가 목 역사의 초기에 번성한다는 데 주목한다. 요컨대 기록들은 멸종 후의 재도약 기간에 대부분의 다양성이 급격히 진행되다가 곧 느려진다는 것을 암시하는 것 같다. 그래서 캄브리아기가 위에서 아래로 채우고 페름기가 아래에서 위로 채우는 양쪽 경우에서, 먼저 내규모의 다양화가 진행되었고 그 다음에 이들에 대해 더욱 보수적인 실험들이 뒤따랐다는 것이다.

울퉁불퉁한 적합도 지형의 일반적 특성들이 지난 5억 5,000만 년의 진화를 설명하는 데 빛을 던질 수가 있을까? 내가 제안했듯이, 〈그림 9-3〉에 요약된 적합도 지형 위에서 적응적인 진화가 가질 수도 있는 세 가지의 시간 규모의 존재는 캄브리아기 대폭발과 상당히 비슷하게 보인다. 분기 과정의 초기에서 우리는 본래 줄기와도 크게 다르고 자기들끼리도 크게 다른 다양한 장거리 돌연변이들을 본다. 이 종들은 다른 문의 창시자로 분류되기에 충분할 정도로 다른 형태학적인 상이성을 갖고 있다. 이 창시자들은 다시 분기를 하여 서로 유사하지 않은 다음 세대, 즉 강의 창시종을 만든다. 물론 이 경우 돌연변이의 정도는 그 이전보다 조금 덜한 것이다. 과정이 계속될수록 더 적합한 변종들이 더욱더 가까운 이웃에서 발견되고, 따라서 목과 과와 속의 창시자들이 단계적으로 생겨난다.

그러나 그렇다면 왜 페름 멸종기 이후의 번성은 캄브리아기의 대폭발과 그렇게 다른 것일까? 적합도 지형에 대한 우리의 이해가 어떤 가능한 통찰력을 제공할 수 있을까? 아마도 몇 개의 추가적인 생물학적 착상이 필요하다. 생물학자들은 수정란에서 성체에 이르기까지의 **발생** 과정을 성당을 짓는 것과 유시한 괴정으로 생각힌다. 기초가 안 좋으면 모든 것이 엉망이 되어버릴 것이다. 즉 발생 후기보다 발생 초기에 악영향을 주는 돌연변이종은 발생 과정을 더 많이 혼란시킨다는 상식적이고, 아마도 정확한 의견이 있다. 척주(脊柱)와 척수(脊髓)의 형성을 혼란시키는 돌연변이는 형성될 손가락 숫자에 영향을 주는 돌연변이보다 확실히 치명적일 것이다. 이 상식이 사실이라고 가정해보자. 이것을 다르게 말하자면 발생 초기에 영향을 주는 돌연변이종은 발생 후기에 영향을 주는 돌연변이종보다 더 울퉁불퉁한 적합도 지형에서 적응한다는 것이다. 그렇다면 주위에서 더 적합한 이웃의 비율은 발생 후기에 영향을 주는 돌연변이종보다 발생 초기에 영향을 주는 돌연변이종에 대해서 더 빨리 줄어들게 된다. 그래서 진화가 진행되면서 곧 발생 후기에 영향을 주는 돌연변이보다 발생 초기를 변화시키는 돌연변이를 발견하는 것이 더 어렵게 된다. 따라서 이것이 정확하다면 발생 초기는 발생 후기 전에 일찌감치 고착화되는 경향을 갖게 된다. 그러나 발생 초기의 변화는 문이나 강 수준의 차이로 간주되기에 충분할 정도의 형태학적 변화를 야기했을 그런 변화들에 해당한다. 따라서 진화 과정이 계속되고 발생 초기가 고착화될 때, 대량 멸종 후의 생태학적 기회에 대한 가장 신속한 반응은 대량적인 종 분화와 방사를 보이는 재도약이어야 하고 그러기 위해 돌연변이는 발생 후기에 영향을 주는 것이라야 한다. 만약 이것이 사실이라면 새로운 문이나 강은 없을 것이다. 방사는 속과 과의 수준에서 일어날 것이며 이는 발생 후기에 영향을 주는 돌연변이들로부터 기인하는 부차적인 변화에 해당할 것이다. 그러면 상위 분류종은 아래로부터 위로 채워져야 한다.

요컨대 페름기까지 대부분의 문과 강의 생물들의 초기 발생이 잘 고착되었고 그 후에 그것들의 96퍼센트가 멸종되었다면, 더 부차적인 특성들, 즉 개체 발생의 후기 단계에 영향을 주는 돌연변이들에 의해서나 야기되었을 그런 특성들만 살아남아서 빠른 속도로 개량되었을 것이다.

　이런 견해가 옳다면, 분류종들을 위에서 아래로 채웠던 캄브리아 기의 광범위한 방사와 페름기의 불균형을 포함하는 진화 기록의 주된 특성들은 적합도 지형의 구조에서 기인하는 것으로 간단하고 자연스럽게 설명할 수 있을 것이다. 같은 맥락에서, 기지가 많은 방사가 일반적으로 발생의 초기에서 가장 심한 형태학적 변종들을 낳는다는 것에 유의하자. 따라서 우리는 소멸기 후의 재도약 기간 중 속들이 그들 과의 역사 초기에서 일찌감치 생겨나고, 과들이 그들 목의 역사 초기에 생겨나리라는 것을 기대할 수 있다. 그런 밑이 무거운 클레이드들이 바로 진화의 역사에서 반복적으로 관찰되는 것들이다.

울퉁불퉁한 적합 지형에서의 기술적 진화

　얼핏 보면, 생물의 적응적 진화와 인조물의 진화는 전혀 달라보인다. 아무튼 페일리 주교는 우리에게 시계를 만드는 시계공과 시계를 만들듯이 생물을 만드는 신을 상상할 것을 촉구했고, 그 후 다윈은 그의 무작위적 변이와 자연선택 이론에서 〈눈먼 시계공〉이라는 그의 견해를 역설했다. 돌연변이는 그것이 장래 얼마나 중요할 것인가에 대해서는 무작위적인 것이라고 생물학자들은 믿는다. 한편 약 200만 년 전의 한쪽날 돌도끼로부터 시작하여, 구석기시대 전기의 양날 손도끼와, 오늘날 망치질도 하지 않고 주물로 뜨고 압력으로 조각내어 놀라운 완성도로 가공한 현대의 최상 품질의 칼날에 이르기까지, 도구의 발명자로서 인간은 부단히 발명하고 개량해왔다. 도대체 어떻게 생물 세계의 눈먼 적응적 진화와 기술적 진화가 관계가 있을 수 있을까? 아무 관계가 없을 수도 있지만, 상당한 관계가 있을 수도 있다.

인조물을 만드는 인간의 공예는 인간의 의도와 지능에 의해 진행되지만 그 과정들은 자주 상충적 제약들에 직면한다. 게다가 다윈이 제안한 것이 무작위적인 변화의 중요성에 대해 아무런 사전 지식도 없는 서투른 시계공이라면, 많은 기술적 진화도 결과에 대해 전혀 아무런 이해도 없이 서투르게 이루어지는 것이라고 나는 생각한다. 생물적 진화는 그렇지 않다고 생각할지 모르겠다. 그러나 문제가 굉장히 어려워질 때는 생각만 하는 것이 그렇게 도움이 되지 않을 수도 있다. 우리 모두는 다소 눈먼 시계공일 수가 있다.

흔히 보는 기술 진화의 특성들은 적합도 지형 위의 탐색과 유사하게 보인다. 정말로 기술 진화의 정성적 특성들은 캄브리아기의 폭발과 놀라울 정도로 유사하다. 즉 처음에는 다양한 양상들을 창조하는 가지가 많은 분기 방사가 있고, 그 후 분기가 감소하다가 소멸하기 시작한다. 그리고는 최종적으로 살아남는 문처럼 몇 개의 주된 대체물들만이 존재한다. 더 나아가 처음의 다양한 양상들은 좀더 파격적인 것들이지만, 그 후로는 손잡이나 호각과 같은 부수적인 조정만이 있을 뿐이다. 〈분류종〉들이 위에서 아래로 채워지는 것이다. 총, 자전거, 자동차, 비행기 같은 근본적인 기술 혁신이 일어나면, 흔히 그 직후에는 원래의 문제를 벗어난 광범위한 문제에서 과격할 정도로 실험적인 시도들이 뒤따른다. 그런 시도들은 계속해서 가지를 쳐나가고 결국 몇 개의 주된 계통으로 정리가 된다. 1장에서 이미 나는 19세기의 초기 자전거의 다양성에 대해서 언급을 했다. 손잡이 막대가 없는 자전거, 앞바퀴는 크고 뒷바퀴는 작은 자전거, 바퀴 크기가 같은 자전거, 일렬로 된 바퀴가 두 개 이상인 자전거 등등. 초기를 주도했던 페니파딩 Pennyfarthing[3]은 좀더 가지를 쳐갔다. 〈바퀴 달린 놀라운 것들〉이라고 명명하고 싶은 〈문〉의 구성원인 이 과다한 자전거 〈강〉은 결국 오늘날 거리용, 경주용, 산악용 등 두 세 개의 주된 양상으로 자리를 잡았다. 혹은 20세기 초 자동차가 나오면서 무수히 많이 쏟아져 나온 증기 엔진과 휘발유 엔진을 단 엉터리 자동차들을 생각해 보자. 혹은 항공기, 헬리콥터, 경주용 자동차의 초기 설계들도 예가 될 수 있을 것이다. 이런 단지 정성적인 인상들로 상세한 고찰을 대신할 수 있다는 것은 아니다. 하지만 많은 나의 경제학자 동료들이 이야기하기를, 알려진 자료에 의하면 이런 양상은 계속 반복된다는 것이다. 어떤 근본적인 기술 혁신이 있으면 사람들은 그것을 향상시키기 위해 파격적인 변화를 시도해본다. 좀더 나은 설계가 발견될수록 그보다 더 나은 설계를 발견하기가 점점 더 어려워진다. 따라서 시도하는 변이는 점점 덜 파격적으로 된다. 이것이 사실인 한, 이것은 상위의 분류종들이 위에서 아래로 채워졌던 캄브리아기의 대폭발을 명백하게 상기시킨다. 기술의 진화와 생물의 진화는 모두 울퉁불퉁하되 상관성이 있는 적합도 지형 위에서 가지치며 적응한다는 공통적인 특성들을 반영할 수 있다.

학습 곡선

기술 진화가 울퉁불퉁한 적합도 지형 위에서 일어난다는 데 대한 두번째 징후는 기술 진화의 궤적을 따르는 〈학습 곡선〉과 관계가 있다. 이 징후는 두 가지 면에서 볼 수 있다. 첫째는 공장에서 생산하는 어떤 한 품목의 제조 수량이 많을수록 그 품목의 생산은 효율적이 된다는 것이다. 대부분의 경제학자들이 공감하듯이 일반적인 결과는 이것이다. 생산되는 제품의 숫자가 두 배가 될 때마다 인플레와 노동 시간을 감안한 제품당 비용은 때때로 약 20퍼센트 정도의 일정한 비율로 떨어진다는 것이다. 둘째로 학습 곡선은 소위 기술 진화의 궤적에서도 일어난다는 것이다. 즉, 흔히 각종 기술의 향상도는 총 산업 경비가 많을수록 둔화되기 때문에 기술 운용의 향상이 처음에는 빠르지만 곧 느려지게 된다.

그러한 학습 곡선은 지수함수 법칙이라는 특수한 성질을 보여준다. 그런 법칙의 간단한 예는 이런 것이다. N번째 생산된 제품에 대한 노동 시간당 비용은 처음 생산된 것의 $1/N$밖에 되지 않는다. 따라서 어떤 부품 100개를 만든다면 마지막 것의 비용은 첫번째 것의 백분의 1밖에 들지 않는다. 지수함수 법칙의 특성은 제품 단위당 비용을 생산된 단위의 총 숫자에 대해 로그-로그 도표를 그려보면 잘 나타난다. 그 결과는 총 숫자 N이 증가함에 따라 단위당 비용이 감소한다는 것을 보여주는 직선 도표이다.

경제학자들은 학습 곡선의 중요성을 잘 인식하고 있다. 회사들도 그렇다. 그들은 생산 가동을 위한 예산이나 제품의 예상 판매 가격, 순익을 거두기 위한 최소 판매량의 예상치 등을 결정하기 위해서 학습 곡선을 고려한다. 실제로 학습 곡선이 보여주는 지수함수 법칙은 기술 분야에서의 경제 성장과 관련해서 기본적인 중요성을 갖는다. 빠른 향상의 초기 단계 동안 새 기술에 대한 투자는 효율성에 빠른 향상을 가져온다. 이것은 경제학자들이 가중 수익이라고 부르는 것을 낳는다. 이것은 투자를 유인하고 한층 더한 기술 혁신을 촉구한다. 그 후에 학습이 느려지게 되면 투자에 대한 향상은 거의 일어나지 않는다. 즉 기술이 성숙하여 경제학자들이 말하는 감쇄 수익의 기간에 접어들게 된다. 그 이상의 기술 혁신을 위하여 자본을 유인하는 것은 더 어려워진다. 그 기술 분야의 성장은 둔화되고 시장은 포화되며, 더 이상의 경제 성장을 위해 다른 기술 분야에서의 근본적인 혁신을 기다리게 된다.

기술 진화와 경제 성장의 이런 잘 알려진 특성들의 편재성과 중요성에도 불구하고, 관련된 이론들은 학습 곡선이 존재한다는 것을 설명하지 못한다. 적합도 지형 위의 적응적 과정을 보는 우리의 간단한 직관들이 어떤 도움을 줄 수 있을까? 다시 한번, 아마도 그럴 것이다. 그리고 그 이야기는 전형적인 산타페 연구소의 모험담 같은 것이 된다. 1987년 존 리드John Reed(시티코프 회장)는 필 앤더슨 Phil Anderson(노벨 물리학상 수상자)과 켄 애로Ken Arrow(노벨 경제학상 수상자)에게 경제학자, 물리학자, 생물학자 등을 불러 모으는 회의를 조직할 것을 부탁했다. 연구소는 경제학에 관한 첫 회의를 가졌고, 스탠퍼드의 경제학자인 브라이언 아서Brian Arthur가 처음으로 이끌었던 경제학 프로그램이 만들어졌다. 그리고 나는 적합도 지형에 대한 착상들을 기술 진화에 적용하기 위한 시도를 시작했다. 몇 년 후, 젊은 경제학 전공 대학원생들인 워싱턴 대학의 필 오스왈드Phil Auerswald와 코넬 대학의 호세 로보Jose Lobo가 복잡성에 관한 연구소 여름학교 강좌를 듣고 있었는데, 그들은 나의 이런 적합도 지형에 대한 새로운 착상들을 경제학에 적용하는 연구에 동참할 수 있는지를 물었다. 호세는 이미 연구소가 잘 알고 있었던 코넬의 경제학자 칼 셸Karl Shell과 이야기하기 시작했다. 1994년 여름까지 우리 넷은 공동 연구를 시작했고, 고체물리학자이며 연구소에서 나와 일하던 박사후 연구원 빌 맥레디와 MIT(매사추세츠 공과대학)의 우등생이었던 전산학 전공 대학원생 타노스 시아파스Thanos Siapas가 우리를 도왔다. 우리의 예비 결과가 제안하는 것은, 이제는 익숙해진 NK 모형이 학습 곡선의 잘 알려진 많은 특성들을 실제로 잘 설명할 수 있다는 것이었다. 즉 생산단위당 비용과 총생산량이 갖는 지수함수 법칙의 관계, 점점 더 긴 기간 동안 향상이 없다가 갑작스런 향상이 자주 일어난다는 사실, 그리고 전형적으로 향상은 포화되고 정지한다는 사실 등에 관한 것들을 말이다.

무작위적인 적합도 지형 위에서 오르막길로 한 단계 올라갈 때마다 더 올라갈 수 있는 오르막길의 숫자는 일정한 비율, 즉 반으로 줄어든다는 사실을 상기하자. 더 일반적으로 우리는, K가 8보다 큰 NK 적합도 지형 모형에서 적합도가 높은 방향으로 한 단계 올라갈 때마다 더 적합한 이웃들의 숫자가 일정한 비율로 감소한다는 것을 보았다. 반대로 향상을 얻기 위한 〈시도〉의 횟수는 한 단계의 향상이 얻어질 때마다 일정한 비율로 증가한다. 그래서 더 적합한 변이, 즉 증진적인 향상을 찾는 속도는 지수함수적으로 느려진다. 둔화 지수의 특별한 값은 NK 모형의 경우 K에 따라 달라진다. 상충적 제한인 K가 크고 이에 따라 적합도 지형이 더 울퉁불퉁할수록 둔화가 더 빨리 온다. 결국 적합도 지형 위의 적응적 걸음은 궁극적으로 국소적인 어떤 최적점에 도달하게 되고 더 이상의 향상을 중단한다는 것을 상기하자.

이와 관련하여 기술 진화의 궤적과 학습 효과의 맥락에서 우리에게 매우 익숙한 것들이 있다. 즉 제품의 질을 높이거나 생산 비용을 낮추는 것과 같이, 더 적합한 변이가 발견되는 속도는 지수함수적으로 느려지고 국소적인 어떤 최적점에서 더 이상의 향상이 그친다는 것이다. 이것은 사실 이미 잘 알려진 학습 효과의 두 가지 면을 거의 다시 이야기하는 것이다. 첫째는, 더 적합한 변이를 찾으려는 시도의 횟수가 지수함수적으로 증가한다는 것이다. 그래서 우리는 점점 더 긴 기간 동안 아무런 향상도 없다가 급작스런 향상이 더 적합한 변이로서 갑자기 발견되는 것을 예상한다. 둘째로, 국소적인 주변만 검색하도록 제한된 적응적 탐색이 궁극적으로 국소적 최적점에서 중단된다는 것이다. 더 이상의 향상은 일어나지 않는다.

하지만 과연 NK 모형이 그런 지수함수 법칙을 주는가? 기쁘게도 그 대답은 〈예〉이다. 우리는 이미 더 적합한 변이를 발견하는 속도가 지수함수적으로 느려진다는 것을 안다. 하지만 각 단계에서 얼마만큼의 향상이 일어나는가? 적합치를 〈에너지〉나 〈단위비용〉으로, 그리고 적응적 탐사를 에너지나 비용을 최소화하는 과정으로 간주한다면, NK 모형에서는 단위비용의 감소가 대략 맨 마지막 향상으로 얻어졌던 단위비용 중 향상치의 일정한 비율이 된다. 그래서 매 단계에서 얻어지는 비용 감소량은 지수함수적으로 작아진다. 한편 그러한 향상을 발견하는 속도도 지수함수적으로 느려진다. 우리 네 사람의 기쁨이었지만, 결과는 단위비용이 시도 횟수나 생산량에 대해 지수함수적으로 감소한다는 것이다. 그래서 단위비용의 로그값을 y값으로, 총 시도 횟수나 총생산량의 로그값을 x값으로 도표를 그리면 우리가 바랐던 직선, 혹은 직선에 근접하는 분포를 얻는다.

그것뿐만이 아니다. 놀랍기도 하고 연구 단계에서는 발전적인 회의를 일으키기도 했지만, 지수함수 법칙이 이 친숙한 NK 모형에서 나올 뿐만 아니라 그 직선의 기울기까지도 실제의 학습 곡선과 잘 맞는다는 것을 볼 수 있다.

이 결과들을 NK 모형 자체가 기술 진화를 미시적으로 적절히 설명한다는 증명으로 받아들여서는 안 된다. NK 모형은 단지 우리의 직관을 조율하기 위한 장난감 세계다. 오히려 이 첫 적합도 지형 모형의 대략적인 성공은 적합도 지형을 보다 잘 이해함으로써 기술 진화를 보다 깊이 이해하라는 것을 암시한다.

나는 기술 진화 문제에 관한 전문가는 아니다. 또 캄브리아기의 대폭발에 관한 전문가도 아니다. 하지만 이 문제들의 유사성들은 충격적이고, 생물 진화와 기술 진화의 분기 방사적인 양상이 유사한 일반적인 법칙을 따른다는 가능성을 진지하게 고찰하는 것은 가치 있는 일이라고 생각한다. 이런 문제, 또는 모든 문제들에서 이런 양상의 적응적 진화가 울퉁불퉁한 적합도 지형, 혹은 〈비용〉판 위에서 가능성의 광활한 공간을 헤매고 있다는 것은 그렇게 놀랍지만은 않다. 그런 적합도 지형의 구조가 대략 비슷하다면 그 위에서의 적응적 과정도 역시 비슷해야만 한다.

세포 조직과 테라코타는 정말로 유사한 방법으로 진화할 것이다. 그것이 자연이건 인조물이건, 복잡한 실체들의 진화를 관장하는 일반적 법칙들이 있을 것이다.

---

1) 붉은 진흙을 구운 건축 재료.
2) 크게 다른 주된 특성들을 가지고 분화하는 종들을 의미함.
3) 앞바퀴가 뒷바퀴에 비해 월등하게 컸던 구식 자전거.

10 ▪▪▪ 무대 위의 한 시간

다윈이 가졌던 자연의 모습은 바로 생명들이 복잡하게 얽혀 있는 제방이다. 다람쥐, 여우, 개구리, 고사리풀, 라일락, 말오줌나무, 부드러운 이끼들은 물론이고, 산사나무, 담쟁이덩굴, 지렁이, 되새, 참새, 나방, 쥐며느리, 이름도 모를 딱정벌레 등 우글대며 들끓는 생명으로 가득 찬 생태계다. 1세기 후, 딜런 토머스Dylan Thomas[1]는 그의 고향 웨일스를 다음과 같이 노래했다.

아찔한 벼랑 꼭대기
새소리, 열매, 거품, 피리,
지느러미, 깃털이 시로 얽힌 곳.
춤추는 숲의 발굽 근처.

여러 가지 운율과 풍부함이 얽히고 뒤섞이고 어울려서 다함께 춤을 추는 이 기적은 너무나 놀랍다. 그 춤은 안무자도 없는 것이기에 더욱더 놀랍다. 모든 생물들은 다른 생물들이 교묘하게 창조해낸 둥지에 산다. 각자는 자기 자신의 삶만을 추구하고 있지만 자신도 모르게 다른 생물들의 삶의 방식을 창조한다. 생태계는 신진대사, 형상, 행동들에서 각자의 역할들이 연계되어 얽혀 있으며, 그것들이 마술처럼 스스로 유지되는 제방이다. 햇빛이 모이고, 이산화탄소와 물이 쌓여서 당분을 만들고, 질소가 고착되어 아미노산이 만들어진다. 포착된 에너지는 세포 안에서, 생물 안에서, 생물들 사이에서 연결된 신진대사를 구동한다.

40억 년 전에, 몇몇 집단의 분자들이 춤을 추었고, 맹목적으로 서로 형성을 촉진하였으며, 스스로 유지되는 반응망이 자발적으로 창발해서 생명을 형성할 수 있었던 임계적 다양도에 도달했다. 맹목적인 상호작용은 세포 수준에서 생명이 자발적으로 창발하는 현상을 낳았고, 세포들은 대사적인 교환으로 연결되어 최초의 생태계를 창조했다. 그 생태계들은 수십억 년에 걸쳐 수많은 종들의 발현과 소멸을 보여주었다. 그리고 각 단계에서 우리는 풍부하게 발현되는 법칙성을 느낄 수 있다.

시카고 대학의 뛰어난 고생물학자인 데이비드 라우프David Raup는 이제까지 존재했던 모든 종의 99-99.9퍼센트가 지금은 사라지고 없다고 추정한다. 오늘날 지구에는 천만 내지 일억 종류의 생물들이 살아간다. 그렇다면 생명의 역사를 거쳐 간 생물들은 백억 내지 천억 종류가 된다. 천억의 배우들이 무대 위에서 그들에게 주어진 시간 동안 활개치고 소란을 떨었지만, 지금 그 무대에서 그들의 소리는 들리지 않는다.

　지구처럼 열린 열역학계가 어떻게 질서를 창조했는지 우리는 전혀 알지 못한다. 그러나 우리들 중 많은 이들이 풍부하게 널려 있는 법칙성을 느낀다. 우리가 무시하려 해도 법칙에 대한 세 가지 수준의 암시가 있다. 그 첫번째는 종들이 모여서 각자가 다른 종에 제공하는 둥지 속에서 살아가는 집단, 혹은 생태계의 수준에서이다. 둘째는 집단의 결성이나 생태학적 변화보다 훨씬 긴 시간 규모에서 자주 나타나는 공진화의 수준이다. 8장과 9장에서 살펴보았듯이 종들은 그들의 적합도 지형 위에서 진화할 뿐만 아니라 서로 공진화한다. 적합도 지형은 고정되어 있고 변하지 않는다고 우리가 이용해온 이상화는 정확하지 않은 것이다. 환경이 변하기 때문에 적합도 지형도 변한다. 그리고 한 종의 생태적 지위를 만들어주는 다른 종들이 그들 자신의 적합도 지형에서 적응해가기 때문에 그 종의 적합도 지형도 변한다. 박쥐와 개구리 같은 포식자와 먹이는 공진화한다. 박쥐들이 한 단계 적응을 하면 그것은 개구리의 지형을 변형시킨다. 종들은 연결되어 춤추는 지형 위에서 공진화한다.

　하지만 아직 공진화 과정보다 훨씬 긴 시간 규모에서 일어날 수 있는 세번째의 훨씬 높은 수준에서의 법칙이 있다. 생물들의 공진화는 생물들 자신과 생물들이 상호작용하는 방법 둘 다를 모두 변화시킨다. 다른 배우들의 적응성 행동에 의해 각각의 지형이 얼마나 쉽게 변형되는가를 나타내는 지형의 탄력성이 변하듯이, 시간이 갈수록 지형들의 울퉁불퉁한 정도가 변한다. 공진화 과정 자체가 변하는 것이다!

　이 율동의 그 어디에도 그것을 이끄는 안무자는 없다. 자연선택은 전체가 아니라 각 생물에 개별적으로 작용한다. 선택은 가장 많은 자손을 남길 더 적합한 변이 개체들을 골라낸다. 선택은 확실히 경쟁적인 집단들 중에 더 적합한 집단을 고르는 식으로 집단의 수준에서 일어나는 것이 아니라고 생물학자들은 생각한다. 선택은 전체 종들이나 전체 생태계의 수준에서도 작용하지 않는다. 집단들의 집단에서, 공진화에서, 그리고 공진화의 진화에서처럼, 집단들의 창발성 질서가 거의 확실하게 개개 생물 수준에서의 선택을 반영한다는 것은 굉장한 수수께끼다. 애덤 스미스Adam Smith는 『국부론』에서 처음으로 보이지 않는 손에 대한 착상을 말했다. 자기 자신의 목적을 위해 연기하는 경제계의 각 배우들은 자신도 모르게 다른 모든 이들을 위한 이득을 불러온다. 만약 이기적으로 더 많은 자손을 남기는 더 적합한 변종들을 골라내듯이 자연선택이 개체의 수준에서만 작용한다면, 집단, 생태계, 공진화계, 그리고 공진화 자체의 진화에서 창발하는 질서는 보이지 않는 안무자의 작품이다. 우리는 그 안무자 역할을 하는 법칙들을 찾는다. 그리고 우리는 그런 법칙들을 암시하는 것들을 발견하게 될 것이다. 공진화의 진화는 내가 혼돈의 가장자리라고 불렀던 그 영역에서, 공진화하는 종들을 질서도 아니고 혼돈도 아닌 채로 영원히 떠돌게 할 것이다.

집단

생태학자들은 집단의 동역학과 집단의 결집에 대해 잘 이해하게 해주는 쓸 만한 다양한 이론들을 갖고 있다. 첫번째 예는 포식자와 먹이, 혹은 다른 상호작용 연결 사슬을 갖고 있는 생태계의 개체수의 동역학에 관한 이론이다. 20세기 초 수십 년간 이론생물학자인 로트카 A. J. Lotka와 볼테라 V. J. Volterra는 현재도 많이 사용하고 있는 근본적 개념들을 정립하였고, 또 집단 안에서 많은 종들이 상호작용을 할 때 각 종들의 증가와 감소에 관한 간단한 모형들을 만들었다.

풀과 토끼들과 여우들로 이루어진 가상적인 생태계를 고려해보자. 즉 식물과 초식동물과 육식동물에서 각각 하나씩만으로 구성되어 있는 생태계를 말이다. 가장 간단한 모형으로 한 평당 일정한 양이 풀이 있는 경우를 생각하자. 토끼들은 풀을 먹으며 자라서 짝을 짓고 새끼들을 낳는다. 여우들은 토끼를 잡아먹고 자라서는 짝을 짓고 새끼를 낳는다. 이론을 전개하기 위해 토끼 개체수의 증가나 감소율을 현재 토끼의 개체수와 여우의 개체수에 대한 함수로 나타내는 방정식을 쓴다. 마찬가지로 여우 개체수의 증가나 감소율을 현재 토끼의 개체수와 여우의 개체수에 대한 함수로 나타내는 방정식을 쓴다. 각각은 미분방정식이 된다. 미분방정식이란 단지 개체수의 변화율과 같은 어떤 양의 변화율을 현재 여우와 토끼의 개체수와 같은 어떤 양들의 함수로 나타낸 방정식을 말한다. 방정식을 〈푼다〉라는 것은 한 평당 여우와 토끼의 어떤 특정한 개체수를 갖는 모형 생태계로부터 시작해서, 이들의 개체수가 시간이 지남에 따라 어떻게 증가하고 감소하는지를 보여주는 방정식의 〈예측〉을 따라가는 것을 의미한다.

그런 모형에서 흔히 볼 수 있는 것은 그 집단이 어떤 정상(定常)적인 상태에 머물거나, 아니면 계속되는 진동을 하는 경우이다. 〈그림 10-1〉은 이 두 가지의 거동들을 보여준다. 도표의 y축은 토끼와 여우의 개체수를, x축은 시간의 경과를 나타낸다. 첫 예는 토끼와 여우의 개체수가 처음 얼마 동안은 증가하거나 감소하면서 변화하지만 결국은 일정한 값으로 정착되는 양상을 보여준다. 두번째 경우는 각 개체수의 변화가 증가와 감소를 반복하는 양식, 즉 수렴 순환 limit cycle이라고 부르는 계속되는 진동을 보여준다. 처음에는 여우의 개

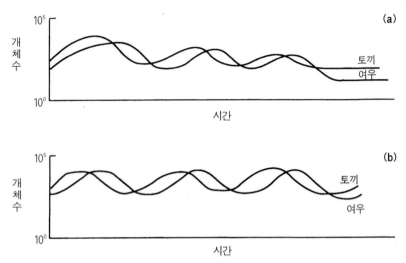

그림 10-1 여우들과 토끼들로 된 가상적 생태계. 시간의 경과에 따른 현재 개체수의 크기를 도표로 나타냈다. (a)계는 각 개체수가 일정해지는 정상 상태로 정착한다. (b)각 개체수가 수렴 순환이라고 부르는 계속되는 진동으로 정착한다.

체수가 적기 때문에 토끼가 번식하는 속도로 여우들이 토끼를 잡아먹지 못한다. 따라서 처음에는 토끼의 개체수가 증가한다. 먹이가 될 토끼들이 매우 많아지기 때문에 곧 여우의 개체수도 증가하게 된다. 그러나 여우의 수가 증가할수록 여우들이 토끼가 번식하는 속도보다 빠른 속도로 토끼를 잡아먹는다. 그러므로 토끼의 개체수는 감소한다. 토끼의 수가 감소하면 여우의 먹이가 모자라게 되므로 이제는 여우의 수가 감소한다. 그러나 여우의 수가 감소하면 포식자로부터 벗어난 토끼의 수가 다시 증가하게 된다. 그래서 이 진동은 한없이 계속되게 된다.

이런 진동은 실제의 생태계에서 잘 알려져 있다. 로트카-볼테라 방정식에 볼테라가 공헌하게 된 것은 아드리아 해에서의 상업적 어류 포획량의 진동에 관한 기록 덕분이었다. 북극 여우와 토끼 개체수에서 유지되는 진동은 많은 주기에 걸쳐 기록된 바가 있다. 나비 효과로 유명한 혼돈과 같은 훨씬 더 복잡한 거동들이 모형이나 혹은 아마 실제 생태계에서도 나타날 수도 있다. 실제로 혼돈 이론에 관한 많은 초창기의 일들이 수리생태학자들에 의해서 수행되었다. 이런 계에서는 예를 들어 토끼나 여우의 초기 개체수 같은 초기 조건이 조금만 변해도 계의 장래의 진화에 굉장한 변화를 줄 수 있다.

로트카와 볼테라의 모형 같은 것들은 생태학자들에게는 포식자와 먹이의 관계를 말해줄지도 모르는 간단한 〈법칙〉들을 준다. 수십 개, 수백 개, 수천 개의 종들로 되어 있는 더 복잡한 집단들 속에서 종들이 서로 연결되어 있을 때의 개체수의 변화, 혹은 개체수의 동역학을 연구할 때도 유사한 모형들이 사용된다. 어떤 종이 어떤 종의 먹이가 되는가를 보여주는 〈먹이 사슬〉은 이런 연결의 예이다. 그러나 집단들은 먹이 사슬보다 더 복잡하다. 두 개의 종들이 공생 관계에 있을 수도 있고, 천적일 수도 있으며, 기생 관계일 수도 있고, 또 직접 관계를 갖지 않고 다양한 다른 연결을 거쳐 관계를 가질 수도 있기 때문이다. 일반적으로 그런 모형 집단에서 각 종들의 다양한 개체수들은 간단한 정상 상태의 양상을 보이거나, 복잡한 진동, 혹은 혼돈적인 거동을 보일 수 있다.

대개 기대할 수 있듯이, 어떤 종들의 개체수는 때때로 감소하여 소멸할 수도 있다. 한편 다른 종들이 그 집단으로 이주해와서 상호 작용의 사슬과 개체수 동역학을 변화시킬 수도 있다. 어떤 집단에 한 종이 들어와서 다른 종들을 멸종시킬 수도 있다. 한 종의 멸종은 다른 종들의 증가를 야기할 수도 있고, 또다른 종들까지 멸종시킬 수도 있다.

이 사실들은 우리를 집단들의 집합체라는 생태학 이론의 다음 수준으로 인도한다. 여기서 기본적인 질문은 이것이다. 어떻게 안정된 집단들이 동시에 존재할 수 있는가? 그 대답은 아직도 알려져 있지 않다. 실험적인 연구들이 이와 관련된 다양한 면들을 조사했다. 예를 들어 목초지, 혹은 소노란 사막의 한 구역을 택하고 울타리를 쳐서 그 땅에 어떤 종류의 작은 동물들이 못 들어오게 했다고 가정하자. 시간이 지나면 그 땅에서 자라는 식물들의 종류가 변할 것이다. 이제 울타리를 걷고 차단시켰던 동물들이 들어오게 하면 어떻게 될까? 그 땅의 식물 집단이 원래의 것으로 복원되리라고 생각될지 모른다. 하지만 이 직관은 틀린 것으로 보인다. 전형적으로 〈다른〉 안정된 집단이 형성된다! 그 땅으로 이주해 들어올 수 있는 종들의 무한 공급원이 있다고 할 때, 그 안에 형성되는 집단은 종들이 들어오는 순서에 깊이 의존한다. 내 친구인 생태학자 스튜어트 핌 Stuart Pimm은 〈땅딸보 효과 Humpty Dumpty effect〉[2]라는 용어를 고안해냈다. 즉, 그 집단의 마지막에 존재하는 종들을 단지 함께 집어넣는 것만으로 원래의 생태계를 만들고자 하는 것은 항상 불가능하다는 것이다. 핌은 좋은 예를 들었다. 그것은 한 간빙기[3]에서 다음 간빙기로 바뀌었을 때 북미주의 초원 식물과 동물의 집단이 어떻게 변했는가에 대한 것이다. 지난 10,000년 동안 인간과 들소와 영양이 같이 존속해왔다. 그전 간빙기에는 말, 낙타, 나무늘보, 그리고 다른 것들까지 훨씬 더 많은 큰 포유류들이 있었다. 그리고 식물들의 집단들도 역시 변했다. 집단들에는 종들이 항상 다른 식으로 섞여 있었던 것이다.

핌과 그의 동료들은 이런 현상들을 이해하려고 노력해왔고, 결국 우리가 8장과 9장에서 살폈던 적합도 지형의 모형과 상당히 유사한 착상들에 도달했다. 그 위에서의 점들이 각각 종들의 분포가 다른 집단들을 나타내는 〈집단 지형 Community landscape〉을 상상하자. 종들의 초기 분포를 달리 하면 그 집단은 다른 정점으로 올라간다. 즉 다른 안정된 집단이 형성된다. 그들은 로트카-볼테라 식의 방정식을 이용해서 집단들의 집합체를 모형화한다. 그들은 가상적인 종들의 무한 공급원을 가정한다. 이는 그저 자라기만 하는 풀 같은 종들, 풀을 먹고 자라는 토끼 같은 종들, 또 토끼를 잡아먹고 자라는 여우 같은 종들의 공급원이다.

이 모형들에서 핌과 그의 동료들은 종들을 무작위로 골라서 그 〈울타리 처진 땅〉으로 집어넣고 개체수의 변화 궤적을 관찰한다. 어떤 종이든지 영으로 가면(즉 소멸하면), 그 종은 그 땅에서 〈제거〉된 것이다. 그 결과는 매혹적이지만 아직도 이해가 잘 되지는 않는다. 우리가 관찰할 수 있는 것은, 처음에는 새로운 종을 집어넣는 것이 쉽지만 종들이 채워질수록 더 이상의 종들을 집어넣기가 점점 더 어려워진다는 것이다. 즉 이미 들어가 있는 다른 종들 속에서 생존할 수 있는 그런 종을 발견하기 위해서는 더욱 무작위적으로 종들을 골라 넣는 것이 필요하다는 것이다. 궁극적으로 모형 집단은 포화되고 안정된다. 어떤 종들도 더 이상 들어갈 수가 없는 상태가 된다. 하지만 똑같은 가상적 공급원을 가지고 실험을 반복했을 때 결과에서 얻어지는 안정된 집단들은 종들을 집어넣은 순서에 따라 모두 다르다. 더 나아가 그 안정된 집단에서 한 종을 없애 버리면 무슨 일이 일어날지를 실험해보자. 여기서 관찰할 수 있는 것은 그 집단에 눈사태와 같은 멸종 사태가 일어날 수도 있다는 것이다. 그런 사태는 연쇄 반응에 의해 일어난다. 특정한 종류의 풀이 멸종하면 그 풀을 먹는 초식동물들이 멸종한다. 그 다음엔 그 초식동물을 먹이로 하는 육식동물들이 멸종을 하게 된다. 역으로 한 육식동물 종이 제거되면 예

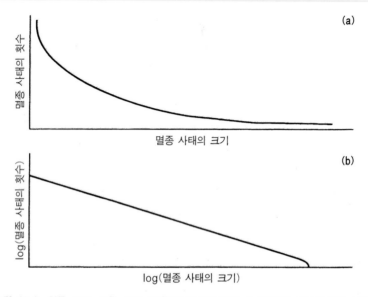

그림 10-2 멸종 사태. 멸종 사태 사건들의 가상적 분포. (a)주어진 크기의 멸종 사태의 횟수에 대한 멸종 사태의 크기(멸종된 종의 수)가 도표로 그려져 있다. 작은 사태는 많으며 큰 사태는 적음을 보여주고 있다. (b)같은 자료를 로그 눈금을 이용해 다시 그린 것이다. 결과는 지수함수 법칙 분포를 증명하는 직선이다.

를 들어 두 종의 초식동물이 더 번식할 수 있게 되고, 그중의 한 종이 다른 종보다 풀을 더 빨리 소비하는 종이라면 다른 종은 멸종하게 된다. 이런 연구에서 우리는 많은 작은 크기의 멸종 사태들과 아주 소수의 큰 사태들을 발견하게 된다.

  핌과 그 동료들이 얻은 결과들은 매우 중요하고 또 매우 일반적이다. 그들은 지수함수 법칙의 분포라고 부르는 멸종 사태의 특수한 분포를 보고 있었던 것 같다. 멸종된 종의 수로 나타낸 멸종 사건의 크기를 x축으로, 주어진 크기의 멸종 사건의 횟수를 y축으로 하여 도표를 그린다고 가정해보자(그림 10-2a). 작은 크기의 멸종 사태가 많이 있는 반면 큰 사태들은 그 횟수가 극히 적다. 실제 지수함수 관계에서는 주어진 크기의 사태의 숫자는 사태의 크기에 대해 어떤 지수값을 갖는 지수함수적 감소를 보인다. 이것을 조사하기 위한 쉬운 방법이 있다. 멸종 사태의 크기의 로그값을 x축에, 주어진 크기의 멸종 사태의 횟수의 로그값을 y축에 나타내는 것이다. 소위 로그-로그 도표라고 부르듯이, 지수함수 관계를 로그 눈금을 이용해 나타내면 우리는 직선을 얻는다. 이것은 그런 관계가 실제로 존재하는지를 보여주는 엄밀한 조사 방법인 것이다(그림 10-2b).

그런 분포들이 갖는 두 가지 특성은 매우 흥미롭다. 첫째, 지수함수 법칙이 의미하는 것은 멸종이 모든 크기의 규모에서 일어날 수 있다는 것이다. 가장 큰 사태의 크기에 대한 유일한 한계는 전체 계에 있는 종들의 수다. 작은 멸종 사태는 흔한 일이다. 하지만 충분히 기다리면 결국은 어떤 임의의 크기를 갖는 멸종 사태도 일어날 수 있다. 아주 흥미로운 두번째의 성질은 한 종을 제거한다든가 하는 초기의 아주 사소한 원인이 결과적으로 작은 사태, 혹은 아주 큰 사태를 야기할 수 있다는 것이다. 지수함수 법칙을 보이는 계들은 종종 불안정하게 균형잡힌 상태다. 그래서 아주 작은 원인이 아주 작은 변화 혹은 파국적인 사태까지도 야기하게 된다.

우리는 다양한 수준에서 지수함수 법칙의 암시를 계속해서 발견한다. 4장과 5장에서 우리는 부울 게놈 회로망에서의 〈혼돈의 가장자리〉를 조사했다. 한 똑딱 유전자 on-off gene[4]의 활동의 변화가 연쇄적인 변화를 야기할 수 있었던 것을 상기하자. 질서와 혼돈의 상전이 영역에서 그런 연쇄 반응이나 사태의 크기 분포는, 계를 통해 전파되는 변화의 신호를 보내는 많은 작은 사태들과 보다 적은 큰 사태들을 가진, 거의 확실한 지수함수 분포다. 정말로 많은 상전이 현상들에서 지수함수 분포가 존재한다. 6장에서 생태계의 신진대사적 다양성을 고려하면서 우리는 생태계가 하임계와 상임계의 경계선으로 진화할 것이라는 가능성에 도달했다. 그곳에서는 새로운 분자를 형성하는 연쇄 반응의 〈분기 확률〉이 정확히 1이다. 이 경우도 폭발적으로 생겨나는 새로운 분자들이 지수함수 분포를 갖는다. 이제 우리는 집단 집합체의 모형들에서 멸종 사건들이 보이는 지수함수 분포의 암시를 발견한다. 이 장의 뒷부분에서 소개할 공진화의 다른 모형들에서도 지수함수 분포를 발견하게 될 것이다. 그리고 또 실제 종들의 멸종 기록에서도 근사적인 지수함수 법칙의 화석적 증거를 보게 될 것이다. 이 모형들은 모두 평형 상태에서 먼 계들이다. 모든 현상들이 유사한 창발적 규칙성을 내보인다. 아마 어떤 일반적 법칙이 모습을 나타내기만을 기다리고 있을 것이다.

지수함수 법칙을 제외하고도 집단 집합체 모의실험에 관한 연구는 많은 이유에서 매혹적이다. 특히 왜 모형 집단들이 〈포화〉되어야 하는지, 그래서 새로운 종들이 들어가기가 점차 어렵다가 결국은 불가능해지는지가 분명치 않다. 그 위의 한 점이 종들의 다른 조합을 나타내는 〈집단 지형〉을 만든다면, 그 위의 정점들은 고도의 적합도, 즉 안정된 조합점들을 나타낼 것이다. 한 종이 유전자의 돌연변이에 의해 지형 위를 항해하는 반면, 집단은 한 종을 더하거나 제거하거나 하며 집단 지형을 항해한다. 집단이 어떤 적합 정점을 향해 더 높이 올라갈수록 올라가는 것이 점점 더 어려워진다고 핌은 주장한다. 올라갈수록 올라가는 방향은 더 적어지고, 따라서 새로운 종을 더하는 것이 더 어려워진다. 정점에서는 새로운 종을 더하는 것은 전혀 불가능하다. 포화가 된 것이다. 그리고 집단은 한 초기점으로부터 각각 다른 안정된 집단을 나타내는 다른 지역적 정점에 오를 수 있다.

핌은 이 문제에서 지형의 비유를 사용하는 것이 우려할 점이 있다는 것을 인정한다. 문제는 그가 그 가상적 종의 공급원으로부터 조합될 수 있는 모든 가능한 집단들의 공간을 보고 있다는 것이다. 그러면 집단의 집합은 한 집단에서 이웃의 다른 집단으로 한 종을 없애고 더하며 지나가면서 만들어진다. 이제 〈집단의 적합도〉라고 부를 만한 무언가가 있다면 우리는 합법적으로 친숙한 적합도 지형을 얻게 될 것이다. 문제는 〈집단〉의 적합도라고 말하는 것이 명백한 의미를 갖지 않는다는 것이다. 나 자신이나 동부 목초지의 풀 혹은 다람쥐들이 울타리 쳐진 땅으로 뛰어드는 것이 과연 나한테 좋은가 나쁜가. 혹은 내가 다른 종들과 함께 이 새로운 환경에서 잘할 수 있는가 없는가 하는 점들과 어떤 상관이 있는가. 그곳에 뛰어든 후 나의 성공이, 나의 행동이 더 〈적합한 집단〉을 창조할지 안 할지에 의존하는지는 명백하지 않다. 그러나 핌의 실험은 마치 집단의 적합도가 있듯이, 마치 집단들이 정점으로 기어오르듯이, 정말로 그렇게 거동한다.

그래서 실제에서는 그렇지 않더라도 적어도 모형에서 우리는 창발 현상을 본다. 누가 누구를 잡아먹는지, 누가 기생자이고 누가 숙주인지 등등 종들이 어떻게 상호작용하는가에 대한 결정은 어떤 무작위적인 분포에서 나온다. 그래서 의지를 가진 안무자 역할을 하는 핌과 그의 동료들이 없이도, 또 왜 그런 일이 일어나는가에 대한 이해도 없이, 모형 집단들은 안정된 집단인 지역적 정점에 도달하기 위해 그저 오르막길을 올라가고 있는 것처럼 거동한다. 보이지 않는 손이 작동하고 있는 것처럼 말이다.

공진화

이제까지 살펴본 단순화된 모형들에서 종들 자체는 고정되어 있었다. 즉 진화하지 않았다. 실제의 생태계를 이해하는 데 도움을 줄 수 있는 모형을 만들려면 다른 종들과 상호작용하면서 변하는, 즉 공진화하는 종들이 있을 때 일어나는 일들을 고려해야 할 것이다.

종들은 다른 종들이 제공하는 상태적 영역에서 산다. 항상 그래왔고 아마 앞으로도 항상 그럴 것이다. 일단 최초의 생명이 생기고 다양화하여 서로 독이 되거나 득이 될 수 있는 분자들을 교환하기 시작하면서, 생물들은 공진화의 춤 속에서 어울리며 공생자나 경쟁자, 천적이나 숙주와 기생자로 각자의 변신을 계속해왔다.

꽃들은 그들을 수분(受粉)시키며 꽃의 꿀을 먹고 사는 곤충들과 공진화했다. 이것이 바로 수백만 년간 계속되어온, 부단히 꿀을 찾아 춤을 추며 꿀의 발견을 알리는 벌들이 있는 가을 들판의 아름다움을 낳는 공생의 예다. 식물 뿌리의 작은 마디에서는 탄수화물이 배출되어 그 식물에게 필요한 질소를 모으는 박테리아에 흡수된다. 우리는 식물에 이산화탄소를 배출하고 식물은 우리에게 산소를 배출한다. 우리 모두는 우리가 가진 것을 교환한다. 생명은 근본적인 화폐인 에너지와 우리의 최후의 수단으로서의 은행인 태양과 함께 하는 광대한 모노폴리 Monoploy 게임[5]이다.

그런 공진화하는 공생은 예전에 생각되었던 것보다 더 흔하며 강한 내적 관계를 가질 수 있다. 우리가 살펴본 것처럼, 다세포 생물을 형성하는 복잡한 진핵 세포들은 예전에는 자유로웠던 박테리아가 미토콘드리아와 엽록체로 되는 공생 동맹을 세포 안에서 형성하면서 진화되었던 것으로 보인다. 우리는 아직도 미토콘드리아 안에서, 자유로웠던 선조 박테리아의 게놈 시스템의 최소한 부분적인 혼적이라고 여겨지는 자율적 게놈 시스템을 볼 수가 있다. 세포 안에서 숙주와 세포 내 공생체 간의 신진대사가 연결될 때의 복잡함을 상상해보라. 각자 상대방을 이롭게 하고, 각 세포가 안정된 개체수를 유지할 수 있는 속도로 미토콘드리아가 분열을 하며, 한편으로는 그 세포가 이러한 노력의 결실인 에너지를 즐겁게 얻어내는 그 복잡함을 말이다. 박테리아는 일종의 DNA 고리인 플라스미드라는 자기 자신의 세포 내 공생체를 갖고 있다. 이것은 숙주 박테리아 세포 안에서만 분열할 수 있으며 어떤 항체에 대한 내성과 같은 분자적 재주를 지니고 세포로 들어온다.

공진화는 공생하는 계를 넘어서서 확장된다. 말라리아에서부터 에이즈AIDS(후천성면역결핍증)의 원인균인 HIV[6]에 이르기까지 숙주-기생체 계는 공진화한다. 말라리아 병원균은 숙주가 자신을 발견하는 것을 피하기 위해 그 표면의 항원을 변화시킨다. 한편 숙주의 면역계는 말라리아 병원균을 찾고, 잡아서 파괴할 수 있도록 진화한다. 숨고 찾는 분자의 춤이 벌어진다. 극적이고 종종 비극적으로 치명적이기도 한 똑같은 공진화의 춤이 HIV에 감염된 사람의 몸 안에서 일어난다. HIV 보균자의 몸 안에서 바이러스의 개체수가 증가할 때 바이러스들에게 급격한 돌연변이적인 변화가 일어난다. 이것은 바이러스들에 대한 상세한 DNA 염기서열 분석을 통하여 확인할 수 있다. 캄브리아의 대폭발과 멸종 후 재도약기의 생물들에서처럼 연속적인 바이러스들의 급격한 방사가 일어나는 것으로 보인다. 한 이론은 이 다양화가 HIV 감염을 대비하는 면역 반응을 회피하기 위한 바이러스들의 진화에 의해 구동된다고 제안한다. 또한 면역계가 바이러스를 검출하기 위하여 노력을 할 때 항체들도 진화한다. 다시 분자들의 숨바꼭질이다. 인간의 면역계와 HIV는 공진화하는 것이다. 비극적이지만, 그것이 침입하려고 하는 세포가 후두염 정도를 일으키는 후두의 점막이 아닌 면역계 자체의 협력자인 T-세포이기 때문에 HIV는 치명적으로 우위에 있다. 합리적 치료법을 찾으려는 시도들은 부분적으로 T-세포로의 HIV의 부착과 침입을 차단하려는 노력에 기반을 둔다. 불행하게도 HIV는 숙주 안에서 진화하는 속도가 너무 빠르기 때문에 쉽게 잡히지 않는 것 같다.

공진화는 포식자와 먹이 사이에도 일어난다. 어떤 조개류에 있는 돌출부 같은 석회질 요새의 진화는 아마도 덜 복잡한 모양의 조개를 잡아서 열 수 있는 불가사리한 능력에 기인한 것이다. 거기에 대하여 불가사리는 먹이를 잡을 수 있도록 더 날카롭고 강한 관족과 더 큰 몸체, 더 강한 흡인력 등으로 대응해왔다. 이런 계속되는 공진화의 양상은 〈군비 경쟁〉, 혹은 〈붉은 여왕[7] 효과〉로 불려왔다. 시카고 대학의 고생물학자 리 반 밸런 Lee Van Valen은 붉은 여왕이 앨리스에게 한 다음과 같은 말로부터 후자의 용어를 만들었다. 〈네가 계속 같은 자리에 있으려면 네가 할 수 있는 한 계속 달려야 할 걸.〉 공진화의 군비 경쟁에서는 붉은 여왕이 주도적일 때 모든 다른 종들은 영원한 경쟁 속에서 단지 자신들의 적합도를 유지하기 위해서 그들의 유전자형을 한없이 계속해서 바꾼다.

공진화는 생물 진화의 강력한 측면으로 보인다. 하지만 어느 한 쌍의 종이나 한 종의 생물들이 공진화를 하고 있다는 것을 입증하는 것은 간단하지 않으며 어떤 진화생물학자들은 공진화가 그렇게도 일반적이고 강력하다는 것에 회의적이기도 하다. 그러나 대부분의 생물학자들은 생물들이 어울려 추는 유전자 춤은 생물 진화의 가장 중요한 특성 중의 하나라고 느끼고 있다.

일반적 의미에서의 공진화는 경제와 문화의 계에서도 역시 일어나고 있다. 경제 사슬 안의 상품과 용역은 단지 중간 과정으로서 그것이 다른 상품이나 용역을 조립하거나 만드는 데 사용되거나, 아니면 최종 소비자에게 쓸모가 있기 때문에 존재한다. 상품과 용역은 다른 상품과 용역들이 만들어내는 시장에서 〈산다〉. 상품과 용역의 방대한 사슬 안에 교환의 장점이 존재하는 경제계는 교환의 장점이 존재하는 생물 세계의 공생을 거울에 비친 것과 같다. 이 유사성은 나중에 더 설명하겠다. 생겨나서, 남들이 만들어준 생태적 지위에서 살아가고, 결국은 정해진 과정으로 소멸해가는, 이런 상호작용하며 공진화하는 종들이 펼치는 광경과, 기술, 상품, 용역 등의 세분화 및 소멸을 구동해가는 기술 진화의 방식 사이에 최소한 유사성이 존재한다는 것은 명백한 듯하다. 박테리아, 여우, 최고 경영자 등 우리 모두는 자신의 일들을 서두른다. 또 그러면서 우리 모두는 서로에게 생태적 지위를 만들어주고 있다. 나는 여기에 유사성 이상의 무엇이 있을 것이라고 생각한다. 생물 세계와 〈기술 세계〉의 증가하는 다양성을 창출하는 생물 공진화와 기술 공진화는 유사한 근본적인 법칙에 의해 관장될 것이라고 생각한다.

생물학자들은 공진화에 대하여 어떻게 생각하는가? 나는 옳다고 생각하지만, 주된 틀은 게임 이론에 기반을 두고 있다. 게임 이론은 수학자 존 폰 노이만John von Neumann에 의해서 발명되었고, 합리적인 경제 행위자들을 고려하면서 경제학자 오스카 모르겐슈테른 Oskar Morgenstern에 의해 발전되었다. 게임 이론의 세계로 바로 들어가는 것보다 중요한 특징을 먼저 강조하는 것이 좋겠다. 당신과 나와 같은 경제 행위자들은 우리 행동의 결과에 대해서 미리 전망과 계획을 하는 반면, 게임 이론을 진화에 적용하려는 시도들은 적합도에 대한 장래의 효과와 관련해서 돌연변이가 무작위적이라는 기본적인 가정에 부합되어야 한다. 나는 나의 이기적인 이익을 위한 합리적인 계획을 세울 수 있다. 그러나 진화하는 박테리아들은 그렇지 않다. 자연선택은 더 적합한 변종들을 고르지만, 돌연변이를 일으키는 박테리아들이 자신의 이기적인 이익을 위해서 특별한 방향으로 돌연변이하려고 계획했던 것은 아니다.

게임의 가장 간단한 착상은 그 유명한 〈죄수의 딜레마〉로 예를 들어 말할 수 있다. 당신과 내가 경찰에 붙들렸다. 각자는 다른 방에 갇힌다. 경찰은 내게, 내가 당신을 배신하여 밀고하고 당신이 나를 밀고하지 않는다면 나는 풀려날 수 있다고 말한다. 똑같은 말을 당신도 듣는다. 당신이 밀고하고 내가 침묵을 지킨다면 당신은 풀려나간다. 그 반대라면 내가 자유롭게 된다. 어느 경우든 침묵을 지킨 정직한 사람은 감옥에 20년간 갇히게 된다. 우리가 서로 밀고를 한다면 우리는 둘 다 중형을 받는다. 단 한 사람이 밀고하고 다른 사람이 침묵하는 경우보다는 적은, 예를 들어 12년 형을 받는다. 우리 둘 다 입을 닫고 침묵을 지키면 우리 둘 다 경량인 4년 형을 받는다.

자, 당신은 이제 딜레마가 무엇인지를 안다. 경찰에게 말하지 않는 것을 〈협력〉, 말하는 것을 〈변절〉이라고 부르자. 한 가지 자연적인 행동은 우리 둘 다 결국 변절하고 서로를 밀고하는 것으로 끝나는 것이다. 나는 내가 밀고하는 것이 내게 더 낫다고 생각한다. 왜냐하면 당신이 밀고하지 않으면 나는 풀려날 것이고, 당신이 밀고했더라도 내가 침묵을 지켰을 경우보다 더 적은 형량을 받을 것이기 때문이다. 당신도 똑같은 생각을 한다. 그래서 우리는 둘 다 결국 12년 동안 감옥에 갇히게 된다.

게임 이론의 저변에 깔린 논점은 이것이다. 게임은 각 참가자에게 줄 한 벌의 보상들로 구성된다. 각 참가자에게는 그중에서 선택을 할 수 있는 한 벌의 〈전략들〉이 주어진다. 한 전략을 선택했을 때의 보상은 다른 사람들이 선택한 전략들에 의존한다. 각 참가자가 자기 자신의 이기적인 이득을 추구한다면, 어떤 종류의 〈조정된 행동들〉이 발현할 것인가? 게임 이론은 독립적인 인자들을 조정하는 이 보이지 않는 손을 정밀한 방법으로 들여다보려고 시도한다.

게임 이론의 개척자인 존 내시John Nash의 놀라운 정리에 따르면 모든 참가자에게 최소한 각각 한 개의 〈내시〉 전략이 항상 존재한다. 또다른 모든 참가자가 자기 자신의 내시 전략을 선택하는 한, 그 전략은 각 참가자가 그것을 선택하는 것이 다른 어떤 전략을 선택했을 때보다 더 낫다는 성질을 갖는다. 참가자들이 선택하는 그러한 내시 전략의 집합을 내시 평형이라고 부른다. 죄수의 딜레마에서 변절-변절 전략이 그 한 예다. 당신이 변절하면, 나도 변절하는 경우 외에 다른 모든 경우는 내게 더 나쁘다. 당신에게도 똑같은 것이 성립하므로 변절-변절이 내시 평형이 된다. 독립적이고 이기적인 인자들이 주된 안무자 없이 어떻게 그들의 거동을 조정하는가를 설명한다는 점에서 내시 평형의 개념은 놀라운 통찰이다.

내시 평형이 매혹적인 반면, 게임의 〈해〉로서 이 개념은 중요한 결점들을 가지고 있다. 내시 평형은 행위자들에게 특별히 가장 좋은 보상을 주는 그런 것이 아닐 수 있다. 게다가 참가자가 많은 거대한 게임에서는 각자가 대체해서 선택할 수 있는 전략들이 많아지고, 따라서 많은 내시 평형이 있을 수 있다. 다른 선택들을 하는 경우와 비교해서 이 많은 내시 평형 중 어느 것도 높은 보상을 주지 않을 수 있다. 그리고 참가자들이 그중 최선의 내시 평형을 선택할 수 있다거나 혹은 넓은 가능성의 공간에서 이런 내시 전략을 〈발견〉할 수 있을지에 대해서도 보장된 것은 없다.

죄수의 딜레마에서 흥미를 유발했던 최선의 가능한 보상을 내시 평형이 주지 않을 수도 있다는 것은 정확한 사실이다. 둘 다 변절하고 감옥에 12년간 갇히는 내시 평형은, 둘 다 침묵하고 4년간 갇히는 협력-협력 해법보다 두 참가자에게 훨씬 나쁘다. 불행하게도 당신이 말하고 나는 침묵하면 당신만 풀려나기 때문에, 가장 좋은 보상을 주는 협력-협력은 변절에 대해서 불안정하다. 그래서 내가 침묵을 선택하고 협력을 하면, 나는 당신의 변절에 대한 위험을 안게 된다. 나는 20년간 갇힐 것이고 당신은 빚 없이 나가게 될 것이다. 당신이 협력한다면 당신도 마찬가지로 같은 위험을 갖게 된다.

협력이 발현할 조건들을 이해하기 위하여 죄수의 딜레마는 매우 많이 연구되어왔다. 대략적인 답은, 당신과 내가 반복해서 게임을 하고 우리가 얼마나 많은 게임을 할지를 모른다면 협력이 발현되는 경향이 있다는 것이다. 한 번의 게임이라면 합리적인 전략은 변절-변절이다. 하지만 놀랍게도 게임이 반복되면 전혀 다른 전략이 발현한다. 이것을 조사하기 위해 미시간 대학의 정치학자이며 맥아더 펠로우MacArthur Fellow인 로버트 액설로드Robert Axelrod와 산타페 연구소의 그의 동료들은 많은 프로그램들이 반복적으로 죄수의 딜레마 게임을 하는 토너먼트를 실험했다. 그 결과는 널리 흥미를 이끌게 되었다. 그것은 발현하는 최상의 〈전략〉 중에 〈맞대응 tit for tat〉이 있다는 것이다. 이 전략에서는 상대가 변절하지 않으면 각 참가자는 협력을 한다. 상대가 변절하는 경우 첫 참가자는 다음 게임에서 응수를 하여 변절을 한다. 그리고는 다시 협력을 계속한다. 모든 참가자가 그것을 이용할 때 많은 다른 전략보다 좋고 보상이 낫다는 점에서 맞대응은 안정된 전략이다. 두 번의 변절에 한 번의 응수, 항상 변절, 항상 협력, 다른 복잡한 반응 양상들 등 반복되는 죄수의 딜레마 게임에서는 가능한 전략의 경우가 매우 많기 때문에, 과연 맞대응이 가능한 최상의 전략인지는 알려져 있지 않다. 그러나 변절의 유혹이 항상 있는데도 이기적인 행위자들 가운데서 친절한 협력이 발현한다는 것은 신기한 일이다.

1971년 내가 막 의학 박사 학위를 따고 젊은 교수 생활을 하고 있을 때, 뛰어난 진화생물학자이며 내 오랜 친구인 존 메이너드 스미스John Maynard Smith가 시카고 대학으로 왔다. 존의 주목적은 게임 이론을 진화에 어떻게 적용하는가를 이해하는 것이었다. 그는 영국식 전통으로 차를 마시는 데 명수였기 때문에 그가 방문한 것은 기쁜 일이었다. 우리가 오후의 차 마시는 의식을 위해 자리에 앉았을 때 그는 집단 모형들과 개체 동역학을 연구하기 위해 그가 한 노력들을 이야기하곤 했다. 그때 그의 컴퓨터 실험에는 근본적인 결함이 있었다. 토끼들의 수가 영 밑으로 계속해서 떨어졌던 것이다. 당신의 이론이 토끼의 수가 음수가 되는 것을 예측한다면 그것은 참으로 불행한 일이다. 내가 일한 응급실에서 진단했던 것이지만, 그가 앓고 있었던 경미한 폐렴 때문에, 그는 틀림없이 더 크게 화가 났을 것이다. 나는 그것을 고쳐주었다. 존은 반대로, 내 부울 회로망에 대해 그의 표현대로 〈계산하라〉고 내게 가르쳐 주었다. 그의 도움으로 나는 4장과 5장에서 묘사했던 부울 회로망에서의 고정된 성분들의 발현에 관한 초기의 몇 개의 정리들을 증명할 수 있었다.

존은 내시 평형의 착상을 진화적 안정 전략evolutionary stable strategy(ESS)으로 일반화하여, 진화생물학에 적용된 게임 이론을 공식화하려고 애를 썼다. 8장에서 이미 우리는 각 유전자들의 배열이 고차원 공간 상의 한 점으로 표시되는, 유전자형 공간이라는 착상에 대해 묘사했다. 이제 각 유전자형을 거대한 생존의 게임을 벌이기 위한 한 벌의 특성들과 거동들을 암호화한 한 개의 전략으로 생각하자. 한 종 안의 여러 생물들이 서로 게임을 하는 것으로 생각할 수도 있고, 그것이 다른 종의 생물들일 수도 있다. 죄수의 딜레마에서처럼, 어떤 주어진 유전자형을 갖는 어떤 생물에게 주어지는 보상은 그것이 만나고 게임을 하게 되는 상대 생물에 의존한다. 존은 전략의 보상을 그것의 적합도로 정의했다. 당신의 유전자형 전략의 평균적 적합도는 당신이 일생 동안 누구와 만나고 게임하게 되는가에 의존한다. 이와 같은 것이 상호작용하는 모든 생물들, 즉 모든 유전자형들에 성립한다.

이런 틀이 주어졌을 때 존이 다음으로 무엇을 했을지 짐작할 수 있을 것이다. 각 생물의 개체군은 한 개의 같은 유전자형 전략을 갖거나, 혹은 한 개 이상의 유전자형 전략을 가질 수 있다. 조개 개체군은 다르게 장식된 다양한 껍질을 가질 수 있다. 한편 불가사리 개체군도 다양한 크기의 관족과 빨판, 다양한 모양의 촉수 등등을 가질 수 있다. 이 유전자형 전략들은 공진화한다. 각 세대마다 공진화하는 각각의 개체들 안에서 하나 또는 그 이상의 유전자형들이 돌연변이를 겪는다. 그러면 이 전략들은 경합을 하고 그중 가장 적합한 것들이 개체군을 통하여 가장 빠르게 퍼진다. 즉 생물들은 〈서로 게임을 하고〉, 생물 집단에서 각 유전자형의 재생산율은 그것의 적합도에 비례한다. 따라서 더 적합한 유전자형을 갖는 개체의 수가 증가하고, 덜 적합한 유전자형을 갖는 개체의 수는 감소한다. 한 종 안에서 상호작용하는 개체군들과 다른 종 간의 개체군들 두 경우 모두 이런 식으로 공진화한다.

존은 ESS의 개념을 다음과 같이 정의했다. 내시 평형에서 다른 모든 참가자들이 모두 자기 자신의 내시 평형 전략을 선택하는 한 각 참가자는 전략을 바꾸지 않는 것이 자신에게 이롭다. 마찬가지로 다른 종들이 각자 자기의 ESS 유전자형을 고수하는 한 자신도 이기적으로 고수해야 할 유전자형들이 있는 경우, 주어진 종들의 집단에서 진화적 안정 전략이 존재한다. 다른 모든 종들이 그들의 ESS 전략을 구사하는 한, 각 종들은 자기의 전략을 바꿔야 할 이유가 없다. 어떤 종이고 여기서 일탈하면 자신의 적합도는 떨어지게 될 것이다.

진화적 안정 전략은 멋진 착상이다. 존이 결국 토끼 수의 음수 문제를 해결하고 ESS 착상을 발견할 수 있었기 때문에, 그의 폐렴을 치료하게 된 것도 기쁜 일이 되었다. 때때로 경제학에 있어서 모르겐슈테른의 주된 공로는 폰 노이만으로 하여금 경제학에 관심을 갖도록 한 것일거라는 말들을 한다. 진화생물학에 대한 나 자신의 주된 공로는 암피실린ampicillin[8]을 쓰는 간단한 처방전과 같은 것이었다고 말하는 것도 불가능한 것은 아니다.

여기서 지적인 게임의 수준에 관한 어떤 것을 요약해보자. 그것은 이제 공진화를 고려하는 많은 개체군 생물학자들과 생태학자들이 사용하는 틀이 되고 있다. 두 가지의 주된 거동을 상상하자. 첫번째는, 모든 생물들이 영원한 〈군비 경쟁〉으로 자신의 유전자형을 계속 바꾸기 때문에, 공진화하는 개체들이 변하지 않는 유전자형의 조합으로 절대로 정착하는 법이 없는 붉은 여왕 거동이다. 두번째는, 유전자형의 비율이 안정된 ESS에 도달해서 더 이상 유전자형을 바꾸지 않는, 종 안이나 종들 사이에서 공진화하는 개체군들이다. 곧 알게 되겠지만, 붉은 여왕 거동은 일종의 혼돈 거동이다. 모든 종들이 변화를 중단할 때의 ESS 거동은 일종의 질서 영역이다.

지난 약 10년 동안 붉은 여왕 거동이나 ESS 거동이 실제의 공진화

생태계에서 일어나는지, 혹은 언제 일어날 수 있는지, 그리고 젖거나 건조하거나 꽃과 전나무로 뒤덮히거나 맹수들이 이빨과 발톱을 드러내고 으르렁거리며 공존하고 있는 실제 생물들의 세계에서 실제로 무엇이 일어나는 것인지를 이해하기 위하여 매우 많은 노력들이 시도되었다. 대답은 아직 알려져 있지 않다. 정말로 어떤 공진화 과정은 혼돈의 붉은 여왕 영역에 놓여 있고, 어떤 다른 것들은 질서적인 ESS에 놓여 있는 것일 수 있다. 진화 기간을 통해서 공진화 과정 자체도 틀림없이 진화한다. 그 방향은 붉은 여왕 영역일 수도 있고 진화적 안정 전략 영역일 수도 있다.

이제 한 단계 수준을 높여서 이 공진화의 진화를 지배할지도 모르는 법칙들을 고려할 시점이다. 혼돈과 질서 영역 사이에 상전이가 있을지도 모른다. 또 공진화의 진화는 이 상전이의 영역, 즉 혼돈의 가장자리에 놓인 전략들을 선호할지도 모른다.

공진화의 진화

공진화의 진화에 대한 고찰을 시작하기 위해서는 하나의 개념적인 틀이 필요하다. 우선 대략 밑그림을 그린 다음 이 장의 남은 부분에서 더 자세히 다루기로 하자. 우리가 보아온 것처럼 공진화는 결합된 적합도 지형 위에서 적응해가는 개체군들과 관계가 있다. 한 개체군이 적합도 지형의 정점들로 한 걸음 적응해 올라가면 그것은 공진화하는 다른 것들의 적합도 지형을 변형시킨다. 이런 변형이 일어나면 정점들 자신도 움직인다. 적응하는 개체군들은 정점에 오른 뒤 거기에 머물러서 공진화적인 변화를 끝내는 데 성공할 수도 있다.

여기가 존의 ESS로 얻게 된 질서 영역이다. 또 하나의 경우는 각 개체군이 정점으로 올라갈 때 적합도 지형이 너무 빨리 변형해서 모든 종들이 도망가는 정점들을 영원히 쫓아다니는 붉은 여왕의 혼돈 영역이다. 공진화 과정이 질서 영역에 있는지, 혼돈 영역에 있는지, 아니면 그 사이 어디에 있는지는 적합도 지형의 구조와 개체군들이 그 위에서 움직일 때 각 적합도 지형들이 얼마나 잘 변형되는가에 달려 있다.

8장과 9장에서 다뤘던 적합도 지형에 대한 *NK* 모형들은 왜 이런 일이 일어나는가를 생각할 때 중요한 도움을 준다. 개구리와 파리라는 두 개체군들을 생각해보자. 변덕스러운 돌연변이 덕에 어떤 재수 좋은 개구리에게 끈끈한 혀를 갖게 하는 유전자 돌연변이가 일어나면, 그 끈끈한 혀를 갖게 하는 유전자 형질은 산불처럼 빨리 개구리 개체들로 퍼져나간다. 그렇게 되면 끈끈하지 않은 혀의 형질을 갖는 개구리로부터 끈끈한 혀의 형질을 갖는 개구리로 개구리의 개체수가 뛰어오르게 된다. 즉 유전자형 공간 안에서 더 적합한 유전자형으로 뛰어오른다. 이제 파리의 개체수가 변하지 않는다면 개구리 개체군은 개구리의 적합도 지형의 어떤 정점에 올라서서는 기쁨에 차 개굴개굴할 것이다.

슬프게도 파리 개체군은 이 새로 나타난 끈끈한 혀를 가진 개구리들에 직면하고 이제 자신들의 적합도 지형이 변형되는 것을 본다. 한때 높았던 적합도 정점들은 낮아지거나 혹은 아예 골짜기가 되기도 한다. 파리들은 이제 미끄러운 발을 만들거나 아예 온몸을 미끄럽게 해서 이 희한한 개구리들에 대응해야 한다. 파리들의 유전자형 공간에 〈미끄러운 발〉을 가진 많은 새로운 정점들이 생긴다. 공진화는 결합되어 춤을 추는 적합도 지형들의 이야기인 것이다.

다른 공진화 상대들이 움직일 때 각각의 적합도 지형이 변형된다
는 사실이 강력하게 시사하는 것이 있다. 변하지 않는 적합도 지형
위에서 개체군은 천천히 일어나는 돌연변이에 의해 서서히 정점에
올라 거기에 머물 것이다. 변하지 않는 적합도 지형 위에서의 흐름
을 묘사하는데 수학자와 물리학자들은 계가 〈퍼텐셜 함수〉를 가진다
고 말한다. 예를 들어 우리의 적합도 지형의 위아래를 뒤집고 뒤집
어진 〈적합도〉를 〈에너지〉로 부르면, 단순하거나 복잡한 퍼텐셜 곡
면에서 가능한 한 에너지를 낮추려는 물리계가 되는 것이다. 변하지
않는 퍼텐셜 곡면이 있을 때, 지역적 골짜기의 바닥 즉 지역적 극소
점들, 그리고 적합도 지형으로 얘기하자면 지역적 적합도 정점들 혹
은 지역적 극대점들이 그 계의 자연스러운 종단인 끌개들인 것이다.
어떤 복잡한 퍼텐셜 곡면 위에 놓인 공은 결국 어떤 지역적 골짜기
의 바닥에서 정지하게 된다.

하지만 개구리와 파리 개체군들이 각자 상대를 향하여 대응하기
시작하고, 각자의 적합도 지형이 상대의 움직임에 따라 변형을 시작
하게 되면, 모든 것은 알 수가 없게 된다. 그 정점들 자체가 계속 움
직이고, 또 적응하려는 개체들이 영원히 도망다니는 정점들을 계속
해서 쫓아다닐지는 모르기 때문에, 어떤 개체군도 영원히 정점에서
머무르는 경우가 없을 수도 있다. 그러므로 공진화하는 계들에게는
퍼텐셜이 없다. 수학자들은 그런 공진화하는 계를 일반적이고 복잡
한 동역학계로 인식한다.

대략 말하자면 그런 계에서는 오직 두 가지의 궁극적인 거동들이
일어난다. 각 개체군은 자신의 광대한 유전자형 공간을 진화해 간
다. 각 개체군이 다른 모든 공진화 상대들이 점거하는 정점들과 부
합하는 정점을 올라가게 되면, 모든 개체군들이 공진화를 멈추게 된

다. 〈부합한다〉는 것은 내시 평형이나 ESS가 포착한 것과 같은 착상을 의미한다. 자신의 정점에 오른 각 종은 다른 종들이 각자 자신들의 정점들에 머무르는 한 더 이상 변화하지 않는 것이 득이 된다. 세포들과 세포 기관들 간의 유전자적 상호작용은 아마 십억 년 동안은 안정적이었을 것이기 때문에, 진핵 세포와 미토콘드리아의 조직내 공생체 사이의 공생은 아마 그런 상호 부합의 예가 될 것이다. 이들 상호 부합과 지역적 최적화와 불변하는 유전자형들의 집합은 죄수의 딜레마에서 변절-변절의 경우처럼 게임 이론의 내시 평형과 유사한 것이다. 어떤 참가자도 상대가 변하지 않는 한 변화의 동기를 갖지 않는다.

다른 가능한 거동은 종들 대부분 혹은 전부가 영원히 정착하지 않는 것이다. 상대들의 적합도 지형을 변형시키고 그럼으로써 간접적인 되먹임 경로를 통해 자기 자신의 적합도 지형 역시 변형시키면서, 그들은 운명적이고 영원한 그들의 노력에 최선을 다하며 도망가는 정점들을 영원히 계속해서 쫓아다닌다. 시시포스Sisyphus[9]처럼 모두가 영원히 정점으로 오르려고 계속해서 애를 쓴다. 이것이 붉은 여왕 거동이다.

그래서 우리는 종들이 지역적 정점들에 고정되어 변하지 않는 질서적인 ESS 영역과, 종들이 끊임없이 유전자형 공간을 몰려다니는 혼돈의 붉은 여왕 영역을 본다. 우리는 유전자망의 부울 논리 모형에서도 망 전역에 걸쳐 고정된 부분들을 갖고 있는 질서 영역과 혼돈 영역을 보았다. 유전자망의 경우 우리는 질서와 혼돈이 축으로 연결되는 연속성을 보았다. 그리고 질서와 혼돈 사이의 상전이 근처의 질서 영역, 즉 혼돈의 가장자리 혹은 〈복잡성의 영역〉에서 가장 복잡한 계산이 일어날 것이라는 것에 대한 증거를 보았다. 상전이 근처의 질서 영역에서는 복잡하지만 혼돈적이지는 않은 연쇄적인 활동들이 복잡한 일련의 사건들을 만들어내면서 망을 가로질러 전파해 나갈 수 있다. 질서와 혼돈을 연결하는 유사한 연속성을 공진화계에서도 찾을 수가 있을까?

나는 이제 막 연속성이 존재한다는 것을 말할 참이다. 질서적인 ESS 영역과 혼돈적인 붉은 여왕 영역 사이에 놓여 있는 혼돈의 가장자리라고 부르는 상전이와 같은 그런 연속성 말이다. 공진화의 진화는 이 상전이를 〈선호〉하는 것처럼 보이기 시작한다. 질서적인 ESS 영역 안에 깊숙이 있는 생태계는 너무 완고하고 제자리에 너무 단단히 고정되어서 높지도 않은 지역적 정점으로부터 멀리 공진화할 수가 없다. 반대로 혼돈적인 붉은 여왕 영역에서 종들은 울렁대는 적합도 지형 위에서 오르락내리락 하며 결국 전체적으로 낮은 적합도를 갖는다. 결국 적합도는 불안정한 상전이 근처인 질서-혼돈 축의 중간 위치에서 가장 높을 수 있다는 말이 된다. 어떻게 생태계들이 불안정한 혼돈의 가장자리 상태로 갈까? 바로 진화에 의해서이다.

공진화하는 계가 질서 영역에 있는지 혹은 혼돈 영역에 있는지는 각 종들이 탐구해가는 적합도 지형의 울퉁불퉁한 정도와 각 종들의 적합도 지형이 상대편들이 적응하는 움직임에 의해 얼마나 변형되는가에 달려 있다. 만약 각 적합도 지형이 거의 정점들을 갖고 있지 않고 그 정점들의 위치가 다른 종들이 움직일 때 과격하게 움직인다면 종들은 자신의 적합도 지형에서 도망다니는 정점들을 거의 따라잡지 못한다. 그 계는 붉은 여왕의 혼돈 영역에 있는 것이다. 반대로 만약 각 적합도 지형이 많은 정점들을 갖고 있고 그 정점들이 상대편들이 움직일 때 그리 많이 이동하지 않는다면, 각 종들은 꽤 쉽게 정점들에 올라갈 수 있다. 그 계는 ESS의 질서 영역에 있는 것이다. 그렇다면 꽤 명백하게, 공진화 계가 질서 영역에 있는가 혼돈 영역에 있는가는 적합도 지형의 구조와 변형성에 있다. 그러나 그렇다면 이것은 더 높은 수준의 의문을 불러일으킨다.

무엇이 적합도 지형의 구조와 변형성을 지배하는가? 공진화하는 종들이 모두 가능한 한 잘 공진화할 수 있는 〈좋은〉구조와 변형성이 있는가? 그것이 있다면 우리는 공진화의 진화를 지배하며 모든 종들에게 가장 최선의 삶을 줄 수 있는 생태계들을 보장하는 법칙들이 존재한다는 사실을 발견할 것이다.

결합된 적합도 지형들

울퉁불퉁한 적합도 지형의 NK 모형에서 N이 생물의 형질의 수, 혹은 생물의 게놈 안에 있는 유전자의 수를 나타냄을 상기하자. 어떤 형질, 혹은 유전자도 여러 가지 다른 상태로 존재하는데 이것을 대립형질이라고 한다. 간단한 경우에는 각 형질이나 유전자는 1과 0의 단 두 가지의 대립형질을 갖는다. 여기서 1은 푸른 눈을, 0은 갈색 눈을 나타낼 수 있다. 우리는 유전자 간의 〈상위적 상호작용epistatic interaction〉이라는 것을 다음과 같이 모형화했다. 즉 모든 유전자의 적합도 공헌은 그 유전자가 1 혹은 0인 상태와, 다른 K개 유전자가 1 또는 0인 상태에 의존한다는 것이다. 여기서 K는 한 생물의 유전자들이 얼마나 내적으로 의존적인가를 측량하는 유전자 간의 상위적인 결합의 측도다. 우리는 하나의 주어진 유전자가 전체 게놈, 혹은 생물에 기여하는 〈적합도 공헌〉을 모형화했다. 즉 그 유전자와 그것의 K개의 상위적 입력들의 상태들이 가질 수 있는 각 조합들에 대해

0과 1 사이의 무작위적인 소수를 부여했다. 마지막으로, 전체 유전 자형의 적합도를 각 유전자의 평균 적합도 공헌으로 정의했다. 결과는 적합도 지형이었다.

이제 어떻게 공진화에 대한 고찰을 시작해야 할까? 개구리가 끈끈한 혀를 발전시킬 때 그 혀는 파리의 특수한 형질 때문에 파리의 적합도에 영향을 준다. 우리는 그런 형질로서 미끄럽거나 미끄럽지 않은 파리의 발을 고려했었다. 하지만 다른 형질들도 그 끈끈한 혀에 대한 파리의 반응과 상관이 있을 것이다. 즉, 나쁜 맛이 나는 파리, 끈끈한 것을 재빨리 녹이는 물질을 분비하는 파리, 또 끈끈한 것 안의 화학물질의 냄새를 특별히 잘 검출해서 재빨리 도망갈 수 있는 파리 등등이 있을 것이다. 말하자면, 개구리의 어떤 특수한 형질이 파리의 N개의 형질 가운데 여러 개를 통해서 파리의 적합도에 영향을 준다고 생각하는 것이 당연하다. 역으로, 파리의 형질 중 어떤 것은 개구리의 여러 개의 특수한 형질들을 통해서 개구리의 적합도에 영향을 준다. 민첩한 파리는 개구리의 적합도를 감소시킨다. 아마 개구리는 긴 혀, 빨리 움직이는 혀, 냄새가 덜 나는 끈끈한 혀 등등으로 대처할 것이다. 마치 우리가 어떻게 한 생물 안에서 유전자들끼리 혹은 형질들끼리 상호작용하는지를 보여주기 위해서 NK 모형을 사용할 수 있는 것처럼, 우리는 생태계 안에서 어떻게 형질들이 상호작용하는지를 보이기 위해 역시 NK 모형을 사용할 수 있다.

적합도 지형들이 서로 결합되어 있는 생물들에 대한 간단한 모형을 만들어보자. 앞서 언급했듯이, 파리의 N개의 형질들이 각각 그 파리 안의 다른 K개의 형질들에 의존할 뿐만 아니라, 개구리의 C개의 형질들이 1이거나 0인 상태에도 의존하여 적합도에 공헌한다고 가정해보자. 마찬가지로, 개구리의 N개의 형질 각각도, 그 개구리의

K개의 다른 형질들에 의존할 뿐만 아니라 파리의 C개의 형질들이 1이거나 0인 상태에도 의존하여 적합도에 공헌한다고 하자. 다음으로 우리는 개구리와 파리의 형질들을 결합할 필요가 있다.[10] 이를 위해 가장 쉬운 방법은 파리의 각 형질의 적합도에 대한 공헌이 그 형질의 상태(1 혹은 0)에 의존하고, 그 파리의 다른 K개 형질들의 상태, 그리고 또 개구리의 C개 형질들의 상태에도 의존한다고 말하는 것이다. 그런 다음에 이런 모든 입력들의 모든 가능한 조합들에 대해서, 파리의 주어진 한 형질이 파리의 전체적인 적합도에 공헌하는 정도를 나타내는 0과 1 사이의 난수를 할당하는 것이다.

파리의 모든 N개 형질과 개구리의 모든 N개 형질들에 대해 이것을 시행하면, 파리와 개구리의 적합도 지형은 결합이 된다. 파리들이 자신의 적합도 지형에서 한 걸음 움직이면 파리의 N개 형질들이 갖는 1과 0의 패턴이 바뀌고 따라서 개구리의 적합도 지형을 변형시킨다. 역으로 개구리들이 자신의 적합도 지형에서 한 걸음 움직이면 파리의 적합도 지형이 변형된다.

두 개의 간단한 절차가 더 필요하다. 모형 생태계에는 얼마나 많은 종들이 있어야 할까? 그리고 한 종이 얼마나 많은 다른 종들과 결합해야 하고 그 결합 양상은 무엇이어야 할까? 시작 모형에서 이 문제들을 고찰하기 위해서는 꽤 이상해 보일지도 모를 생태계로 시작하는 것도 괜찮다. 25개의 종들이 있다고 하자. 이것들은 정사각형 타일처럼 5×5의 사방격자 배열[11]을 하고 있고, 한 종은 동서남북의 네 개의 이웃들과 연결되어 있다.

이러한 모형에 대해 실제로 컴퓨터 모의실험을 하기 위해서는 약간 더 상세한 것들이 몇 가지 필요하다. 그 하나는 다음과 같다. 우리는 각 종들에 대해 그 개체군 전체가 유전자적으로 동일하다고 취급하겠다. 각 〈세대〉에서 개체군은 무작위적으로 선택된 한 개의 유전자를 대체 유전자로 돌연변이시킴으로써 더 적합한 유전자형을 찾을 것이다. 새 돌연변이 유전자형이 더 적합하면 개체군은 적합도 지형 위의 이 새로운 위치로 움직일 것이다. 그래서 개체군은 적응성 탐색을 해나가고 계속 변화하거나 세대마다 한 단계씩 〈오르막길〉로 나간다. 각 종은 세대마다 적응적 걸음을 할 수 있는 한 번의 기회를 가질 것이다. 따라서 〈세대수〉는 시간 경과의 측도다. 이제 무엇이 일어나는가를 보자.

각 종들 안의 상위적 연결도인 K가 높아서 오를 수 있는 정점들이 많이 있거나, 종들 간의 결합도인 C가 낮아서 상대편의 적응적 움직임에 따라 한 종의 적합도 지형이 그리 심하게 변형되지 않는 경우에는, 생태계가 질서적인 ESS 영역으로 정착하는 경향이 있다. 혹은, 각 종이 상호작용하는 종들의 수인 세번째 매개변수 S가 낮아서 한 종의 움직임이 다른 겨우 몇 개 종들의 적합도 지형만을 변형시킬 때도 ESS 영역으로 정착할 수 있다(그림 10-3, 10-4).

종들이 외관상 영원히 공진화를 멈추지 않는 혼돈의 붉은 여왕 영역도 있다(그림 10-4c). 이 붉은 여왕 영역은 적합도 지형에 잡히는 정점들이 거의 없는, 즉 K가 낮은 영역에서 나타나는 경향이 있다. 또 C가 높아서 다른 종들의 움직임이 각 종들의 적합도 지형을 크게 변형시킬 때와 S가 높아서 많은 종들이 각 종에 직접 영향을 줄 때도 이런 경향이 있다. 기본적으로 이 경우에 각 종들은 그들이 쫓아갈 수 있는 것보다 빠른 속도로 도망가는 정점들을 쫓아다닌다.

우선 낮은 K가 혼돈적인 생태계를 야기한다는 것에 놀랄 수도 있다. NK 부울 논리망에서는 높은 K가 혼돈을 야기했다. 내부적 결합이 많을수록 조그만 변화가 전역을 전파해나가 부울 논리망을 나비

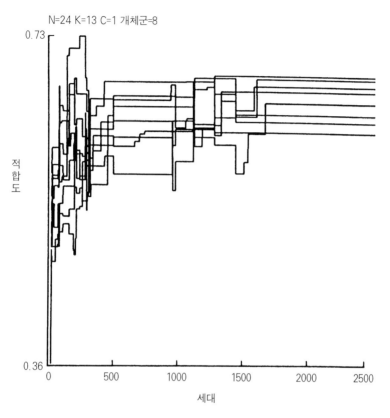

그림 10-3 진화적 안정 전략(ESS). NK 적합도 지형에 의해 관장되는 8개 종들의 공진화. 각 종의 N개 형질 각각은 다른 7개 종들 각각이 갖는 C개의 형질들에 의해 영향을 받는다(여기서 C=1). 계는 약 1,600세대만에 ESS의 징후인 정상 상태에 도달한다.

거동[12]으로 방향을 바꾸게 할 가능성이 더 많았다. 그러나 결합된 적합도 지형들의 경우, 중요한 것은 종들 간의 내적 연결도다. 결합도 C가 높으면 한 종의 움직임이 상대편들의 적합도 지형을 심하게 변형시킨다. 만약 개구리의 어떤 특색이 파리의 많은 특색들에 의해 영향을 받는다면, 그리고 그 반대의 경우에도, 한 종의 특색들에서

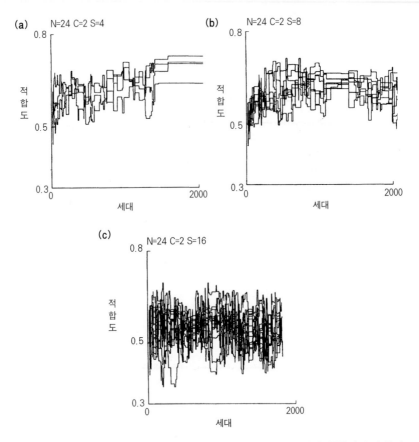

그림 10-4 붉은 여왕 효과. (a)4개, (b)8개, (c)16개 종들의 공진화. 종들의 수가 증가할수록 평균 적합도가 감소하고 적합도의 요동이 증가하는 것을 주목하자. (b)와 (c)에서는 8,000세대 동안 ESS가 발견되지 않았다. 이 계들은 혼돈의 붉은 여왕 영역에 머물렀다.

약간의 변화는 다른 종들의 적합도 지형들을 많이 변화시킨다. 계는 혼돈적이 되는 경향이 있다. 역으로, 종들 간의 결합인 C가 충분히 낮으면 생태계는 질서 영역에 있는 경향이 있을 것이다. 상당히 같은 이유에서, K와 C를 고정하고 어떤 한 종이 직접 상호작용하는 종들의 숫자 S를 변화시키면, 그 숫자가 낮을 때 생태계는 질서적이 되고 높을 때 혼돈적이 되는 경향이 있다는 것을 보게 될 것이다(그림 10-4).

당신의 안테나가 이제 조금 꿈틀거릴 것이다. 한 벌의 매개변수 값에서 혼돈 영역이 있고 다른 값들에서 질서 영역이 있을 때, 그 매개변수를 조정하면 무슨 일이 일어날까? 어떻게 질서에서 혼돈으로 갈 수 있을까? 그리고 어떤 매개변수 값에서 공진화하는 생태계의 모든 종들의 평균 적합도가 최상이 될까?

우선적으로 흥미로운 결과는, 매개변수인 K, C, S들이 혼돈에서 질서 영역으로 축을 따라 변할 때 평균 적합도가 처음에는 증가하다가 나중에는 감소한다는 것이다. 참가자들의 최고 평균 적합도는 질서－혼돈 축 상에서의 위치가 깊숙한 혼돈 쪽도 아니고 깊숙한 질서 쪽도 아닌 중간일 때 일어난다. 〈그림 10-5〉는 C와 S가 고정되어 있고 단지 종 안에서 상위적인 상호작용이 풍부한 정도를 나타내는 K가 변하는 컴퓨터 모의실험을 보여준다. 왜 혼돈이나 질서로 많이 치우친 위치에서 적합도가 낮아야 하는가? 혼돈 영역 깊숙한 곳에서는 적합도가 매우 혼돈적으로 오르락내리락하기 때문에 평균 적합도가 낮다(그림 10-4c). 질서 영역 깊숙한 곳에서는 K가 매우 높다. 따라서 각 생물은 매우 빽빽한 내적 연결이 있는 게놈을 갖게 되고, 아주 형편없는 협상에 해당하는 많은 낮은 정점들이 있는 상충적 제약들로 가득찬 사슬망의 어딘가에 갇히게 된다. 각 종들이 고착된 적합도 정점은 매우 형편없는 것이다. 그래서 질서 영역의 깊숙한 곳에서도 평균 적합도가 낮다. 결과적으로 적합도는 질서－혼돈 축의 중간 위치에서 최대화된다.

실제로 컴퓨터 모의실험의 결과들은 최고의 적합도가 정확하게 질

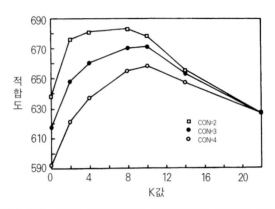

그림 10-5 생태계의 조절. 종들의 상위적 연결의 풍부도인 K가 증가하여 생태계를 혼돈에서 질서 영역으로 조절할 때, 평균 적합도는 처음에는 증가하다 나중에는 감소한다. 양쪽 극단의 중간에서 적합도는 최고값에 도달한다. 이 실험은 25개 종들 각각이 최대 4개의 이웃과 상호작용하는 5×5 사방격자 생태계에서 행해졌다. (CON=2)는 이웃이 2개인 모서리에 있는 종, (CON=3)은 이웃이 3개인 변에 있는 종, (CON=4)는 내부의 종들을 나타낸다. N=24, C=1, S=25이다.

서 거동과 혼돈 거동 사이에서 얻어진다는 것을 제안한다! 어떻게 장담할 수 있을까? 우리는 생태계가 얼마나 쉽게 ESS로 고정되는가를 봄으로써 그것이 질서 영역에 얼마나 깊숙이 있는가를 알 수 있다. 단지 100개의 유사한 생태계들로 시작해보자. 그리고 각각이 언제 ESS에 도달해서 공진화를 그치는지를 관찰한다. 그러면 몇 세대가 지난 후에 50개의 유사한 생태계들이 자신들의 ESS에 도달할 것이다(그림 10-6). 이 경과 세대수를 그런 모형 생태계의 평균 결빙도로 평가하자. 혼돈 영역에서는 이 반감기[13]가 매우 길고, 질서 영역에서는 매우 짧다. 〈그림 10-6〉은 모형 생태계를 200세대 동안 경과시킨 것을 보여준다. 종 간의 결합도인 C는 1로 고정되어 있다. 각 종들은 우리의 5×5 격자 생태계에서 동서남북의 상대들과 결합되어

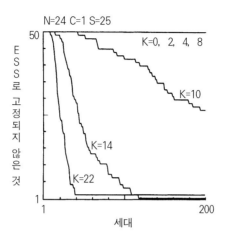

그림 10-6 혼돈의 가장자리. 5×5 생태계들 중 아직 ESS로 고정되지 않은 것들의 수가 경과된 세대수에 대해 도표로 그려져 있다. 혼돈 영역(K<10)에서는 주어진 200세대 동안 어떤 생태계도 ESS로 도달하지 않는 것에 주목하라. 질서 영역(K≥10)에서는 몇 개 혹은 대부분이 내시 평형에 도달하고 K가 클수록 도달 속도가 빠르다. 따라서 K=10일 때 생태계는 혼돈의 가장자리에 있고, 주어진 200세대 동안 막 고정되기 시작한다.

있다. 각 종 안의 상위적 상호작용인 *K*가 *K*=0에서 *K*=22로 조절될 때 생태계들은 혼돈에서 질서 영역으로 조절이 된다. 〈그림 10-6〉은 *K*가 높을 때 모형 생태계들이 ESS 평형으로 급속히 냉각됨을 보여 준다. *K*가 8이거나 더 작으면 생태계들은 혼돈적이고 100개 중에 어느 것도 200세대 동안 ESS에 도달하지 못한다. 주목해야 할 중요한 사실은 바로 이것이다. *K*가 8에서 10으로 증가하면 비로소 어느 정도 수의 생태계들이 200세대 동안 ESS에 도달한다는 것이다. 그래서 상위적 상호작용 매개변수인 *K*가 10이면, 200세대라는 시간 동안 생태계는 막 고정되기 시작하고 질서와 혼돈 거동의 중간에 있는 것이다.

이제 우리가 〈그림 10-5〉와 〈그림 10-6〉을 비교하면, 평균 적합도가 최대가 되는 혼돈-질서 축의 중간 위치가 바로 *K*=10, 즉 정확히 바로 혼돈과 질서 거동의 사이라는 것을 알 수가 있다! 최고의 평균 적합도가 정확히 질서에서 혼돈으로의 전이점에서 나타난다. 질서 영역 깊숙한 곳에서는 상충적 제약들 때문에 적합 정점들이 낮다. 혼돈 영역 깊숙한 곳에서는 적합 정점들이 높지만 수가 너무 적고 너무 빨리 움직여서 오를 수가 없다. 주어진 시간 규모에서 정점들을 오르는 것이 가능한 그런 (K의) 위치에 정확하게 전이 영역이 있다. 여기에서 정점들은 동시에 가능한 최고의 높이를 갖고도 주어진 시간에 도달할 수 있는 것들이다. 그래서 질서와 혼돈 사이의 전이 영역은 전체 생태계의 평균 적합도를 최적화하는 영역으로 보인다.

여기에 일반적인 법칙을 암시하는 것이 있는가? 질서와 혼돈의 전이 영역이 공진화하는 계에 〈이로운〉 영역인가? 그리고 진화 과정과 개체들에 작용하는 자연선택과 보이지 않는 손이 과연 공진화계가 이 영역으로 저절로 가도록 조절할 수 있을까? 우리는 이제 〈공진화의 진화〉라는 마지막 단계에 대한 준비가 되었다.

젊은 동료인 카이 노이만 Kai Neumann과 나는 공진화하는 종들이 저절로 최고의 평균 적합도로 진화하는 조건들을 조사해왔다. N과 S가 고정된 모형 생태계를 상상해보자. 즉, 종들의 수와 각 종이 상호작용하는 종들의 수가 일정하다. 우리는 평상시대로 각 종이 자신의 변하는 적합도 지형 위에서 진화하는 것을 허용한다. 게다가 각 종이 자신의 내부 상위적 결합의 정도인 K를 바꾸면서 자신의 적합도 지형의 울퉁불퉁한 정도를 진화시킬 수 있도록 한다. 마지막으로 소멸이 일어나는 것을 허용한다. 이것들을 위해서 우리는 생태계의 각 종들이 세대마다 다음 네 가지 중 한 가지를 겪을 수 있다고 가정한다.

1) 그 종은 같은 상태에 머무를 수 있다.

2) 그 종은 한 개의 유전자를 돌연변이시켜서 적합도 지형 위에서 이웃점으로 이동할 수 있다.

3) 그 종은 자신의 유전자들 각각에 대해서 K를 1만큼 증가 혹은 감소시킴으로써 돌연변이를 일으킬 수 있으며, 적합도 지형의 울퉁불퉁한 정도를 변화시킬 수 있다.

4) 어떤 종의 생태적 지위를 〈침략〉하기 위해 그 생태계 안에서 무작위적으로 선택된 다른 종의 복사판을 보낼 수 있다.

이 모든 네 가지의 가능성은 동서남북의 공진화하는 이웃들에게 적용된다. 네 가지 가능성 중 어떤 것이라도 최고의 적합도를 낳는 것이 이긴다.

1) 만약 자신의 특별한 동서남북의 이웃들로 정의되는 어떤 〈생태적 지위〉에 있는 돌연변이되지 않은 종들이 최적의 상태이면, 아무런 변화도 일어나지 않는다.

2) 만약 한 개의 유전자가 돌연변이한 이웃이 최적의 상태이면, 그 종은 자신의 적합도 지형에서 움직인다.

3) 만약 K를 바꾸는 돌연변이가 최적이면, 그 종은 같은 유전자형을 고수하고 대신 자신의 적합도 지형의 울퉁불퉁한 정도를 바꾼다.

4) 만약 침략종이 최적이면 원래의 종은 소멸하고 침략종이 그 생태적 지위를 차지한다. 그 후에 동서남북의 종들과 공진화한다.

이것은 상당히 치열한 컴퓨터 모의실험의 세계다.

우리는 모든 종들의 K값을 높게 하여 매우 울퉁불퉁한 적합도 지형들 위에서 공진화하도록 할 수도 있고, *K*값을 모두 낮게 하여 종들이 평탄한 적합도 지형 위에서 공진화하게 할 수도 있다. 만약 *K*가 변하는 것이 허용되지 않았다면 높은 *K*값의 질서 영역 깊숙한 곳에서 종들은 급속히 ESS로 정착했을 것이다. 반면에 *K*값이 낮은 붉은 여왕 영역에서는 종들이 영원히 적합도 정점에 도달하지 못했을 것이다. 그러나 이야기는 더 이상 거기에 머무르지 않는다. 왜냐하면 종들이 이제는 자신들의 적합도 지형을 진화시킬 수 있고, 새로운 생태적 지위를 침략하려는 종들의 끊임없는 시도들이 성공하는 경우엔 옛 생태적 지위에 새로운 종이 들어갈 것이며 이것은 성취된 어떤 ESS도 붕괴시킬 것이기 때문이다.

우리가 모형을 가동시켰을 때 일어난 일은 흥미로움과 놀라움의 중간쯤이었다. 종들에 대한 *K*값의 분포를 임의로 해서 그 모형 생태계를 어떻게 시작하던지 간에 그 계는 어떤 최적의 중간 크기의 *K*값으로 수렴하는 것처럼 보인다. 그 *K*값은 바로 평균 적합도가 최고이고, 평균 소멸률이 최소인 값이다! 마치 보이지 않는 손이 있는 것처럼, 공진화 계는 자신의 매개변수를 조정해서 모두에게 가장 적합한 *K*값에 도달한다.

〈그림 10-7〉과 〈그림 10-8〉은 이 결과들을 보여준다. 각 종들은 *N*=44개의 형질들을 갖고 있다. 따라서 상위적 결합은 무작위적인 적합도 지형을 만드는 43 정도까지 높을 수도 있고, 후지 산처럼 단조로운 적합도 지형에 해당하는 0이 될 수도 있다. 세대가 경과하면 공진화계의 평균 *K*값은 중간값인 15-25 정도로 수렴하고, 중간 정도의 울퉁불퉁한 적합도 지형을 갖게 하는 좁은 범위 안에 머무른다(그림 10-7). 여기서 적합도는 높으며, 종들은 어떤 하나 또는 여러 개의 침략종들이 와서 하나 또는 그 이상의 상호적응한 종들을 멸종시

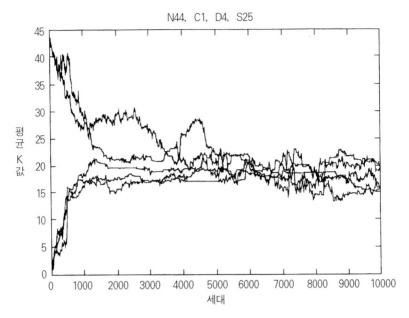

그림 10-7 공진화의 진화. 서로 다른 초기 평균 K값을 갖는 서로 다른 모형 생태계들이 진화하고 있다. 세대가 경과할수록 K값이 질서와 혼돈 사이이 중간값으로 수렴한다. 결과적으로 평균 적합도가 증가하고 멸종 빈도율은 감소한다. 보이지 않는 손에 의한 것처럼 계는 모두에게 최적한 K값으로 자신을 조정한다.

켜서 그 평형을 깨뜨리기 전까지는 모든 유전자형들이 상당한 기간 동안 변화하지 않는, ESS 평형에 도달한다.

한 종이 멸종되면, 그 사건은 생태계의 일부나 전부를 쓸고가는 작거나 큰 멸종 사태를 자극한다. 왜? 한 종이 멸종하면 그것은 한 침략종으로 대체된다. 그 침략종은 그 둥지에 낯설고, 전형적으로 지역적 정점에 있지 않다. 그래서 그것은 자신의 유전자형을 바꾸는 새로운 방법으로 적응을 한다. 이 움직임들은 동서남북의 이웃들의 적합도 지형들을 전형적으로 적합도가 낮은 쪽으로 변화시킨다. 적

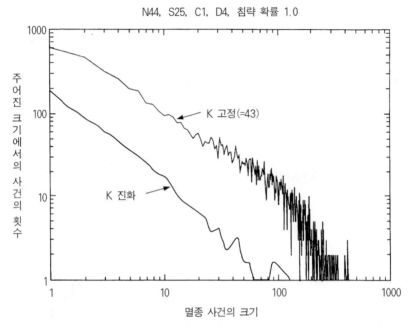

N44, S25, C1, D4, 침략 확률 1.0

그림 10-8 멸종 사건의. 조절. 로그 눈금을 사용해서, 주어진 크기를 갖는 사건들의 수에 대한 가상적인 멸종 사건들의 크기들을 도표로 나타냈다. 그 결과는 지수함수 법칙을 따르는 분포이다. 윗쪽의 분포에서는 생태계가 높은 K 영역에서 임의의 깊은 곳인 K=43에 고정되어 있는 경우이다. 이 영역에서는 상충적 제약들 때문에 적합도가 낮고, 거대한 멸종 사건들의 사태들이 연쇄적으로 계를 통해 퍼져 나간다. 아래쪽의 지수함수 분포는 적합도 지형의 울퉁불퉁한 정도가 중간 영역의 K값인 K=22로 진화한 계에 해당된다. 덜 잦고 더 작은 멸종 사태가 일어난다.

합도가 낮아지면 그들은 더 쉽게 침략당하고 멸종한다. 그래서 멸종 사태는 어떤 것이든 한 멸종 사건으로부터 바깥쪽으로 퍼져나가는 경향이 있다.

사태가 일어나는 동안에 멸종하는 종들의 수로 측정되는 멸종 사태의 크기는 지수함수 법칙의 분포를 따르는 것으로 보인다(그림10-8). 멸종 사태의 크기의 로그값을 *x*축으로, 주어진 크기로 일어나는 사태의 횟수를 y축으로 하여 도표를 그리면, 많은 작은 사태들과 적은 큰 사태들을 나타내는 대략적인 직선을 얻는다. 실지로, K값을 높게 하든 낮게 하든 그런 모형 생태계에서 멸종 사태의 분포는 지수함수 법칙으로 보인다.

K값이 높거나 낮을 때, 즉 질서 영역 깊숙한 곳이나 혼돈 영역 깊숙한 곳에서는 거대한 멸종 사태들이 천둥소리를 내며 모형 생태계를 지나간다. 이 사건들의 광대한 크기는, 질서 영역 깊은 곳에서는 높은 K의 상충적 제약들 때문에 적합도가 낮고, 혼돈 영역 깊은 곳에서도 적합도의 혼돈적인 울렁거림 때문에 역시 적합도가 낮다는 사실을 반영한다. 어떤 경우도 종들의 낮은 적합도는 침략과 멸종에 대해 종들을 약하게 한다. 매우 흥미로운 결과는 공진화계가 자신의 K값 범위를 조정할 수 있을 때, 그것은 평균 적합도가 가능한한 높도록 K를 자율적으로 조정한다는 것이다. 그래서 종들은 침략과 멸종에 가장 덜 취약하고, 따라서 멸종 사태가 가능한 한 뜸하게 일어나는 것으로 보인다는 사실이다. 〈그림 10-8〉은 계가 질서 영역의 깊은 곳에서 적합도 지형의 울퉁불퉁한 정도와 적합도를 최적화하도록 자율조정한 후의 크기 분포와 멸종 사건들의 총수를 비교하고 있다. 생태계가 자율 조정한 후의 멸종 사건들의 사태는 지수함수 법칙을 보이며 그 기울기는 질서 영역 깊은 곳일 때와 거의 같다. 그러나 같은 값의 총세대수가 경과하는 동안 각 크기에서 훨씬 적은 멸종 사건들이 일어난다. 자율 조정된 생태계에서는 혼돈 영역 깊은 곳의 생태계와 비교해도 역시 훨씬 적은 멸종 사건들이 일어난다. 간단히 말해서, 생태계는 멸종 빈도를 최소화하기 위해서 자율 조정한다! 보이지 않는 손에 의한 것처럼, 모든 공진화하는 종들은 그들이 진화하는 적합도 지형의 울퉁불퉁한 구조를, 평균적으로 모두가 최고

의 적합도를 갖고 가능한 한 오래 살도록 변화시키는 것으로 보인다.

어떻게 이 보이지 않는 손이 작용하는지는 확실하지 않다. 그러나 지금 여기서 우리는 최선의 추측을 할 수 있다. 우리는 200세대 정도의 시간이 경과하는 동안, 평균 적합도가 주어진 시간에 종들이 막 최고 정점에 도달할 수 있도록 하는 K값으로 최적화되는 것을 보았다. 그 정도 시간에 $K=10$인 생태계들은 최고의 정점에 올라 겨우 ESS에 도달하고, 그 후에는 종들이 상호 부합하는 정점들에 고정되어서 변화를 그쳤다. 이 경우 200세대라는 시간 규모를 정한 것은 카이와 나였다. 현재 진행하는 연구에서 우리는 시간 규모를 정하지 않고 있다. 멸종이 허용된 모형 생태계는 스스로 자신의 시간 규모를 정한다.

어떻게 이것이 가능한가? 종들이 생태적 지위를 침략하고 옛 종들을 멸종시킬 때, 새 종들은 옛 종들이 만들어 놓았던 모든 ESS를 붕괴시키는 경향이 있다. 그래서 멸종 사건들이 일어나지 않았더라면 ESS에 얼어붙어 있을 계가 자신을 〈녹인다〉. 우리는 우리의 모형이 필연적이고 자기모순적이지 않은 방법으로 자신의 시간 규모를 정할 것이라고 생각한다. 종들은 생태계가 멸종 사건들에 의해 붕괴되는 평균 속도보다 약간 더 빠른 속도로 최고 정점들을 발견하고, 모형 생태계는 ESS에 도달하는 적합도 지형으로 스스로 조정해나간다. K 가 더 높아서 적합도 지형의 울퉁불퉁한 정도가 더 크다면, 종들은 ESS에 더 빨리 도달하기는 하겠지만 정점들이 낮아서 멸종에 더 약할 것이다. K가 더 낮아서 적합도 지형은 더 반듯하고 정점들은 더 높다면, 종들은 혼돈적으로 진동하며 주어진 시간에 ESS에 도달하지 못할 것이고, 따라서 멸종에 더 약할 것이다. ESS 조직이 우발적인 멸종 사건들에 의해 붕괴되는 것보다 종들이 평균적으로 약간 빠르게 ESS로 기어올라가는 바로 그 중간 위치에서, 적합도는 최적화되고 멸종률은 최소화된다.

보이지 않는 손이 보인다. 공진화의 진화를 지배하는 후보 법칙들은 불가능하지 않다. 진화의 시간을 통하여, 적합도를 최대화하고, 평균 멸종률을 최소화하고, 생태계에 잔물결이나 큰 파도를 일으키는 크고 작은 멸종 사태들을 낳으면서, 생태계는 질서와 혼돈 사이의 상전이 영역으로 스스로를 조정해나갈 것이다. 우리는 무대 위의 주어진 시간 동안 활보하고 소란을 떨다가 그 다음에는 아무 소리도 없이 사라지는 연기자에 불과하다. 그러나 우리는 각자가 아주 오랫동안 최고의 기회를 가질 수 있도록, 집단적이고 맹목적으로 무대를 조정할 것이다.

모래더미와 자기조직적 임계성

1988년 간단하고 아름다우면서도, 아마 정확하기도 한 이론이 태어났다. 나는 산타페 연구소에서 필 앤더슨과 다른 고체물리학자들로부터, 물리학자들인 퍼 백, 차오 탕, 쿠르트 비젠펠트의 모래더미와 자기조직적 임계성에 대한 열광적인 소문을 들었다. 마침내 퍼 백이 브룩헤이븐 국립연구소로부터 우리를 방문했다. 우리는 결국 따뜻한 우정으로까지 발전하게 된 어떤 논쟁을 시작했다. 백은 자기촉매 집합이 작동할 수 없다고 계속해서 내게 말했다. 두 번의 점심 시간을 할애하고 나중에는 약간의 고성까지 지르면서, 나는 그것이 작동할 수 있다는 것을 그에게 확신시켰다. 퍼 백을 확신시키기란 쉽지 않지만, 그는 매우 창의적이기 때문에 그런 노력을 할 가치가 있었다. 그와 그의 친구들은 매우 일반적인 현상을 발견한 것일 수 있다. 그것은 이 책의 많은 주제들과도 관계가 있는 자기조직적 임계성이다.

먼저 탁자 하나를 머릿속에 그려야 한다. 탁자 위에는 시스티나 성당 천장 벽화에서 아담을 향해 뻗쳐 있는 신의 손과 같은 손이 있고, 그 손은 모래를 쥐고 있다. 모래가 손에서 탁자 위로 끊임없이 흘러서 떨어지고, 모래더미는 꼭대기에서 바닥으로 모래사태를 일으키며 쏟아져내리기 전까지 점점 더 높이 쌓여간다.

더 높이 쌓여서 모래더미의 평형 각도에 도달하면 대략 정상 상태에 도달한다. 이제 모래를 더미 위로 조금씩 똑똑 떨어지게 하면 많은 작은 모래사태들이 비탈을 따라 흘러내리고, 모래가 쌓인 탁자라는 아이들 장난 같은 설정이 아니라면 아마도 거대하고 장엄했을지도 모르는 적은 수의 큰 모래사태가 일어난다.

이 사태들을 도표로 나타내면 앞서 본 것처럼, 이제는 우리에게 익숙해진 지수함수 법칙의 분포를 보게 된다. 모래사태 크기들의 분포는 우리의 모형 생태계에서의 멸종 사건 크기의 분포와 비슷하다 (그림 10-8). 즉 많은 작은 사태와 적은 큰 사태들이 존재한다. 모래사태는 모든 크기의 규모에서 일어날 수 있다. 사람의 키, 개구리의 개굴거리는 소리의 크기 등 많은 것들이 〈전형적인 크기〉를 갖고 있다. 그러나 모래사태는 전형적인 크기를 갖고 있지 않다. 사람들의 평균 키를 계산할 때 측정하는 사람의 수가 많을수록 그 평균값은 나아진다. 한편 사태의 평균 크기를 계산하려고 할 때는 측정하는 사태의 수가 많을수록 평균값은 점점 커진다. 가장 큰 규모는 단지 탁자의 크기에 의해서만 정해질 뿐이다. 탁자가 굉장히 크고 굉장한 크기의 모래더미를 쌓았다면, 역시 많은 작은 사태와 더 적은 횟수의 큰 사태를 볼 것이다. 하지만 충분히 오래 기다리면 드물지만 거대한 사태가 굉음을 내며 일어나는 것을 볼 수 있을 것이다. 지수함수 법칙이 보여주듯이, 모든 가능한 규모에서 사태의 크기가 점점 더 커질수록 그 빈도는 점점 작아진다. 게다가 사태의 크기는 그것을 촉발한 모래알과는 관계가 없다. 똑같은 조그만 모래알이 조그만 사태를 야기할 수도, 또 세기적 사건처럼 큰 사태를 야기할 수도 있다. 크고 작은 사건들이 같은 종류의 조그만 원인에 의해 촉발될 수 있다. 평형 각도에 도달한 모래더미처럼 불안정한 계들에서는 거대한 움직임을 위해 반드시 거대한 촉발제가 있어야 하는 것은 아니다.

이것이 백, 탕, 비젠펠트의 자기조직적 임계성이 의미하는 것이다. 모래가 위에서 계속 흘러내릴 때, 보이지 않는 손에 의한 것처럼 계는 모래더미의 임계각도가 되도록 스스로를 조정하고, 거기에 머문다.

백과 그의 동료들은 물리적, 생물학적, 그리고 아마 경제학적 세계에서도 많은 특성들이 자기조직적 임계성을 드러낼 수 있다고 주장한다. 예를 들면, 그 진동에서 방출되는 총에너지의 로그값에 해당되는 리히터 지진계로 측정한 지진 크기의 분포는, 많은 작은 지진과 적은 큰 지진을 보여주는 지수함수 법칙을 따른다. 나일강의 범람도 많은 작은 범람과 적은 큰 범람이 있는 지수함수 법칙을 따른다. 잠재적인 경제학적 예들은 나중에 이야기하겠다. 백은 우주가 영원한 팽창과 궁극적으로는 다시 되돌아와 자기 자신으로 떨어질 대붕괴 사이의 중간에 있지 않을까 라고 생각하고 있다. 따라서 은하계와 은하계 군집들과 같은 우주의 물질들이 갖는 군집성이, 많은 작은 군집들과 적은 큰 군집들이라는 유사한 지수함수 법칙을 보여줄 것이라고 생각하고 있다. 우리는 이 책에서 불안정한 계와 지수함수 법칙의 존재에 대한 다른 증거들을 보아왔다. 지역적 생태계들은 지수함수 법칙을 따르며 희한한 분자들의 사태를 보여주는 하임계와 상임계적 거동의 중간에 놓일 수 있다. 게놈들의 회로망은 지수함수 법칙을 따르며 유전자 활동 변화의 사태를 보여주는 불안정한 혼돈의 가장자리 근처의 질서 영역으로 진화할 수 있다. 그리고 우리는 보이지 않는 손이 있는 것처럼 생태계가, 지수함수 법칙을 따르는 멸종 사건들의 분포를 보여주는 질서와 혼돈의 중간 영역으로 스스로를 조정해 나갈 것이라는 증거도 보았다.

이 생각은 맞는 것인가? 아직은 알 수가 없다. 그러나 방금 내가 그린 것과 같은 그림이 맞을 것이라는 단서들이 있으며 이것들은 아마도 매우 중요한 것들일 것이다.

어떤 단서들은 멸종 사건들의 크기의 분포에 관한 것이다. 이것들은 정말 대략 지수함수 법칙과 같은 것으로 보인다. 하지만 정확히 그런 것은 아니다. 최소한 두 가지 다른 영역에서의 자료가 알려져 있다. 그것은 암석에서 관찰된 실제의 소멸 사건들과, 코스타리카의 산림을 연구하는 산타페 연구소 회원인 생태학자 톰 레이 Tom Ray가 실험한 인공 생명에서의 소멸 사건들이다.

데이비드 라우프는 캄브리아기로부터, 5억 5천만 년에 이르는 현생누대 Phanerozoic Eon까지의 기간을 약 7백만 년씩 77개 주기로 나누어 분석했다. 라우프는 각 주기 동안에 멸종한 과(科)의 수에 대한 자료를 모았다. 그는 많은 작은 멸종 사건들과 적은 큰 멸종 사건들을 발견했다. 〈그림 10-9〉는 그 크기 분포에 대한 도표와 그것의 로그-로그 도표를 보여준다. 여기서는 당신이 보는 바와 같이 직선이 아니라 휘어진 곡선을 얻는다(그림 10-9b). 이것은 그렇게 정확한 지수함수 분포가 아니다. 작은 멸종 사건들에 대한 기대와 비교하면

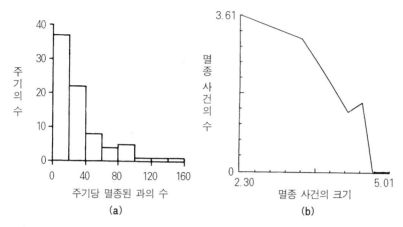

그림 10-9 실제. 데이비드 라우프는 멸종한 과의 수에 따라서 실제 멸종 사건들을 분석했다. (a)그의 자료는 많은 작은 멸종 사건들과 적은 큰 멸종 사건들을 보여준다. (b)자료가 자연로그 형식으로 다시 그려지면 결과는 그다지 직선적인 지수함수 법칙이 아니다. 큰 멸종 사건의 수가 기대치보다 더 적다.

훨씬 더 적은 큰 멸종 사건들이 있다.

무엇이 크고 작은 멸종 사건들의 원인인가? 많은 사람들은 이상한 일이 백악기 말에 일어나서 공룡들을 쓸어 없애버렸다고 생각한다. 나중에 마야 족이 번성했던 멕시코 해안과 조금 떨어진 대서양에 거대한 운석이 떨어졌던 것 같다. 이 운석에 대한 증거는 매우 충분하다. 일단의 과학자들은 모든 멸종 사건들이 그런 외인성 파국에 기인한다고 생각한다. 가령 작은 멸종 사건은 작은 운석들에, 큰 멸종 사건들은 큰 운석들에 기인한다는 것이다. 그들이 맞을지도 모른다. 반대로, 우리가 모형화했듯이 대부분의 멸종 사건들이 생태계 내의 내인성 과정들을 반영할 수 있다. 정말로, 크고 작은 멸종 사건들이 초기의 작은 사건들에 의해 촉발될 수 있다. 이 결과는 우리가 크고 작은 멸종 사건들을 설명하기 위해 크고 작은 원인들을 가정할 필요가 없다는 것을 보이기에 충분하다.

대부분의 멸종 사건들이 생물계의 내적인 과정들을 반영하는 것이라면, 라우프의 자료들은 질서와 혼돈 사이의 상전이 영역이라기보다는 오히려 질서 영역에 있는 생태계와 더 잘 부합한다. 역으로 말하면, 77개의 자료들은 결론을 이끌어내기에는 충분치 않다. 과가아니고 속이나 종의 수준에서 자료를 모았다면 매우 도움이 되었을것이다. 그래서 증명은 아니더라도 그럴듯한 단서가 기록 속에서 목격될 수도 있을 것이다.

톰 레이는 컴퓨터 모의실험 속에서 생태계를 연구하기 위해 티라 Tierra라는 이름의 인공 세계를 창조했다. 그는 컴퓨터 메모리 속에 〈사는〉 컴퓨터 프로그램들을 개발했다. 각 프로그램은 메모리 안의 이웃 위치에 자신을 복사할 수 있다. 그리고 프로그램은 다른 프로그램과 서로 집단을 형성하면서 돌연변이를 할 수도 있다. 이 실리콘 무대에서 살아 있는 것과 같은 일들이 일어난다. 다른 어떤 기생체들처럼 그들의 숙주로부터 컴퓨터 명령들을 빌려와서 자신을 복제하는 창조물들이 발현한다. 숙주들은 경계선을 형성함으로써 기생체들을 피하려는 반응을 한다. 기생체들은 숙주들의 방어벽을 넘어 들어올 수 있는 더 나은 기생체로 진화한다.

하지만 때가 되면 톰의 창조물들은 꽥하고 죽는다. 그들은 무대에서 사라지고 더 이상 아무 소리도 들려오지 않는다. 나는 톰에게 티라에서 일어나는 멸종 사건들의 크기 분포를 도표로 그려보라고 말했다. 〈그림 10-10〉은 그 결과의 로그-로그 도표를 보여준다. 이것은 많고 적은, 크고 작은 멸종 사건들을 갖는 지수함수 법칙에 가깝다. 또한 라우프의 자료에서처럼 휘어진 곡선이다. 거대한 멸종 사건들이 너무 적다. 레이의 메모리는 유한한 크기를 갖고, 따라서 사

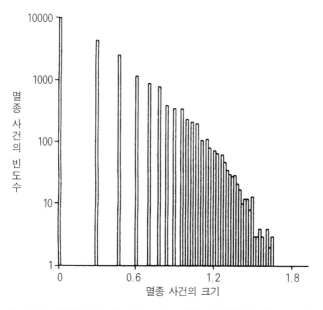

그림 10-10 인쌍 생명과 멸송. 톰 레이의 티라 실험에서 멸종 사건들의 크기 분포에 대한 로그 도표.

태의 크기도 그만한 것으로 제한될 것이기 때문에, 이것은 〈유한한 크기〉의 효과일 것이다. 생각해보라. 지구가 단지 얼마만한 크기이기 때문에 멸종 사태도 단지 그만한 크기일 수밖에 없는 것이다. 페름 멸종기에 모든 종의 96퍼센트가 없어졌다고 한다. 그보다 더 클 수는 없을 것이다. 아마도 라우프 자료의 휘어진 곡선은 전체 생물계의 유한한 크기를 반영하는 것일 것이다(그림 10-9b).

우리가 연구할 수 있는 또 하나의 특성도 단서를 제공한다. 크고 작은 멸종 사건들과 그보다 앞선 종 분화 사건들 때문에 각 종들, 더 나아가 각 속들 또는 더 상위의 분류종들도 한정된 수명을 갖고 있다. 종은 한 시점에서 시작했고 또다른 한 시점에서 멸종했다. 속은

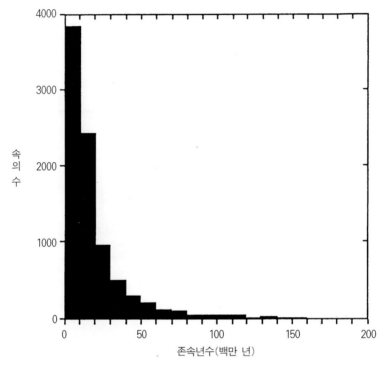

그림 10-11 해양생물들의 유아 사망률. 수명에 따른 척추 및 무척추 해양생물 속들의 화석 수. 대부분의 속은 젊어서 죽지만 분포의 긴 꼬리는 오른쪽으로 연장된다.

그 속의 첫 종과 함께 시작해서 마지막 종과 함께 멸종했다. 라우프는 고생물학자인 잭 세프코프스키 Jack Sepkowski가 모은 17,500속과 약 500,000종을 포함하는 척추 및 무척추 해양생물들의 자료를 분석했다. 라우프는 이것을 가지고 속들의 수명 분포를 보였다. 〈그림 10-11〉은 라우프의 자료를 보여준다. 그림과 같이 분포는 급격히 떨어진다. 대부분의 속들이 〈젊어서〉 죽지만 분포의 긴 〈꼬리〉는 오른쪽으로 길게 연장된다. 어떤 속들은 1억 5천만 년 동안 지속된다. 〈그림 10-12〉는 카이 노이만과 내가 한 실험에서 모형 종들의 수명이

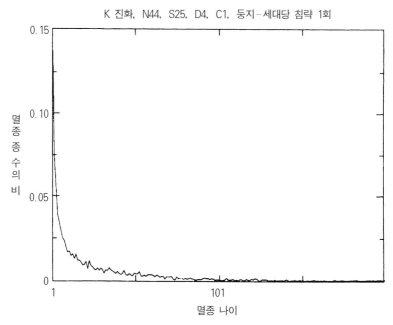

그림 10-12 인공 생명들의 유아 사망률. 카우프만과 노이만의 모형에서 모의실험된 종들이 멸종한 나이와 각 나이에서 전체 종에 대한 멸종한 종의 수의 비. 분포는 〈그림 10-11〉과 유사하다. 즉 대부분은 젊어서 죽고 몇몇은 아주 오래까지 산다.

나타내는 분포를 보여준다. 이 분포들은 매우 비슷하다. 즉, 둘 다 급격히 감소하고 긴 꼬리를 갖는다. 대부분의 모형 종들이 젊어서 죽고 몇 개만이 아주 오래 살아남는다. 우리는 생태계가 진화의 시간 동안 자기조정되어 혼돈의 가장자리로 공진화하는지에 대해서는 아직 모른다. 그러나 멸종 사건들의 크기와 수명의 분포 사이의 이러한 유사성은 이를 지원하는 단서를 제공한다.

생물들에 적용되는 것이 인공 생명들에도 적용될 수 있다. 내가 9장에서 제안한 것처럼 상충적 제약들 때문에 둘 다 울퉁불퉁한 적합도 지형 위에서 진화한다면, 이들도 또한 공진화한다. 주어진 시간 동안에는 수많은 회사와 기술도 무대 위에서 활보하고 소란을 떨지만 그 후에는 아무런 소리도 들려오지 않는다. 자동차의 도래는 수송 수단으로서 말의 멸종을 확실하게 했다. 말과 함께 마차, 말채찍, 대장간, 마구류, 마구 제작자들도 멸종했다. 차와 함께, 오일과 휘발유 산업, 모텔, 포장도로, 교통 법정, 교외 지역, 대형 상가, 편의 음식점 등이 나타났다. 생물들은 분화하고 다음엔 다른 생물들이 만드는 생태적 지위에서 산다. 한 종이 멸종하면, 그 종이 협력해서 만들었던 생태적 영역을 변화시키고 이웃들을 멸종하게 유도할 수 있다. 경제의 상품과 용역은 다른 상품들과 용역들이 제공하는 영역에 산다. 혹은, 달리 말하면, 우리는 다른 상품들과 용역들이 만든 영역에서 경제적으로 의미가 있는 상품과 용역을 만들고 파는 것을 생활 수단으로 한다. 생태계처럼 경제도 공진화하는 행위자들의 사슬이다. 오스트리아의 경제학자 조지프 슘페터 Joseph Schumpeter는 창조적인 파괴의 바람을 얘기했다. 그 바람이 부는 동안 새로운 기술이 나타나고 옛것들은 멸종한다.

작거나 큰 기술 변화의 사태가 경제계를 통해서 전파된다는 것을 우리는 안다. 이 사태들이 지수함수 법칙을 따르는가? 그럴듯해 보이지만 그런 사태들의 크기 분포에 대한 상세한 연구에 대해서 나는 알고 있지 않다. 작은 크기의 규모에서 경제학자들은 회사들의 사망률을 설립 후 연수의 함수로 얘기하곤 한다. 유아 사망률이 높다는 것은 잘 알려져 있다. 회사가 오래될수록 다음해에도 살아갈 확률이 크다. 그런 사망률 곡선을 잘 설명하며 받아들여지는 이론은 없다. 그러나 노이만과 내가 연구하고 있는 공진화 모형이 이 사실과 잘 맞아떨어진다는 것을 우리는 알아챌 수가 있다. 〈그림 10-13〉은 우리의 모형 생태계에서 나이에 대한 함수를 통해 사망 확률을 보여준

N44, K1, S25, D4, C1, 침략 확률 1.0

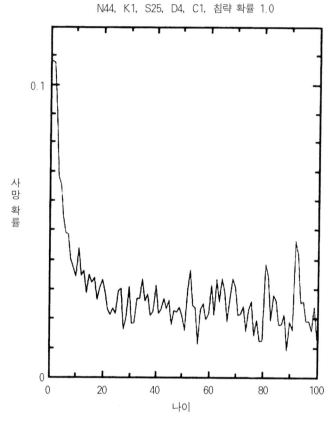

그림 10-13 모형 생태계에서의 사망 나이. 종들이 어릴수록 멸종의 확률이 높다.

다. 유아 사망률이 높고 종의 나이에 따라서 사망률은 떨어진다. 왜
인가? 한 영역을 침략하는 침략종을 새로운 종이나 회사의 설립자로
생각을 해보자. 처음에 새 회사는 새로운 영역에서 낮은 적합도를
갖는다. 그래서 또다른 침략자에 의해 쫓겨나기가 쉽다. 게다가 그
것이 야기하는 그 주변에서의 공진화의 혼란은 자신의 적합도를 당
분간 낮게 할 것이기 때문에 젊은 멸종감이 되기가 쉬울 것이다. 그

러나 그것과 그 주변의 생태계가 ESS 평형을 향해 올라가면 그 회사의 평균 적합도는 증가한다. 이에 따라 그것은 성공적인 침략과 멸종을 덜 당하게 된다. 그래서 ESS에 도달하기 전까지 세대당 사망률은 감소한다. 궁극적으로는 누군가가 아마 성공적인 침략을 할 것이고 회사는 죽을 것이다. 물론 경제적인 사실들에 맞추기 위한 이런 도식적인 설명을 위해서는, 적합도를 자본 평가나 시장 점유율과 같은 성공에 대한 측도로서 해석할 필요가 있다. 회사들이 성숙할수록 자본 평가와 시장 점유율이 좋아진다. 회사들은 한번 정립되기만 하면, 급속히 폐업하게 되는 일은 없다.

생물들과 인조물들은 매우 유사한 방법으로 진화하고 공진화할 수 있다. 눈먼 시계공에 의해 만들어지거나 단순한 시계공인 우리들에 의해서 만들어지거나, 두 양식의 진화는 같은 포괄적인 법칙들에 의해 지배될 수 있다. 아마도 멸종 사건의 크고 작은 사태들이 지수함수 법칙의 분포를 보이면서 슘페터가 말한 것처럼 경제계를 우르르 지나갈 것이다. 아마도 크고 작은 멸종 사건들의 사태들이 생물계를 우르르 지나갈 것이다. 아마도 우리 모두는 우리가 서로 하는 게임들과 상호 간에 이행해야 할 역할들을 수행하면서, 자기조직적인 임계 상태를 향해서 맹목적인 자기조정의 과정을 거치면서 함께 살아가고 있을 것이다. 만약에 이것이 사실이라면, 퍼 백과 그의 친구들은 매우 놀라운 법칙을 발견한 것이 된다. 왜냐하면 우리가 제안했듯이 새로운 생명의 철학이 그들의 수학적인 모래더미 위를 살금살금 걷게 될 것이기 때문이다. 우리의 아주 작은 움직임도 우리가 만든, 혹은 다시 만든 이 세계에 작거나 혹은 광대한 변화를 촉발시킬 수 있다. 삼엽충은 왔다가 사라졌다. 티라노사우러스도 왔다가 사라졌다. 각각은 애를 썼고, 오르막길로 성큼성큼 걸었으며, 진화적인 최선을 다했다. 모든 종들의 99.9퍼센트가 왔다가 사라졌다는 것을 상기하자. 조심하라. 당신 자신의 최선의 발걸음이 당신을 멀리 보내버릴 바로 그 연쇄 반응을 시작하게 할 수 있고, 당신이나 어느 누구도 어떤 한 알의 모래가 미미한 혹은 격렬한 변화를 촉발시키게 될지 전혀 예측할 수가 없다. 조심하라. 하지만 계속 걸어가라. 당신은 선택의 여지가 없다. 가능한 현명하라. 하지만 당신의 포괄적인 무지를 인정하는 기지를 가져라. 우리는 모두 우리가 할 수 있는 최선을 다해서, 단지 우리의 궁극적인 멸종 조건들이 오게 하고, 새로운 형태의 생명들에게 길을 만들어주며, 또 그래야만 하는 길들을 만들 뿐이다.

여기 호레이쇼Horatio의 작은 철학이 있다. 최선을 다하라. 아침에 일어나서 커피를 마시고, 콘플레이크를 먹고, 북적대는 차와 사람들을 뚫고 지하철로 돌진하고, 승강기 속의 사람들에 묻혀서 사무실로 올라가고, 다른 모든 사람들이 이미 쌓아놓은 더미들의 더미 속에서 네 자신의 더미를 쌓고, 네가 선택한 경력이 요구하는 어떤 사다리로 기어 올라가라. 그리고 종국엔, 무엇을 얻게 될까? 무대 위의 짧은 시간일 뿐이다. 괴롭히는 악당도 있고 도움이 되는 친구도 있다. 식물 세계나 동물 세계에 그 이상의 것은 없는 것이다.

낙천적인 세계도 없고 비관적인 세계도 없다. 아마 우리가 항상 있으리라고 생각해왔던 실제가 있을 뿐이다. 최선을 다하라. 당신은 결국 이 펼쳐지는 무대극에서 삼엽충이나 다른 자랑스런 배역들과 함께 역사 속으로 미끄러져 들어갈 것이다. 만약 우리가 궁극적으로 실패해야만 한다고 하더라도, 무대 위의 연기자가 된다는 것은 얼마나 진귀한 모험이겠는가.

1) 웨일스 태생의 작가이자 시인(1914-1953).
2) 한번 넘어지면 다시 일어나지 못한다는 뜻으로 원형 복귀가 어렵다는 것을 의미함.
3) 한 빙하기와 다음 빙하기의 사이의 기간.
4) 두 가지 상태를 가질 수 있는 유전자.
5) 주사위로 하는 부동산 보드 게임.
6) Human Immunodeficient Virus: 인체 면역 결핍 바이러스
7) 동화 『이상한 나라의 앨리스』에 나오는 여왕.
8) 페니실린과 유사한 항생 물질
9) 그리스 신 중의 하나로 원래는 코린트의 왕이었으나 사후에 지옥에 떨어져 큰 바위를 산 위로 밀어 올리는 벌을 한없이 되풀이했다.
10) 여기서의 결합이란 형질들의 각 조합이 갖는 적합도를 지정하는 것을 의미한다.
11) 상하로 5개 행, 좌우로 5개 열의 격자점들이 있는 격자 구조
12) 혼돈을 의미함.
13) 처음 숫자의 반으로 주는 데 걸리는 시간.

11... 우월한 것을 찾아서

회계감사원(GAO)에서 수석 경제학자로 4년간의 근무를 마친 후 지금은 펜실베이니아 주립대학의 와튼 스쿨Warton School에 있는 경제학자 시드니 윈터Sidney Winter가 최근 산타페 연구소의 〈조직의 진화〉에 관한 회의에서 발표를 했는데, 그의 발표는 금방 우리의 주의를 끌었다. 결국 우리 대부분은 학문적인 과학자였다. 시드니는 미국 정부의 중심 가까이에서의 경험을 바탕으로 우리의 경제 생활에 있어서의 포괄적인 변화에 대해서 발표했다. 〈현재의 경제를 이끄는 4명의 기수가 있다〉고 그는 말했다.

기술, 세계적인 경쟁, 구조 조정, 방어 전환. 이것들이 탈냉전 시대를 주도하고 있다. 우리는 직장, 그것도 좋은 직장이 필요하다. 하지만 우리는 경제가 그런 직장들을 창출할지에 대해서 어떻게 확신을 가져야 하는

지 모르고 있다. 보건 개혁, 복지 개혁, 그리고 무역 정책들이 임박해 있다. 우리는 이것들을 어떻게 성취해야 할지도 모르고 있고 그것들의 효과도 이해하지 못하고 있다. 미국 회사들 내에서 직장에 대한 사실상의 신분 보장이 감소하고 있다. 회사들이 외부에서 자원을 조달하고 있다(아웃소싱 outsourcing). 회사 안에서 전체 작업의 모든 부분이 수행되기보다는 많은 세부 작업들이 다른 회사, 혹은 종종 다른 나라들에서 구매되고 있다. 이것은 회사의 수직적 구조의 해체를 유도하고 있다. 기업 합병과 매수(M&A)가 오래된 회사들을 새로운 형태로 끌어내고 구성 부분들을 새로운 구조로 전환시키고 있다. 무역 자유화가 우리에게 다가왔다. 우리는 회사의 규모를 줄이고 있다. 이 모든 것들은 재포장 Repackaging이라는 공통의 주제로 묶을 수가 있다. 우리는 경제 활동의 포장을 새롭고 더 작은 단위들로 바꾸고 있다. 조직의 관행적 모형이었던 위에서 아래로의 방식, 그리고 중앙 집중적 방식들은 이제 시대에 맞지 않는 것이 되었다. 조직들은 더 수평적이 되고, 더욱 분산화되고 있다.

나는 놀라움을 가지고 경청했다. 지구상의 조직들이 덜 계층적으로, 더 수평적으로, 더 분산화되고 있었다. 증가된 유연성과 전반적인 경쟁력 우위에 대한 희망이 그렇게 만들고 있었다. 어떻게 분산화가 이루어지는가에 대한 일관된 이론이 있었는지 나는 의아해했다. 나는 혼돈의 가장자리라는 놀랍고 새로운 현상을 발견하고 있는 과정에 있었기 때문에, 이것은 사업, 정치 등에서 더 수평적이고 더 분산화된 조직이 어떻게 그리고 왜 실제로 더 유연하고 전반적인 경쟁력 우위를 획득할 수 있는가를 보다 깊게 이해할 수 있는 가능성을 암시했다.

몇 주 후에 내가 이 메시지를 곰곰이 생각하는 동안 산타페 연구소가 미시간 대학에서 역외 회의를 열었다. 그 목적은 산타페에서 진행되고 있는 〈복잡성의 과학〉에 대한 연구들과 미시간 대학에 있는 동료들의 연구들을 연결시키기 위한 것이었다. 어려운 수학 문제를 풀기 위한 수단으로 적합도 지형의 착상, 돌연변이, 재조합, 선택 등을 이용하는 〈유전자 알고리듬〉의 개발로 주된 공헌을 했던 컴퓨터 과학자 존 홀런드 John Holland가 연구소와 대학을 단단히 연결하는 교량 역할을 했다. 공학부의 학장이었던 피터 뱅크스는 카리스마가 있는 인물이었다. 그는 다음과 같이 말했다. 〈통합 품질 경영 Total Quality Management이 대세를 잡고 회사들에서 새로운 단위 팀들을 통합하고 있다. 그러나 우리는 어떻게 하면 이것을 잘할 수 있을지를 이해할 만한 이론적인 기초가 없다. 아마도 산타페에서 진행되고 있는 연구 같은 것들이 도움이 될 것이다.〉나는 희망을 가지고 열심히 고개를 끄덕거렸다. 하지만 꼭 확신을 했던 것은 아니었다.

왜 나를 비롯한 산타페의 다른 과학자들, 또 복잡성을 연구하는 지구상의 우리 동료들이 사업, 경영, 정부, 조직들과 같은 실제적인 문제들과의 잠재적 연관성에 흥미를 가지겠는가? 생물학자와 물리학자들은 이 새로운 연구 과제를 여기저기 들춰보면서 무엇을 하고 있는가? 자기조직화와 선택, 맹목적인 시계공과 보이지 않는 손, 이 모든 주제들이 분자로 시작해서, 세포, 생물, 생태계, 마지막으로 인간이 진화시킨 새로운 사회 구조에 이르기까지, 생명이 전개되는 역사 속에서 공동 작업을 하고 있다. 이것들은 역사 속에 내재된 법칙의 중심일 것이다. 대장균 박테리아 안의 어떤 분자도 대장균이 사는 세계를 알지 못하지만, 대장균은 살아가고 있다. 지금 그 크기를 축소하고 수평적 조직화를 단행하고 있는 IBM의 어느 개인도 IBM의 세계를 모르지만 IBM은 집단적으로 행동한다. 생물, 인조물, 조직들은 모두 진화된 구조다. 인간이라는 행위자들이 계획하고 의도적으로 구성할 때조차도 우리가 보통 인식하는 이상으로 〈눈먼 시계공〉과 같은 것이 작용한다. 그런 구조들의 창발성과 공진화를 관장하는 법칙들은 무엇인가?

생물, 인조물, 조직들은 모두 울퉁불퉁하고 변형하는 적합도 지형 위에서 진화하고 공진화한다. 생물, 인조물, 조직들이 복잡해질 때, 이것들은 모두 상충적 제약들에 봉착하게 된다. 따라서 좋은 타협적 해결책이나 계획을 향하여 진화하기 위한 시도들이 적합도 지형 위의 정점들을 찾아다닌다고 해도 과언이 아니다. 가능성의 공간은 전형적으로 광대하기 때문에 인간 행위자들조차도 다소 맹목적으로 찾아다닌다고 해도 또한 놀라운 것이 아니다. 체스는 결국 유한한 게임이다. 하지만 어떤 대가(大家)가 두 수를 둔 다음에 가만히 앉아서 생각을 해보니 상대편이 앞으로 130번째 수를 받아친 후에는 자신이 궁극적인 외통수를 피할 수가 없을 것이라는 사실을 알아차리고 패배를 미리 인정하는 그런 일은 없다. 하물며 체스는 대부분의 실제 생명과 비교하면 간단한 것이다. 우리는 의지를 가질 수는 있지만 결국 눈먼 시계공일 뿐이다. 우리는 모두 변형하는 적합도 지형을 맹목적으로 오르는 세포들이자 최고 경영자들이다. 그렇다면, 다른 조직들이 만든 둥지에서 살아가는 세포나 생물이나 사업, 정부 등 그 어느 것이든 한 조직이 직면하는 문제는 자신도 변형하는 적합도 지형 위에서 얼마나 우월하게 진화해서 그 움직이는 정점들을 잘 쫓아가느냐 하는 것이다.

변형하는 적합도 지형 위의 정점들을 쫓아가는 것은 생존에 있어 중심적인 것이다. 즉, 우리가 성취할 수 있는 최선의 타협은 우월[1]한 것을 찾는 것이고, 적합도 지형은 그것을 찾아가는 과정의 한 부분이다.

조각들의 논리

나는 이 장에서 빌 맥레디와 에밀리 디킨슨과 함께 수행하고 있는 최근의 연구에 대해 기술하고자 한다. 그 결과는 왜 더 수평적이고 분산화된 조직들이 더 잘 기능할 수 있는가에 대한 깊고도 간단한 어떤 것을 암시한다. 즉 직관과는 반대로, 한 조직을 전체에는 해롭더라도 각각이 이기적인 자신만의 이득을 위해서 최적화하려고 시도하는 〈조각〉들로 부수는 것이, 보이지 않는 손에 의한 것처럼 전체 조직의 복지를 불러올 수 있다. 앞으로 우리가 보겠지만, 그 비결은 어떻게 조각들을 고르는가에 달려 있다. 우리는 전체 조직을 위한 형편없는 타협들이 발견되는 질서 영역과, 어떤 해결책도 동의를 얻지 못하는 혼돈 영역, 그리고 우월한 해결책이 급속히 발견되는 질서와 혼돈 사이의 상전이 영역을 발견하게 될 것이다. 우리는 조각들의 논리를 조사할 것이다. 결과가 얻어지면 나는 다음과 같이 기술하게 될 것이다. 복잡한 조직들이 어떻게 진화하는지, 혹은 민주주의가 시민들의 상충하는 열망들 사이에서 타협점을 찾는 데 왜 그렇게도 좋은 정치적 메커니즘일 수 있는지에 대해서도, 이 새로운 통찰들이 우리의 이해를 도울 것이라고 나는 생각한다.

그 연구는 이제는 우리에게 익숙해진 울퉁불퉁한 적합도 지형에 대한 NK 모형에 기반을 두고 있다. 그렇기 때문에 또다시 경고가 필요하다. NK 모형은 단지 일군(一群)의 갈등으로 가득 찬 울퉁불퉁한 적합도 지형들이다. 여기서는 어떤 노력도 조심스럽게 확장되어야 한다. 예를 들면, 내가 얘기할 결과들이 비행기와 같이 복잡한 인조물에서부터 제조 설비, 조직의 구조, 그리고 정치적 시스템에 이르기까지, 갈등이 내재하는 다른 문제들로 확장된다는 사실에 대

해, 내가 지금 확신하는 것보다 훨씬 더 확신을 해야 할 필요가 있
을 것이다.

NK 적합도 지형은 수학자들이 조합 최적화 문제라고 부르는 어려
운 문제들의 예이다. *NK* 모형의 틀에서 최적화 문제란 대역적 최적
점인 최고의 정점을 찾거나 아니면 최소한 우월한 정점들을 찾는 것
이다. *NK* 모형에서 유전자형들은 형질이 1이거나 0인 *N*개의 유전자
로 되어 있는 조합들이다. 따라서 *N*이 증가하면 유전자형의 수가 2^N
으로 증가하기 때문에 소위 조합 폭발이라는 것을 보여주게 된다.
이 많은 조합 중의 하나가 우리가 찾는 대역적 정점이 되는 것이다.
따라서 *N*이 커지면 정점을 찾는 것이 굉장히 어렵게 된다. *K*=*N*-1
일 때, 즉 상호 연결도가 최대 밀도가 될 때, 적합도 지형은 완전히
무작위적으로 되고 지역적 정점의 수는 $2^N/(N+1)$이 된다는 것을 상
기하자. 8장에서 우리는 어떤 주어진 계산을 수행하는 최대로 압축
된 알고리듬의 발견에 대해 살펴보았으며 그런 알고리듬이 무작위적
인 적합도 지형 위에서 〈산다〉는 것을 알았다. 그러므로 어떤 알고리
듬을 위한 최대로 압축된 프로그램을 찾는 것은 그런 무작위적인 적
합도 지형 위에서 한 개 혹은 많아야 몇 개 정도밖에 없는 최고의 정
점들을 찾는 것에 해당되었다. 무작위적인 적합도 지형 위에서는 근
처만 살펴보고 등산을 하면 대역적 최적점과는 많이 떨어진 지역적
정점들에 곧 갇히게 된다는 것을 상기하자. 따라서 대역적 정점이
나, 혹은 몇 개의 우월한 정점들을 찾는다는 것은 굉장히 어려운 문
제가 된다. 성공을 확신하기 위해서는 전 공간을 뒤져야 한다. 그런
문제들은 *NP*-난이성이라고 알려져 있다. *NP*-난이성이란 대략 그 문
제를 푸는 데 걸리는 시간이, 그 자신도 조합 폭발로 인하여 지수적
으로 증가하는 문제 공간의 크기에 비례하여 증가한다는 것을 의미

한다.

진화는 울퉁불퉁하며 고정된 혹은 변화하는 적합도 지형 위를 탐색해가는 과정이다. *NP*-난이도를 갖는 문제에서는 어떤 탐색 과정도 전 가능성의 공간을 탐색하는 데 요구되는 것보다 더 짧은 시간에 대역적 정점을 찾아내는 것을 보장할 수 없다. 그리고 우리가 반복적으로 살펴본 것처럼, 그 탐색 시간은 천문학적인 숫자를 초월하는 것이 될 수 있다. 실제의 세포들, 생태계들, 그리고 내 생각으로는, 실제의 복잡한 인조물들과 실제의 조직들까지도 절대로 그들의 고정되거나 변화하는 적합도 지형의 대역적 최적점을 찾지 못한다. 실질적인 과제는 우월한 정점들을 찾는 것과, 적합도 지형이 변할 때도 그 정점들을 쫓아다니는 것이다. 〈조각들〉의 논리는 복잡계와 조직들이 이 과업을 성취할 수 있는 한 방법으로 보인다.

조각 논리를 고찰하기 전에, 나는 우월한 적합도 정점들을 찾는 잘 알려진 과정에 대해서 당신에게 말하려고 한다. 그것은 담금질 모사 simulated annealing[2]라고 불리며 몇 년 전 IBM의 스콧 커크패트릭 Scott Kirkpatrick과 그의 동료들에 의해 발명되었다. 어려운 조합 최적화의 문제로 그들이 선택한 시험 예제는 그 유명한 외판원 문제다. 이 문제가 풀린다면 많은 최적화 난제들을 해결할 수 있게 될 것이다. 문제는 이렇게 주어진다. 외판원인 당신은 네브래스카 주의 링컨에 산다. 당신은 네브래스카 주 안의 27개 도시를 차례로 방문하고 집으로 돌아와야 한다. 중요한 것은 당신이 가능한 가장 짧은 경로로 돌아와야 한다는 것이다.

문제는 이것이 전부다. 자, 이제 당신은 차에 올라서 여행용 아이스박스에 27개의 점심도시락을 넣고 여행을 시작하면 된다. 이것은 누워서 떡먹기와 같은 일이다. 혹은 그렇게 들린다.

그러나 여기서는 27개밖에 안 되는 도시들의 수 N이 100 혹은 1,000으로 증가하면, 문제는 초천문학적으로 복잡한 것 중의 하나가 된다. 어쨌든 당신은 링컨에서 출발해서 첫 도시를 선택해야 하고, 26가지의 선택을 할 수 있다. 첫번째 도시를 고른 다음엔 두번째 도시를 골라야 하고, 따라서 25가지의 선택이 남게 되는 식이다. 링컨에서 출발하는 가능한 여행 경로의 경우의 수는 $(26 \times 25 \times 24 \times \cdots\cdots 3 \times 2 \times 1)/2$이다. 여기서 2로 나누는 것은 당신이 하나의 순환 경로에 대해 시계 방향이나 반시계 방향을 선택할 수 있기 때문이고, 2로 나눔으로써 이 두 가지를 한 가지의 경우로 세는 것이 된다.

당신은 아마 가장 좋은 여행 경로를 찾는 어떤 쉬운 방법이 있을 것이라고 생각할지 모른다. 하지만 그것은 지나친 희망으로 보인다. 가장 짧은 경로를 찾기 위해서 당신은 모든 경로를 고려해야 할 것이다. 도시의 수 N이 증가하면 유전자형 공간과 조합 공간을 거대하게 만드는 가능성의 조합 폭발이 생긴다. 가장 빠른 컴퓨터를 갖고도, 말하자면 인류의 수명이나 우주의 수명 동안에도 최단거리 여행 경로를 찾는 것을 보장할 수 없다.

할 수 있는 최상은, 정말로 유일하게 실질적으로 할 수 있는 것은, 꼭 최상은 아니더라도 우월한 경로를 선택하는 것이다. 인생에 있어서도 항상 그렇듯이, 우월한 것을 찾는 외판원은 덜 완벽한 것에 만족해야 할 것이다.

어떻게 최소한 우월한 여행 경로를 찾을 수 있을까? 커크패트릭과 그의 동료들은 그들의 담금질 모사의 개념에서 강력한 접근 방법을 제안했다. 우선 우리는 적합도 지형이나, 비용 지형[3]이 필요하다. 그런 다음 우리는 좋은 단거리 여행 경로들을 찾기 위해서 그 지형을 뒤질 것이다. 위 문제에서의 지형은 간단하다. 27개의 도시와 그

들을 통과하는 모든 가능한 여행 경로를 고려해보자. 우리가 본 것
처럼 그런 여행 경로의 수는 굉장히 크다. 이제 우리는 유전자형들
에서 가까운 돌연변이 이웃에 관한 착상처럼, 어떤 여행 경로들이
서로 〈가까운가〉 하는 것에 대한 착상이 필요하다. 이것을 하는 한
방법은 한 여행 경로에서 두 도시의 순서를 〈바꿔치기〉하는 것을 생
각해보는 것이다. 즉 A-B-C-D-E-F-A의 순서로 여행을 했다면, C
와 F를 바꿔서 A-B-F-D-E-C-A로 가보는 것이다(그림 11-1).

　우리가 이 〈이웃하는 여행 경로〉라는 개념을 작 정의하기만 하
면, 우리는 유전자형 공간과 같은 고차원 공간에다 모든 가능한 여
행들을 각 여행이 그 이웃들의 옆에 있도록 배치할 수가 있다. 그 고
차원 여행 공간을 눈으로 볼 수 있게 하는 것은 어렵다. NK 모형에
서 〈1111〉과 같은 유전자형은 부울 논리 고차원 정입방체의 한 꼭지
점이고 〈0111〉, 〈1011〉, 〈1101〉, 〈1110〉과 같은 다른 N개의 유전자형
옆에 있다는 것을 상기하자. 적응적 탐색들은 한 유전자형에서 이웃
유전자형으로 한 지역적 정점에 도달할 때까지 일어난다. 여행 공간
에서 각 여행은 꼭지점이고 이웃 여행들 각각에 선으로 연결되어 있
다. 우리는 링컨에서 시작해서 27개 도시를 돌아 다시 링컨으로 돌아
오는 가장 짧은 여행을 찾고 있기 때문에, 여행의 길이를 그것의
〈비용〉으로 간주하는 것이 의미가 있다. 각 여행은 비용을 갖고 있기
때문에 우리는 여행 공간 위에 정의된 비용 지형을 얻는다. 우리는
적합도를 최대화시키는 것이 아니라 비용을 최소화시키려 하는 것이
기 때문에, 우리가 찾는 것은 최고 정점이 아니라 가장 깊은 골짜기
다. 그러나 착상은 분명히 같은 것이다.

　다른 어떤 울퉁불퉁한 지형처럼, 여행 공간은 다양한 방법으로 상
관성을 가질 수 있다. 예를 들어, 이웃 경로들은 같은 길이, 즉 같

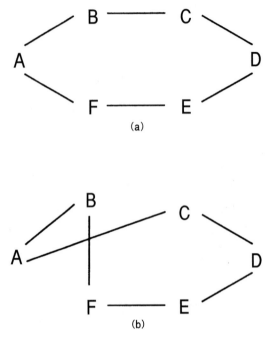

그림 11-1 외판원 문제. 도시들을 지나가는 최단 경로를 찾으려고 한다. (a) A에서 F까지의 여행 경로. (b) (a)의 경로에서 두 개의 도시를 바꾸면 〈이웃〉 경로를 얻는다.

은 비용을 갖는 경향이 있다. 그렇다면, 비록 최상의 경로는 못 찾더라도, 우월한 경로들을 찾는 것을 돕는 데 상관성을 이용하는 것이 현명할 것이다. 8장에서 많은 울퉁불퉁한 지형들이 갖는 상당히 일반적인 특성들을 살펴보았던 것을 상기하자. 즉, 가장 깊은 골짜기는 가능성 공간의 가장 넓은 영역을 빨아들인다. 우리가 골짜기를 산악 지역의 실제 골짜기로 생각하면 가장 깊은 골짜기로 흘러 들어가는 물이 위치하는 배수 영역은 지형도에서 가장 넓은 영역을 차지할 것이다. 이 특성은 우리가 이제 막 살펴보려고 하는 담금질 모사에서 필수적인 역할을 한다.

한 개의 물방울이나 한 개의 공이 지형 위에 놓여 있는 것을 상상해보자. 그것이 한 지역적 최소점에 도달하기만 하면, 어떤 외부의 과정에 의해서 교란되지 않는 한, 그것은 거기에서 영원히 움직이지 않는다. 즉 적합도 정점을 향해서 오르는 것이건 비용 최소점으로 내려오는 것이건 추가적인 탐색이 단지 사태를 더 나쁘게 할 뿐이라면 그는 교착점에 갇힌 것이 된다. 그러나 갇힌 최소점이나 최대점은 우월한 최소점이나 최대점들에 비해 형편없는 것일 수 있다. 그래서 다음 질문은 어떻게 그것들을 빠져나오는가에 대한 것이다.

실제 물리계들은 그런 나쁜 지역적 최소점들을 빠져나오기 위한 지극히 자연스러운 방법을 가지고 있다. 최소점을 찾아서 내려가야 할 때 물리계는 자주 잘못된 방향으로 무작위적으로 움직여서 오르막길로 한 걸음을 내딛곤 한다. 이 무작위적인 운동은 열진동에 의해 유발되며 온도에 의해 그 정도가 측정될 수 있다.

서로 충돌하며 상호작용하는 분자들의 계를 생각해보자. 충돌률은 분자들의 속도에 의존한다. 온도는 분자들의 평균 운동에너지에 대한 측도다. 높은 온도는 분자들이 격렬하게 무작위적인 운동을 한다는 것을 의미한다. 절대온도 0도는 분자들이 전혀 운동하지 않는 것을 의미한다.

높은 온도에서는 물리계가 가능한 배열들의 공간에서 격렬하게 움직인다. 분자들이 서로 충돌하고 운동에너지를 교환한다. 이 격렬한 움직임은 계가 지역적 에너지 최소점을 향해서 그저 낮은 곳으로 흐르기만 하는 것이 아니라, 온도가 상승할수록 증가하는 확률을 가지고, 이웃하는 에너지 최소점들의 유인 영역을 향하여 에너지 장벽을 뛰어넘는 오르막길 도약도 할 수 있다는 것을 의미한다. 온도가 낮다면 에너지 장벽을 뛰어 넘는 오르막길 도약은 잘 일어나지 않을 것이고 따라서 주어진 에너지 〈우물〉에 머물러 있기가 쉬울 것이다.

담금질이란 바로 점차적으로 열을 식히는 것이다. 실제 물리적인 담금질은 주어진 계의 온도를 서서히 낮추는 것에 해당한다. 대장장이가 빨갛게 달궈진 쇠를 망치질하고 찬물에 그것을 집어넣었다가 다시 열을 가해서 망치질하고 하는 것이 실제의 담금질이다. 대장장이가 담금질하고 망치질을 할 때 쇠 원자들은 미시적으로 배열이 재조정되어, 상대적으로 불안정한 지역적 최소점을 버리고 더 딱딱하고 단단한 쇠에 해당되는 에너지가 더 낮은 최소점으로 정착한다. 가열과 망치질이 반복될 때 쇠의 미시적 배열들은 처음에는 모든 지역적 에너지 최소점들 사이의 장벽들을 뛰어넘으면서 배열들의 공간 전역을 헤맨다. 온도가 낮아짐에 따라 이 장벽들을 뛰어 넘는 것이 점점 더 어려워진다. 이제 그 주된 가정이 도입된다. 가장 깊은 에너지 최소점이 가장 넓은 배수 영역을 유인한다면, 온도가 낮아질수록 원자들의 미시적인 배열은, 그것이 가장 넓기 때문에, 가장 넓은 유인 영역에 갇히기가 쉬울 것이고 그 후에는 가장 깊고 가장 안정한 에너지 최소점으로 표류해 내려갈 것이다. 담금질은 미시적인 원자들의 배열을 깊은 에너지 최소점으로 밀기 때문에 쇠는 단단하고 강한 금속이 될 수 있을 것이다.

담금질 모사는 같은 원리를 이용한다. 외판원 문제의 경우, 이웃 경로의 길이가 짧으면 한 경로에서 그리로 이동한다. 하지만 어떤 확률로, 잘못된 방향, 즉 더 길고 비용이 큰 이웃 경로로의 이동도 허용이 된다. 계의 〈온도〉는 어떤 주어진 양만큼 비용을 상승시키는 이동을 허용하는 확률을 명시한다. 컴퓨터 모의실험에서 알고리듬은 가능한 여행들의 모든 공간을 방황한다. 온도를 낮추는 것은 잘못된 방향으로 이동하는 것을 허용하는 확률을 감소시키는 것에 해당한다. 점차적으로 알고리듬은 깊고 우월한 유인 영역으로 정착해간다.

담금질 모사는 상충성 제약들이 많은 문제들에서 해를 찾는 데 매우 흥미로운 과정이다. 실제로 그것은 현재 알려진 가장 좋은 과정이나. 그러나 몇 가지 중요한 제한늘이 있다. 첫째, 좋은 해를 찾기 위해서는 매우 천천히 냉각해야 한다. 즉, 매우 좋은 최소점들을 찾는 것은 오랜 시간이 걸린다. 인간 행위자들이나 조직들이 실제 생활에서 문제들에 대한 해들을 어떻게 찾는가를 생각해보면, 담금질 모사와 같은 과정들에 있는 두번째의 문제는 명백하다. 전쟁터로 뛰어드는 전투기 조종사를 생각해보자. 상황은 빠르게 진행되며, 격렬하고, 생명을 위협한다. 조종사는 갈등으로 가득 찬 상황 속에서 성공을 위한 기회를 최적화하는 전술을 선택해야 한다. 조종사가 전쟁터의 열기 속에서, 계속 빈도가 적어지긴 하지만 좋은 전술에 도달하기 전까지는 대부분 실수들인 것을 이미 알고 있는 전술들을 선택할 것 같지는 않다. 또한 어떤 인간 조직들도 이런 식으로 최적화를 하려고 하는 것처럼 보이지는 않는다. 담금질 모사는 어려운 문제의 우월한 해를 찾는 데는 최상의 과정일 수 있다. 하지만 실제 생활에서 우리는 절대 그것을 이용하지 않는다. 단순히 우리는 일부러 실수를 하고 실수의 빈도를 낮추어 가는 데 시간을 허비하지 않는다. 차라리 우리는 모두 최선을 다하다가 많은 횟수에 걸쳐 실패하곤 한다.

우리가 발전시킨, 잘 작동하는 다른 과정은 없을까? 나는 있을 것이라고 생각한다. 그리고 우리는 그것들을, 연방 제도에서부터 영리 단체, 구조 조정, 수표와 잔고, 정치 행동위원회에 이르기까지 다양한 이름들로 부른다고 생각한다. 여기서 나는 그것을 〈조각들〉로 부르겠다.

조각 과정

조각 과정의 기본적인 착상은 간단하다. 우선 많은 부분들이 상호 작용하며 갈등으로 가득 찬 어려운 문제를 취하고, 그것을 겹치지 않는 조각들로 나눈다. 각 조각 안에서 최적화를 시도한다. 최적화가 이루어지면, 두 조각 사이의 경계에서 각 조각의 부분 간의 결합을 고려하자. 이 경우에 결합은 한 조각에서의 〈좋은〉 해를 찾는 것이 옆 조각에서 풀려야 할 문제를 변화시킨다는 것을 의미하게 된다. 각 조각에서의 변화는 이웃 조각들의 문제를 변화시키고, 이 조각들의 적응적인 움직임은 다시 또다른 이웃 조각들의 문제를 바꿀 것이기 때문에, 계는 바로 우리의 모형 공진화 생태계와 똑같다. 각 조각은 우리가 10장에서 종이라고 불렀던 것과 유사하다. 각 조각은 자신의 지형에서 적합도 정점을 향해 오르지만, 그러면서 상대편들의 적합도 지형들을 변형시킨다. 우리가 보았듯이 이 과정은 붉은 여왕의 혼돈 영역에서 제어할 수 없을 정도로 방향을 바꾸면서 어떤 좋은 해로도 영원히 수렴하지 않을 것이다. 이 혼돈 영역에서 계는 변화를 멈추지 않는 미친 조각 모임이다. 반대로 계는 ESS 질서 영역과 유사하게 형편없는 지역적 정점들에 고정될 수도 있다. 우리가 보았듯이, 생태계들은 붉은 여왕의 혼돈 영역과 ESS 질서 영역 사이에 놓이면 최고의 평균 적합도를 성취한다. 우리는 갈등으로 가득 찬 전체 과업이 잘 선택된 조각들로 적절히 나눠지는지, 또는 그 공진화 계가 질서와 혼돈 사이의 전이 영역에 놓여 있어 매우 좋은 해를 신속히 찾아내는지 등과 같은 것들을 이제 막 살펴보려고 한다. 간단히 말하면, 조각들은 우리의 사회 시스템들에서, 그리고 아마 다른 데서도 매우 어려운 문제들을 풀기 위해 우리가 진화시켜온 근본적인 과정일 것이다.

이제 당신은 *NK* 모형을 안다. *N*개의 부분으로 되어 있고, 각각은 자신의 상태와 *K*개의 다른 부분들의 상태에 의존하는 〈적합도 기여〉를 한다는 것이 모형의 전부다. *NK* 모형을 사방격자 위에 올려보자 (그림 11-2). 여기서 각 부분이란 동서남북 네 개의 이웃으로 연결되는 격자점들이다. 전처럼 각 부분은 두 가지의 상태, 1과 0을 갖는다고 하자. 각 부분은 자신의 상태와 동서남북 이웃들의 상태에 의존하여 적합도에 기여를 한다. 이 적합도 기여의 정도로 0과 1 사이의 난수가 할당된다. 전처럼 우리는 전체 격자의 적합도를 각 부분의 평균 적합도로 정의할 수 있다. 모두가 1 상태에 있다고 해보자. 단지 각 상태들의 적합도를 다 더하고 부분들의 수로 나누자. 모든 가능한 배열들에 대해서 이와 같은 과정을 거치면 우리는 적합도 지형을 얻는다.

맥레디와 디킨슨, 그리고 나는 꽤 큰 격자인 120×120의 격자를 실험하고 있다. 즉 우리의 모형 난제는 14,400개의 부분을 갖고 있다. 그것은 충분히 어려운 문제여야 한다. *NK* 적합도의 울퉁불퉁한 지형은 외판원 문제와 같이 갈등으로 가득 찬 많은 어려운 최적화 문제들과 유사하기 때문에 좋은 최적점을 얻는 방법을 발견하는 것은 일반적으로도 쓸모 있는 일일 것이다. 평상시처럼 가능성의 공간이 광대하다는 것에 주목하자. 각 부분은 1과 0의 두 가지 상태에 있을 수 있기 때문에 부분들의 조합적인 상태, 혹은 격자들의 가능한 배치의 총수는 2^{14400}이다. 이것은 그냥 잊어버리자. 대역적 최적점을 찾는 것은 우주 대폭발 이후로 따져도 시간이 모자란다. 하지만 우리는 완벽한 것이 아니라 우월한 것을 찾는다.

빌 맥레디는 물리학자이고, 물리학자들은 〈적합도〉를 최대화하는

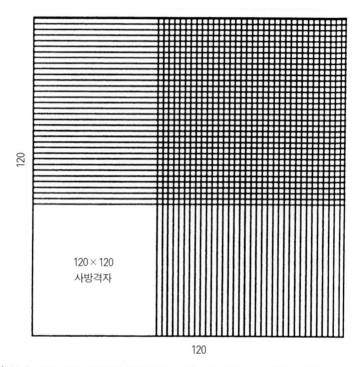

120 × 120
사방격자

120

그림 11-2 120×120 사방격자 형태의 NK 모형. 1과 0 두 가지 상태에 있을 수 있는 각 격자점은 동서남북 네 개의 이웃들과 연결되어 있다. (격자는 토러스의 표면으로 구부러진다. 즉, 윗변은 아랫변으로 붙고, 왼쪽 변은 오른쪽에 붙어서 모든 격자점들이 네 개의 이웃들을 갖는다.)

것보다는 〈에너지〉를 최소화하는 것을 좋아하기 때문에, 또 우리도 비용 곡면 위에서 최소화하는 것에 익숙하기 때문에, *NK* 모형을 〈에너지〉 지형을 주는 것으로 생각하고 에너지를 최소화하자. 120×120 격자 위의 14,400개 격자점들의 상태 배열 각각은 14,400차원의 부울 논리 초정입방체의 각 꼭지점에 해당된다. 각 꼭지점은 14,400개의 다른 꼭지점들의 이웃이고, 이 이웃들은 14,400개의 부분들인 사방격자점들에서 한 격자점의 상태를 다른 상태로 뒤집은 것에 해

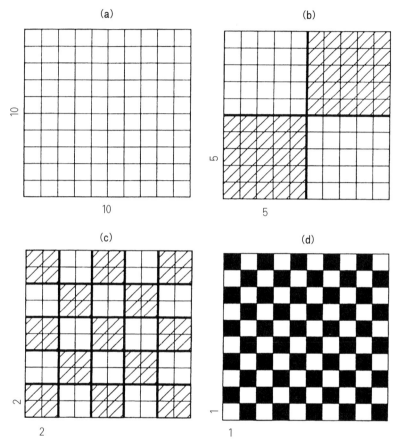

그림 11-3 조각 과정. (a) 10×10 NK 격자. 전체 계가 한 조각이다. (b) 네 개의 5×5 조각들로 나뉜 같은 격자. (c) 25개의 2×2 조각들. (d) 100개의 1×1 조각들.

당된다. 각 꼭지점은 에너지를 가지고 있고 따라서 *NK* 모형은 이 거대한 부울 논리 초정입방체 위의 에너지 지형을 만들어낸다. 우리는 깊고 우월한 최소점들을 찾는다. 여기서 *NK* 모형은 변하지 않고, 우리는 그저 그 위에서 〈오르막길〉을 오르는 것이 아니라 〈내리막길〉을 내려간다. 통계적인 지형의 특성들은 어느 방향이나 똑같다.

이제 나는 조각들을 도입하겠다. 같은 *NK* 모형을 사용하고, 부분들을 같은 방법으로 결합하겠지만, 계를 겹치지 않는 다른 크기의 조각들로 나눈다고 가정하자. 규칙은 항상 같을 것이다. 한 부분을 1에서 0으로, 혹은 0에서 1로 뒤집기를 시도한다. 이 움직임이 그 부분이 놓여 있는 조각의 에너지를 낮추면 움직임을 받아들인다. 에너지가 낮아지지 않으면 받아들이지 않는다.

〈그림 11-3〉은 10×10 격자로 줄여진 120×120 격자의 축소판을 보여준다. 〈그림 11-3a〉에서는 전체 격자를 하나의 〈완전한〉 조각으로 간주한다. 이것을 나는 〈스탈린주의자〉 극한으로 부르겠다. 여기서한 부분은 1에서 0으로, 0에서 1로 뒤집어질 수 있는데, 단 그 움직임은 에너지를 낮춘다는 점에서 전체를 위해 〈좋은〉 것이라야 한다. 모두는 전체 〈상태〉를 위해서 행동해야 한다.

스탈린주의자 극한에서는 어떤 움직임도 전체의 에너지를 낮추어야 하기 때문에, 계속적인 부분들이 시도되고 어떤 것들은 뒤집어지면서 전체 계는 어떤 지역적 에너지 최소점으로 적응성 탐색을 수행할 것이고, 거기에 도달하면 거기서 영원히 머무를 것이다. 일단 그런 지역적 최소점에 있게 되면 어떤 부분을 뒤집어도 전체 격자의 에너지는 더 낮아지지 않는다. 그래서 어떤 부분도 뒤집어지는 것이 받아들여지지 않는다. 모든 부분들이 1이나 0으로 변하지 않는 한 개의 상태로 고정된다. 간단히 말하자면, 스탈린주의자 영역에서는 계가 어떤 해에 묶이고 거기서 영원히 고정된다. 모두에 대한 혼자의 게임이고, 한 가지 상태만이 있는 스탈린주의자 영역은 얼어붙은 경직성으로 끝난다.

이제 〈그림 11-3b〉를 보자. 여기서는 부분 간의 같은 결합을 갖고 있는 같은 사방격자가 네 개의 5×5 조각들로 나뉘어져 있다. 각 부분은 한 조각에 속해 있다. 그러나 조각의 경계 근처의 부분들은 옆 조각의 부분들과 결합되어 있다. 그래서 한 조각에서 부분들이 1과 0 사이에서 뒤집히면서 적응적으로 움직이면 이웃 조각들에 영향을 줄 것이다. 부분들 간의 결합이 스탈린주의자 영역에서와 똑같다는 것을 강조한다. 그러나 지금은, 한 부분이 자기가 속해 있는 조각에게 이로우면 뒤집혀질 수 있다는 우리의 규칙에 의해서, 한 부분은 자신의 조각이 뒤집혀지면서 도움을 줄 수가 있다. 하지만 그것이 동시에 옆의 조각들을 해롭게 할 수도 있다.

스탈린주의자 극한에서는 전체 격자가 에너지 최소점을 향해서 단지 아래 방향으로만 흐를 수 있다. 그래서 계는 퍼텐셜 곡면 위에서 흐른다고 말할 수 있다. 계는 골짜기의 실제 곡면 위에 있는 공과 같다. 공은 골짜기의 바닥으로 굴러갈 것이고 거기서 머무를 것이다. 하지만 격자가 조각들로 나뉘지면 전체 계는 더 이상 퍼텐셜 곡면 위에서 흐르는 것과는 다르게 된다. 한 조각 안의 한 부분이 뒤집혀지면 그 조각의 에너지를 낮출 수 있지만, 경계에서의 결합 때문에 옆 조각의 에너지를 높일 수도 있다. 한 조각이 자신의 에너지를 낮추기 위해서 움직일 때, 옆 조각의 에너지가 높아질 수 있기 때문에 격자의 전체 에너지는 낮아지는 것이 아니라 높아질 수가 있다. 그리고 전체 격자의 에너지가 높아질 수 있기 때문에 전체 계는 어떤 퍼텐셜 곡면 위에서 진화하고 있지 않다. 계를 조각들로 나누는 것은 담금질 모사에서 온도를 도입하는 것과 약간은 비슷하다. 일단 계가 조각들로 나뉘지고 한 조각의 적응적 움직임이 전체에 〈해〉가 될 수 있으면, 그 움직임은 전체 계를 〈잘못된 길로 가게〉 한다.

우리는 간단하지만 근본적인 결론에 도달한다. 즉, 일단 전체 문제가 조각들로 나뉘면 조각들은 서로 공진화한다. 한 조각의 적응적 움직임은 〈적합도〉를 바꾸고 적합도 지형을 변형시킨다. 혹은, 인접한 조각들의 〈에너지〉를 바꾸고 〈에너지 지형〉을 변형시킨다.

단 하나의 큰 조각이라는 스탈린주의자 극한과 비교했을 때 조각들의 강력한 이점을 암시하기 시작하는 것은 바로 조각들이 공진화한다는 사실이다. 스탈린주의자 극한에서 전체 격자가 낮은 에너지의 우월한 최소점들이 아니라, 〈그림 11-4〉에서처럼 높은 에너지를 갖는 〈나쁜〉 지역적 최소점으로 정착한다면 어떻게 되겠는가? 한 개의 조각을 갖는 스탈린주의자 계는 나쁜 최소점에 영원히 붙어 있게 된다. 이제 약간만 더 생각해보자. 스탈린주의자 계가 이 나쁜 최소점에 도달한 직후에 우리가 격자를 네 개의 5×5 조각으로 나눈다면, 이 나쁜 최소점이 전체 계의 지역적 최소점일 뿐만 아니라 5×5 조각 개개의 지역적 최소점이 될 확률은 얼마인가? 짐작할 수 있겠지만, 네 조각으로 나눠진 계가 같은 나쁜 최소점에 머무르기 위해서는 전체 격자의 최소점이 네 개의 조각 각각의 최소점과 같아야 되는 경우밖에 없다. 그렇지 않으면 하나 또는 그 이상의 조각들이 부분을 뒤집을 수가 있을 것이고 계가 움직이기 시작할 것이다. 일단 한 조각이 움직이기 시작하면 전체 격자는 더 이상 나쁜 최소점에 고정되지 않는다.

자, 직관적인 대답은 꽤 명백하다. 스탈린주의자 극한과 같이 전체 격자가 나쁜 최소점으로 흘러가면 같은 부분들의 배열이 5×5 조각들 모두의 지역적 최소점이 되는 기회는 적다. 그래서 계는 고정된 채로 머물지 않을 것이다. 계는 〈미끄러져서〉, 전체 가능성의 공간을 더 멀리 탐구해나갈 수 있을 것이다.

지형에서의 위치

그림 11-4 높은 에너지를 갖는 형편없는 지역적 최소점을 보여주는 에너지 지형.

혼돈의 가장자리

우리는 게놈들의 회로망과 공진화 과정들에서 질서와 혼돈 사이의 상전이를 만났다. 10장에서 우리는 공진화하는 계들에서 최고 평균 적합도가 바로 붉은 여왕 혼돈과 ESS 질서 사이의 상전이에서 일어나는 것처럼 보이는 것을 목격했다. 큰 계를 조각으로 나누는 것은 조각들이 사실상 서로 공진화하게 해준다. 각 조각은 자신의 적합 정점, 혹은 에너지 최소점을 향해 가지만, 그 움직임이 이웃 조각들의 적합도 지형이나 에너지 지형을 변형시킨다. 조각난 계에도 혼돈적 붉은 여왕 영역과 질서적인 ESS 영역과 유사한 것들이 있는가? 이 영역 간의 상전이가 일어나는가? 그리고 최선의 해들은 그 상전이에서, 혹은 가까이에서 발견되는가? 우리는 이 모든 것들에 대한 대답이 긍정적이라는 것을 이제 막 보려고 한다.

스탈린주의자 극한은 질서 영역에 있다. 전체 계는 지역적 최소점으로 정착한다. 그 이후에는 어떤 부분들도 뒤집혀질 수 없다. 그러므로 모든 부분들은 고정된다. 그러나 반대편 극한에서는 무엇이 일어나는가? 〈그림 11-3d〉가 보여주는 극한 상황에서는 각 부분이 자기 자신만으로 조각을 구성한다. 10×10 격자 위의 극한에서 우리는 말하자면 100명의 경기자가 있는 〈게임〉을 창조한 것이다. 각 순간마다 매 경기자는 동서남북 이웃들의 1이거나 0인 상태들을 고려하고, 자신의 에너지를 최소화할 수 있도록 1이나 0이 되도록 행동을 취한다. 이 극한에서——이것은 〈좌파 이탈리아인〉라고 부르자——전체 계가 영원히 정착하지 않는 것을 추측하는 것은 쉬운 일이다. 부분들은 계속해서 뒤집힌다. 계는 강력하게 무질서한 혼돈 영역에 있다.

뒤집기를 중단할 어떤 해에 부분들이 영원히 수렴하지 않으므로 계는 꽤 높은 에너지를 가지고 보글보글거린다. NK 모형에서, 어떤 것도 최소화하려 하지 않고 무작위적으로 선택한 N개 부분들의 배열이 갖는 에너지 기대값은 0.5이다. (0.5가 되는 이유는 우리가 적합도나 에너지를 0 과 1 사이의 난수로서 할당했고 따라서 평균값은 그 중간이 되기 때문이다.) 혼돈적인 좌파 이탈리아인 극한에서는 격자가 성취하는 평균 에너지는 단지 약간 작은 약 0.47이다. 간단히 말하자면, 조각들이 너무 많고 너무 작으면 전체 계는 무질서한 혼돈 영역에 있다. 부분들은 계속해서 자신들의 상태를 뒤집고 격자의 평균 에너지는 높은 값에 머무른다.

우리는 이제 근본적인 질문을 던질 시점에 도달했다. 어떤 조각 크기에서 전체 계가 실제로 자신의 에너지를 최소화하는가?

답은 지형이 얼마나 울퉁불퉁한가에 달려 있다. K가 낮아서 지형이 높은 상관성을 갖고 꽤 평탄하면 스탈린주의자 영역에서 최선의 결과가 발견된다는 것이 우리의 결과가 제안하는 것이다. 상충적 제약들이 적은 간단한 문제들에서는 갇힐 수 있는 지역적 최소점들이

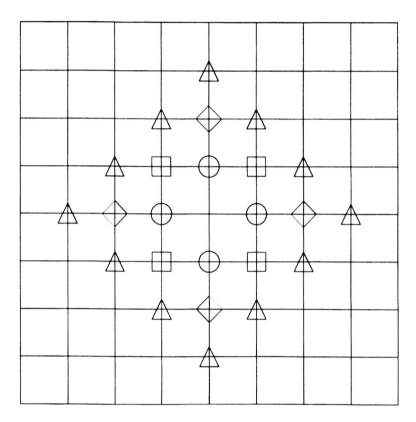

그림 11-5 범위를 증가시키기. NK 사방격자 위의 한 격자점은 K=4개의 이웃(원)들로 연결될 수 있다. 혹은 K=8개의 이웃(원+정사각형)들, K=12개의 이웃(원+정사각형+다이아몬드)들, K=24개의 이웃(원+정사각형+다이아몬드+삼각형)들과 결합할 수 있도록 범위가 더 밀리 확장될 수 있다.

적다. 하지만 이면의 상충적 제약의 수가 더 많아진다는 사실을 반영하여 지형이 더 울퉁불퉁해지면, 계가 질서와 혼돈 사이의 상전이 근처에 있도록 전체 계를 많은 조각들로 나누는 것이 최선으로 보인다.

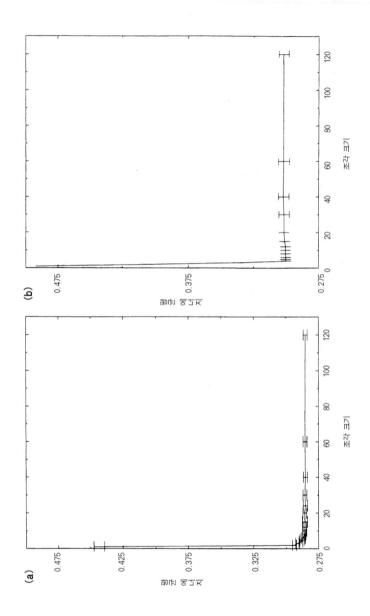

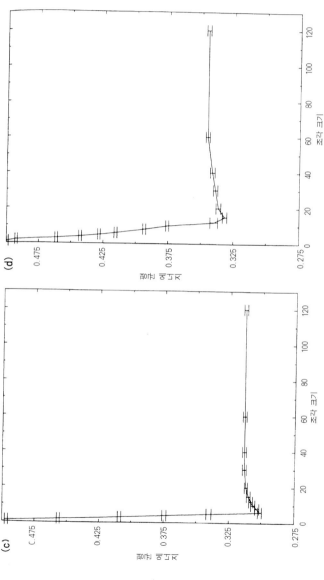

그림 11-6 나누어서 정복하기. 지형이 더 울퉁불퉁할수록 그 문제를 조각들로 나눔으로써 더 쉽게 에너지 최소점들을 찾을 수 있다. 조각의 크기는 x축에 표시되어 있다. 모의실험이 종단에서 도달한 평균 에너지 값은 y축에 표시되어 있다. (각 조각 크기에서 곡선 위 아래의 막대기들은 표준편차 ±1에 해당한다.) (a)K=4인 평탄한 지형의 경우 최소화하는 최저 조각 크기는 단 하나의 120× 120 조각이다. 즉 이 경우는 〈스털린주의자〉의 극한이 된다. (b)K=8인 더 울퉁불퉁한 지형에서는 최적 조각은 4×4 크기를 갖는다. (c)K=12일 때 최적 조각은 6×6 크기를 갖는다. (d) K=24일 때 최적 조각은 15×15 크기를 갖는다.

현재의 맥락에서 우리는, 사방격자의 배열은 유지하고, 각 부분이 자신과 동서남북의 이웃들뿐만 아니라 이 첫 단계의 네 이웃을 포함하여 북서, 북동, 남서, 남동 이웃들에도 영향을 받는 경우들을 고려함으로써, 상충적 제약의 수가 증가하는 경우들을 고려해 볼 수 있다. 〈그림 11-5〉는 격자 위에서 부분들이 서로 영향을 주는 범위를 증가시킴으로써 네 개의 이웃, 8개의 이웃, 12개의 이웃, 그리고 24개의 이웃들의 경우를 고려할 수 있는 것을 보여준다. 즉, NK 모형으로 말하자면, K가 4에서 24로 증가하고 있다.

〈그림 11-6〉은 조각난 격자를 진화를 시켰을 때의 결과들을 보여준다. 여기서는 부분들을 무작위적으로 골라서 그것들이 속하는 조각의 에너지가 낮아질 때만 뒤집는다. 우리는 성취된 에너지가 고정되거나 좁은 범위 안에서 유동할 때까지 계의 전체 에너지를 낮추면서 이 모의실험을 하였다. 〈그림 11-6〉의 도표들에서 x축은 각 조각의 크기를, y축은 이에 대한 에너지 값을 나타낸다. 여기서 우리 결과는 120×120 격자로부터 얻어졌으며 모든 조각들도 사방격자이다. 모든 모의실험은 정확히 같은 NK 격자들의 집합에 대해서 수행했다. 단지 조각들의 크기만 변하게 했다. 따라서 결과들은 전체로서의 격자가 자신의 전체적 에너지를 얼마나 잘 낮추는가에 대해 조각의 크기와 숫자가 미치는 영향을 보여준다.

결과는 명백하다. $K=4$일 때는 단 하나의 큰 조각을 갖는 것이 최선이다. 그렇게 복잡하지 않은 세계에서 지형이 평탄할 때는 스탈린주의자가 잘 작동한다. 하지만 $K=8$에서 $K=24$까지 지형이 좀더 울퉁불퉁해지면, 전체 격자가 어떤 숫자의 조각들로 나눠질 때 최소 에너지가 얻어진다는 것이 명백하다.

그렇다면 첫번째 주된 새로운 결과는 이것이다. 격자가 조각들로 나누어져서, 각 조각들이 둘러싼 다른 조각들에 미치는 영향에 관계없이 자신의 에너지를 낮추려고 시도할 때, 어떻게 그 격자의 최소에너지가 성취될 수 있는 것인지는 명백하지 않다. 그러나 어쨌든 이것은 사실이다. 그래서 어떤 문제가 복잡하고 상충적인 제약들로 가득 차 있다면, 그 문제를 조각들로 나누고 각 조각들이 서로 공진화하면서 최적화하도록 하는 것은 매우 좋은 착상이 된다.

여기서 우리는 또다른 보이지 않는 손이 작용하는 예를 본다. 계가 잘 선택된 조각들로 나뉠 때, 각각은 자신의 이기적인 이득을 위하여 적응한다. 그러나 이때 조각들 간에 연결된 효과는 전체 격자를 위해 매우 좋은 낮은 에너지 최소점들을 준다. 거동을 조정하는 어떤 중앙 관리자도 없다. 적절히 선택된 조각들이 각각 이기적으로 행동하면서 그 조정을 성취한다.

그러나 만약 그런 것이 있다면, 무엇이 최적 조각들의 크기의 분포를 특성화하는가? 그것은 혼돈의 가장자리다. 작은 조각들은 혼돈을 초래하고 큰 조각들은 형편없는 타협들로 고정된다. 중간 정도의 최적 조각 크기가 존재할 때 격자는 전형적으로 질서와 혼돈 영역 사이의 전이에 매우 근접해 있다.

〈그림 11-7〉은 이 〈상전이〉 같은 어떤 것을 보여 준다. 이 두 개의 그림들은 같은 격자의 같은 *NK* 지형에 관한 것이고 같은 초기 상태로부터 출발하였다. 단 하나의 차이는 〈그림 11-7a〉에서는 120×120 격자가 5×5의 조각들로 나누어졌고 〈그림 11-7b〉에서는 6×6의 조각들로 나누어졌다는 점뿐이다. 그림들은 격자 위의 격자점들이 얼마나 자주 뒤집혀지는가를 보여준다. 자주 뒤집혀지는 격자점들은 어둡게, 그렇지 않은 것들은 밝게 나타나 있다. 〈그림 11-7a〉에서는 대부분의 점들이 어둡고, 특히 조각들의 경계를 따라서 가장 어둡다. 점

들은 무질서한 혼돈 영역에서 계속해서 뒤집혀진다. 그러나 조각의 크기를 6×6으로 증가시키면 놀라운 결과가 나타난다. 〈그림 11-7b〉가 보여주는 것처럼 거의 모든 점들이 뒤집는 것을 중단한다. 몇 개의 경계에서 몇 개의 호전적인 점들이 뒤집는 것을 계속하지만 거의 대부분은 정착해서 더 이상 변하지 않는다.

5×5 조각들로 나뉘었을 때 계는 해로 영원히 수렴하지 않고 전체 격자의 에너지는 높다. 그러나 격자를 6×6 조각들로 나누었을 때, 같은 계는 거의 모든 조각들과 부분들이 더 이상 변하지 않는 해로 수렴한다. 그리고 전체 격자의 에너지는 매우 낮다. 같은 격자가 5×5 조각들에서 6×6 조각들로 나누어질 때 혼돈에서 질서 영역으로 넘어가는 일종의 상전이가 일어난 것이다.

공진화 계로 말하자면, 격자가 6×6 조각들로 나누어지는 경우에 각 조각은 그와 인접한 조각들의 최소점과 부합하는 지역적 최소점에 도달한 것처럼 보인다. 이 대역적 거동은 이제 조각들 사이의 내시 평형, 혹은 ESS 같은 것이다. 각 조각이 찾은 최적점은 이웃들이 찾은 최적점들과 부합한다. 어떤 조각도 더 변해야 할 동기를 갖고 있지 않다. 그러므로 조각들은 그들의 지형을 너머 공진화하는 것을 중단한다. 계는 전체적인 해에 수렴한다.

많은 모의실험을 통해 관찰했을 때 최소 에너지는 주어진 격자가 상전이와 가까운 어딘가의 질서적인 ESS 영역에 놓일 때 얻어지는 것 같다. 어떤 경우 최소 에너지는 혼돈으로의 전이가 일어나기 직전, 즉 질서 영역에 머물면서 조각의 크기가 가장 작을 때 얻어진다. 다른 경우 최소 에너지는 조각의 크기가 아직도 약간 더 커서 질서 영역의 더 깊은 곳, 즉 혼돈으로의 전이로부터 더 먼 질서 영역에서 얻어진다. 그러므로 일반적으로 요약하자면, 조각들의 공진화

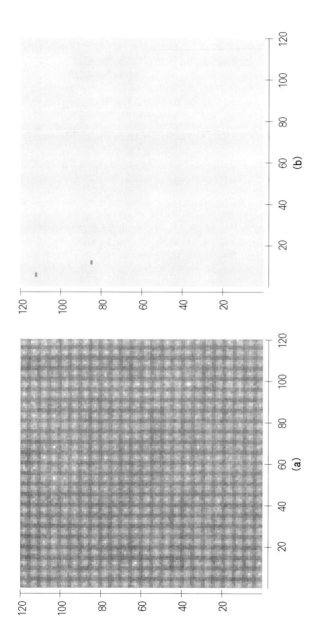

그림 11-7 최적 조각 크기는 준드의 가장자리 근처에서 일어난다. K=12인 NK 격자에서 조각의 크기를 바꾸면 무슨 일이 일어날까? (자주 뒤집는 격자점들은 어둡게, 뒤집지 않는 점들은 밝게 표시되었다.) (a)5×5 조각들로 나누었을 때 격자는 준드 영역에 놓인다. 대부분의 점들은 어둡고 조각들 사이의 경계를 따라서 가장 어둡다. (b)그러나 격자를 6×6 조각들로 나누었을 때 무슨 일이 일어나는 가를 보라. 거의 모든 점들이 뒤집는 것을 중단하고 고정된다. (a)에서 (b)로의 전이는 준드에서 질서로의 상전이다.

계가 혼돈으로의 전이 영역에 다소 가까운 질서 영역에 놓일 때, 보이지 않는 손이 최선의 해를 찾는 것처럼 보인다는 것이다.

조각의 가능성들

상호 연결된 많은 변수들과 상충적 제약들이 있는 어려운 문제들을, 전체를 겹쳐지지 않은 부분들로 나누어서 잘 풀 수 있다는 사실은 매혹적이다. 게다가 상충적 제약들이 악화될수록 조각들이 훨씬 더 쓸모 있다는 사실도 또한 매혹적이다.

이 결과들은 새로운 것이고 거기에 대한 확장이 요구된다. 한편 나는 이 같은 조각내기가 실제로 어려운 문제들을 푸는 데 강력한 수단으로 판명될 것이라고 생각한다. 실제로 나는 조각들 및 다양한 지역적 자율성을 갖고 있는 계들과 유사한 것들이 생태계, 경제계, 문화계의 적응적 진화의 근저에 있는 근본적인 기전일 것이라고 생각한다. 그렇다면 조각들의 논리는 문제들을 설계하는 새로운 방법을 제안할 수 있다. 더 나아가 그것은 복잡한 조직들을 관리하고 세계에 퍼져 있는 복잡한 기구들을 발전시키는 데 새로운 방법을 제안할 수도 있다.

호모 사피엔스, 현명한 인간은 양날 돌도끼 이후로 먼 길을 왔다. 우리는 광역적인 통신망을 구축하고 있으며 뉴턴의 제3법칙에 의해 구동되는 멋진 주석 깡통을 타고 우주로 돌진하고 있다. 챌린저 호의 참사, 급작스런 정전, 허블의 문제, 광대한 전산망의 실패 위험 등의 문제에서 우리의 놀라운 구상들은 이제 우리가 이해하지 못하는 복잡함의 경계를 압박하고 있다. 나는, 거의 풀 수 없는 상충적 제약들이 복잡한 인조물들의 구상을 괴롭힌다는 사실이 서기 2000년에 접근하면서 매우 일반적인 현상으로 대두되고 있음에 놀란다. 예를 들어, 우리는 초음속 비행기 같은 복잡한 인조물들의 설계를 최적화하기 위한 시도들에 관해 이야기를 듣는다. 한 팀은 비행기 외장의 특성을 최적화하고, 다른 팀은 의자들을, 또다른 팀은 유압 장치들을 최적화하지만, 그 다중적인 해는 모든 설계 요구를 적절하게 해결하는 단 하나의 타협으로 수렴하지는 않는다. 제안들은 혼돈적으로 계속해서 진화한다. 종국에는 한 팀이 선택을 한다. 말하자면 유압 장치나 외장 구조가 어떻게 만들어질 것이라는 식으로. 그러면 이 선택 때문에 나머지 설계들은 거기에 맞춘 어떤 것들로 고정되게 된다.

이 수렴이 불가능하다는 일반적인 문제는 전반적인 설계 과정이 혼돈 영역에 있도록 설계 문제를 너무 많은 작은 조각들로 나눈 것을 반영하지는 않는가? 120×120 격자를 6×6 조각들로 나누지 않고 5×5 조각들로 나누면 그렇듯이? 조각의 크기를 크게 하는 것이 혼돈으로부터 우월한 해들로 수렴하는 질서 영역으로 옮겨가게 한다는 사실을 모른다면, 더 크게 〈잘라야〉 한다는 것도 모를 것이다. 다양한 실제의 문제들에 대해 시도를 해보는 것은 가치가 있는 일이다.

최적의 조각내기를 이해하는 것은 복잡한 조직들의 관리와 같은 다른 분야의 문제들에서도 유용할 것이다. 예를 들면, 제조업은 오랫동안 하나의 최종 상품을 만드는 상호 연결된 생산 과정의 고정된 설비를 사용해왔다. 자동차와 같은 제조 상품의 조립라인 생산이 한 예다. 그런 고정 설비는 긴 생산 조업에 사용된다. 지금은 유연한 제조업으로의 전이가 중요해지고 있다. 여기에서의 착상은 최종 상품들을 다양하게 분화하고, 생산 설비를 신속하고 저렴하게 재배치하는 것을 가능하게 한다는 것이다. 그리고 다양한 틈새 시장을 위해 소량의 전문화된 상품들을 생산하기 위한 짧은 생산 조업을 가능하게 하는 것이다. 그러면서도 생산의 품질과 신뢰도는 검사되어야 한다. 어떻게 이것을 해야 하는가? 개개 생산 단계의 수준에서? 전체 계의 생산 수준에서? 아니면 중간 정도로 자른 수준에서? 나는 전체 생산 과정을 적당한 수의 연결된 생산 단계들로 이루어진 지역적인 조각들로 나누고, 각 조각들을 최적화하며, 공진화하게 하고, 신속하게 우월한 전반적 성능을 성취할 수 있게 하는 최적의 방법이 있을 것이라고 생각한다.

계들을 혼돈의 가장자리에 놓이도록 조각내는 것은 두 가지 꽤 다른 이유에서 매우 유용할 수 있다. 즉, 그런 계들은 신속하게 좋은 타협적인 해들을 성취할 뿐만 아니라, 훨씬 더 중요한 것은 그런 불안정한 계들은 변하는 지형 위의 정점들을 매우 잘 쫓아다니게 된다는 것이다. 혼돈의 가장자리에 놓인 불안정한 계들은 〈거의 녹아 있다〉. 외적 조건들이 변하기 때문에 전체 지형이 변한다고 가정해보자. 그러면 지역적 정점들의 상세한 위치가 변할 것이다. 질서 영역의 깊은 곳에 있는 경색된 계는 고집스럽게 자신의 정점에 붙어 있으려는 경향이 있을 것이다. 불안정한 계들은 더욱 유동적으로 움직이는 정점들을 쫓아다니게 된다.

피터 뱅크스는 우리가 어떻게 복잡한 조직들을 관리할지에 대한 새로운 통찰을 찾아볼 것을 촉구했다. 그는 우리에게 효율적인 분산화 이론이 필요하다고 말했다. 우리가 지금 복잡한 문제들이 적절한 크기의 조각들로 분해될 때 신속하게 유용한 타협적인 해들로 가게 된다는 사실에 대한 증거를 보기 시작했다면, 합리적인 관리 기법에 대한 이 움터 오르는 통찰을 발전시키려고 시도하지 않는 것은 어리석은 일일 것이다.

　그러나 사업에 관해서건 더 넓은 분야에서건, 우리가 합리적 관리 기법을 위한 조각들을 발전시키려고 하면, 우리는 우리가 거의 항상 풀고자 하는 문제를 잘못 명시(明示)한다는 사실에 직면하게 된다. 그렇게 되면 우리는 잘못된 문제를 풀고 그 해를 우리가 직면하고 있는 실제 세계의 문제에 적용하는 위험에 처하게 된다.

　잘못된 명시는 항상 일어난다. 단백질과 같은 복잡한 생체 고분자들이 어떻게 그들의 아미노산 선형 배열을 접어서 밀집된 삼차원 구조를 만드는지를 이해하려고 하는 물리학자와 생물학자들은, 그런 접힘으로 인도하는 모형 지형을 만들고 깊은 에너지 최소점들을 구한다. 그렇게 한 후에 과학자들은 실제의 단백질이 예측된 것과는 달라 보이는 것을 발견한다. 그 물리학자와 생물학자들은 잘못된 퍼텐셜 곡면을 〈가정〉한 것이다. 그들은 잘못된 지형을 가정했고 따라서 잘못된 문제를 푼 것이다. 어차피 정확한 문제를 우리가 알고 있는 것은 아니기 때문에, 그들이 바보라는 것은 아니다.

　따라서 명시를 잘못하는 것은 풍토병과도 같은 것이다. 우리가 입력과 출력이 상호 연결된 어떤 생산 설비를 고려한다고 가정해보자. 한 예로, 원유를 분해해서 작은 분자들로부터 다양한 큰 분자 상품들을 만들어내는 석유회사의 복잡한 화학 공정 설비를 고려하자. 우리는 다양한 상충적 제약들과 목표들 하에서 생산 성능을 최적화하기를 원할 것이다. 그러면서 일련의 반응들에서 일어나는 어떤 상세한 화학 반응률이나 온도, 압력, 촉매 순도 등에 대한 민감도 같은 것들은 아마 무시하려 할 것이다. 그러나 우리가 이런 것들을 모른다면, 우리가 만드는 어떤 구체적인 모형 설비도 거의 확실하게 잘못 명시될 것이다. 우리는 생산 과정에 대한 컴퓨터 모형망을 만들고, 모형계가 바로 질서 영역에 놓이는 패턴이 나타날 때까지 여러 가지 방법으로 조각내기를 시도해볼 것이다. 그런 다음 실제 생산 설비로 뛰어 들어가서 컴퓨터 모형이 제안하는 〈최적의 해〉를 적용해보려고 할 것이다. 단언컨대, 전반적인 성능을 최적화하기 위하여 조각들을 어떻게 최적화할 것인가에 대해 제안된 그 해는 실패다. 처음에는 우리가 거의 확실하게 잘못 명시된 모형을 갖게 될 것이기 때문에, 우리의 최적화 해는 잘못 주어진 문제를 풀 뿐이다.

우리는 끊임없는 잘못된 명시를 대하면서 그것들을 어떻게 대할 것인가를 배워야 한다. 우리가 생산 설비를 모형화하고, 계를 조각들로 나누어 계가 제안된 해로 수렴하게 해주는 어떤 특별한 방법이 최적하다는 것을 그 모형으로부터 배운다고 가정해보자. 만약에 우리가 그 문제를 잘못 명시했다면 상세한 해는 아마 아무런 가치도 없을 것이다. 하지만 그 문제를 조각들로 나누는 최적의 방법 그 자체는 문제를 잘못 명시하는 것에 민감하지 않은 경우가 대부분일 것이다. 우리가 공부해온 NK 격자와 조각 모형에서 NK 지형의 에너지들이 약간만 바뀌어도 최소점의 위치가 상당히 움직이지만 격자가 6×6 조각들로 나뉘어야 한다는 사실은 변하지 않을 것이다. 그러므로 잘못 명시된 문제에 대해 제안된 〈해〉를 가지고 그것을 실제의 설비에 적용하는 것보다는, 제안된 〈최적의 조각내기〉를 취하고 그것을 실제의 설비에 적용하여, 이제 잘 정의된 조각들 각각에서 최적화를 시도해보는 것이 훨씬 더 현명할 것이다. 간단히 말하자면, 잘못 명시된 문제를 어떻게 최적화하는가를 배우는 것은 우리에게 실제 문제에 대한 해를 주지는 않겠지만, 우리가 실제 문제를 어떻게 배울 것인가, 어떻게 그것을 우월한 해들을 찾기 위해 공진화하는 조각들로 나눌 것인가 하는 것들을 가르쳐줄 것이다.

수신자 위주 최적화: 어떤 때는 어떤 〈고객들〉을 무시하기

GTE 사[4]의 래리 우드Larry Wood는 어떻게 해내는지는 모르겠지만, 갖가지 엉뚱한 착상들로 계속 상을 타온 상당히 열정적이고 똑똑한 젊은 과학자다. 1993년 봄 어느 날 우드가 산타페 연구소에 나타났다. 그는 조각들에 관한 이야기를 듣고는 굉장히 흥분을 했다. 〈당신들, 수신자 위주 통신에 대해 생각을 해봐야 합니다! 내가 돕겠습니다.〉

나중에 알게 되었지만, 수신자 위주 통신이란 대략 이런 것이었다. 거동을 조정하려고 하는 계의 모든 인자들은 다른 인자들로 하여금 그들에게 무엇이 일어나고 있는지를 알게 한다. 이 정보를 받는 자들은 그 정보를 그들이 하려고 하는 것을 결정하는 데 이용한다. 수신자들은 전반적으로 명시된 〈팀〉의 어떤 목적에 기반을 두고 결정을 한다. 그리고 그것이 조정을 이룰 것이라고 기대된다. 우드는, 지상 관제가 없는 경우 조종사들이 대략적으로 상호 간의 거동을 조정할 수 있도록 미 공군이 이 과정을 채택했다고 설명했다. 조종사들은 서로 말하면서 그들에게 가장 가까운 상대편에 우선적으로 반응하여, 날아가는 새들의 무리와 비슷한 방법으로 집단적인 조정을 이룬다.

우리는 지금 간략한 형태의 수신자 위주 통신을 연구하기 시작했다. 물론 우리의 사랑하는 NK 모형을 통해서이다. 그 예비 결과들은 매우 흥미롭다.

다시 우리의 NK 〈부분들〉, 즉 격자점들을 120×120 사방격자 위에 놓자. 각 격자점들을 자기 자신과 동서남북의 $K=4$에 해당하는 〈고객〉들에게 영향을 주는 〈공급자〉로 생각하자. 각 순간마다 각 고객은 그의 다른 공급자들 각각에게 그 공급자가 1에서 0으로, 혹은 0에서 1로 바뀌면 자신(고객)에게 무슨 일이 일어날지를 말한다. 그러면 각 고객은 그 공급자로부터 받은 통신에 기반을 둔 〈현명한〉 결정을 내리기 위해 자기의 공급자들에게 의존하게 된다.

그러므로 각 격자점은, 그것이 자신과 네 고객을 위해서 행동해야 하는 독립된 최적화 문제에 직면해 있는 독립된 인자다. 이렇게 해서 공급자 인자들이 그들의 고객들로부터 받는 정보에 의해 매우 복잡하고 상충적인 문제에 직면하게 되는 간단한 수신자 위주 통신 모형이 성립한다. 여기서 직관을 조율하기 위해 잠시 멈추어보자. 조각들에 대한 접근 방법에서, 조각 경계에 가까운 격자점은 뒤집혀질 기회를 가질 수 있으며, 인접한 조각들의 격자점들에 주는 영향과는 상관없이 자신의 조각을 위하여 그렇게 뒤집혀질 것이다. 격자점은 자신의 〈고객들〉 일부를 무시한다. 이것은 전체 계가 〈잘못된 길로 가는 것〉을 허용하고, 나쁜 지역적 최소점으로 활주하게 한다. 그러나 단지 경계들 근처에 있는 격자점들만이 조각 안에서 이런 것을 할 수 있고, 큰 조각들의 중간에 있는 격자점들은 다른 조각들에 있는 고객들에게 영향을 미치지 않는다.

이 관찰은 수신자 위주 통신 모형에서 격자점들이 몇몇 고객을 무시하는 것을 허용한다면, 그것은 유용할지도 모른다는 것을 제안한다. 각 격자점이 자신과 비율 P의 고객들에게 주의를 기울이고 비율 $1-P$의 고객들을 무시한다고 해보자. 우리가 P를 〈조율〉하면 무슨 일이 일어날까?

이것은 〈그림 11-8〉에 잘 나타나 있다. 작은 비율의 고객들이 무시될 때 전체 계는 최소 에너지를 얻는다! 〈그림 11-8〉이 보여주듯이 각 격자점이 자신과 모든 고객들을 도우려고 하면, 계는 평균적으로

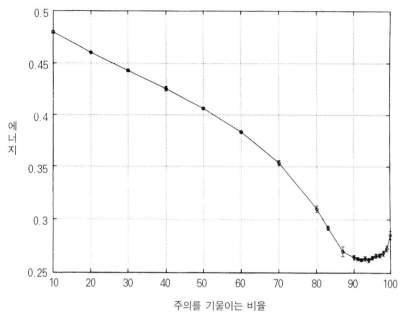

그림 11-8 모두를 즐겁게 할 수는 없다. 각 공급자가 주의를 기울이는 비율 P의 고객들에서 성취되는 최소 에너지. 매 순간마다 93-95퍼센트의 고객 격자점들이 주의를 받고, 5-7퍼센트의 고객 격자점들이 무시될 때 최소값이 얻어진다.

95퍼센트의 고객들에게게만 주의를 기울이는 경우에 비해 덜 잘하게 된다. 실제로 숫자상의 모의실험에서 우리는 각 격자점이 고객들 각각을 다 고려하되 95퍼센트의 확률로 고객들에게 주의를 기울이게 할 수 있다. 물론 각 격자점이 아무 고객한테도 주의를 기울이지 않는 극한에서는 전체 계의 에너지가 매우 높고, 그래서 나쁘다.

여기서 우리는 흥미로운 어떤 것을 배운다. 어렵고 상충적인 문제들에서는 서로 다른 순간에 제약들의 서로 다른 부분 집합들이 무시되면 어떤 방법을 통해 최선의 해들이 얻어질 수 있다. 모든 사람들을 항상 즐겁게 하려고 해서는 안 된다. 하지만 누구라도 언젠가는 즐겁게 해줘야 한다! 음, 익숙하게 들리지 않는가? 그것은 실제 생활처럼 들린다.

담금질 모사가 우리의 시험 모형에서는 조각들보다 더 나을지 몰라도, 개체들과 조직들이 어려운 문제들을 어떻게 푸는가를 우리가 깊이 이해하는 데 있어서는 전혀 도움을 주지 않는다. 인간의 조직들은 실제로 부서들, 영리 단체들, 그리고 다른 분산적인 구조들로 나누어진다. 더 나아가 수신자 위주 최적화는 담금질 모사가 하는 것만큼 잘하는 것으로 보인다. 인간들은 일부러 실수한다거나 실수하는 빈도가 감소한다거나 하지 않고, 실제로 어떤 때는 어떤 제약들을 무시한다. 그렇기 때문에 나는 조각내기와 수신자 위주 최적화는 우리가 실제로 복잡하고 상충적인 과업을 조정하려할 때 사용하는 방법의 일부라고 생각한다.

조각 정치

조각들과 수신자 위주 최적화는 정치와 관계가 있을까? 유용한 관계가 있을 것이라는 직관이 강력해 보인다. 민주주의는 때때로 간략하게 〈다수를 위한 규칙〉으로 간주된다. 물론 민주주의는 훨씬 더 복잡한 통치 절차다. 미국 헌법과 권리장전은 전체가 주state라고 불리는 부분들, 혹은 조각들로 나눠진 연방제도를 창조시켰다. 주들 자신도 카운티와 자치시라는 조각들로 구성되어 있다. 관할권이 종종 겹친다. 가장 작은 조각인 개인의 권리들은 보장된다.

어떤 국가의 정치 형태에서도 욕구, 필요, 요구, 이기심 등이 굉장히 다양하고 또한 서로 모순되는 것을 볼 수 있다. 우리가 민주주의를 이런 모순된 이기심들 가운데서 우월한 타협을 성취하는 최선의 시스템으로 생각할 수 있을까? 그 답은 거의 자명하다. 하지만 이제껏 명백하지 않았던 것은 외관상 연결이 안 되고, 기회주의적이고, 갈라지고, 논쟁적이며, 돼지고기통-pork-barrel[5]과 야합, 사기, 부정선거 등으로 난잡한 시스템이 과연 실제로도 잘 작동할 수 있을 것인가에 대한 가능성이다. 단지 그것이 어렵고 상충적인 문제들을 풀고 평균적으로 꽤 좋은 타협을 찾는 잘 진화된 시스템이기 때문에 말이다.

아퀴나스는 자기 모순이 없는 도덕률을 찾으려고 했다. 칸트는 〈너의 행동 원리가 보편적이 될 수 있도록 행동하라〉는 그의 뛰어난 격언에서 같은 것을 찾으려 했다. 따라서 진실을 말하는 것은 의미가 있다. 왜냐하면 모든 인자들이 그렇게 하기만 하면, 진실을 말하는 것은 자기모순이 없는 행동이기 때문이다. 그러나 모두가 다 거짓말을 하면, 거짓말이라는 것이 의미가 없어진다. 거짓말은 대부분의 인자들이 진실을 말하는 시스템에서만 의미가 있다.

아퀴나스와 칸트의 시도는 위대한 것이었다. 그럼에도 불구하고 자기 모순이 없는 것에 대한 이들의 희망은 실제 세계에서는 비틀거린다. 〈좋은〉 것들로 모아진 목적들이 서로 자기 모순이 없는지, 혹은 일정하게 유지되는지조차도 아무도 보장할 수가 없다. 우리는 필연적으로 모순으로 가득 찬 세계에 살고 또 그것을 만든다. 그러므로 우리의 정치 기구는 좋은 타협을 찾는 과정을 향하여 진화해야만 한다. 조각들과 수신자 위주 최적화는 그것들의 실체와 자연적인 개연성을 평가받는 경기장을 갖고 있다.

게다가 조각들과 수신자 위주 최적화는 우리에게 민주주의의 작용을 이해할 수 있는 상당히 새로운 개념적 도구를 줄 수 있다. 나는 정치학자가 아니기 때문에 로버트 액설로드에게 충고를 부탁했다. 그는 반복되는 죄수의 딜레마에서 언제 협동이 창발할 수 있는지를 보여주는 훌륭한 일을 했다. 최근 액설로드는 새로운 상위 수준의 정치적 〈배우〉가 창발할 수 있는 간단한 모형들을 조사하고 있었다. 그의 새로운 모형은 이웃을 위협하고, 조공을 요구하고, 그 조공국과 상호 이익을 위해 협동적인 동맹을 형성하는 국가들에 기반을 두고 있다. 그 동맹들은 새로운 배우들로서 창발한다.

내가 액설로드에게 조각들과 민주주의에 대해서 물었을 때 그는 이같이 말했다. 자치 지역들로 나눠지는 연방 제도는 새로운 해들이 지역적으로 발명되어 다른 곳으로 복사될 수 있는 그런 〈실험〉을 허용하는 메커니즘으로 생각할 수 있다. 즉 오리건 주에서 발명된 것이 다른 주들에 의해 모방된다. 이런 탐구적인 거동은 전적으로 개연성이 있고 실제로 일어난다. 그러나 조각들과 수신자 위주 최적화는 더 많은 어떤 것을 제안한다. 즉 민주주의적인 계는 상충적인 제약들 가운데서 우월한 타협들을 찾을 수 있다. 스탈린주의자 영역에서는 전형적으로 계는 매우 형편없는 타협의 해에서 결정론적으로 정착하고 그 후에도 거기에 경직된 상태로 머문다. 환상적인 좌파 이탈리아인 영역에서 계는 거의 전혀 어떤 해에도 정착하지 않는다. 그 극한에서 각 시민은 자기 자신의 정치 행동위원회가 된다. 어떤 타협도 정착되지 않는다.

1장에서 언급하였던 것처럼, 제임스 밀은 그가 제일 원리들로 신봉했던 것으로부터 그가 살았던 시대의 영국의 것과 놀랄 만큼 비슷한 입헌군주제가 가장 고차원의 정부 형태라는 것이 명백하다는 것을 추론해낸 적이 있다. 사람들은 항상 익숙한 것들로부터 최적의 것을 추론하는 위험에 빠진다. 이것을 〈밀의 실수〉라고 부르자. 우리 모두가 그런 위험에 처해 있다는 것을 신은 안다.

그러나 나는, 조각들과 수신자 위주 최적화가 어떻게 복잡계들이 우월한 타협들에 도달하게 하는 메커니즘을 제공하는 것을 도와주는가를 이해하는 것은 잘못된 것이 아니라고 생각한다. 지구상에서 그 비율이 증가하고 있는 비틀거리는 정치 양식인 민주주의가 지극히 자연스러운 것으로 보이는 새로운 지평으로 우리가 비틀거리며 들어온 것일지도 모른다. 그렇다면 민주주의는 우리가 이해하고 있는 현상들처럼 진화할 것이다. 우주 속에서 편안한 존재인 우리는 우주와 함께 우리 몫의 지역적 조각들을 만들고 또 만들어 온 것이다.

---

1) 최상, 최선의 것은 아니지만 대체로 다른 것들보다 뛰어나다는 의미.

2) 원래 담금질은 쇠에 열과 망치질을 가하다가 식히는 과정을 반복하여 쇠를 단단하게 하는 기술인데 이를 비유하여 컴퓨터 모의실험에서는 온도 매개변수를 천천히 감소시키는 것을 의미함.

3) 적합도 지형의 개념과 유사하게, 조건들의 조합이 비용을 높이는 곳에서는 솟아오르고 비용이 낮은 곳에서는 낮아지는 지형판.

4) General Telephone and Electronics: 미국의 통신회사.

5) 의원이 정치적 배려로 주게 하는 정부 보조금이나 관직을 뜻하는 속어.

12... 거대 문명의 출현

폭우가 시작되었다. 브라이언 굿윈Brian Goodwin과 나는, 스위스 국경으로부터 몇 킬로미터 떨어진 북부 이탈리아의 루가노Lugano 호수가 바라다보이는 언덕마루의 낮게 늘어진 덤불 밑으로 난 어떤 낮은 콘크리트 구조물의 작고 네모난 구멍으로 기어들어갔다. 우리는 제1차 세계대전 때 사용된 벙커 안에서 기관총을 쏘기 위해 만들어진 수평으로 난 홈을 통해 호수에 퍼붓는 비를 바라보고 있었다. 우리는 헤밍웨이의 『무기여 잘 있거라』에 나오는 영웅이 호수를 건너서 3킬로미터가 조금 못 미치는 스위스 쪽 기슭으로 갔던 길을 상상할 수 있었다. 나도 이틀 전에 내 두 아이들 에단Ethan과 메리트Merit를 데리고 작은 배를 빌려 타고 건너갔있다. 돌아올 때는 아이들의 힘을 돋우기 위해서 뜨거운 초콜릿을 사주었다. 브라이언은 호숫가의 포르테 체레시오Porte Ceresio에 사는 장모 클로디아Claudia

의 집에 있던 우리를 방문하고 있었다. 그와 나는 자기촉매 집합들과 기능적 조직이 암시하는 것들을 철저히 생각해보기로 마음먹고 있었다.

브라이언 굿윈은 몇 년 전 몬트리올에서 온 로드 장학생 Rhodes Scholar이자 나의 친한 친구이며 또 뛰어난 이론 생물학자이다. 나는 1967년, 인공두뇌학의 창시자 중 하나인 MIT 전자공학연구소의 워렌 맥컬럭의 연구실에서 처음으로 그를 만났다. 브라이언은, 그리고 몇 년 후에는 내 처 엘리자베스와 나까지 가세하여, 워렌과 그의 처 룩 Rook과 몇 달 동안 함께 지내도록 초청을 받는 영광을 가졌다. 맥컬럭을 방문했을 때 브라이언은 서로 상호작용하면서 세포 분화를 조절하는 대형 유전자망에 대한 최초의 수학적 모형을 연구하고 있었다. 이제까지 기술했던 부울 논리망 모형과 씨름하고 있던 한 젊은 의과생도였던 내가 굿윈의 책인 『세포의 동적 조직 The Temporal Organization of Cells』을 샌프란시스코의 한 책방에서 우연히 발견했을 때, 내 심장을 엄습했던 경외와 공포가 뒤섞인 그 감정을 아직도 나는 기억한다. 모든 젊은 과학자는 언젠가는 이런 순간을 맞이하게 된다. 〈아, 저런, 누가 벌써 해버렸구나!〉 하지만 전형적으로 그 누군가는 당신이 시작하려고 했던 그 일을 정확하게 한 것은 아니다. 그래서 잊혀진 꿈의 심연으로 사라질 뻔했던 당신의 인생은 어떤 고원의 목초지를 향하여 나아가는 좁은 길을 발견할 수 있다. 그 영감은 유사했지만, 브라이언이 내가 하려고 했던 정확히 그것을 했던 것은 아니었다. 몇 년 동안 우리는 빨리 친해졌다. 나는 생물학에서 드러난 적이 없었던 논점들에 대한 그의 감각을 높이 찬양한다.

〈자기촉매 집합들은……〉 하고 깊은 생각에 잠겨 있던 브라이언이 말을 시작했다. 우리는 비가 우박으로 변해서 후두둑 떨어지는 것을 보고 있었다. 〈그 자기촉매 집합들은 확실히 기능적 통합에 대한 자연적인 모형들이다. 그들은 기능적인 전체들이다.〉 물론 나는 동의했다. 몇 년 전, 맥컬럭의 친한 동료인 움베르토 마투라나 Humberto Maturana와 프란시스코 바렐라 Fransisco Varela, 이 두 명의 칠레 과학사들은 그들이 자기창조 autopoesis라고 불렀던 개념을 공식화했다. 자기창조적 계들은 자신을 만들어내는 능력을 갖고 있는 계들이다. 나는 후에 마투라나를 인도에서 만날 수 있었고, 바렐라와는 친한 친구가 되었다. 그 개념은 그들 전에도 있었다. 18세기 말 칸트는 생물들을, 각 부분들이 전체를 위해서 그리고 전체에 의해서 존재하고, 한편으론 전체가 부분들을 위해서 그리고 부분들에 의해서 존재하는, 자기창조적인 전체들로 간주했다. 굿윈과 그의 동료 게리 웹스터 Gerry Webster는 칸트에서 현대에 이르는 지적 계통에 대한 산뜻한 해설을 쓴 적이 있었다. 그들은 생물에 대한 자기창조적 전체의 개념이 〈중앙 감독 기관〉의 표현으로 대체되었던 것을 발견했다. 유명한 생물학자 아우구스트 바이스만 August Weismann은 19세기 말에 생물들이, 성장과 발달을 결정하는 중앙 감독 기관인 미시적인 분자 구조들을 갖는 특수한 세포들인 종선(種線, germ line)의 성장과 발달에 의해 창조된다는 견해를 발전시켰다. 계속해서 그 분자 구조들은 염색체가 되고 유전자 부호가 되며 개체 발생을 조절하는 발달 프로그램이 된다는 것이었다. 바이스만에서 오늘에 이르기까지의 짧지 않은 시간 동안 그 지적 계통은 직선적이다. 이 궤적에서 우리는 자기창조적 전체로서의 세포와 생물들의 초기 개념들을 잃었다. 현재의 모든 설명들은 생명의 주인 분자이자 그 자신이 또 자연선택에 의해 가공되는 DNA 안의 유전자 명령들로 귀결된다. 이런 견해로부터 생물들을 임의적이고 엉터리로 조립된 희한한 장치로 보는 개념까지는 짧은 단계가 남아 있을 뿐이다. 부호는 어떤 프로그램도 부호화할 수 있고, 따라서 자연선택이 함께 수선해주었을 어떤 엉터리 고물도 마찬가지로 부호화할 수 있을 것이다.

그러나 우리가 3장에서 보았듯이, 일단 화학적 수프가 적절한 고농도를 유지할 수 있도록 좁은 영역에 모여서 다양한 분자들을 만들기에 충분할 정도로 진해졌다면, 집단적인 자기촉매로의 상전이가 일어나면서 생명이 창발했다는 가정은 개연성이 없지는 않다. 우리가 보았듯이 최소한 컴퓨터 모의실험에서는 집단적인 분자들의 자기촉매적 집합은 자신을 복제하는 능력이 있다. 즉, 유전적인 변이를 할 수 있는 두 개의 덩어리들로 나누어질 수 있고, 따라서 다윈의 논리에 따른 진화를 할 수 있다. 그러나 집단적인 자기촉매 집합에 중앙 감독 기관은 없다. 다시 말해 독립된 게놈이나 DNA가 없다. 칸트가 보았다면 고무되었을 집단적인 분자들의 자기창조적 계가 있는 것이다. 부분들은 전체를 위해서 전체에 의해서 존재하고, 전체는 부분들을 위해서 부분들에 의해서 존재한다. 실험실의 비커에서는 아직 실현이 되지 않았지만, 자기촉매 집합은 신비로운 것이 아니다. 그것은 아직 진실한 의미에서의 생물은 아니다. 그러나 우리가 시험관이나 열류 장치에서 진화하고 혹은 공진화하기까지 하는 어떤 자기촉매적 집합들을 우연히 보게 될 수 있다면, 우리는 마치 우리가 살아 있는 생물들을 보고 있는 듯한 착각을 할 것이다.

내가 생명이 집단적인 자기촉매와 함께 시작했다고 하는 것이 맞건 틀리건, 그런 계들이 가능하다는 그 사실 자체가 중앙 감독 기관에 대한 주장에 의구심을 갖도록 해야 한다. 중앙 감독 기관이 생명에 필수적인 것은 아니다. 생명은 빼앗을 수 없는 전체성을 갖는다고 나는 생각한다. 그리고 앞으로도 항상 그럴 것이다.

브라이언과 나는 웅크리고 앉아서 생명의 근원과 우리 앞의 기관총 구멍으로 쏟아지는 전쟁과 죽음의 규칙성에 대해 생각하면서 실제로 긴 이야기를 나누었다. 우리는 RNA나 펩티드 같은 분자들의 집단적인 자기촉매 집합들이 명백하고 실제적인 방법으로 그들의 기능적인 진체성을 공개하는 것을 볼 수 있었다. 분자들의 집합은 촉매 반응 고리의 성질을 가질 수도 있고 갖지 않을 수도 있다. 촉매 반응 고리란 계 안의 모든 분자에게 외부로부터 〈양식〉이 공급되거나 그 자기촉매적 계 안에서 다른 분자들이 촉매하는 반응들에 의해 합성되는 것을 의미한다. 촉매 반응 고리는 신비한 것이 아니다. 그러나 그것은 어떤 개개의 분자가 가질 수 있는 성질이 아니다. 그것은 분자들의 계가 갖는 성질이다. 바로 창발성인 것이다.

일단 자기촉매적 집합들이 있다면, 그런 계들이 경쟁자와 공생자들의 생태를 형성할 수 있다는 것을 우리는 알 수 있다. 당신이 내게 뿜어내는 것이 내 자신의 어떤 반응에 독이 되는 것일 수도 있고 그것을 촉진하는 것일 수도 있다. 서로를 도우면 우리는 교환으로부터 이익을 얻을 수 있다. 우리는 가까운 결합과 공생, 그리고 더욱 질서를 갖춘 실체들의 발현을 향하여 진화하게 할 수 있다. 우리는 분자들의 〈경제〉를 형성할 수 있다. 공진화하는 자기촉매 집합들에는 이미 생태와 경제가 내재되어 있다. 브라이언과 나는 서로 상호작용하면서 공진화하는 자기촉매 계들의 그런 생태가 증가하는 가능한 분자들의 영역을 탐구하면서, 아직 명백하지 않은 어떤 방법으로 분자들의 다양성을 확장시키는 생물계를 창조할 것이라고 상상했다. 다른 종류의 분자들로 된 일종의 분자들의 〈파동〉이 지구를 가로질러 전파해갈 것이다.

나중에, 같은 그림이, 기술 혁신과 문명의 양식들의 파동과도 같이, 모닥불 주위에서 그들의 근원과 운명을 처음으로 생각했을 호모 하빌리스의 후손들인 우리가 창조한 창발적인 대역적 문명들과도 같이 어렴풋이 비슷하게 보이기 시작하곤 했다. 아마도 어느 날 밤 루가노 호수 기슭에서였을 것이다. 그리고 아마 폭우가 내리고 있었을 것이다.

비는 그쳤고 우리는 그 벙커를 기어나와, 클로디아와 엘리자베스가 미네스트로네는 물론이고 버섯 폴렌타 polenta[1]를 만들어 놓았을 것을 기대하면서 집으로 향해 내려왔다. 우리는 우리의 견해가 가능성이 있다는 것을 느꼈다. 그러나 우리가 장애물에 걸려 있다는 것도 알았다. 서로에게 작용하는 단백질이나 RNA 분자들의 이미지에서 더 넓은 틀로 어떻게 일반화할지에 대한 단서가 없었다. 월터 폰타나 Walter Fontana가 더 넓은 틀의 후보를 발명하기까지 우리는 6년을 기다려야 했다.

알고리듬의 화학[2]

월터 폰타나는 비엔나에서 온 젊은 이론 화학자다. 피터 슈스터와 같이 진행한 그의 학위 논문은 RNA 분자들이 어떻게 복잡한 구조들로 접히고, 또 그런 구조들이 어떻게 진화하는가에 관한 것이었다. 맨프레드 아이겐과 나, 또 다른 이들처럼 폰타나와 슈스터도 8장에서 애기했던 유형의 분자들의 적합도 지형 구조를 고려하기 시작하고 있었다.

그러나 폰타나는 더 대담한 목표를 품고 있었다. 괴팅겐에 있는 아이겐 그룹을 방문했을 때 그는 RNA 분자들을 진화시키는 이론과 실험에 참여하고 있던 매우 유능한 젊은 물리학자인 존 맥캐스킬 John McCaskill과 우연히 대화를 하게 되었다. 맥캐스킬 역시 더 대담한 목표를 갖고 있었다.

튜링 기계Turing machine는 이진 수열 형태로 쓸 수 있는 입력 데이터에 작용할 수 있는 보편적 계산기다. 튜링 기계는 자신의 프로그램을 참조해서 입력 테이프에 작용하여 어떤 방식으로 그것을 다시 쓴다. 입력이 숫자들의 열로 되어 있고 기계가 그것들의 평균을 계산하도록 되어 있다고 가정하자. 테이프 위의 1과 0 기호들을 바꿔가면서 기계는 입력 데이터를 적절한 출력으로 변환할 것이다. 튜링 기계와 그것의 프로그램 자체들도 이진 숫자들의 수열에 의해 명시될 수 있기 때문에 근본적으로 한 기호열이 다른 기호열을 조작하는 것이다. 그래서 어떤 입력에 대한 튜링 기계의 작용은 어떤 기질에 작용하여 여기저기서 원자들을 떼어내기도 하고 더하기도 하는 효소의 작용과 약간 비슷하다.

튜링 기계들의 수프를 만들어서 그것들을 충돌하게 하면 무슨 일이 일어날까 하고 맥캐스킬은 궁금해했다. 한 충돌 상대는 기계로 작용하고 다른 상대는 입력 테이프의 역할을 할 것이다. 프로그램들로 된 수프는 자기 자신에 작용하여 다른 상대의 프로그램을 다시 쓸 것이다. 언제까지…… 언제까지?

그러나 그것은 작동하지 않았다. 많은 튜링 기계 프로그램들은 무한 순환고리[3]들로 들어가서 거기에 걸려 빠져나오지 못할 수 있다. 그런 경우에 충돌짝들은 영원히 끝나지 않고 아무 〈결과〉 프로그램도 주지 않는 서로 결합된 상태에 갇혀버린다. 실리콘 위에서 자기복제하는 스파게티 같은 프로그램들을 창조하려는 시도는 실패했다. 당연한 것이다.

산타페 연구소의 벽에는 한 만화가 걸려 있다. 그 만화는 책상 위를 엉망으로 만들면서 비커에 용액을 붓고 있는 다소 당황한 고수머리 아이와 온 방에 날리는 깃털들을 보여준다. 그 만화의 제목은 다음과 같았다. 〈처음으로 닭을 창조하고 있는 아이 같은 신(神).〉아마 대폭발 전에 만물의 조각가인 신은 어떤 다른 우주를 시험하고 있었을지도 모른다.

폰타나는 RNA 지형으로 머리가 꽉 찬 채로 연구소에 도착했다. 그러나 다른 대부분의 창의적인 과학자들처럼 그 역시 자신의 더 대담한 꿈을 따라가는 길을 찾아냈다. 만약 튜링 기계들이 서로에게 작용할 때 〈걸리게〉 된다면, 람다 미적분 lambda calculus이라 불리는 비슷한 수학적인 구조로 옮겨서 생각하겠다는 것이었다. 당신들 중 많은 이들은 이 미적분의 파생물들 중 하나를 알 것이다. 바로 리스프 Lisp라는 프로그램 언어다. 리스프나 람다 미적분에서 함수는, 그것이 다른 기호열에 〈작용〉되도록 하면 그 시도는 거의 항상 〈적법〉하고 〈걸리는 법이 없는〉 성질을 가진 한 기호열로 씌어진다. 즉, 한 함수가 두번째 함수에 작용하면 거의 항상 〈결과〉 함수가 생긴다.

간단하게 말하면, 함수는 기호열이다. 기호열들은 기호열들에 작용하여 새로운 기호열들을 창조한다! 람다 미적분과 리스프는 분자라고 부르는 원자들의 열들이 원자열들에 작용하여 새로운 원자열들을 만드는 화학의 일반화이다. 효소는 기질에 작용하여 생성물을 만들어낸다.

폰타나는 이론 화학자이기 때문에, 또 람다와 리스프 표현들이 알고리듬들을 수행하기 때문에, 또 폰타나가 그런 알고리듬들로 화학 수프를 만들려고 했기 때문에, 자연히 그는 그의 발명품을 알고리듬 화학이라고 불렀다.

나는 폰타나의 알고리듬 화학이 생물과 경제의 세계, 그리고 아마 문화의 세계까지도 우리가 그것들에 대해 생각하는 방법을 변환시키는 실제의 연금술이 될 수 있다고 생각한다. 알고 있다시피 우리는 상호작용하는 화합물들의 모형으로서, 또 경제에서의 상품과 용역들의 모형으로서, 그리고 생물학자 리처드 도킨스Richard Dawkins가 〈밈 meme〉이라고 불렀듯이 아마 문화적 개념들의 확산에 대한 모형으로서도 기호열들을 사용할 수 있다. 이 장의 후반에서 나는 기호열들이 망치, 못, 조립 라인, 의자, 끈, 컴퓨터들과 같은 경제의 상품과 용역들을 나타내는 기술 진화의 모형을 전개할 것이다. 새로운 기호열들을 창조하기 위하여 서로 작용하는 기호열들은 각자가 다른 상품이나 용역들이 제공하는 영역에 사는 기술적 사슬들의 공진화 모형을 낳을 것이다. 우리가 더 큰 맥락에서 개념과 이상과 역할, 그리고 밈을, 상임계의 생물계에서 퍼져나가는 분자 〈파면〉처럼 영원히 끝나지 않는 전개 속에서 상호 작용하도록 배치할 때, 기호열 모형들은 문화의 진화와 대역적 문명의 발현을 생각할 수 있는 새롭고 유용한 방법을 제공할 것이다. 월터는 이 기호들이 〈수프〉 안에서 서로 작용하고 변화시킬 때 일어나는 창조와 소멸의 연쇄적인 암시들을 탐구하는 첫 수학적 언어를 창조하였다.

폰타나가 그의 알고리듬 화학의 야망으로 그의 컴퓨터를 감염시켰을 때 무엇이 일어났을까? 그는 집단적인 자기촉매 집합들을 얻었다! 그는 〈인공 생명〉을 창조했다.

월터가 그의 초기 컴퓨터 실험에서 한 것은 이것이다. 그는 컴퓨터에 기호열들의 총 수가 고정되어 유지되는 〈화학 반응기〉를 만들었다. 이 열들은 화합물들처럼 다른 열들과 서로 부딪혔다. 충돌하는 두 개의 열 중에 무작위적으로 하나가 프로그램으로 선택되고 다른 열은 데이터가 되었다. 기호열 프로그램이 기호열 데이터에 작용하여 새로운 기호열을 낳았다. 기호열들의 총 수가 어떤 최대값, 예를 들어 10,000을 넘으면, 폰타나는 무작위적으로 한두 개의 열들을 골라 버리고 10,000개의 총 수를 유지시켰다. 무작위적으로 기호열들을 버림으로써 그는 자주 만들어지는 기호열들에 자연선택의 〈압력〉을 가하고 있었다. 반면에, 거의 만들어지지 않는 기호열들은 화학반응기로부터 사라질 것이었다.

계가 무작위적으로 골라진 기호열들의 수프로 시작되었을 때, 처음에는 이 기호열들이 서로 작용하여 새롭게 생겨나는 기호열들의 만화경 같은 소용돌이를 만들었다. 그러나 한참 지나면, 전에 나타난 적이 있었던 기호열들이 만들어지는 것이 보였다. 또 한참 지나서 폰타나는 그의 수프가 기호열들이 스스로를 유지하는 생태계, 즉 자기촉매 집합으로 정착하는 것을 발견했다.

기호열들이 서로 충돌하고 〈다시 쓰는〉 한 덩어리의 리스프 표현들로부터 스스로 유지하는 기호열들의 생태가 튀어나오리라고 누가 기대했겠는가? 무작위적으로 뒤섞여 있는 리스프 표현들로부터 스스로 유지하는 생태가 저절로 조직이 되었던 것이다. 무(無)로부터. 폰타나는 무엇을 발견했던 것인가?

그는 두 가지 유형의 자기복제를 발견했다. 첫번째 유형에서 어떤 리스프 표현은 일반 〈복사기〉로 진화했다. 그것은 자신도 복사하고 다른 어떤 것들도 복사하곤 했다. 이렇게 고도로 적응한 기호열들은 급속히 자신과 어떤 측근들을 복제했고 그 수프를 주도했다. 폰타나는 그 자신이 RNA로 만들어진 RNA 효소, 즉 리보자임 RNA 효소와 논리적으로 유사한 것을 진화시켰다. 그런 RNA는 자신을 포함하여 어떤 RNA 분자들도 복사할 수 있다. 하버드 의대의 잭 소스택이 바로 그런 리보자임 RNA 효소를 진화시키려 하고 있다는 것을 상기하자. 그것은 일종의 살아 있는 분자로 생각될 수 있다.

그러나 폰타나는 두번째 유형의 자기복제도 발견했다. 그가 일반 복사기들을 〈허용하지 않으면〉, 즉 그것들이 나타나지도 않고 그 수프를 주도하지도 않게 되면, 정확하게 내가 바랐던 것, 즉 리스프 표현들의 집단적인 자기촉매 집합들을 진화시킬 수 있다는 것을 그는 발견했다. 다시 말해 수프가 진화하여, 리스프 표현들 각각이 하나 또는 그 이상의 다른 리스프 표현들의 작용들의 산물로서 형성되는 〈핵심 신진대사〉를 그 수프 안에 포함한다는 것을 발견했다.

RNA나 단백질 분자들의 집단적인 자기촉매 집합들처럼, 월터의 집단적으로 자기촉매적인 리스프 표현들의 집합들도 기능적 전체의 예들이다. 전체주의와 기능성은 전혀 신비적이지 않다. 두 경우 모두 〈촉매 반응 고리〉가 이루어진다. 전체는 부분들의 작용에 의해 유지된다. 그러나 그것의 전체적인 촉매 반응 고리에 의해서 전체는 부분들을 유지하기 위한 조건이 된다. 아마 칸트는 즐거워했을 것이다. 신비로운 것은 없다. 다만 조직이 발현하는 단계가 명백히 존재하는 것이다.

폰타나는 복사기들을 〈0단계 조직들〉, 자기촉매 집합들을 〈1단계 조직들〉이라고 불렀다. 지금은 예일 대학의 생물학자 레오 버스와 연구하고 있는 그는 기능적 조직의 심오한 이론과 계층적인 조직들의 명백한 개념들을 개발하기를 희망하고 있다. 예를 들어 폰타나와 버스는 두 개의 1단계 조직들이 기호열을 교환함으로써 상호작용할 때 무슨 일이 일어나는가에 대해 의문을 갖기 시작했다. 그들은 참여하는 1단계 조직들 중 어느 하나나 둘 다를 유지하는 것을 도울 수 있는 일종의 〈접착제〉가 조직들 사이에서 형성될 수 있다는 것을 발견한다. 일종의 공생이 자연스럽게 발현될 수 있다. 교환의 이익과 경제가 이미 공진화하는 1단계 자기촉매 집합들에 내재하고 있다.

기술 공진화

자동차가 등장하고 말들이 몰려나간다. 말이 사라질 때, 대장장이와 마구류, 마구간, 마구 상점, 마차들, 그리고 서부의 조랑말 속달우편도 사라진다. 그러나 자동차들이 있으면 석유 공업을 확장하고 길을 따라 점점이 주유소들을 세우고 길을 포장하는 것이 의미를 갖게 된다. 길이 포장되면 사람들이 열심히 운전을 하게 되고 따라서 모텔들 또한 의미를 갖는다. 속도, 신호등, 교통경찰, 교통사범 재판소, 그리고 주차 벌금 딱지를 면하기 위한 뇌물들이 경제와 우리의 행동 양식을 만드는 방법들이 된다.

경제학자 슘페터는 질풍과 같은 창조적 파괴와 기업가의 역할에 대해서 얘기했다. 그러나 이 말은 그 위엄 있는 슘페터의 말이 아니었다. 그것은 내 좋은 친구인 아일랜드인 경제학자 브라이언 아서가 〈산타페의 아가씨〉라는 한 식당에서 해물 샐러드를 먹으며 한 말이었다. 합리적인 선택에 대한 어떤 이론도 무시한 채 그는 맛이 지독하게 형편없다고 자신이 말했던 해물 샐러드를 항상 골랐다. 〈나쁜 식당이군〉 하고 매번 그는 다짐하듯이 말했다. 〈당신은 왜 계속 그 해물 샐러드를 주문하는 겁니까?〉 하고 나는 물었다. 대답이 없었다. 7년 동안 내가 그를 난처하게 했던 것은 바로 그때뿐이었다. 다른 것들 중에서 브라이언은 경제인자들이 왜 실제로 무한히 합리적이지 않느냐는 〈제한된 합리성〉의 문제에 대해서 깊은 흥미를 갖게 되었다. 비록 모든 경제학자들이 그것이 틀리다는 것을 알지만 그럼에도 불구하고 이것은 표준 경제학 이론이 가정하는 것이다. 나는 브라이언이 맛이 괜찮은 햄버거를 시도해보지 못하는 자신의 무능력 때문에 이 문제에 흥미를 갖는 것이 아닐까라고 생각한다. 좋은 식당이다.

〈당신들 경제학자들은 그런 기술 진화에 대해서 어떻게 생각합니까?〉 하고 나는 물었다. 브라이언과 다른 많은 경제학자들로부터 나는 그 질문에 대한 대답을 얻기 시작했다. 그 시도는 훌륭했고 일관성이 있었다. 시드니 윈터와 딕 넬슨Dick Nelson에 의해 시작되어 지금은 많은 다른 사람들에 의해 수행되고 있는 연구는, 기술 혁신으로 이르게 하는 투자에 관한 착상들과 회사들이 그런 혁신에 투자해야 할지 아니면 다른 회사들을 모방해야 할지에 중점을 두고 있다. 한 회사는 혁신하는 데 수백만 달러를 투자하고, 우리가 9장에서 논의했듯이 기술 진화 궤적의 학습 곡선을 기어올라간다. 다른 회사들은 마찬가지로 자신들의 기술 혁신을 위해 투자하거나 아니면 그저 개량된 장치들을 복사한다. IBM은 혁신에 투자를 했다. 그러나 컴팩Compaq은 복사를 했고 IBM 복제품들을 팔았다. 그러므로 이 기술 진화의 이론들은 학습 곡선들과, 투자에 대한 함수로서의 기술 운용의 향상률, 그리고 기술 혁신과 경쟁 회사들 간의 모방 사이에 자원의 최적의 할당 등에 관한 것들이다.

나는 물론 경제학자는 아니다. 비록 연구소를 방문하는 많은 경제학자들의 이야기를 듣는 것은 즐기지만. 그러나 경제학자들이 아직도 브라이언 아서가 내게 강조했던 그 사실들에 대해서 이야기하지 않고 있다는 느낌을 지울 수가 없다. 현재의 노력들은 기술 진화가 실제로 공진화라는 사실을 무시한다. 자동차의 등장이 대장장이를 소멸하게 했고 모텔들의 시장을 만들었다. 당신은 나와 다른 사람들이 하는 것들이 제공하는 〈둥지〉에서 생계를 꾸린다. 컴퓨터 시스템 기술자는 50년 전에는 존재하지도 않았던 장치들을 고치는 것으로 생계를 꾸린다. 하드웨어를 파는 컴퓨터 상점들은 50년 전에는 불가능했을 방법으로 생계를 꾸린다.

우리 거의 대부분은 불가에 웅크리고 앉아 있던 호모 하빌리스와 남프랑스의 페리고르Perigord에 있는 라스코Lascaux의 멋진 그림들을 그렸던 크로마뇽인들에게는 불가능했던 방법으로 생계를 꾸린다. 옛날에 당신들은 사냥을 하고 매일 모여서 저녁식사를 했다. 지금은 이론 경제학자들이 흑판도 아닌 백색 칠판에 모호한 방정식들을 써대고, 누군가는 그들이 그렇게 하도록 돈을 지불한다! 저녁식사를 얻기 위한 재미있는 방법이라고 말하고 싶다.

(최근 나는 페리고르에서 퐁드곰Font-de-Gaume 동굴 근처에 있는 레제지 Les Eyzies의 장인이 구석기시대의 기술을 사용하여 만든 돌칼을 구입했다. 엘크의 다리와 오른손에 망치를 들어올리며 생긴 반 인치나 될 두꺼운 혹 같은 못이 박힌 사십대 중반의 이 남자는 아마도 지난 6만 년 동안 가장 많은 석기들을 만들었던 우리 인류의 유일한 한 사람일 것이다. 그러나 그조차도, 우리의 선조들인 크로마뇽인들의 거주지에 위압당한 관광객들에게 팔 석기를 망치질하면서 새로운 둥지에서 생계를 꾸리고 있다.)

우리가 사는 곳은 경제 사슬이라고 부를 수 있을 것이다. 현재 경제의 많은 상품과 용역들은 궁극적으로 어떤 최종 소비자가 이용할 또다른 상품과 용역들을 만들어내는 데 사용되는 〈중간 상품과 용역들〉이다. 차에 들어가는 엔진처럼 한 중간 상품으로의 입력들은 다양한 다른 원천으로부터 올 수 있다. 도구를 만드는 장인으로부터 철광, 컴퓨터를 이용한 엔진 설계, 그 컴퓨터 제조업자를 비롯한 그 컴퓨터 엔진 설계를 위한 소프트웨어를 만든 기술자에 이르기까지 말이다. 우리는 우리 것들을 서로 교환하는 광대한 경제적 생태계에 살고 있다. 광대한 수의 둥지들이 존재한다.

그러나 무엇이 그 둥지들을 만드는가? 무엇이 그 경제 사슬의 구조를 관장하고, 무엇이 생산과 소비의 사슬을 형성하기 위하여 직업, 업무, 기능, 혹은 생산품들을 다른 직업, 업무, 기능, 생산품들과 연결하도록 조종하는가?

그리고 경제 사슬이 존재한다면, 틀림없이 크로마뇽인이 그림을 그리던 구석기시대보다는 지금이 더 복잡하게 얽혀 있을 것이다. 틀림없이 예리코Jericho[4]가 처음으로 성벽을 지었을 때보다 지금이 더 복잡할 것이다. 틀림없이 천 년 전에 뉴멕시코의 아나사지Anasazi가 차코안Chacoan 문화를 창조했을 때보다 지금이 더 복잡할 것이다. 경제 사슬이 만약 더 얽히고 복잡하게 성장한다면 무엇이 그 사슬의 구조를 관장하는가? 그리고 내가 발견한 가장 매혹적인 의문은 이것이다. 확실해 보이긴 하지만, 만약 경제가 사슬이라면, 그 사슬 구조 자신은 과연 사슬이 어떻게 변화할 것인가를 결정하고 움직이는가? 만약 그렇다면 우리는, 시간이 흐르면서 생산기술들이 항상 변하는 사슬을 창조하는 경제 사슬의 자기 변환에 대한 이론도 찾아야 한다. 새 기술이 등장하게 하고(자동차처럼), 다른 것들을 소멸하게 하며(말, 마차, 마구류처럼), 그러나 훨씬 새로운 기술들을 초대하는 둥지들을 창조한다(포장도로, 모텔, 그리고 신호등).

항상 변화하는 경제는, 지구의 중심로 위를 아주 오래 달리면서 주도했던 삼엽충들이 다른 절지동물들에 의해 교체가 되고, 그것들이 또다른 것들에 의해 교체를 거듭했던, 항상 변화하는 생물계처럼 여겨지기 시작한다. 몇 개의 주된 고안들만 선택이 되고 나머지는 멸종될 때까지 많은 변이들이 시도되면서 상위 분류종으로부터 아래로 채워졌던 캄브리아기 대폭발의 양상들이 기술 진화의 초기 국면에서의 똑같은 양상들을 역설하는 것이라면, 종들이 끝없이 변화하면서 진화와 공진화의 전경을 펼쳤던 것도 역시 기술 진화에서 볼 수 있을 것인가? 아마 DNA나 톱니바퀴 상자보다 더 깊은 원리와, 탐색 과정에 의해 조립될 수 있는 복잡한 것들의 종류에 대한 원리, 그리고 기술 혁신들을 부르고 또다른 둥지들을 창조하는 둥지들의 자기 촉매적 창조에 관한 원리들이, 생물학적 그리고 기술적인 양자가 공진화하는 이면에 있을 것이다. 그런 일반적 원리들이 존재한다 해도 그렇게 이상하지는 않을 것이다. 둥지를 창조하고 조합 최적화를 꾀하는 과정들이라는 면에서 생물적 진화 및 공진화와 기술적 진화 및 공진화는 상당히 비슷하다. 생물 진화와 기술 진화는 그 배후의 메커니즘이 상세한 점에서는 명백하게 다르지만 그 과업들과 결과적인 거시적 특성들은 깊은 유사성을 가질 것이다.

그러나 어떻게 우리가 공진화하는 경제의 사슬 구조를 생각할 수 있을까? 경제학자들은 그런 구조가 존재한다는 것을 알고 있다. 그것은 신비로운 것이 아니다. 일단 자동차들이 길을 메워가기 시작했을 때 주유소가 있어야 한다는 착상을 하기 위해서 금융의 천재가 될 필요는 없었다. 서둘러서 자기가 잘 아는 은행으로 가서, 시장 조사서를 보이고, 약간의 돈을 빌려서, 주유소를 만들었을 뿐이다.

다만 이론상의 어려움은 경제학자들이 상보물complementaries이라고 부르는 것들을 합병하는 이론을 만드는 명백한 방법을 갖고 있지 않았다는 데서 기인한다. 자동차와 휘발유는 소비 상보물이다. 어디를 가더라도 당신은 자동차와 휘발유 둘 다 필요하다. 당신이 식당 점원에게, 〈달걀 햄을 양쪽 익혀서 주세요〉라고 말할 때 당신은 달 걀과 함께 햄도 원한다는 것을 명시하고 있는 것이다. 그 둘은 소비 상보물이다. 두 개의 판자를 붙이기 위해서 당신이 망치를 들고 나 간다면, 당신은 아마 가는 길에 못 몇 개를 집을 것이다. 망치와 못 은 생산 상보물이다. 당신은 판자들을 못박기 위해서 그 두 가지를 다 사용해야 한다. 캐비닛을 만들기 위해 작업실로 가는 길에 당신 이 나사 드라이버를 선택했다면, 그 다음에 못을 집는 것은 바보 같 은 짓일 것이다. 우리 모두는 나사와 드라이버가 생산 상보물이라는 것을 알 수 있다. 그러나 못과 나사는 상보물이 아니라 경제학자들 이 생산 대체물이라고 부르는 것들이다. 당신은 대개 못 대신에 나 사를 혹은 나사 대신에 못을 사용할 수 있다.

경제 사슬은 바로 이들 생산 및 소비 상보물들과 대체물들로 정확 하게 정의된다. 경제 사슬의 둥지들을 창조하는 것들은 바로 이 양 식들이지만, 경제학자들은 그것들에 대한 〈이론〉을 구축할 수 있는 명백한 방법을 갖고 있지 않다. 망치와 못이 함께 하고, 자동차와 휘발유가 함께 하는 이론을 갖는다는 것이 무엇을 의미할까? 경제 사슬에서 상품과 용역들 간의 기능적 연결들에 대한 이론을 갖는다 는 것이 도대체 무엇을 의미할까? 우리는 자동차의 와이퍼에서부터 보험증권과 레이저 안구 시술에 이르기까지 모든 가능한 종류의 장 치들의 기능적 결합에 대한 이론을 가져야만 할 것으로 보일 것이 다. 우리가 어떤 상품과 용역들이 서로 상보물이고 대체물인지를 관 장하는 〈법칙들〉을 안다면, 우리는 어떤 둥지들이 새로운 상품들로 창조될지 예측할 수 있을 것이다. 우리는 어떻게 기술 사슬이 새로 운 둥지들을 끊임없이 창조함으로써 자기 자신의 변환을 구동하는지에 대한 이론을 구축할 수 있을 것이다.

여기 새로운 접근 방법이 있다. 상품과 용역들을 우리 인간들이 〈도구〉, 〈원료〉, 그리고 〈산출물〉들로 사용할 수 있는 기호열들로 생각해보면 어떨까? 기호열들은 기호열들에 작용해서 기호열들을 창조한다. 망치가 못과 두 판자들에 작용해서 붙은 판자를 만든다. 한 단백질 효소가 두 개의 유기 분자들에 작용해서 두 개의 부가(附加) 분자들을 만든다. 리스프 언어로 생각하면, 한 기호열은 자기 자신이나 다른 도구들이 작용해서 〈산출물〉을 만들 수가 있는 〈도구〉이며 동시에 〈원료〉다. 따라서 화학의 리스프 법칙은 무엇이 생산 혹은 소비, 상보물 혹은 대체물인지를 암시적으로 정의한다. 〈효소〉 기호열과 〈원료〉 기호열 둘 다 산출 기호열의 창조에 사용되는 상보물이다. 만약 당신이 다른 기호열이 〈원료〉열에 작용하여 같은 산출물을 낳는 〈효소〉인 것을 발견한다면 그 두 개의 효소열들은 대체물들이다. 만약 원래의 효소열이 작용했을 때 같은 최종 산출물을 낳는 다른 원료열을 발견한다면, 그 두 개의 원료열들은 대체물들이다. 만약 그러한 어떤 작용의 결과가 다른 생산 과정들로 들어가는 산출물들을 만든다면, 당신은 리스프 논리에 의해 암시적으로 정의된 상보물과 대체물들을 가진 산출 함수들의 사슬 집합 모형을 갖게 된다. 당신은 서로 작용하며 서로 창조하는 기능적으로 결합된 실체들의 시작 모형을 갖게 된다. 간략하게 말하면, 사슬의 구조가 자기 자신의 변환을 구동하는 경제 사슬의 시작 모형인 것이다.

기술들의 사슬은 새로운 상품들이 보다 더 새로운 상품들의 둥지들을 창조하기 때문에 확장된다. 따라서 우리의 기호열 모형들은 둥지 창조 자체의 모형이 된다. 상임계에 있는 화학계가 보이는 분자적 폭발, 캄브리아기 대폭발, 오늘날 우리 주변의 인조물들의 폭발적인 다양성, 증가된 다양성과 복잡성을 향한 이 모든 구동력들은 이 과정들 각각이 또다른 실체들을 위한 둥지들을 창조하는 방법들에 의해 보강된다. 분자들과 살아 있는 형상들, 경제 활동과 문화 양상, 이 모든 것들의 다양성과 복잡성의 증가는 둥지들의 자기촉매적 창조를 관장하는 근본적인 법칙들을 이해할 것을 우리에게 요구하고 있다.

만약 경제적 상보성과 대체성에 대한 실제의 법칙들이 없다면, 왜 망치는 못과 함께 하고 자동차는 휘발유와 함께 하며, 좌우간 그런 추상적인 모형들은 무슨 쓸모가 있는가? 그 쓸모는 바로, 만약 진실한 법칙들에 대한 우리의 〈비유적인〉 예들이 동일한 보편성을 갖는다면, 우리가 실제 세계에서 기대를 갖고 살펴보는 것들에 대해서도 같은 종류의 성향을 발견할 수 있게 한다는 점이라고 나는 생각한다. 물리학자들은 그 집합 안의 모든 모형들이 같은 성질을 갖는 강건한 거동을 보인다는 것을 의미하기 위해 〈보편성 집합〉이라는 용어를 사용한다. 즉, 그 거동은 모형의 상세한 사항들에 의존하지 않는다. 그래서 실제 세계와는 다른 다소 부정확한 다양한 모형들이라도 그것이 실제 세계와 같은 보편성 집합에 속하는 한, 실제 세계가 어떻게 작동하는지를 성공적으로 말해줄 수 있다.

무작위적 문법

알론조 처치 Alonzo Church가 보편적 계산을 수행하는 계로서 람다미적분을 개발하고 앨런 튜링이 같은 목적으로 튜링 기계를 개발했을 때와 거의 비슷한 때에, 또다른 논리학자인 에밀 포스트 Emil Post

는 보편적인 계산을 할 수 있는 계의 또다른 표현을 개발했다. 모든 계들은 동등하다는 것이 알려져 있다. 포스트 계는 모형 경제들의 보편성 집합들을 발견하려 할 때 유용한 접근 방법이다.

〈그림 12-1〉에서 중간선의 왼편과 오른편에 기호열들의 쌍이 있다. 예를 들면, 첫번째 쌍은 왼편의 〈111〉과 오른편의 〈00101〉이다. 두번째 쌍은 왼편의 〈0010〉과 오른편의 〈110〉이다. 여기서 착상은 기호열들의 이 목록이 〈문법〉이 된다는 것이다. 기호열 각 쌍은 〈대체〉가 어떻게 수행되어야 할지를 명시한다. 즉, 왼편의 기호열이 나타나는 곳은 어디라도 오른편의 기호열로 대체된다. 〈그림 12-2〉는 〈그림 12-1〉의 문법이 작용하게 되어 있는 기호열들의 그릇을 보여준다. 가장 간단하게 해석하면 다음과 같이 문법을 적용할 수 있다. 먼저 그릇으로부터 무작위적으로 한 기호열을 집는다. 그런 다음 문법표로부터 한 쌍의 기호열들을 무작위적으로 선택한다. 문법표의 왼편 기호열을 그릇에서 집은 기호열에 맞춰본다. 그래서 만약에 문법표의 첫 쌍을 골랐고 그릇에서 집은 기호열에서 〈111〉을 발견한다면, 그 부분을 잘라내고 〈00101〉로 대체해야 한다. 그래서 〈111〉이 〈00101〉로 대체된다.

문법표

1 1 1	0 0 1 0 1				
0 0 1 0	1 1 0				
0 0	1 0 1 1				
1 0 0 1	0 1				
1 0 1	0 0 1 0				

그림 12-1 포스트 문법. 왼편의 기호열이 나오면 오른편의 기호열로 대체해야 한다.

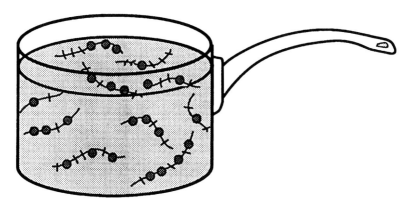

그림 12-2 그림 12-1의 문법이 그릇 속의 기호열들에 적용될 때 일련의 새로운 기호열들이 나타난다.

물론 당신은 〈그림 12-1〉의 문법 규칙들을 그릇 속의 기호열에 무한히 많이 적용할 수 있다. 당신은 계속해서 그릇에서 무작위적으로 기호열들을 집어내고, 〈그림 12-1〉에서 한 열을 골라서, 해당되는 대체를 할 수 있다. 아니면 먼저 그릇 안의 한 기호열에 적용할 〈그림 12-1〉의 열들의 순서에 관한 선행 규칙을 정의할 수도 있다. 그리고 당신은 때때로 어떤 한 기호열에 한 대체 규칙을 적용한 결과가 그 기호열에 방금 그것을 만들었던 규칙을 다시 적용해야 하는 새로운 〈자리〉를 만드는 경우들이 있다는 것을 알아챌 수 있다. 그런 무한 고리를 피하기 위해서 당신은 어떤 열의 대체를 적용할 때 다른 대체열들이 모두 한 번씩 적용되기 전까지는 그 자리에서 단 한 번만 적용되도록 할 수 있다.

〈그림 12-1〉의 대체들의 적용에 대한 결정들과 기호열들에 규칙들을 적용하는 순서에 대한 결정들의 모든 집합들은 일종의 알고리듬, 혹은 프로그램을 생성한다. 당신은 그릇 속의 기호열들의 어떤

초기 집합으로부터 시작해서 계속해서 대체를 적용하여 일련의 기호열들을 유도할 것이다. 입력 테이프를 출력 테이프로 변환하는 튜링 기계처럼, 당신은 어떤 종류의 계산을 수행한 것이 될 것이다.

이제 다음 단계는 독자인 당신이 빠지고, 〈그림 12-1〉의 〈대체 법칙들〉에 〈지정〉된 대로 대체를 수행하도록, 마치 기질들에 효소들이 작용하듯이, 그릇 안의 기호열들이 서로 작용하게 놓아두는 것이다. 이것을 하는 쉬운 방법은 〈효소 자리〉들을 정의하는 것이다. 예를 들면, 〈그림 12-1〉의 첫째 행은 〈111〉이 〈00101〉로 변환되어야 한다는 것을 보여준다. 그 안 어딘가에 하나의 〈111〉 수열을 갖고 있는 그릇 안의 한 기호열을 한 개의 기질로 생각해보자. 그러면 이제 〈효소〉는 그 안 어딘가에 한 개의 〈형판(型板)과 짝을 이루는〉 〈000〉 자리를 갖는 같은 그릇 안의 한 기호열이 될 수 있다. 여기서 〈기질-효소 짝짓기 규칙〉은 뉴클레오티드 염기 짝짓기처럼 효소 위의 0이 기질 위의 1과 짝이 된다는 것이다. 그러면 〈효소 자리〉들을 위한 그런 규칙이 주어졌을 때, 우리는 그릇 안의 기호열들이 서로 작용하게 할 수가 있다. 한 가지 방법은 무작위적으로 선택된 두 개의 기호열들이 충돌하는 것을 상상하는 것이다. 둘 중 어느 것이든 다른 것 위의 〈기질 자리〉와 맞는 〈효소 자리〉를 가지면, 그 효소 자리는 기질 자리에 〈작용〉하여 〈그림 12-1〉의 해당되는 열에서 지정된 대체를 수행한다.

그것이 전부다. 이제 우리는 구체적인 〈문법〉으로 명시된 알고리듬의 화학을 갖게 된 것이다. 그릇 안의 기호열들은 서로를 새로운 기호열들로 변환시키고, 그것들은 다시 서로에 작용하여 무한한 변환이 계속된다. 이 끊임없는 작용은 번성하는 기호열들을 발생시킬 것이다. 지금 흥미로운 것은 바로 기호열들이 이렇게 번성하는 거동

이다. 왜냐하면 번성하는 양식들이 기술 공진화에 대한 우리의 모형
이 될 것이기 때문이다. 이것을 성취하기 위해 우리는 몇 가지의 착
상들을 추가해야 할 것이다.

그러나 우선 〈그림 12-1〉에서 예를 든 것처럼, 어떻게 우리의 문
법을 골라야 하는가? 〈대체의 법칙들〉을 나타낸 그림에서 기호열 쌍
들을 골라서 명시하는 〈정확한 방법〉은 아무도 모른다. 더 안 좋은
것은 선택할 수 있는 가능성들이 무한히 많다는 것이다! 원리적으로
기호열 쌍들의 숫자는 무한히 클 수 있다. 게다가 아무것도 우리로
하여금, 개개의 〈효소〉 기호열들이 개개의 〈기질〉 기호열들에 작용
하여 개개의 〈결과〉 기호열들을 만드는 것만을 생각하도록 제한하지
않는다. 우리는 한 〈입력 꾸러미〉로서 기호열들의 어떤 순서가 있는
집합과, 〈기계〉로서 어떤 순서가 있는 기호열들의 집합에 대해서도
완벽하게 생각해볼 수 있다. 한 입력 꾸러미를 기계에 밀어넣으면
당신은 어떤 〈출력 꾸러미〉를 얻는 것이다. 〈기계〉는 각각의 입력 기
호열에 대해서 일련의 변환들을 하는 어떤 조립 생산 라인처럼 될
것이다.

우리가 입력 꾸러미들과 기계들을 허용하고, 각각이 기호열들의
어떤 부분집합이 된다면, 한 수학적 정리는 가능한 문법의 수가 그
저 무한대인 것이 아니라 이차 무한대second-order infinity라는 것을
보여준다. 즉, 가능한 문법들의 수는 실수처럼 〈셀 수 없는 무한대〉
가 된다.

가능한 문법들을 셀 수 있도록 편법을 써보자. 무한히 많은 가능
한 문법들로부터 무작위적으로 문법들을 골라서 〈문법 공간〉의 다른
영역에 속하는 문법들이 무엇을 하는지 알아보자. 각 영역 안에서
그릇의 기호열들의 거동이 세부적인 것들에 둔감한 문법 공간의 영

역들을 발견할 수 있다고 상상해보자. 간단히 말하자면, 보편성 집합들을 찾아보자.

문법 공간에서 문법들의 집합들이나 앙상블들을 정의하는 한 방법은, 문법에 포함될 수 있는 기호열 쌍들의 수와 그것들의 길이의 분포, 그리고 길거나 짧은 기호열들이 그 쌍의 왼편이나 오른편으로서 분포되는 방법들에 의한 것이다. 예를 들면, 만약에 모든 오른편 것들이 왼편 것들보다 작다면 대체는 결국, 너무 짧아서 어떤 〈효소 자리〉와도 맞는 데가 없는, 매우 짧은 기호열들을 야기할 것이다. 그 〈수프〉는 불활성이 될 것이다. 추가로, 허용된 〈입력 꾸러미〉와 〈기계〉, 〈출력 꾸러미〉들의 복잡성은 각자가 갖는 기호열들의 수에 의해 정의될 수 있다. 문법을 정의하는 이런 매개변수들이 체계적으로 변화될 때, 문법 공간의 다른 영역들이 탐구될 수 있다. 아마 다른 영역들은 다른 특징적인 거동들을 야기할 것이다. 이 영역들과 거기에서의 다른 거동들이 바라던 보편성 집합들이 될 것이다.

이에 대한 체계적인 연구는 아직 진행되지 않았다. 우리가 실제 기술의 공진화처럼 보이는 공진화 모형을 만드는 〈문법 공간〉에서의 한 영역을 찾을 수 있다면, 아마도 우리는 기술적인 상보성과 대체성의 알려지지 않은 법칙들에 대한 올바른 보편성 집합과 정확히 〈비유적인〉 모형을 찾은 것이 될 것이다. 그렇다면 그것은 연구할 만한 프로그램이 될 것이다.

그 프로그램은 이미 시작되었다. 내 동료들과 나는 이미 흥미로운 결과들을 주고 있는 몇 개의 작은 경제 모형들을 실제로 만들었다.

알, 사출물, 버섯들

경제 모형들로 가기 전에 우리가 우연히 고른 대체 법칙에 따라서 그릇 안의 기호열들이 서로 작용을 할 때 그릇 안에서 일어날 수 있는 몇 가지 종류의 일들을 고려해보자. 가능성의 새로운 세계가 빛을 발하면서 기술과 다른 형태의 진화에 관한 단서들을 제공할 수 있다. 우리의 기호열들을 분자들의 모형이나, 경제의 경우는 상품과 용역들의 모형으로, 또 심지어 유행, 역할, 착상들과 같은 문화적인 밈으로도 생각할 수 있다는 것을 명심하라. 즉 그 구성 요소들이 작용의 주체이기도 하고 동시에 작용의 객체이기도 하면서 그 작용들이 전개됨에 따라 서로를 위한 둥지들을 창조하는 집합체인 것이다. 이런 집합에서 어떤 양상들이 발현되는지를 연구하기 위한 일종의 〈일반 수학적〉 혹은 체계적 이론들을 처음으로 주는 것이 문법 모형들이라는 것을 명심하라. 따라서 문법 모형들은, 우리가 직관적으로는 알고 있지만 매우 정확하게 말할 수 없는 명백한 양상들을 규명하는 데 도움을 준다.

자기 자신이나 다른 어떤 기호열을 복사하는 일종의 복제 효소 같은 것을 얻을 수도 있다. 또한 기호열들의 집단적인 자기촉매 집합을 얻을 수도 있다. 그런 집합은 자신으로부터 자기 자신을 만들 수 있을 것이다. 〈질서의 근원들〉에서 나는 내가 어느 늦은 밤 생각해냈던 이름을 사용했다. 즉, 이러한 닫혀진 자기창조적인 집합은 기호열의 공간에 걸려 있는 일종의 〈알〉이라고 할 수 있다.

영원히 유지되는 기호열들의 〈시조(始祖) 집합〉이 있다고 가정해보자. 이렇게 유지되고 있는 시조 집합은 새로운 기호열들을 창조할 것이고, 그것은 다시 서로 작용하여 더 새로운 기호열들을 창조할 것이다. 말하자면, 계속해서 길어지는 기호열들인 일종의 〈사출물(射出物)〉이 되는 것이다. 사출물은 시조 집합으로부터 가능한 기호열들의 공간으로 분사될 것이다.

사출물은 유한할 수도 있고 무한할 수도 있다. 후자의 경우에 시조 집합은 계속해서 증가하는 기호열들의 다양성을 가진 사출물을 분사할 것이다.

알은 사출물을 흘리면서 분사할 것이다. 그런 알은 기호열 공간의 먼 암흑 속으로 기호열들로 이루어진 사출물을 뿌리면서 어떤 기괴한 우주선처럼 걸려 있을 것이다.

유지되는 시조 집합은 그 기호열들이 처음에 먼저 다른 경로로 형성되었던 기호열들을 창조하는 〈되먹임〉을 할 수 있는 사출물을 창조할 수 있을 것이다. 늦은 밤 이런 생각들을 즐기면서 나는 이것을 〈버섯〉이라고 명명했다. 버섯은 일종의 〈부츠트래핑 bootstrapping〉[5]의 모형이다. 한 경로로 만들어진 기호열이, 그것이 도와서 창조되었을 이차적인 기호열을 통해 나중에 다른 경로로 만들어질 수 있다. 돌망치와 땅 파는 도구는 점차 세련되어져서 결국 광업과 야금술을 초래했고, 이것들은 다시 기계 도구들을 창조했고, 이것들은 또다시 그 기계 도구들을 만드는 데 사용되는 금속 도구들을 제조한다. 그러면, 구석기시대 후반 이래로 우리의 기술 진화에 어떻게 공통적인 버섯들이 있어야만 했는지를 생각해보자. 우리가 만드는 도구들은 우리가 도구들을 만드는 것을 도와주고, 다시 이 도구들은 우리가 시작했던 도구들을 만드는 새로운 방법들을 우리에게 제공한다. 계는 자기촉매적이다. 우리의 기술 사회가 그렇듯이, 외부로부터 양식과 에너지를 공급받으며 유지되는 시조 집합에 의해 구축된 생물들과 그들의 집단적으로 자기촉매적인 신진대사도 일종의 버섯들이다.

생태계와 경제계의 버섯 사슬들은 내면적으로 일관성을 가지며 〈전체적〉이다. 활동하는 실체들과 기능적 역할들은 서로 체계적으로 만나고 짝을 짓는다.

기호열들의 유지되는 시조 집합은 기호열들의 무한 집합을 만들 수 있다. 그러나 그 시조 집합으로부터 절대로 만들어지지 않는 기호열들의 어떤 집합이 있을 수 있다. 예를 들면, 〈110101······〉으로 시작하는 기호열은 만들어질 수 없다는 것과 같은 경우다. 무한 집합이 만들어지는 반면, 무한한 수는 영원히 만들어지지 않는다. 더 안 좋은 것은, 기호열들의 초기 집합과 문법이 주어졌을 때, 어떤 주어진 기호열, 예를 들어 〈1101010001010〉이 절대로 만들어지지 않는지를 증명하거나 반증하는 것은 형식적으로 불가능할 수도 있다. 이것은 계산학 이론에서 〈형식적 비결정성 formal undecidability〉이라고 불리며, 쿠르트 괴델 Kurt Gödel의 유명한 불완전성 정리에서 포착된 것이다.

잠시 우리가 그런 세계에 산다는 것을 상상하려고 한다. 형식적 비결정성은 우리가 원리적으로 미래의 어떤 것들을 예측할 수 없다는 것을 의미한다. 예를 들면, 〈1101010001010〉이 절대로 만들어지지 않는 세계에 우리가 살고 있는지 우리는 예측할 수 없다. 만약 〈1101010001010〉이 아마겟돈 Armageddon[6]이라면 어떻겠는가? 당신은 알 수가 없는 것이다.

우리가 창조하는 기술적, 경제적, 문화적 세계들이 진짜로 우리가 상상하는 새로운 기호열 세계들이라면 어떻겠는가? 결국 기호열 세계들은 화학 법칙들과 유사한 것에 의해 구축된다. 만약 화학 법칙들을 형식적인 문법으로 포착할 수 있다면 비결정성이 암시하는 놀라운 것은 이것이다. 유지되는 화합물들의 시조 집합이 주어졌을 때, 어떤 주어진 화합물이 그 시조 집합으로부터 합성될 수 있는지 없는지 여부는 형식적으로 결정될 수 없을 것이라는 것이다! 간단히 말하자면, 비록 전부가 알려져 있지 않다 하더라도 화학의 기본 법칙들은 신비적인 것은 아니다. 그러나 그것들이 형식적 문법으로 포착이 될 수 있다면, 화학 반응계가 어떻게 진화할 것인가에 대해서 증명하거나 반증하는 것이 불가능한 채로 남아 있는 명제들이 존재할 것이다. 이것이 괴델의 정리가 강력하게 시사하는 것이다.

이제 형식적 비결정성이 실제 화학 법칙들에서 일어날 수 있다면, 이 같은 비결정성이 기술적, 문화적 진화에서도 일어나지 않을까? 우리가 기술적 상보성과 대체성에 대해서 알려지지 않은 법칙들을 어떤 종류의 형식적 문법에서 포착할 수 있든지, 아니면 할 수 없든지 둘 중의 하나다. 우리가 할 수 있다면, 괴델의 정리는 그런 세계가 어떻게 진화하는지에 대해 형식적으로 비결정적인 명제들이 존재할 것이라는 것을 제안한다. 그리고 할 수 없다면, 즉 그 변환들을 관장하는 법칙들이 없다면, 당연히 우리는 예측할 수 없다.

기술 공진화와 경제의 도약

기술 진화의 이론들을 구축하는 동안 이들 기호열들의 장난감 세계들은 기술 진화의 새로운 특성인 하임계 및 상임계적 거동도 드러낼 것이다. 더 진보된 폭발적인 기술적 다양성을 위하여 상품과 용역들의 임계적 다양성이 필요할 것이다. 성장에 관한 표준 거시경제학 모형들은 단일 조각 모형들이다. 단 한 가지 물건이 생산되고 소비된다. 성장은 생산되고 소비된 물건들이 증가하는 정도로 나타내

그림 12-3 땅에서 얻는 여러 가지 생산물들을 보여주는 프랑스의 영토. 이 기호열들은 석탄, 양털, 우유, 철, 밀 등 프랑스에 부여된 회복 가능 자원들을 나타낸다. 사람들이 기호열들을 다른 것들과 상호 작용시킬 때 새롭고 더 복잡한 산물들이 발현한다.

진다. 그런 이론은 상품과 용역들의 다양성이 성장에 미치는 역할을 기대하지 않는다. 몇몇 증거들이 뒷받침하듯이 이 다양성에 의한 성장이 경제 성장 자체와 관련이 있다면, 다양성 자체는 경제적 도약을 의미하는 것이 될 것이다.

〈그림 12-3〉은 프랑스 영토의 윤곽을 보여준다. 우리는 다시 상품

과 용역들을 기호열들로 모형화하려고 한다. 우리는, 우리가 부여할 자원들이 전개하는 잠재력을 프랑스인들이 알고 있을 때 〈기술의 전선(戰線)〉이 어떻게 진화해가는가를 생각해보고자 한다. 매년 프랑스의 비옥한 땅으로부터 어떤 종류들의 기호열들이 계속해서 생산되어 나온다고 상상하자. 이 기호열들은 프랑스의 〈회복 가능 자원〉들이며, 포도, 밀, 석탄, 우유, 철, 목재 등등을 나타낼 수 있다. 잠시 이들 상품과 용역들의 가치나, 그것들과 관련해서 일하는 사람들, 그리고 필연적인 것이겠지만 가격 등을 비롯한 모든 것들을 잊어버리자. 누가 실제로 기술적으로 가능한 어떤 상품과 용역들을 원하는지 그렇지 않은지는 무시하자. 그저 프랑스에 열려진 진화하는 〈기술적 가능성〉만을 생각하자.

처음 주기 동안 프랑스인들은 모든 회복 가능 자원들을 소비해버릴 수 있다. 혹은, 그들은 각 마을에 있는 시청에 새겨진 〈기술적 상보성의 법칙들〉을 참고하여, 회복 가능한 자원들을 서로 〈작용〉시켜 창조할 수 있는 모든 가능한 새로운 상품과 용역들을 고려할 것이다. 철을 이용해 포크, 칼, 숟가락, 그리고 도끼들을 만들 것이다. 또 우유로 아이스크림을 만들 것이다. 밀과 우유로는 수프를 만들 것이다. 이제 다음 주기에서 프랑스인들은 회복 가능 자원으로부터 얻은 것들과 그들이 첫번째 발명한 것들을 소비하거나, 혹은 그들이 어떤 것들을 더 창조할 수 있는가를 생각할 것이다. 아마 아이스크림과 포도가 섞일 수도 있고, 밀로 만든 구운 빵 껍질에 아이스크림과 포도가 섞인 것을 넣어서 최초의 프랑스식 케이크를 만들어낼 수도 있을 것이다. 아마 도끼는 장작을 패는 데 사용될 수 있을 것이다. 아마 목재와 도끼가 강을 가로지르는 다리를 창조하는 데 사용될 수 있을 것이다.

이제 당신은 착상을 알아차릴 것이다. 각 주기에 전에 〈발명〉된 상품과 용역들이 훨씬 많은 상품과 용역들을 창조하는 새로운 기회들을 창조한다. 기술의 전선은 확장하고 자신 위에 쌓여진다. 그것은 펼쳐진다. 우리의 간단한 문법 모형들은 이와 같은 전개에 대해 이야기할 수 있는 방법을 세공한다.

경제학자들은 소비자들과 잠재적인 상품과 용역들에 대한 그들의 요구를 포함하는 최소한 약간 더 복잡한 모형들에 대해서 생각하는 것을 좋아한다. 각 기호열이 프랑스 사회의 소비자에게 어떤 가치나 효용을 갖는다고 가정하자. 그 소비자는 루이 14세나 유능한 호텔 경영자인 자크Jacques, 혹은 같은 욕구를 갖고 있는 실제로 많은 동일한 프랑스인들이 될 수 있다. 이 간단한 모형에는 돈도 없고 시장도 없다. 그 대신에 가상적인 현명한 한 사회 설계자가 있다. 그 사회 설계자의 과제는 이것이다. 그녀는 루이 14세의 욕구를 알고(아는 것이 좋을 것이다), 그 왕국이 갖고 있는 회복 가능 자원들을 알고, 또 〈문법표〉도 알기 때문에, 〈계획을 추진〉했을 때 그 끝없이 진화하는 기술의 전선이 어떻게 보일지를 상상할 수 있다. 그녀가 해야 할 일은, 장래에 왕과 자크들이 전반적으로 행복할 수 있도록 최적화하려고 하는 것이 전부다. 이 시점에서 간단한 모형들은 다음과 같은 것을 가정한다. 왕은 미래의 어떤 때보다도 오늘 즐겁기를 원한다. 정말로 그가 1년을 기다려야만 한다면, 그는 현재의 X만큼의 행복을 내년의 X 더하기 6퍼센트만큼의 행복과, 혹은 그가 기다려야 하는 1년마다 6퍼센트씩 더 주고 기꺼이 교환하려 한다. 간단히 말하자면, 왕은 미래 효용의 가치를 어떤 비율로 할인한다. 자크도 그렇고 당신도 그렇게 한다.

그래서 우리의 무한히 현명한 사회 설계자는 설계 지평선planning

horizon이라 불리는 어떤 수의 주기, 말하자면 10개 주기를 앞서서 생각한다. 이 10주기 동안 창조될 수 있는 기술적 상품과 용역들의 모든 가능한 연속열들을 철저하게 고려한다. 이런 모든 가능한 세계들에 대해서 왕의 (할인된) 행복을 고려한다. 그리고 왕을 가능한 즐겁게 할 수 있는 계획을 선택한다. 이 계획은, 기술적으로 가능한 각각의 〈생산〉이 10주기 동안 실제로 얼마나 수행되어야 하는지, 그리고 무엇이 언제 얼마만큼 소비될 것인지를 명시한다. 이 생산 활동들은 어떤 비례로 일어난다. 예를 들어 아이스크림과 포도가 도끼보다 20배 많다 등과 같은 식으로. 한 상품을 〈돈〉으로 생각하면 이 비례는 가격과 유사한 것이다. 모든 가능한 상품들이 다 생산될 필요는 없다. 그것들은 왕이 자원들을 계속해서 낭비해도 괜찮을 정도로 왕을 행복하게 하지는 않는다. 그래서 일단 우리가 상품과 용역들의 효용을 포함하면, 어떤 순간에 실제로 생산된 상품들은 기술적으로 가능한 전체 집합 중의 어떤 부분 집합이 될 것이다.

이제 그 사회 설계자는 그녀의 계획의 첫 1년을 시행한다. 경제가 계획된 생산과 소비 사건들과 함께 1년 동안 굴러가고, 그녀는 이제 서기 2년에서 11년으로 확장된 새로운 10개년 계획을 만든다. 즉 우리는 사회 설계자의 〈회전하는 지평선〉 모형을 고려하고 있는 것이다. 시간이 흐르면서 그 모형 경제는 미래로 자신의 길을 진화시킨다. 각 주기마다 사회 설계자는 10년 앞을 계획하고, 최적의 10개년 계획을 고르며, 첫 1년을 시행한다.

그런 모형들은 물론 굉장히 지나치게 단순화된 것들이다. 그러나 당신은 우리의 문법 모형 맥락에서 그런 모형이 무엇을 드러낼지 직관적으로 알아채기 시작할 것이다. 시간이 흐르면서 새로운 상품과 용역들이 발명되고 옛날 상품과 용역들을 대체할 것이다. 기술적인 분화와 소멸 사건들이 일어난다. 기술들의 사슬은 연결되어 있기 때문에, 한 상품이나 용역이 소멸되면 그것에 연결된 다른 상품과 용역들이 더 이상 의미를 잃고 시야에서 사라지게 되고, 그런 소멸들이 퍼져나가는 사태가 시작될 수 있다. 각각은 자기만의 방법으로 살면서 왔다가는 사라지고 자신의 시간 동안 활보를 한다. 기술들의 집합이 펼쳐진다. 현재에 있는 것들은 항상 이미 존재하는 다른 것들의 맥락에서 의미를 가져야 하기 때문에, 경제 안의 상품과 용역들은 진화할 뿐만 아니라 공진화한다.

그래서 이 문법 모형들은 우리에게 기술 공진화를 연구할 수 있는 새로운 도구를 제공한다. 특히, 우리가 이 모형 중의 하나를 보기만 하면, 사슬 자신이 사슬이 변하는 방법을 구동한다는 것이 명백해진다. 우리는 이것을 직관적으로 안다고 나는 생각한다. 우리가 이미 알고 있는 것을 우리에게 보여주는 한 장난감 세계를 보고 있는 것이 아니다. 누구라도 이 모형들을 보면, 그리고 우리가 살고 있는 경제 사슬이 자신의 변환 방향들을 대체로 관장한다는 것이 명백해지면, 저 바깥의 실제 경제 세계에서 이런 양식들을 이해하는 것이 정말로 매우 중요할 것이라는 생각을 시작할 것이다.

이 문법 모형들은 또 경제적 도약에서 가능한 새로운 요소를 제안한다. 즉, 다양성이 다양성을 낳을 수 있기 때문에 다양성이 경제 성장에 도움이 된다는 사실이다.

〈그림 12-4〉에서 x축에 각 주기당 프랑스 땅에서 회복 가능 자원으로 생산되는 상품과 용역들의 다양성이 표시되어 있다. y축은 상보성과 대체의 법칙들인 문법을 구성하는 기호얼 씽들의 숫자를 표시한다. 그리고 이 xy 평면에 하임계와 상임계의 거동들을 구별 짓는 우리에게 익숙한 곡선이 그려져 있다.

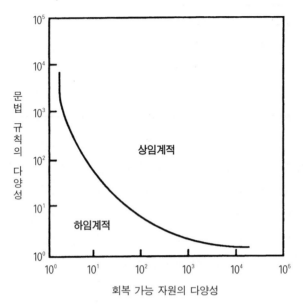

그림 12-4 가상적인 〈상보성과 대체성의 법칙들〉을 포착하는 문법의 기호열 쌍들의 수에 대한 경제에 부여된 회복 가능 상품들의 수가 도표로 그려져 있다. 곡선은 곡선 밑의 하임계 영역과 위의 상임계 영역을 구별 짓는다. 회복 가능 자원들의 다양성 혹은 문법 규칙들의 복잡성이 증가하면, 계는 폭발적으로 다양한 산물들을 생산한다.

문법 규칙이 단지 한 쌍의 기호열들을 갖는다고 상상해보자. 불모지인 프랑스 땅에서 매년 봄 단 한 종류의 기호열 싹이 튼다고 상상해보자. 슬프게도 문법 규칙은, 그 단 하나의 회복 가능 자원으로는 어떤 새로운 것이나 흥미 있는 것을 만들기 위해 아무것도 할 수가 없는 것이 될 것이다. 모든 프랑스인들이 할 수 있는 것은 그 한 가지의 자원을 소비하는 것이다. 기술의 전선이 폭발적으로 확장되는 일은 불가능할 것이다. 열심히 일해서 프랑스 인들이 이 자원의 잉여 생산물을 저축한다면, 그건 좋은 일이다. 하지만 그럼에도 불구하고 상품들의 폭발적인 다양화는 일어나지 않는다. 계는 하임계적이다.

그러나 문법 규칙들이 많은 기호열 쌍들을 갖고 프랑스의 기름진 땅에서 많은 종류의 자원들이 싹튼다고 가정해보자. 그렇다면 이 자원들은 이러한 시조 기호열들을 자신들을 서로 변환시키는 데 이용하여 굉장히 많은 수의 생산물들이 즉각적으로 창조될 수 있는 가능성이 압도적으로 많아진다. 또 상품과 용역들의 다양성이 증가됨으로써 기술 전선이 훨씬 더 폭발적으로 확장될 수 있다. 그 사회 설계자가 그것들이 왕에게 유익하다고 간주하면, 기술적으로 가능한 상품과 용역들의 어떤 부분 집합들이 펼쳐지고 소멸하는 일들이 복잡한 과정으로 왕성하게 일어나게 될 것이다. 다양성 속에서 경제적 도약이 일어난 것이다. 계는 상임계적이다.

프랑스가 하임계적이고 해협 건너 영국도 마찬가지라 하더라도 둘 사이의 교환이 두 나라를 충분히 기술적으로 상임계적이 되도록 할 수 있다. 그래서 교환이 기술 전선을 확장시키기 때문에 더 크고 더 복잡한 경제가 다양성 속에서 성장할 수 있다.

우리의 모형 경제들의 거동은 또 〈할인〉 정도와 사회 설계자의 설계 지평선에도 의존한다. 왕이 그의 행복을 기다리기를 원치 않는다면, 그 현명한 사회 설계자는 오늘 마실 우유를 갖다 놓지 않는다. 아이스크림도 절대 창조되지 않는다. 다양성으로 꽃피웠을 경제는 신의 은총을 받은 초기 에덴동산의 상태에서 종결된 채로 남게 된다. 혹은 왕이 무엇을 선호하던 사회 설계자가 미리 계획을 하지 않는다면, 그녀는 아이스크림이 창조될 수 있다는 것을 알 수가 없을 것이다. 모형 경제는 역시 다양화를 종결한다.

경제학자들이 사용하는 사회 설계자가 있는 모형은 시장들과 사고파는 경제인자들이 있는 모형들보다 훨씬 덜 실제적이다. 사회 설계자 모형에서는 경제의 보이지 않는 손 대신에 사회 설계자가 인자들 간의 행동을 조정하는 것과 관련된 모든 문제들을 돌본다. 설계자는 그저 다른 생산과 소비 활동들의 적당한 비례를 명령한다. 실제 세계에서는 독립적인 인자들이 결정을 하고 시장이 그들의 거동들을 조정하게 되어 있다. 내가 사용해왔던 사회 설계자 모형에서는 시장의 발현과 인자들 간의 거동 조정에 관한 모든 중요한 논점들이 무시된다. 이는 내가 기술 사슬의 진화를 강조하기 위해서 그렇게 했던 것이다. 기술의 탄생과 소멸, 하임계와 상임계의 거동들이 일어날 수 있다. 사회 설계자가 시장들과 최적화하는 인자들로 대체된 좀더 실제적인 모형들에서도 유사한 특성들이 나타날 것이라는 것은 합리적이긴 하지만 아직 밝혀진 것은 아니다.

나는 경제학자가 아니다. 이 문법 모형들은 새로운 것이다. 지금은 그것들을 기껏해야 은유 정도로 받아들여야 한다. 그러나 은유로서도 그것들은 조사할 가치가 있는 것들을 제안한다. 그중에서 중요한 것은 다양성이 경제 성장을 도와서 구동할 수 있다는 가능성이다.

경제 성장의 표준 이론들은 경제 성장에서 다양한 경제 부문들 간의 잠재적인 연결성들을 고려하지 않아왔던 것으로 보인다. 표준 거시경제학 이론들은 종종 모든 생산을 한 가지의 일종의 집합체로 간주하여 그 집합체를 생산하는 경제에 기반을 둔 경제 성장 모형들을 구축한다. 그리고 총수요, 총공급, 재정 증가, 이자율을 비롯한 다른 총체적인 요소들을 사용해서 이야기하곤 한다. 장기적 경제 성장은 전형적으로 두 가지 주된 요소에서 기인을 한다. 기술 향상과 인적 자본이라고 부르는 노동자들의 생산성과 숙련도의 성장이 그것들이다. 기술의 성장은 연구 개발에의 투자에 대한 반응으로 일어나는 것으로 본다. 인적 자원의 증가는 교육과 직장 내 훈련에 투자함으

로써 일어난다. 여기서 향상은 개인이나 그의 직계가족의 이익에서
생긴다. 〈기술 향상〉과 〈인적 자본〉이 기술 사슬과 그것들의 변환에
관한 근원적인 동역학에 어떻게 연결될 수 있는지는 아직 잘 밝혀지
지 않았다.

경제학자들이 우리가 논의했던 대체물들을 인식하지 못한다는 말
은 아니다. 실제로, 경제적 상호 작용을 나타내는 방대한 입력-출력
행렬들이 연구된다. 그러나 공식화할 수 있는 틀이 없었기 때문에
경제학자들은 여러 가지 경제 부문들 간의 연결들을 모형화하고 한
층 더한 다양화와 경제 성장에 대해서 그 모형이 암시하는 것들을
연구할 명백한 방법이 없었던 것으로 보인다. 그러나 이 횡적 연결
들이 중요하다는 증거들이 보이기 시작하고 있다. 이 견해가 정확하
다면 다양성은 경제 성장을 예측하는 주된 것이 되어야 한다. 이것
은 새로운 착상이 아니다. 캐나다의 경제학자 제인 제이콥스Jane
Jacobs는 20년 전에 다른 근거에서 같은 착상을 제안한 바 있다. 최
근에는 시카고 대학 경제학자이며 산타페 연구소의 객원이기도 한
호세 셍크만Jose Schenkman이 도시들의 경제 성장률이 실제로 도시
안의 부문들의 다양성과 강한 상관성을 갖는다는 것을 강력하게 제
안하는 연구 결과를 보고했다. 셍크만과 그의 동료들은 기업들의 총
자산과 개입된 개개의 부문들을 조심스럽게 조절했다. 그래서 우리
가 여기서 논의하는 다소 명백한 그 착상을 뒷받침하는 최소한 몇
개의 단서들을 발견했다. 경제계의 사슬 구조 자체가 그 경제계가
성장하고 변화하는 방법에 있어서 필수적인 성분이라는 착상을 말
이다.

실제로 우리가 앞 장들에서 논의해왔던 생물들과 인조물들의 공진
화 간에 병행하는 것들이 잠재적으로 암시하는 것들을 한데 묶으

면, 경제 성장의 관점들에 관한 새롭고, 아마 유용한 어떤 틀이 나타나기 시작한다.

향상이 초기에는 신속하고 나중에는 지수함수적으로 느려진다는 것이 갈등이 내재한 문제들의 최적화에서 나타나는 특성이라는 것을 우리는 이미 보아왔다. 잘 알려진 이 기술적 학습 곡선의 특성은, 주된 기술 혁신 후에는 수익이 증가하는 초기 주기가 있을 수 있다는 것을 암시한다. 기술에 주어지는 투자는 생산성을 크게 증가시킨다. 후에는 향상이 지수함수적으로 느려지고 더 이상의 투자는 감소하는 수익을 보게 된다. 이것은 자본과 신용 대부가 초창기의 수익이 증가하는 기간에 새로운 부문에 투입된다는 것을 보여준다. 그렇다면 주된 기술 혁신은 그들이 창조한 부문에 자본의 형성과 성장을 구동한다. 바로 이것이 오늘날 생명공학 기술에 일어나고 있다. 후에 학습 곡선을 오른 다음에 시장들이 포화되면, 성숙한 부문의 성장은 둔화된다.

그러나 경제 활동이 변함에 따라 공진화적인 경제 지형도 변한다. 새롭고 〈이웃하는〉 기술들의 과가 번식을 해서 변형된 지형을 기어 올라갈 것이다. 비행기 설계와 엔진의 힘이 향상되면서 고정날 프로펠러는 새로운 혁신 기술의 산물인 날 각도가 변하는 프로펠러보다 쓸모가 없어지게 되었다. 새로 형성된 종이 초기에는 상대적으로 적합하지 않은 변형된 지형 위에서 분화의 가지를 쳐나가는 것처럼, 새로 발명된 날 각도가 변하는 프로펠러는 더 나은 프로펠러를 창조하는 방법을 시도하는 새로운 시대를 열었다. 그래서 변형된 지형 위에서 근처의 생산물들과 기술들이 시도가 되면 그 때마다 신속한 학습이 새로운 폭발처럼 일어나고, 폭발적으로 증가된 수익들은 자본과 신용을 유인해서 그 부문에 훨씬 더한 성장을 구동한다. 게다가, 고정날 프로펠러에 대한 〈하면서 배우는〉 식의 경험은 이와 비슷한 새로운 기술들에도 흘러들어간다. 인적 자본, 즉 학습된 기술은 자연스럽게 개인이나 그의 가족보다 더 넓게, 그리고 한 가지의 좁은 기술보다 더 넓은 기반 위에 누적된다.

더 큰 규모에서는, 경제에서의 계속적인 혁신은 근본적으로 그것의 상임계적 특성에 의존할 것이다. 새로운 상품과 용역들은 한층 더 새로운 상품과 용역들을 위한 기술 혁신들을 야기하는 둥지들을 창조한다. 각각은 학습 곡선 위에서 향상의 초기에 일어나는 증가 수익과 새로 열린 시장들 때문에 자유로운 성장을 할 것이다. 이것들의 몇몇은 진짜로 슘페터가 말했던 〈질풍과 같은 창조적 파괴〉의 촉발제들이다. 그것들은 많은 옛 기술들을 퇴출시키고 많은 새로운 기술들을 도입하면서 광대한 사태들을 일으킨다. 그런 사태들은 새로운 시장들은 물론이고 새로운 기술의 궤적들을 따라서 학습 곡선을 오르는 대량적인 초기 향상들 때문에 증가하는 수익을 만들어내는 방대한 경기장을 창조한다. 그래서 그런 거대한 사태들은 현저한 자본 형성과 성장을 구동한다. 거의 미미한 물결을 일으키는 다른 새로운 기술들도 나타났다가는 사라진다. 아마 부분적으로 그 물결의 차이들은 그 새로운 기술이나 생산물이 현재의 사슬과 미래의 진화에서 얼마나 중심적인지 혹은 주변적인지를 반영할 것이다. 자동차와 컴퓨터는 중심적이었다. 훌라후프는 주변적이었다.

우리는 몇몇 명백한 착상들에 대해 단지 윤곽만 그렸지만, 그것들은 진지하게 연구할 가치가 있을 것이다. 다양성은 다양성을 낳고 복잡성의 성장을 구동한다. 그런 착상들은 결국 정책적인 면에서의 암시들을 준다. 다양성이 중요하다면, 제3세계 국가들을 도울 때 아스완 댐 Aswan Dam을 만드는 것보다, 기업들 간에 상호 강화를 돕고 기반을 닦아서 성장함으로써 지역적인 사슬을 창조할 수 있는 작은 기업들을 돌봐주는 것이 성취도가 더 좋을 것이다. 그러나 그런 결론들은 미래의 몫이다. 기껏해야 나는 당신으로 하여금 문법 모형들이 기술 진화와 경제 성장에서 진화의 역할들을 생각하는 흥미로운 방법이라는 것을 발견하기를 바랄 뿐이다.

경제 사슬에 대한 우리의 논의를 결론짓기 전에, 나는 방금 윤곽을 그린 세계에 사는 당신 자신을 상상해볼 것을 청한다. 그런 계들이 기술 혁신들과 함께 영원히 펼쳐진다면, 무엇이 현명한 것인가? 만약 기술들의 부가적인 생산물들이 예견할 수 없는 장기적인 결과들을 지구에 준다면 무엇이 지혜인가? 벨사우스Bell South 사는 수십억 달러를 광섬유광학 기술에 투자해야 하는지에 대한 결정을 해야 한다. 벨사우스가 그렇게 투자해야 하는가? 2년 안에 어떤 똑똑한 아이가 날개 달린 깡통을 하늘로 쏘아올리고 그것을 전략적인 위치에 배치하는 방법을 생각해내서 결국 광섬유광학이 덜 유용해지게 되면 어떻게 할 것인가? 수십 억 달러가 관과 함께 땅에 묻히는 것이다. 기술 전선이 펼쳐지고 있을 때, 벨사우스의 경영진이 무엇을 해야 할지 확신할 수 있을까?

그렇지 않다.

오늘날 우리가 가정에서 가정으로 팩스를 보낼 수 있으리라고 10년 전에 누가 꿈이라도 꾸었겠는가? 최근에 나는 산타페의 내 집에서 수백 마일 떨어진 콜로라도의 한 흥미로운 모임으로부터 초대를 받았다. 내가 자세한 안내문을 잃어버려서 나와 함께 갈 예정이었던 친구 조안 헬리팩스Joan Halifax에게 전화를 했다. 조안은 집에 없었다. 나는 그녀의 응답기에 말을 남겨 놓았다. 10분 후, 고래를 엿보기를 바라면서 머무르고 있던 밴쿠버Vancouver 섬의 북쪽 곳에서 그녀가 전화를 했다. 나는 내가 혼돈스러워하고 있던 것을 설명했다. 몇 분 안에 안내문을 담은 팩스가 밴쿠버 섬으로부터 도착했다.

요즘의 광역위치확인시스템 global positioning system(GPS)은 당신이 수백 달러 정도만으로, 몇 개의 위성을 통해 몇 미터 이내의 정밀도로 지구 표면에 있는 당신의 위치를 측정할 수 있는 장치를 얻을 수 있게 해준다. 몇 인치, 혹은 더 좋은 정밀도도 가능하다. 하지만 아마 미군이 민간 사용에 대해서는 정밀도를 낮추도록 해놓은 것 같다. 오늘 나는 지진을 염려하는 일본인들이 그런 시스템들을 일본 섬들의 어떤 고정된 위치들에 설치하고 있다는 소문을 들었다. 이 위치들 간의 조그만 변화는 지진을 탐지할 수 있는 변화를 예측할 것이다. 그 소문이 사실인지는 모르겠지만 그럴듯하다. 그래서 미리 쏘아올린 위성들에 신호를 쏘아올림으로써, 우리는 지구상에서의 위치와 지표 밑의 마그마의 거동을 추측할 수 있는 변화들을 측정한다. 한때 콜럼버스는 자석을 가진 것을 행운으로 생각했다. 사슬은 정말로 변화를 계속한다.

문법을 펼쳐나가는 우리의 모형 세계에 사는 것이 어떠할지에 대해 우리가 단지 상상만 해보아야 한다는 것은 아니다. 우리는 정말로 그런 세계에서 살고 있다. 우리는 매번 발을 내디딜 때마다 임계 경사를 따라서 모래사태들을 흘리는 자기조직화된 모래더미 위에서 살고 있다. 무엇이 펼쳐질지 우리는 거의 모르고 있다.

대역적 문명

고대의 것과 새로운 것들이 훨씬 더 단단하게 서로를 붙들고 있는 기워 맞춘 조각들과도 같은 우리의 문명에는 어떤 일이 벌어질 것인가? 좋든 싫든 어떤 형태의 대역적 문명이 창발할 것이다. 우리는 인구, 기술, 경제, 지식들이 우리를 함께 회전시키는 역사의 특별한 시점에 있다. 내가 그것들을 대처할 어떤 특별한 지혜를 가지고 쓰는 것은 아니다. 하지만 나도 당신처럼 창발하는 문명 속의 한 일원이다. 우리가 정말로, 우리가 창조하고 있는 것들과, 서로에 대한 조금씩의 관용과 용서를 가지고 우리 모두를 묶어주는 방법을 제공하는 그럴듯한 기본들을 많이 이해하고 있는지 나는 의심스럽다. 우리가 창조한 정치적 구조가 계속 우리에게 도움이 될지 나는 의심스럽다.

서방 문화가 이뉴잇 Innuit 문화[7]를 건드렸을 때, 후자는 곧 굉장한 변화를 겪었다. 서방 문화가 전통적인 일본 문화를 건드렸을 때, 후자는 곧 굉장한 변화를 겪었다. 로마가 아테네를 건드렸을 때, 로마도 변화하고 아테네도 변화했다. 헬레니즘과 히브리 세계가 충돌했을 때 서양 문명의 초석이 어떤 새로운 방법으로 함께 세워졌다. 스페인이 아즈텍을 건드렸을 때 새롭게 혼합된 문화가 시련 속에서 형성되었다. 스페인식으로 그려진 프레스코 fresco[8]들로부터 무서운 신들이 노려보고 있다. 서방식으로 짜여진 태피스트리들에는 과테말라식의 양식들이 남아 있다.

지금 우리의 모든 문화들은 충돌하고 있다. 뉴멕시코의 남베 Nambe에서 열린 기혼 Gihon 재단 후원의 조그만 회의에서 나는 스콧 모머데이와 리 컬럼 Lee Cullum과 월터 샤피로를 만났다. 그 회의에서 우리는 주제넘게도 세계가 직면하고 있는 주된 문제들에 대해 생각해볼 것을 요청받았다. 내 자신의 주된 염려들은, 이 창발하는 세계 문명과 그것이 야기할 문화적 혼란들, 그리고 우리가 우리를 위해 작동할 문화·정치적 틀을 찾을 수 있겠는가에 대한 논점들에 집중되었다.

어쩐지 우리가 논의했던 기호열의 영상들이 나를 압박한다. 이데 올로기들의 변화의 소용돌이, 유행들을 낳는 유행들을 낳는 유행들, 새로운 요리들을 낳는 요리들, 한층 더한 법을 창조하는 법률과 판례들. 이들은 아직은 불분명한 어떤 방식으로 알과 사출물과 버섯들을 갖고 있는 모형 문법 세계와 유사해보인다. 어떤 새로운 기호열이 폰타나의 실리콘 그릇에 무심코 던져지면 한 무리의 새로운 기호열들이 나올 수 있다. 그 작은 흔들림은 기호열 계의 미래에 굉장한 변화를 낳을 수도 있고, 혹은 아무 일도 일어나지 않을 수도 있다.

미하일 고르바초프Mikhail Gorbachev가 글라스노스트glasnost[9]를 이야기하기 시작했을 때, 우리는 커다란 무언가가 일어날 것을 알았다. 닫힌 소비에트 사회를 열고 국민들의 관심으로 향하려는 움직임이 혁명을 풀어놓을 것을 우리는 알았다. 그 작은 단계들이 광대한 변화를 야기할 것이라는 것을 우리는 알았다. 그러나 우리가 이것을 직관적으로 알고 또 전문가들이 연달아서 우리의 직관을 두드렸지만, 우리가 직관적으로 알아차린 것이 무엇인지는 우리는 정말로 몰랐다. 우리는 통나무 섬[10]의 통나무들이 어떻게 함께 끼워져 있는지 이해하지 못한다. 한 통나무를 빼내면 통나무 섬이 단지 약간만 이동할 뿐이다. 하지만 그렇게 해가 되지 않아 보이는 다른 통나무 하나를 빼내면 통나무들이 무리를 지어 강물을 따라 흘러내려 가기 시작한다. 우리는 우리의 세계에서 정치적, 경제적, 문화적 구성 요소들 간의 기능적 결합을 이해하지 못한다.

중국 정부가 천안문 광장에서 젊은 학생들을 죽이기로 한 비극적인 결정을 내렸을 때, 그 지도자들은 학생들이 잡고 있던 그 특별한 통나무를 두려워했다. 그러나 우리 중 그 누구도 정말로 그 통나무 섬의 구조에 대한 대단한 직관을 갖고 있지 않다.

서로 작용하고 서로 변화시키는 요소들의 사슬에 우리 세상의 생활 요소들이 어떻게 연결되는지에 관한 이론이 우리에게는 없다. 우리는 이 변화들을 〈역사〉라고 부른다. 그래서 생물학적이든 인간적이든 역사의 모든 사건들과 관련해서 우리들은 부활한 논쟁에 참여해야 한다. 역사과학들에 법칙이 있을 수 있는가? 문화, 경제, 그리고 다른 분야들에서 법칙 같은 양상들을 발견할 수 있는가? 예를 들어 하임계 및 상임계적 거동이나 종 분화와 멸종 같은 양상들을?

대역적 문명이 빠른 속도로 우리에게 다가오고 있기 때문에 우리는 그런 과정들을 이해하기 위하여 최선의 시도를 했다. 우리가 준비가 되었건 그렇지 않았건 간에 우리는 그것의 탄생을 보면서 살 것이다.

요약해서 쉽게 말하자면, 현대 민주주의는 많은 부분에서 계몽 운동Enlightenment[11]의 산물이다. 200년 이상 잘 공헌해왔던 미국 헌법은, 평형을 붙들고 있는 균형 잡힌 정치적인 힘들의 개념 위에 구축된 하나의 기록이다. 우리의 정치 체계는 정치적 힘들의 균형을 유지하고 정치 형태가 진화하기에 충분히 유연하도록 구축된다. 그러나 우리의 민주주의 이론은 문화와 경제와 사회들이 갖고 있는 펼쳐지고 진화하는 본성들을 거의 설명하지 않는다. 19세기에 역사과학의 개념이 전면으로 나왔다. 헤겔은 우리에게 정(正), 반(反), 합(合) 명제들의 개념을 주었다. 마르크스는 헤겔의 이상주의를 뒤집어 엎고 변증법적 유물론을 창조했다. 이 개념들은 지금은 불신을 받고 있다. 그러나 정, 반, 합은 왔다가 사라진 수억 생물종들의 진화 혹은 기술 진화와 상당히 비슷하게 들린다.

　존 메이너드 스미스는 1992년 여름 산타페 연구소의 한 모임에 참석했던 사람들 앞에서 다음과 같이 말함으로써 나를 놀라게 했다. 〈아마 당신들 모두는 사회 진화에 대한 일종의 탈마르크스주의적인 분석을 하고 있는 것이다.〉 나는 그가 의미하는 것을 알지 못했다. 마르크스주의는 나쁜 평판을 받고 있기 때문에, 나는 그가 의미하려 했던 것이 무엇이었든지 간에 그것에 즐거워해야 할지 말지 확신이 없었다. 어쨌든 우리가 사회의 역사적인 진화를 조금 더 이해하는 것을 돕는 개념적인 도구들을 개발하기 시작하고 있었던 것일까? 역사학자들은 자신들이 단지 기록을 열거하고 있을 뿐이라고 생각하지는 않는다. 그들은 만화경 속처럼 서로 작용하면서 펼쳐지는 양상들을 창조하는 영향들의 사슬을 찾고 있다고 생각한다. 실제로 역사과학들에 법칙이 존재하는가? 기술들이 폭발적으로 일어났던 산업혁명이, 임계적으로 다양한 상품과 용역들과 새로운 생산 기술들의 다양성이 자기 자신을 자기촉매적으로 부양하도록 조립한 예인가? 르네상스나 계몽운동 같은 문화적 혁명들은 어떤가? 이것들은 어떤 방법을 통해 집단적으로 자기재확인적인 self-reaffirming 개념과 규범, 작용들을 반영하는가?

　옥스퍼드의 진화생물학자인 리처드 도킨스는 〈밈〉이라는 단어를 대중화시켰다. 가장 간단하게 설명하게 밈은 대중 속에서 복제되는 하나의 작은 거동이다. 요즘 여자들은 색안경을 머리 위에 얹어서 쓴다. 나는 이것이 옛날 영화 「티파니에서 아침을」에서 홀리 골라이틀리 Holly Golightly로 분했던 오드리 헵번 Audrey Hepburn이 알을 낳은 게 아닐까 하고 생각한다. 이 제한적인 의미에서 밈은 발명되고 그 후 문화 전파의 복잡한 양상을 통해 모방되는 〈복제자〉들이다. 그러나 이런 의미의 밈은 지나치게 제한적이다. 그것은 개체군 속으로 퍼져 나갈 수 있는 단순한 복제자인 폰타나의 0단계 조직들 중의 하나와도 같은 것이다. 집단적인 자기촉매 집합인 밈의 1단계 조직들이 존재하는가? 문화 양상들은 스스로를 유지하고 상호적으로 정의하는 신념들, 거동들, 역할들의 집합들로 생각될 수 있는가?

아마 현재로서는, 그 유사성은 느슨하고, 실제 이론의 시작이라기보다 은유와 같은 것이다. 그러나 우리 자신이 바로 그런 다양한 문화적 실체들의 일원들이 아니겠는가? 우리는 세상을 나누는 데 사용할 개념들과 범주들을 발명한다. 그 범주들은 복잡하고 재확인적인 순환 속에서 상호적으로 정의된다. 그렇지 않으면 어떻게 할 수 있겠는가? 범주들을 발명한 후에 우리는 세계를 범주들로 나누고 그것에 따라 우리 자신도 어떤 범주로 분류하게 된다. 법 체계의 창조 덕분에 나는 계약들을 할 수 있다. 우리 둘 다 그렇게 할 수 있기 때문에 당신과 나는 영원히 살 수 있는 인격체인 법인을 창조할 수 있다. 법인은 생존하는 목적을 갖고 그것을 설립한 많은 이들의 이해를 해칠 수도 있다. 그래서 현대의 법인은 집단적으로 자신을 유지하는 역할들과 의무들의 구조다. 그것은 경제 세계에 〈살면서〉, 신호와 물건들을 교환하고, 생존하거나 죽는다. 그 방법들은 대장균의 것과 최소한 느슨한 유사성을 갖는다. 대장균은 자신의 세계에서 집단적으로 자기촉매적이며 자신을 유지한다. 현대의 법인 역시 집단적 자기촉매성을 보인다. 대장균과 IBM은 둘 다 각각의 세계에서 공진화한다. 둘 다 각자가 서식하는 생태계의 창조에 참여한다. 대규모의 IBM이 겪는 최근의 어려움이 보여주듯이 강대한 것들조차도 그들의 세계가 광대하게 변화될 수 있다.

그래서 대역적 문명이 발현하고 있다. 남베에서의 작은 모임에서 월터 샤피로(《타임》 정치부 기자)와 리 컬럼(「댈러스 모닝 뉴스」 기자)

은 독일의 대학 도시 하이델베르크에 있는 한 고성의 귀퉁이에 맥도널드 햄버거 가게가 다시 나타난 것의 의미에 중점을 두었다. 이것은 좋은 사업인가? 아마도 물론, 불안정하다. 마리아 베렐라Maria Verela는 산타페 북쪽으로 50마일 떨어진 참파Champa 근처에 사는 맥아더 펠로우십 장학생이다. 그녀는 한 지역적인 히스패닉 Hispanic[12] 사회가 직물 공예를 살려서 오랜 문화 유산을 유지하도록 돕느라고 애쓰고 있다. 우리는 오직 문화 안에 존재함으로써 세계에 존재할 수 있다. 그 지역 히스패닉 문화는 위협을 받고 있다. 영화 「밀라그로 콩밭의 전쟁」을 보면서 사람들은 동시에 웃고 운다. 물론 이야기 속에는 영웅들도 있고 악당들도 있다. 그러나 뉴멕시코나 다른 어떤 곳이든 실제의 세계에서 많은 문화의 변형물들은 서로 얽히고 변형되는 문화들의 거의 불가피한 소산으로 보인다. 파히타fajita[13]는 멕시코가 아니라 텍사스에서 발명된 것으로 보인다. 뉴욕에서는 쿠바를 빠져나온 중국인들이 쿠바-중국식 요리들을 만들어냈다.

창발하는 대역적 문명이 많은 사람이 생각하듯이 동질성으로 나아갈 것인가? 텔레비전이 보급되었을 때 미국이 강대국이었기 때문에 우리 모두가 영어를 사용하게 될 것인가? 우리 모두가 햄버거를 좋아하게 될 것인가? 나는 신만이 알 것이라고 생각한다. 그러나 그러면 나는 중미의 전형적인 산물이 되는 것이다.

혹은 새로운 문화적인 기호열들이 모든 곳에서, 두 개나 그 이상의 문화적 관습이 충돌하는 모든 가장자리에서 싹을 낼까? 대역적 문명은 상임계적인가? 우리가 쿠바-중국식 요리들을 본다면, 예를 들어 이슬람과 하드록이 만나는 전선에서, 그 밖의 어떤 것들을 발명할 수 있을까? 세계에서 존재하기 위한 우리의 방법들을 지키기 위해서 우리는 서로 죽이게 될까? 우리의 안방과 연구실로 비춰지거나 전자우편으로 전달되는 다른 사람들의 밈을 접촉함으로써 세계에서 존재하기 위한 우리의 방법들이 변화의 회오리바람 속으로 휩쓸려 들어갈 때, 우리의 인내심은 우리에게 무엇을 요구할까?

그 영상이 내게 호소적이라는 것 외에 내가 모르는 어떤 이유들 때문에, 나는 퍼 백과 모래더미들을 다시 생각하게 된다. 나는 오랫동안 충돌해온 보잘것없는 문화들의 전선에서 우리가 태양의 불꽃 같은 새로운 문화를 항상 발명하게 될 것이라고 생각하게 된다. 나는 우리가 과거에 쌓아왔던 문명들 안에서 또 그것들 사이에서 전파되는 크고 작은 변화들의 사태들에 대해서 생각하게 된다. 나는 세상의 존재를 죽이는 방법들이 되는 사회적인 파괴를 심각하게 두려워한다. 사람들은 쉽게 전쟁을 한다. 그러나 사람들은 쿠바-중국식 요리의 발상이나 이슬람과 하드록으로부터 나타날 그 어떤 것에 대해서도 최소한 흥미롭다는 것을 발견한다. 아마도 우리는 더 많은 유머 감각이 필요하다. 상호 존중심이 매우 깊고 관용이 너무도 명백해서 큰 웃음이 남은 긴장들을 치유할 것을 알기 때문에 우리가 서로 인종적인 농담들을 할 수 있을 때, 우리는 우리 길을 제대로 가고 있다는 것을 알게 될 것이다.

이 모든 걱정들을 다 경청한 뒤 스콧 모머데이는 자신의 핵심 명제로 돌아왔다. 그것은 우리가 현대 세계에서 신성을 재발명해야만 한다는 것이다. 모머데이의 전망은 우리 네 사람으로부터 이상한 느낌을 이끌어냈다. 지금 대역적 문명이 발현하고 있다면, 우리는 그것의 영웅시대, 창조의 시대로 들어가고 있을 것이다. 그리스 문명이 에게 해의 해안에 모였을 때, 그 초기의 시민들은 그들 자신을 유지하는 신화를 구축했다. 다소 무작위적인 과정에 의해 선택되어 뉴멕시코의 남베 근처에 모인 우리 네 명의 〈생각의 지도자〉들은, 이 창발하는 대역적 문명이 그 자신을 새롭게 유지하는 신화를 발명해야만 할 거라는 생각을 하게 되었다.

우리가 기혼 재단의 작은 모임을 마치고 밖으로 나가서 마이클 네스미스Michael Nesmith의 정원과 남베 뒤쪽의 언덕들을 내려다보면서 점심식사를 하려고 할 때 월터 샤피로가 빈정대머 말했다. 〈생각의 지도자들이 뉴멕시코의 산꼭대기에 모여서 세계를 향하여 자기 자신에게 말하라고 충고한다.〉

신성의 재발명

약 만 년 전 마지막 빙하기가 비틀거리기 시작했다. 얼음판들이 극으로 천천히 후퇴했다. 나중에 남프랑스가 되었던 곳에서 퐁드곰과 라스코 동굴의 예술과 구석기시대의 돌칼, 창촉, 그리고 정교한 낚시바늘을 창조했던 마들렌Magdalenian[14] 문화가 쇠퇴했다. 그 거대한 무리가 북쪽으로 이동했다. 이 선조들은 멀리 이동해 가버리고 오늘날 우리를 경탄케 하는 그림들을 남겼다. 이 동굴 벽들에 아치를 만들었던 들소와 사슴은, 인류의 자연과의 조화, 자연에 대한 존경, 자연에 대한 경외감 등을 포착하고 있다. 사냥의 이미지 너머로 어떤 그림도 폭력을 보여주지 않는다. 한 그림은 두 마리의 사슴이 코를 비벼대는 것을 묘사한다. 약 14,000년 동안 이 둘은 페리고르의 휘어진 돌 벽에서 서로를 보살펴왔다.

경외외 존경은 혼란스러운 우리의 포스트모던 사회에서 심히 유행에 뒤처진 것이 되었다. 스콧 모머데이는 우리가 신성을 재발명해야 한다고 말했다. 우리의 작은 모임은 1년 전에 끝났다. 나에게는 모머데이처럼 당당한 체격과 깊이 울리는 목소리, 무시무시한 권위가 없다. 이런 것들을 말하는 나는 누구인가? 또 하나의 작은 목소리. 우리의 베이컨적 관습은 예측하고 조절하는 위력을 가진 과학을 찬양한다. 그러나 그것은 동시에 우리가 세속적으로 경외와 존경의 마음을 잃도록 하지 않았는가? 우리가 정말로 자연을 소유해서 명령하고 조절할 수 있다면, 우리는 그것을 멸시하는 사치도 당연히 누릴 것이다. 결국, 힘은 부패한다.

친구여, 당신은 겨우 세 개의 진자들이 결합된 경우에도 그 운동을 예측할 수 없다. 상호 중력이 작용하는 세 개의 물체에 관한 문제는 기대할 수조차도 없다. 우리는 농작물에 살충제를 살포한다. 곤충들은 병든 채로 새들에게 먹힌다. 새들은 병이 들어 죽고, 따라서 곤충들이 번영을 한다. 농작물들이 파괴된다. 조절이란 것은 그저 이 정도다. 베이컨이여, 당신은 명석했지만, 세계는 당신의 철학보다 더 복잡한 것이다.

우리는 우리의 최선의 지식과 최선의 목적을 근거로 하여, 감히 세계를 지배했다. 우리는 자원들이 회복 가능한 것이건 아니건 그것들을 손쉽게 가까이서 획득할 수 있는가를 근거로 하여, 감히 제멋대로 사용해왔다. 우리는 우리가 무엇을 하는지 알지 못한다. 만약 빅토리아 왕조[15]의 영국이 해가 지지 않는 제국에 올라서서, 최선의 의식을 가지고, 과학이 인류의 확실한 향상을 의미했던 끊임없는 진보 속에서 자신을 세계의 지도자로 볼 수 있었다면, 오늘날 우리도 우리 자신을 그런 식으로 볼 수 있는가?

우리는 우리 자신들을 의심한다. 이것은 새롭지 않다. 파우스트는 거래를 했다. 프랑켄슈타인은 그의 슬픈 괴물을 조립했다. 프로메테우스는 불을 지폈다. 우리는 우리가 붙인 불이 애초에 목적으로 했던 벽난로를 넘어서 퍼져나가는 것을 보았다. 우리는 자랑스러운 인간이 아직도 또 하나의 야수이고, 아직도 자연에 속해 있으며, 아직도 더 큰 목소리에 의해 대변된다는 것을 알기 시작한다.

우리가 우리 자신이 한 최선의 행동들이 야기하는 예측할 수 없는 결과들에 대해 다시 염려하게 되었다면, 그것은 현명한 일이다. 우리가 도덕적이나 세속적인 확신을 가질 수 있다는 것은 아니다. 우리는 우리의 세계를 함께 만든다. 비록 우리 자신의 최선의 노력이 궁극적으로, 예견할 수 없는 존재 방식으로 우리를 변화시키는 조건들을 만들지라도, 우리가 할 수 있는 모든 것은 지역적으로 현명해지는 것이다. 우리는 단지 우리의 시간 동안만 활보하고 소란을 떨 수 있다. 그러나 이것이 그 연극에서 우리 자신의 유일한 역할이다. 그렇다면 우리는 그것을 자랑스럽게, 그러나 겸손하게 연기해야 한다.

우리의 최선의 노력이 궁극적으로 예견할 수도 없는 것으로 변화한다면 왜 노력하는가? 그것은 그것이 세계의 방법이고 우리는 세계의 일부이기 때문이다. 그것이 생명의 방법이고 우리는 생명의 일부이기 때문이다. 우리 현대의 연기자들은 거의 40억 년 동안 펼쳐진 생물들의 후손이다. 그런 심오한 과정에의 참여가 경외와 존경의 가치가 없고 신성하지 않다면, 무엇이 그렇겠는가?

과학 때문에 우리가, 우리에게 하사된 머리 위의 해와 하늘의 새들과 들판의 짐승들과 물 속의 고기들을 가진 신의 자식으로서 천국과 세계의 중심에 놓였던 우리 자리를 잃었다면, 그리고 우리가 그저 또 하나의 평범한 은하계의 가장자리 근처에서 떠도는 존재로 남겨졌다면, 아마 지금은 우리의 고무된 상황을 자세히 따져보아야 할 때다.

우리가 논의했던 창발의 이론들이 가치가 있다면, 우리는 너무 아

는 것이 없어서 의심하는 방법도 알 수 없기 때문에, 우리가 알지
못했던 방식들로 아마 우리는 우주 속에서 편안한 존재일 것이다.
우리가 이 책에서 논의했던 창발에 관한 이야기들이 정확한 것으로
입증이 될지 나는 알 수가 없다. 그러나 명백하게도 이 이야기들은
어리석은 것이 아니다. 그것들은, 우리들의 안식처인 이 평형에서
멀리 떨어진 우주 안에서 창발과 질서에 대한 어떤 새로운 시각을
향하여, 다가올 수십 년 동안 성장할 과학의 새로운 무대의 조각들
이다. 내가 앞서 제안했듯이, 과연 생명이 초기의 지구에서 거의 필
연적으로 여러 가지 유기 분자들의 기대되고 창발하는 집단적인 성
질로서 시작했는지 나는 알지 못한다. 그러나 그런 집단적인 창발의
가능성만으로도 고무적이다. 나는 생명이 지난 우주의 경과 시간 동
안에는 믿기 힘들 정도로 가능하지 않다는 것보다는 차라리 대폭발
이후의 전개 속에서 생명이 기대되었다는 쪽을 택하겠다. 게놈 조정
계들의 수학적 모형들에서 발현되는 자발적인 질서가 정말로 개체
발생에서의 질서의 궁극적인 원천들 중의 하나인지 나는 알지 못한
다. 그러나 진화를 자발적인 질서와 자연선택의 결합으로 보는 견해
는 나를 고무시킨다. 생물들이 후대로 계속해서 차곡차곡 쌓이는 새
로운 고안물들이 아니라, 모든 생명들에 내재된 더 깊은 질서의 표
현들이라는 가능성이 나를 고무시킨다. 민주주의가 합법적으로 모순
적인 이해들을 갖고 있는 사람들 간의 합리적인 타협을 성취하도록
진화되었는지 나는 확신하지 못한다. 하지만 우리의 사회조직들이
깊은 자연 원리들의 표현으로서 진화한다는 가능성이 나를 고무시킨
다. 〈신은 불가사의하다, 그러나 악의가 있지는 않다〉고 아인슈타인
은 말했다. 거미줄을 치는 거미로부터, 산등성이의 교활한 코요테
와, 어떤 종류의 비밀들을 밝히고 있다고 자랑스럽게 말하고 있는

산타페와 다른 곳들에 있는 내 친구들과 나, 자신의 최선의 노력과 최선의 빛을 가지고 각자의 길을 가는 당신들 모두에 이르기까지, 진화하면서 발현하는 질서들이 창 밖으로 보인다. 우리는 이들을 설명해 줄 과학을 만들기 시작했을 뿐이다.

우리 모두는 이 과정의 일부이고, 그것에 의해 창조되었으며, 그것을 창조하고 있다. 태초에 말씀이, 즉 법칙이 있었다. 나머지가 뒤따르고 우리가 참여한다. 몇 달 전, 나와 내 처가 자동차 사고로 심하게 다친 이후 처음으로 산정(山頂)에 올랐다. 노벨 물리학상 수상자이자 연구소의 좋은 동료인 필 앤더슨과 나는 함께 피크 호수 Lake Peak로 올라갔다. 필은 수맥가[16]다. 한번은 그가 갈래진 나뭇가지를 나무에서 떼어서 그것을 붙들고 언덕배기를 따라 걷는 것을 보고 나는 놀랐다. 나는 갈래진 나뭇가지를 떼어서 그를 따라갔다. 매우 확실히, 그의 나뭇가지가 땅을 향하여 기울 때마다 내 것도 그랬다. 그러나 그래도 그는 계속 내 앞으로 나아가는 것을 볼 수 있었다. 〈그거 되는 겁니까?〉 그에게 물었다. 〈아, 물론이지요. 사람들 중에 반은 수맥을 찾을 수 있지요.〉〈막대기가 가리키는 곳을 파본 적이 있습니까?〉〈아, 아니오. 음, 한 번은 했지요.〉 우리는 정상에 도달했다. 리오그란데 계곡이 우리 밑에서 서쪽으로 펼쳐졌고, 페코스 야생지가 동쪽으로 뻗어 있고, 트루카스 산정들이 북쪽으로 솟아 있었다.

〈필,〉 나는 말했다. 〈사람들이 이 펼쳐진 세계 속에서 숭고함과 경외와 존경을 찾지 못한다면 그들은 바보입니다.〉〈나는 그렇게 생각하지 않아요〉라고 수맥가이지만 회의적인 친구는 응답했다. 그는 하늘을 흘깃 보고는 기도를 했다. 〈하늘의 위대한 비선형 사상(寫像)이여.〉

1) 보리, 옥수수, 밤가루 등으로 만든 이탈리아식 수프.

2) 원서에는 〈Alchemy〉라는 용어를 쓰고 있는데 이것은 algorithm과 chemistry의 합성 조어이다. alchemy는 연금술이라는 의미도 있다.

3) for-loop, do-loop 등 프로그램 상의 loop를 의미함.

4) 성경에 나오는 팔레스티나의 옛 도시.

5) 독자적으로 어떤 일을 해결한다는 뜻.

6) 성서에 나오는 세계의 종말에 선과 악의 세력이 싸울 최후의 전쟁터.

7) 북미, 그린란드의 에스키모.

8) 갓 칠한 회벽토에 수채로 그린 벽화 양식.

9) 구소련의 물자 부족 등에 관한 공식적 개방 정책.

10) 강물에 떠내려간 통나무들이 한 군데에 몰려 정체되어 있는 것.

11) 18세기 유럽, 특히 프랑스에서의 합리주의적 계몽 운동.

12) 미국 내에서 스페인 말을 쓰는 라틴 아메리카 계통 사람들의 집단.

13) 얇은 고기를 마리네이드에 절여 구운 텍사스-멕시코 식 요리.

14) 구석기 시대의 최후기.

15) 영국 빅토리아 여왕의 통치 시대(1837–1901).

16) 막대기로 수맥이나 광맥을 찾는 사람.

▓ 옮긴이의 말 ▓

이 책에서 저자인 스튜어트 카우프만이 추구하는 것은 생명의 근원과 진화의 법칙에 관한 것이다. 그리고 그것은 생명에 대한 기존의 이론을 뛰어넘어 전혀 새로운 것을 향하고 있다. 그것은 바로 복잡한 현상 뒤에 숨겨진 질서인 자기조직화의 원리이다. 자기조직화의 원리는 생명체를 비롯한 다양한 복잡계에 같은 방식으로 적용된다. 가령 자동차와 같은 인조물에서 볼 수 있는 기술의 진화, 보이지 않는 손에 의해 조정되는 시장 경제와 인류가 발달시켜온 정치 체계의 진화, 인류 문명의 발달 양상 등과 같은 다양하고 폭넓은 복잡계들을 포함한다.

DNA 나선 구조와 염기의 짝짓기 법칙은 생명의 근본적인 현상인 자기복제를 잘 설명할 수 있는 방편이다. 하지만 저자는 생명의 근원으로서 DNA의 존재에 만족해하지 않는다. RNA나 효소 역할이 가능한 RNA 리보자임의 존재에도 만족해하지 않는다. 저자에게 그것들은 여전히 생명의 근본적인 원리가 될 수 없으며 진화론적으로 그냥 우연히 그렇게 되었다는 식의 설명에 불과한 것이다. 그것들은 단지 큰 전체를 구성하는 부분들에 불과하다. 그렇다면 생명이 존재하기 위한 조건은 무엇인가. 저자는 다음과 같이 요약한다. 〈충분히 복잡한 비평형 화학계에서 촉매가 자연스러운 업적으로 성취한 것이 바로 생명이다.〉이는 생명에 대한 새로운 정의로도 보여진다.

즉 물질과 에너지가 공급되며 분자들의 다양성이 충분한 열린 계에서는 촉매 반응과 촉매 분자가 풍부하게 존재하여 자기촉매 반응을 하는 집단적인 회로망이 저절로 생겨난다는 것이다. 이 집단적 자기촉매계가 생명의 근원인 것이다.

자기촉매 회로망이 생명의 창발을 설명하기에 충분하다 해도 진화까지 설명하지는 못한다. 다윈주의적 진화론에서 가장 중요한 전제 중의 하나는 점진주의이다. 즉 유전자형의 돌연변이가 생물체의 표현형에 미치는 변화는 아주 작을 뿐이고, 작지만 쓸모 있는 변화들이 긴 세월에 걸쳐 축적되면서 현재 관찰되는 생물들의 복잡한 질서를 창출해냈다는 것이다. 다윈주의에 의하면 현존하는 생물들은 우연하고 특별한 고안물이 되어야 한다. 저자는 이러한 다윈주의적 견해가 틀린 것이라고 단호하게 말한다. 진화가 요구하는 것은 단순한 돌연변이의 능력만은 아니다. 세포에 가해지는 조그만 충격들을 극복하여 세포 전체의 붕괴를 피하는 내적 항상성을 유지할 수 있어야 하는 반면, 경우에 따라서는 이 조그만 충격이 환경에 보다 적합한 세포로 진화를 야기할 수도 있는 유연성이 있어야 한다. 이것은 또 하나의 질서이며, 자기촉매 회로망의 집단적인 동역학으로부터 저절로 생기는 질서이다. 즉 진화 자체도 저절로 생기는 질서인 것이다. 저자에 의하면 계가 항상성을 유지하면서도 유연성이 있는 것은 계의 동역학이 계를 혼돈의 가장자리로 구동하기 때문이다.

저자의 이 같은 주장들은 다윈주의적 진화론에 길들여진 독자라면 선뜻 받아들이기 어려운 일방적인 주장들로 들릴 수 있다. 이에 대한 생물학적인 검증은 실제로 방대한 작업과 시간을 요할 것이다. 이론생물학자인 저자는 이를 위해 *NK* 모형이라는 일반적이고도 간단한 이론적 검증 방법을 제안하고 이를 활용하여 객관적이고 정량적인 검증을 제시한다. 컴퓨터 프로그래밍에 경험이 있는 독자라면 책의 설명을 따라 컴퓨터 모의실험을 시도해 볼 것을 권한다.

이 책을 번역하면서 어려웠던 점은 원서의 재미있는 표현이나 여러 분야
의 전문 용어들을 저자의 의도를 살리면서 뜻이 명확하도록 우리말로 옮기는
것이었다. 많은 분들 가운데 특히 해양연구소 김웅서 박사로부터 큰 도움을
받았으며, 사이언스북스 편집부의 노고도 컸다. 이 모든 분들께 감사드리
며, 끝으로 이 책을 통해 많은 사람들이 생명과 진화의 오묘함에 대해 사색
해 보는 시간을 갖기를 바란다.

2002년 4월
국형태

■ 참고문헌 ■

Anderson, Philip W., Kenneth J. Arrow, and David Pines, eds. *The Economy as an Evolving Complex System*. Santa Fe Institute Studies in the Sciences of Complexity, vol. 5. Redwood City, Calif.: Addison-Wesley, 1988.

Axelrod, Robert. *The Evolution of Cooperation*. New York: Basic Books, 1984.

Bak, Per, and Kan Chen. "Self-Organized Criticality." *Scientific American*, January 1991, 46-54.

Dawkins, Richard. *The Blind Watchmaker: Why the Evidence of Evolution Reveals a Universe Without Design*. New York: Norton, 1987.

Eigen, Manfred, and Ruthild Winkler Oswatitsch. *Steps Towards Life: A Perspective on Evolution*. New York: Oxford University Press, 1992.

Glass, Leon, and Michael Mackey. *From Clocks to Chaos: The Rhythms of Life*. Princeton, N.J.: Princeton University Press, 1988.

Gleick, James. *Chaos: Making a New Science*. New York: Viking, 1987.

Gould, Stephen Jay. *Wonderful Life: The Burgess Shale and the Nature of History*. New York: Norton, 1989.

Judson, Horace F. *The Eighth Day of Creation:The Makers of the Revolution in Biology*. New York: Simon and Schuster, 1979.

Kauffman, Stuart A. *The Origins of Order: Self-Organization and Selection in Evolution*. New York: Oxford University Press, 1993.

Langton, Christopher G. *Artificial Life*. Santa Fe Institute Studies in the Sciences of Complexity, vol 6. Redwood City, Calif.: Addison-Wesley, 1989.

Levy, Steven. *Artificial Life: How Computers are Transforming Our Understanding of*

Evolution and the Future of Life. New York: Pantheon Books, 1992.

Lewin, Roger. *Complexity: Life on the Edge of Chaos*. New York: Macmillian, 1992.

Monod, Jacques. *Chance and Necessity*. New York: Knopf, 1971.

Nicolis, Gregoire, and Ilya Prigogine. *Exploring Complexity*. New York: Freeman, 1989.

Pagels, Heinz R. *The Dreams of Reason: The Computer and the Rise of the Sciences of Complexity*. New York: Simon and Schuster, 1988.

Pimm, Stuart L. *The Balance of Nature? Ecological Issues in the Consevation of Species and Communities*. Chicago: University of Chicago Press, 1991.

Raup, David M. *Extinction: Bad Genes or Bad Luck?* New York: Norton, 1991.

Shapiro, Robert. *Origins: A Skeptic's Guide to the Creation of Life on Earth*. New York: Summit, 1986.

Stein, Daniel, ed. *Lectures in the Sciences of Complexity*. Santa Fe Institute Studies in the Sciences of Complexity, Lectures vol. 1. Redwood City, Calif.: Addison-Wesley, 1989.

Wald, George. "The Original Life." *Scientific American*, August 1954.

Waldrop, M. Mitchell. *Complexity: The Emerging Science at the Edge of Order and Chaos*. New York: Simon and Schuster, 1992.

Winfree, Arthur T. *When Time Breaks Down: The Three-Dimensional Dynamics of Electrochemical Waves and Cardiac Arrhythmias*. Princeton, N.J.: Princeton University Press, 1987.

Wolpert, Lewis. *The Triumph of the Embryo*. New York: Oxford University Press, 1991.

■ 찾아보기 ■

옮긴이 · 국형태

서울 대학교 물리학과를 졸업하고 동 대학교 대학원에서 물리학 석사 학위를
받았고, 미국 텍사스 주립 대학교에서 물리학 박사 학위를 받았다. 미국 스티
븐스 공과 대학과 서울 대학교 이론물리연구센터에서 박사 후 연구원으로 있
었으며 현재 가천 대학교 물리학과 교수로 재직 중이다. 가천 대학교 자연과학
대학 학장을 역임했고 아시아태평양이론물리센터 프로그램 코디네이터, 한국
물리학회 통계분과위원장으로 일하고 있다. 저서로는 『C로 배우는 카오스와
프렉탈』(공저) 등이 있다.

혼돈의 가장자리

◯

1판 1쇄 펴냄 2002년 4월 30일
1판 6쇄 펴냄 2014년 10월 7일

지은이 스튜어트 카우프만
옮긴이 국형태
펴낸이 박상준
펴낸곳 (주)사이언스북스

출판등록 1997. 3. 24. 제16-1444호
(우)135-887 서울특별시 강남구 도산대로1길 62
대표전화 515-2000 팩시밀리 515-2007
편집부 517-4263 팩시밀리 514-2329
www.sciencebooks.co.kr

ISBN 978-89-8371-099-4 03400